Android
App开发
超实用代码集锦
——jQuery Mobile+OpenCV+OpenGL

罗帅 罗斌 编著

清华大学出版社
北京

内 容 简 介

本书以"问题描述＋解决方案"的模式，用300个实例介绍了在 Android 移动端极具商业开发价值的编程技术。全书分为5章：第1章介绍了使用 jQuery Mobile 创建导航按钮、过渡动画、弹窗、侧滑面板、折叠块、表格过滤、响应式用户界面(UI)布局等实例。第2章介绍了使用 OpenCV 在图像上执行顶帽运算、黑帽运算、开运算、闭运算，以及使用拉普拉斯算子、LoG算子、Prewitt算子、Sobel方法、absdiff方法、Scharr方法、Canny方法检测图像的轮廓边缘，在图像中查找霍夫圆、人脸、人眼、行人、文字块等实例。第3章介绍了使用 OpenGL 在场景上绘制圆柱体、圆锥体、三棱柱、三棱锥，缩放立方体，创建各种滤镜等实例。第4章介绍了在腾讯地图上添加图像标记、文本标记、透明度动画、降落动画，根据起点和终点查询步行线路、骑行线路、公交线路、驾车线路，在指定行政区中查询兴趣点(POI)，查询街景，自定义热力图等实例。第5章介绍了在高德地图上添加覆盖层、弹跳动画、生长动画、多帧动画、多段动画，查询指定地点周边实时路况，根据实时路况绘制驾车线路，查询驾车线路沿途的加油站、洗手间、汽修点，搜索公交站点，查询公交线路的开收班信息，在限定的范围中搜索 POI，查询指定城市的天气预报等实例。

本书适于作为广大 Android 移动端开发人员的案头参考书，无论对于编程初学者，还是编程高手，本书都极具参考价值和收藏价值。

图书在版编目(CIP)数据

Android App 开发超实用代码集锦：jQuery Mobile＋OpenCV＋OpenGL/罗帅，罗斌编著.—北京：清华大学出版社，2022.1

ISBN 978-7-302-58935-8

Ⅰ.①A… Ⅱ.①罗… ②罗… Ⅲ.①移动终端—应用程序—程序设计 Ⅳ.①TN929.53

中国版本图书馆 CIP 数据核字(2021)第 172319 号

责任编辑：黄 芝
封面设计：刘 键
责任校对：焦丽丽
责任印制：刘海龙

出版发行：清华大学出版社
  网　　　址：http://www.tup.com.cn, http://www.wqbook.com
  地　　　址：北京清华大学学研大厦 A 座　　　　　　　　　邮　编：100084
  社 总 机：010-62770175　　　　　　　　　　　　　　　邮　购：010-83470235
  投稿与读者服务：010-62776969, c-service@tup.tsinghua.edu.cn
  质量反馈：010-62772015, zhiliang@tup.tsinghua.edu.cn
  课件下载：http://www.tup.com.cn, 010-83470236
印 装 者：保定市中画美凯印刷有限公司
经　　销：全国新华书店
开　　本：210mm×285mm　　印　张：27　　　　　　　　字　数：784 千字
版　　次：2022 年 1 月第 1 版　　　　　　　　　　　　　　印　次：2022 年 1 月第 1 次印刷
印　　数：1～2500
定　　价：99.00 元

产品编号：087070-01

Android 是 Google 公司专门为移动设备开发的、完全免费的平台，它不仅仅是一款在手机上运行的操作系统，而且越来越广泛地应用于各种可佩戴设备、电视、汽车、平板计算机、微波炉等领域。Android 是开源的，而且是可以免费获得的，这也就意味着任何人都能获得它，并对它进行修改，使之能够运行在任何一种平台上；事实上，这也是它能够力压群雄、成为市场主流的原因。

Android 平台不仅支持 Java、C、C++等主流的编程语言，还支持 Ruby、Python 等脚本语言，这使得 Android 有着非常广泛的开发群体。对于技术而言，孤立的存在是没有任何意义的，技术只有与需求相结合，才具有自身的价值。本书分为 5 章，介绍使用 HTML、XML 和 Java 语言编写的 jQuery Mobile、OpenCV、OpenGL、高德地图和腾讯地图在 Android 平台上运行的应用实例。

第 1 章为 jQuery Mobile 实例。jQuery Mobile 是 jQuery 在手机和平板设备上的版本，jQuery Mobile 不仅包含 jQuery 核心库，还提供了一个完整、统一的 jQuery 移动用户界面(UI)框架，支持全球主流的移动平台。jQuery Mobile 将"写得更少、做得更多"这一理念提升到了新的层次。在本章中，读者将学习使用 jQuery Mobile 实现下列功能：创建图文结合的导航按钮，使用过渡动画跳转页面、显示弹窗，在侧滑面板上创建抽屉菜单，创建支持上下限设置的滑块，实现多个折叠块互斥展开，根据首字分组显示列表项，为列表项添加气泡计数器，通过搜索框过滤表格内容，通过响应式 UI 布局表格，监听手机横屏或竖屏切换，为图像添加下拉回弹功能，在页面中开启和关闭 WiFi 等。

第 2 章为 OpenCV 实例。OpenCV 是一款开源的计算机视觉库(Open Source Computer Vision Library)，它封装了超过 1000 个常见的图像处理算法。OpenCV 自诞生以来，就被广泛应用于许多领域的产品研发与创新上，如：卫星地图与电子地图拼接，医学方面的图像噪声处理，安防监控领域的安全与入侵检测，军事领域的无人机飞行、无人驾驶与水下机器人等众多领域。OpenCV 库基于 C/C++编写，其开源协议允许在学术研究与商业开发中免费使用它。在本章中，读者无须了解 OpenCV 的底层算法，借助 OpenCV 提供的 SDK，就可以实现下列功能：以凸包方式抠取图像，根据字母形状抠取图像，为图像添加腐蚀特效、膨胀特效、美颜特效、梯度特效，使用中值滤波、方框滤波、金字塔采样、均值方法模糊图像，在图像上执行顶帽运算、黑帽运算、开运算、闭运算，使用拉普拉斯算子、LoG 算子、Prewitt 算子、Sobel 方法、absdiff 方法、Scharr 方法、Canny 方法检测图像的轮廓边缘，在图像中查找霍夫圆、人脸、人眼、行人、文字块，使用双边滤波清除噪点，对图像进行 Gamma 校正，对图像的缺陷进行修复，使用直方图均衡调整饱和度，比较两幅图像的相似度，自定义摄像头的预览画面等。

第 3 章为 OpenGL 实例。OpenGL(Open Graphics Library)是用于渲染二维、三维矢量图形的跨语言、跨平台的应用程序编程接口(API)，它由数百个不同的函数组成，用来呈现复杂的三维景象。通过 OpenGL，可以使用计算机图形学技术产生逼真的图像，或者通过一些虚构的方式产生虚拟的图像。OpenGL 发展至今，已经超过了 20 年，它已经被广泛应用于游戏、影视、军事、航空航天、地理、医学、机械设计，以及各类科学数据可视化领域。OpenGL 支持几乎所有的主流平台，包括 Windows、

Mac OS 及各种 UNIX 平台。它同时也可以用于几乎所有的主流编程语言中，例如 C/C++、Java、C♯、Visual Basic、Python、Perl 等。在 Android 手机上，通常以 GLSurfaceView. Renderer 方式使用 OpenGL。在本章中，读者将学习使用 OpenGL 实现下列功能：在场景上绘制圆柱体、圆锥体、三棱柱、三棱锥等，根据指定系数缩放立方体，通过手势控制立方体旋转，通过传感器控制立方体旋转，启用漫射光照射立方体，在立方体上添加雾化特效，创建自定义的怀旧滤镜、曝光滤镜、高光滤镜、HDR滤镜、色阶调节滤镜、水彩画滤镜、二值化滤镜、色温调节滤镜、内部梯度滤镜、哈哈镜滤镜、异形裁剪滤镜、异形抠图滤镜、四分镜滤镜、滤色叠加滤镜、点乘运算滤镜，滑动手指浏览全景图，以全景模式播放全景视频，使用滤镜调整摄像头对比度等。

第 4 章为腾讯地图实例。腾讯地图以前称为 SOSO 地图，是由腾讯公司推出的一种互联网地图服务，2013 年 12 月 12 日，腾讯旗下地图产品正式更名为腾讯地图。使用腾讯地图可以查询全国大部分城市主要道路的实时路况信息，帮助用户搜寻周边最近的餐馆、酒店、加油站等兴趣点，也可以获取指定地点的街景，通过腾讯地图的街景，用户可以实现网上虚拟旅游，也可以在前往某地之前了解该地的周边环境，从而更容易找到目的地。在本章中，读者将学习使用腾讯地图实现下列功能：在腾讯地图上添加图像标记、文本标记、降落动画、透明度动画，根据起点和终点查询步行线路、骑行线路、公交线路、驾车线路，模拟小车在驾车线路上行驶，在腾讯地图上显示实时路况，在指定行政区中查询POI，根据省名查询该省的省会，查询手机所在位置的经纬度，根据纬度和经度值查询街景，在腾讯地图上自定义热力图，将腾讯地图保存为图像文件等。

第 5 章为高德地图实例。高德地图最初由高德软件有限公司开发，2014 年阿里巴巴斥资 11 亿美元完成对高德地图的全资收购。高德地图提供了诸多优秀的实用功能，如公交出行线路规划、自驾出行线路规划、动态导航、兴趣点搜索、热门地点搜索、热门线路搜索、叫车服务等。在本章中，读者将学习使用高德地图实现下列功能：在高德地图上绘制圆弧线，使用自定义纹理设置多边形的边线，使用自定义布局文件添加标记，在高德地图上添加覆盖层、弹跳动画、生长动画、多帧动画、多段动画，查询指定地点周边实时路况，根据道路名称查询实时路况，根据实时路况绘制驾车线路，查询驾车线路沿途的加油站、洗手间、汽修点，动态模拟驾车过程及其提示，将驾车线路短串分享到微信，根据起点和终点查询驾车距离、骑行距离，搜索公交站点，查询公交线路的开收班信息，在列表中显示 POI 搜索结果，在限定范围中搜索 POI，将 POI 地址短串分享到微信，根据区县名称查询管辖范围，使用室内高德地图浏览楼层，自定义高德地图的显示样式，查询指定城市的当前天气和天气预报等。

本书实例实用性强、技术新颖、贴近实际、思路清晰、语言简洁、高效直观、干货颇多。希望读者在阅读时更多地关注实例的开发思想，而不是具体的代码逻辑，代码总会不断地更迭，解决问题的思路却历久弥新。希望在读完本书以后，读者能够产生"看得懂、学得会、做得出、有用途"的感觉；即使由于时间关系不能精读全书，在实际开发工作中遇到问题时，也会在本书中相同或类似的问题场景中快速找到解决方案。

本书实例基于 Android 8.1 版本，在 Android Studio 3.4 集成开发环境中使用 HTML、XML 和 Java 等语言编写。因此，测试手机或模拟器的 Android 版本不得低于 8.1，部分实例在模拟器上无法测试，建议在学习时使用屏幕分辨率为 2160×1080 像素、Android 8.1 及以上版本的手机作为主要测试工具；在测试实例源代码时，必须保证网络畅通。

全书所有内容和思想并非一人之力所能及，而是凝聚了众多热心人士的智慧并经过充分的提炼和总结而成，在此对他们表示崇高的敬意和衷心的感谢！

由于时间关系和作者水平原因，少量内容可能存在认识不全面或偏颇，以及一些疏漏和不当之处,敬请读者批评指正。

　　本书提供完整案例源代码,请读者先扫描封底刮刮卡内二维码,获得权限,再扫描下方二维码下载源代码。

罗帅　罗斌

2021 年于重庆渝北

目 录

$\mathcal{C}ontents$

jQuery Mobile实例

jQuery Mobile 是 jQuery 在移动设备上的版本,jQuery Mobile 不仅包含 jQuery 核心库,而且提供了一个完整、统一的 jQuery 移动用户界面(UI)框架,支持全球主流的移动平台；jQuery Mobile 将"写得更少、做得更多"这一理念提升到了新的层次。在本章中,将使用 61 个实例具体演示 jQuery Mobile 技术在 Web 前端的实际应用。

001 创建图文结合的导航按钮

此实例主要通过设置 div 元素的 data-role 属性为 navbar,创建图文结合的导航按钮。当实例运行之后,在导航栏上将出现图文结合的按钮,单击任一按钮,将在下方提示刚才单击了哪个按钮,效果如图 001-1 所示。

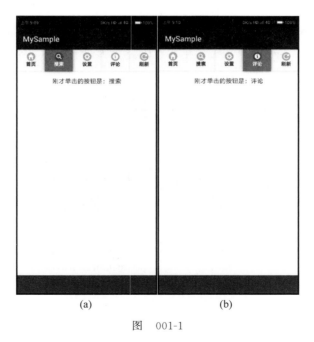

(a)   (b)

图   001-1

主要代码如下:

```
<!DOCTYPE html>
<html>
<head>
```

```html
< meta charset = "UTF - 8">
< meta name = "viewport" content = "width = device - width, initial - scale = 1">
<!-- 引用 jQuery Mobile 框架的 CSS 样式 -->
< link rel = "stylesheet" href = "https://apps.bdimg.com/libs
                /jquerymobile/1.4.5/jquery.mobile - 1.4.5.min.css">
<!-- 引用 jQuery 框架 -->
< script src = "https://apps.bdimg.com/libs
                /jquery/1.10.2/jquery.min.js"></script>
<!-- 引用 jQuery Mobile 框架 -->
< script src = "https://apps.bdimg.com/libs
                /jquerymobile/1.4.5/jquery.mobile - 1.4.5.min.js"></script>
< script language = "JavaScript">
  $(document).ready(function(){
   $("#myBar li").click(function(){
   $("#myInfo").text("刚才单击的按钮是:" + $(this).text());
   }); });
 </script>
</head>
< body >
< div data - role = "page" >
< div data - role = "navbar" id = "myBar">
 < ul >< li >< a href = "#" data - icon = "home">首页</a></li>
    < li >< a href = "#" data - icon = "search">搜索</a></li>
    < li >< a href = "#" data - icon = "gear">设置</a></li>
    < li >< a href = "#" data - icon = "info">评论</a></li>
    < li >< a href = "#" data - icon = "refresh">刷新</a></li></ul></div>
 < center >< p id = "myInfo"></p></center>
</div ></body ></html>
```

上面这段代码在 MyCode\MySampleG15\app\src\main\assets\myPage.html 文件中。在这段代码中,data-role="navbar"表示创建一个导航栏。data-icon 属性用于设置(导航栏上的)按钮图标,data-icon 属性支持的图标如表 001-1 所示。

表 001-1　data-icon 属性支持的图标

属　性　值	描　　述	属　性　值	描　　述
data-icon="arrow-l"	左箭头	data-icon="info"	信息
data-icon="arrow-r"	右箭头	data-icon="grid"	网格
data-icon="arrow-u"	上箭头	data-icon="gear"	齿轮
data-icon="arrow-d"	下箭头	data-icon="search"	搜索
data-icon="plus"	加	data-icon="back"	后退
data-icon="minus"	减	data-icon="forward"	向前
data-icon="delete"	删除	data-icon="refresh"	刷新
data-icon="check"	检查	data-icon="star"	星
data-icon="home"	首页	data-icon="alert"	提醒

在 Android 应用中,myPage.html 页面文件通常存放在 assets 文件夹(如果不存在,请先创建此文件夹)中,并使用 WebView 控件显示。在布局文件中,WebView 控件的主要代码如下:

```xml
<?xml version = "1.0" encoding = "UTF - 8"?>
< RelativeLayout xmlns:android = "http://schemas.android.com/apk/res/android"
            xmlns:tools = "http://schemas.android.com/tools"
            android:id = "@ + id/activity_main"
```

```
            android:layout_width = "match_parent"
            android:layout_height = "match_parent"
            tools:context = "com.bin.luo.mysample.MainActivity">
    < WebView android:id = "@ + id/myWebView"
            android:layout_width = "match_parent"
            android:layout_height = "match_parent"/>
</RelativeLayout >
```

上面这段代码在 MyCode\MySampleG15\app\src\main\res\layout\activity_main.xml 文件中。
WebView 控件加载页面文件 myPage.html 的主要代码如下：

```
public class MainActivity extends Activity {
 WebView myWebView;
 @Override
 protected void onCreate(Bundle savedInstanceState) {
  super.onCreate(savedInstanceState);
  setContentView(R.layout.activity_main);
  myWebView = (WebView) findViewById(R.id.myWebView);
  myWebView.setWebChromeClient(new WebChromeClient());
  WebSettings myWebSettings = myWebView.getSettings();
  myWebSettings.setJavaScriptEnabled(true);
  myWebView.loadUrl("file:///android_assets/myPage.html");        //加载页面文件
 }
}
```

上面这段代码在 MyCode \ MySampleG15 \ app \ src \ main \ java \ com \ bin \ luo \ mysample \
MainActivity.java 文件中。在这段代码中，myWebView.loadUrl("file:///android_assets/myPage.
html")表示加载并显示在 assets 文件夹中的 myPage.html 页面文件。需要注意的是，由于 jQuery
Mobile 应用通常需要引用在网络服务器上的 jquery.min.js、jquery.mobile-1.4.5.min.css、jquery.
mobile-1.4.5.min.js 等文件，因此需要在 AndroidManifest.xml 文件中添加 < uses-permission
android:name= "android.permission. INTERNET"/>权限，此设置即意味着测试本书的所有实例必
须保持网络畅通。

此实例的完整代码在 MyCode\MySampleG15 文件夹中。

002　自定义导航栏的按钮图标

此实例主要通过在 a 元素中设置 class 属性，实现使用 png 图像自定义在导航栏上的按钮图标。
当实例运行之后，导航栏中 5 个按钮的图标均为自定义的 png 图像，单击任一按钮，将在下方提示刚
才单击了哪个按钮，效果如图 002-1 所示。

主要代码如下：

```
<!DOCTYPE html >
< html >
< head >< meta charset = "UTF - 8"/>
  < link rel = "stylesheet" href = "https://cdn.bootcss.com
                       /jquery - mobile/1.4.5/jquery.mobile.min.css">
  < script src = "https://cdn.bootcss.com/jquery/2.1.0/jquery.min.js"></script >
  < script src = "https://cdn.bootcss.com
                       /jquery - mobile/1.4.5/jquery.mobile.min.js"></script >
< style >
  .ui - icon - myicon1:after{
```

图　002-1

```
        background:url('image/myimage1.png') 50 % 50 % no - repeat;
        background - size: 30px 30px; }
.ui - icon - myicon2:after{
        background:url('image/myimage2.png') 50 % 50 % no - repeat;
        background - size: 30px 30px; }
.ui - icon - myicon3:after{
        background:url('image/myimage3.png') 50 % 50 % no - repeat;
        background - size: 30px 30px; }
.ui - icon - myicon4:after{
        background:url('image/myimage4.png') 50 % 50 % no - repeat;
        background - size: 30px 30px; }
.ui - icon - myicon5:after{
        background:url('image/myimage5.png') 50 % 50 % no - repeat;
        background - size: 30px 30px; }
</style>
< script language = "JavaScript">
   $ (document).ready(function(){
    $ ("＃myBar li").click(function(){
      $ ("＃myInfo").text("刚才单击的按钮是:" + $ (this).text());
    }); });
 </script>
</head>
< body >
< div data - role = "page">
 < div data - role = "navbar" id = "myBar">
  < ul >
    < li >< a href = " ＃" data - icon = "myicon1" class = "ui - icon - myicon1">英国</a></li>
    < li >< a href = " ＃" data - icon = "myicon2" class = "ui - icon - myicon2">意大利</a></li>
    < li >< a href = " ＃" data - icon = "myicon3" class = "ui - icon - myicon3">德国</a></li>
    < li >< a href = " ＃" data - icon = "myicon4" class = "ui - icon - myicon4">法国</a></li>
    < li >< a href = " ＃" data - icon = "myicon5" class = "ui - icon - myicon5">西班牙</a></li>
   </ul ></div >
   < center >< p id = "myInfo"></p></center >
```

```
</div></body></html>
```

上面这段代码在 MyCode\MySampleAG8\app\src\main\assets\myPage.html 文件中。注意：在上述代码添加完毕之后，应将 myimage1.png、myimage2.png、myimage3.png、myimage4.png、myimage5.png 等 5 个 png 图像文件复制到 MyCode\MySampleAG8\app\src\main\assets\image 文件夹，本书实例如果没有特别说明，在实例需要外部图像时，均需要将外部图像复制到对应的文件夹。

关于如何加载页面文件和添加网络权限的问题请参考实例 001。此实例的完整代码在 MyCode\MySampleAG8 文件夹中。

003　移除默认按钮图标的圆圈

此实例主要通过为 a 元素的 class 属性添加 ui-nodisc-icon 样式，实现移除导航栏按钮图标默认的灰色圆圈。当实例运行之后，导航栏的按钮图标将不显示灰色圆圈，单击"设置默认圆圈"按钮，在导航栏上的按钮图标将显示默认的灰色圆圈，如图 003-1(a)所示。单击"移除默认圆圈"按钮，导航栏上的按钮图标的灰色圆圈将消失，如图 003-1(b)所示。

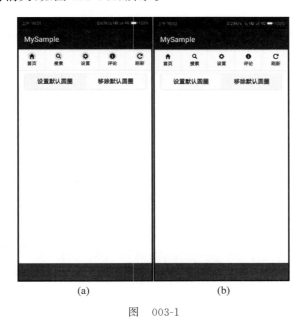

(a)   (b)

图　003-1

主要代码如下：

```
<!DOCTYPE html>
<html>
<head>
 <meta charset = "UTF-8">
 <meta name = "viewport" content = "width = device-width, initial-scale = 1">
 <link rel = "stylesheet" href = "https://apps.bdimg.com/libs
             /jquerymobile/1.4.5/jquery.mobile-1.4.5.min.css">
 <script src = "https://apps.bdimg.com/libs
             /jquery/1.10.2/jquery.min.js"></script>
 <script src = "https://apps.bdimg.com/libs
             /jquerymobile/1.4.5/jquery.mobile-1.4.5.min.js"></script>
 <script language = "JavaScript">
```

```
function onClickButton1(){                      //响应单击"设置默认圆圈"按钮
  $ ("a").removeClass("ui - nodisc - icon");
}
function onClickButton2(){                      //响应单击"移除默认圆圈"按钮
  $ ("a").addClass("ui - nodisc - icon");
}
</script>
</head>
<body>
<div data - role = "page">
 <div data - role = "navbar" id = "myBar">
  <ul><li><a href = "♯" data - icon = "home"
           class = "ui - alt - icon ui - nodisc - icon">首页</a></li>
     <li><a href = "♯" data - icon = "search"
           class = "ui - alt - icon ui - nodisc - icon">搜索</a></li>
     <li><a href = "♯" data - icon = "gear"
           class = "ui - alt - icon ui - nodisc - icon">设置</a></li>
     <li><a href = "♯" data - icon = "info"
           class = "ui - alt - icon ui - nodisc - icon">评论</a></li>
     <li><a href = "♯" data - icon = "refresh"
           class = "ui - alt - icon ui - nodisc - icon">刷新</a></li></ul></div>
  <center><div data - role = "controlgroup" data - type = "horizontal">
          <a class = "ui - btn" onclick = "onClickButton1();"
             style = "width:130px">设置默认圆圈</a>
          <a class = "ui - btn" onclick = "onClickButton2();"
             style = "width:130px">移除默认圆圈</a></div></center>
</div></body></html>
```

上面这段代码在 MyCode\MySampleG72\app\src\main\assets\myPage. html 文件中。在这段代码中，class＝"ui-alt-icon ui-nodisc-icon"中的 ui-alt-icon 表示将白色的图标改变为黑色的图标，ui-nodisc-icon 表示移除图标上的灰色圆圈，在 jQuery Mobile 中，默认情况下，所有图标都有灰色圆圈。

关于如何加载页面文件和添加网络权限的问题请参考实例 001。此实例的完整代码在 MyCode\MySampleG72 文件夹中。

004　隐藏或显示页眉和页脚

此实例主要通过为 div 元素（页眉 header 和页脚 footer）设置 data-position＝"fixed"和 data-fullscreen＝"true"，实现动态隐藏或显示页眉和页脚。当实例运行之后，将显示一幅图像，单击该图像，隐藏页眉和页脚；再次单击该图像，显示页眉和页脚，效果如图 004-1(a)和图 004-1(b)所示。

主要代码如下：

```
<! DOCTYPE html>
<html>
<head>
 <meta charset = "UTF - 8">
 <meta name = "viewport" content = "width = device - width, initial - scale = 1">
 <link rel = "stylesheet" href = "https://apps.bdimg.com/libs
            /jquerymobile/1.4.5/jquery. mobile - 1.4.5.min.css">
 <script src = "https://apps.bdimg.com/libs
            /jquery/1.10.2/jquery.min.js"></script>
 <script src = "https://apps.bdimg.com/libs
```

```
                  /jquerymobile/1.4.5/jquery.mobile-1.4.5.min.js"></script>
   <style>img{width:400px;height:600px;}</style>
</head>
<body>
<div data-role="page">
   <div data-role="header" data-position="fixed" data-fullscreen="true"
        data-theme="b"><h1>这是页眉</h1></div>
   <div data-role="main" class="ui-content">
      <img id="myImage" src="image\myimage1.jpg"/></div>
   <div data-role="footer" data-position="fixed" data-fullscreen="true"
        data-theme="b"><h1>这是页脚</h1></div>
</div></body></html>
```

上面这段代码在 MyCode\MySampleH25\app\src\main\assets\myPage. html 文件中。在这段代码中,data-position＝"fixed" 和 data-fullscreen＝"true"用于隐藏和显示页眉或页脚,该功能可以单独作用于页眉或页脚,也可以同时作用于页眉和页脚。

图　004-1

关于如何加载页面文件和添加网络权限的问题请参考实例 001。此实例的完整代码在 MyCode\MySampleH25 文件夹中。

005　在页眉的两端布局按钮

此实例主要通过设置两个 a 元素的 class 属性分别为 ui-btn-icon-left 和 ui-btn-icon-right,实现在页眉的两端布局两个对称的按钮。当实例运行之后,单击页眉右端的“往前”按钮,显示下一幅图书封面图像;单击页眉左端的“往后”按钮,显示上一幅图书封面图像,效果分别如图 005-1(a)和图 005-1(b)所示。

主要代码如下:

```
<!DOCTYPE html>
<html>
<head>
```

     (a)   (b)

图 005-1

```
<meta charset = "UTF - 8"/>
<link rel = "stylesheet" href = "https://apps.bdimg.com/libs
                /jquerymobile/1.4.5/jquery.mobile - 1.4.5.min.css">
<script src = "https://apps.bdimg.com/libs
                /jquery/1.10.2/jquery.min.js"></script>
<script src = "https://apps.bdimg.com/libs
                /jquerymobile/1.4.5/jquery.mobile - 1.4.5.min.js"></script>
<style>img{width:100 % ;height:100 % ;margin - top:90px;}</style>
<script>
  $ (function(){
   var myIndex = 1;
    $ ("#myButton1").click(function(){              //响应单击"往后"按钮
     if(myIndex > 1){
       myIndex -= 1;
        $ ("#myImage").prop("src","image/myimage" + myIndex + ".jpg");
     }else{
       myIndex = 3;
        $ ("#myImage").prop("src","image/myimage" + myIndex + ".jpg");
    } });
    $ ("#myButton2").click(function(){              //响应单击"往前"按钮
     if(myIndex < 3){
       myIndex += 1;
        $ ("#myImage").prop("src","image/myimage" + myIndex + ".jpg");
    }else{
       myIndex = 1;
        $ ("#myImage").prop("src","image/myimage" + myIndex + ".jpg");
   } }); });
 </script>
</head>
<body>
<div data - role = "page">
 <div data - role = "header">
  <a class = "ui - btn ui - corner - all ui - shadow ui - icon - arrow - l ui - btn - icon - left"
```

```
        id = "myButton1">往后</a>
      <h1>作者已经出版的图书</h1>
      < a class = "ui - btn ui - corner - all ui - shadow ui - icon - arrow - r ui - btn - icon - right"
          id = "myButton2">往前</a></div>
    < div data - role = "main" class = "ui - content">
      < img id = "myImage" src = "image\myimage1.jpg" />
</div></div></body></html>
```

上面这段代码在 MyCode\MySampleG69\app\src\main\assets\myPage.html 文件中。在这段代码中,两个按钮(a 元素)对称分布在页眉(header)的左右两端;如果在页眉上有 4 个这样的按钮,则左端只有一个按钮,右端布局 3 个按钮,即左端只有一个按钮,剩余按钮全部分布在右端;如果这些按钮不在 header 上,而在 main 中,则一个按钮占一行。

关于如何加载页面文件和添加网络权限的问题请参考实例 001。此实例的完整代码在 MyCode\MySampleG69 文件夹中。

006　居中对齐页脚的多个按钮

此实例主要通过设置在页脚(footer)上的导航栏(navbar)的 style 属性为 text-align:center,实现页脚导航栏上的多个按钮居中对齐。当实例运行之后,若单击"北京风光"按钮,将显示北京风光图像,并且页脚导航栏上的多个按钮靠左对齐。单击"上海风光"按钮,将显示上海风光图像,并且页脚导航栏上的多个按钮居中对齐,如图 006-1(a)所示。单击"重庆风光图像"按钮,将显示重庆风光图像,并且页脚导航栏上的多个按钮靠右对齐,如图 006-1(b)所示。

(a)　　　　　(b)

图　006-1

主要代码如下:

```
<!DOCTYPE html>
< html >
< head >
  < meta charset = "UTF - 8">
  < meta name = "viewport" content = "width = device - width, initial - scale = 1">
```

```
< link rel = "stylesheet" href = "https://apps.bdimg.com/libs
                    /jquerymobile/1.4.5/jquery.mobile-1.4.5.min.css">
< script src = "https://apps.bdimg.com/libs
                    /jquery/1.10.2/jquery.min.js"></script>
< script src = "https://apps.bdimg.com/libs
                    /jquerymobile/1.4.5/jquery.mobile-1.4.5.min.js"></script>
< script language = "javascript">
  function onClickButton1(){              //响应单击"北京风光"按钮,实现靠左对齐
    $("#myImage").prop("src","image/myimage1.jpg");
    $("#myNavbar").prop("style","text-align:left");
  }
  function onClickButton2(){              //响应单击"上海风光"按钮,实现居中对齐
    $("#myImage").prop("src","image/myimage2.jpg");
    $("#myNavbar").prop("style","text-align:center");
  }
  function onClickButton3(){              //响应单击"重庆风光"按钮,实现靠右对齐
    $("#myImage").prop("src","image/myimage3.jpg");
    $("#myNavbar").prop("style","text-align:right");
  }
</script>
< style > img{width:400px;height:560px;}</style>
</head>
< body >
< div data-role = "page">
  < div data-role = "main">< img id = "myImage" src = "image\myimage1.jpg"/></div>
  < div data-role = "footer" data-position = "fixed" data-theme = "b" >
   < div data-role = "navbar" style = "text-align:center" id = "myNavbar">
    < a href = "#" onclick = "onClickButton1();" class = "ui-btn ui-corner-all ui-shadow ui-icon-
grid ui-btn-icon-left">北京风光</a>
    < a href = "#" onclick = "onClickButton2();" class = "ui-btn ui-corner-all ui-shadow ui-icon-
gear ui-btn-icon-left">上海风光</a>
    < a href = "#" onclick = "onClickButton3();" class = "ui-btn ui-corner-all ui-shadow ui-icon-
refresh ui-btn-icon-left">重庆风光</a></div>
</div></div></body></html>
```

上面这段代码在 MyCode\MySampleH24\app\src\main\assets\myPage.html 文件中。在这段代码中,style="text-align:center"用于实现页脚导航栏上的多个按钮居中对齐;如果 style="text-align:right",则表示页脚导航栏上的多个按钮靠右对齐;如果 style="text-align:left",则表示页脚导航栏上的多个按钮靠左对齐;如果未设置 style 属性,则页脚导航栏上的多个按钮将靠左对齐。

此实例的完整代码在 MyCode\MySampleH24 文件夹中。

007　强制使页脚与屏幕底部靠齐

此实例主要通过设置 div 元素(footer 页脚)的 class 属性为 ui-footer-fixed,实现页脚与屏幕底部始终靠齐。当实例运行之后,单击"显示默认页脚"按钮,页脚将跟随页面元素(内容)布局,如图 007-1(a)所示。单击"页脚靠齐底部"按钮,页脚将不随页面元素(内容)布局,而是强制放置在屏幕底部,如图 007-1(b)所示。

主要代码如下:

```
<! DOCTYPE html >
< html >
```

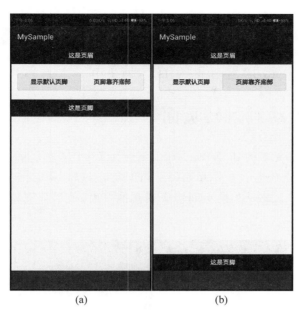

(a) 　　　　　(b)

图　　007-1

```
<head>
  <meta name = "viewport" content = "width = device-width, initial-scale = 1">
  <link rel = "stylesheet" href = "https://apps.bdimg.com/libs
                    /jquerymobile/1.4.5/jquery.mobile-1.4.5.min.css">
  <script src = "https://apps.bdimg.com/libs
                    /jquery/1.10.2/jquery.min.js"></script>
  <script src = "https://apps.bdimg.com/libs
                    /jquerymobile/1.4.5/jquery.mobile-1.4.5.min.js"></script>
  <script>
    function onClickButton1(){                    //响应单击"显示默认页脚"按钮
      $("#myfooter").removeClass("ui-footer-fixed").toolbar("refresh");
    }
    function onClickButton2(){                    //响应单击"页脚靠齐底部"按钮
      $("#myfooter").addClass("ui-footer-fixed").toolbar("refresh");
    }
  </script>
</head>
<body>
<div data-role = "page">
  <div data-role = "header" id = "myHeader" data-theme = "b">
   <h1>这是页眉</h1></div>
   <div data-role = "main" class = "ui-content">
    <div data-role = "controlgroup" data-type = "horizontal">
     <a class = "ui-btn" onclick = "onClickButton1();"
                    style = "width:130px">显示默认页脚</a>
     <a class = "ui-btn" onclick = "onClickButton2();"
                    style = "width:130px">页脚靠齐底部</a></div></div>
    <div data-role = "footer" id = "myfooter"
            data-theme = "b" class = "ui-footer-fixed">
     <h1>这是页脚</h1>
  </div></div></body></html>
```

上面这段代码在 MyCode\MySampleH19\app\src\main\assets\myPage.html 文件中。在这段

代码中,$("♯myfooter").addClass("ui-footer-fixed")表示为页脚添加 ui-footer-fixed 样式,toolbar ("refresh")用于刷新样式;一般情况下,如果在 jQuery Mobile 修改样式或属性之后未生效,可能存在刷新问题,此时就需要使用该元素的刷新方法进行刷新。

此实例的完整代码在 MyCode\MySampleH19 文件夹中。

008　使用过渡动画跳转页面

此实例主要通过设置 a 元素的 data-transition 属性为 flip,实现以翻转过渡的动画效果从一个页面跳转到另一个页面。当实例运行之后,单击屏幕,即可实现以三维空间的 y 轴为旋转中心,以翻转过渡(从后向前翻转)的动画风格从当前页面切换到其他页面,效果分别如图 008-1(a)和图 008-1(b)所示。

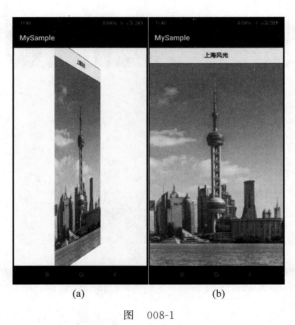

(a)　　　　　　　(b)

图　008-1

主要代码如下:

```
<! DOCTYPE html >
< html >
< head >
  < meta name = "viewport" content = "width = device - width, initial - scale = 1">
  < link rel = "stylesheet" href = "https://apps.bdimg.com/libs
                   /jquerymobile/1.4.5/jquery.mobile - 1.4.5.min.css">
  < script src = "https://apps.bdimg.com/libs
                   /jquery/1.10.2/jquery.min.js"></script >
  < script src = "https://apps.bdimg.com/libs
                   /jquerymobile/1.4.5/jquery.mobile - 1.4.5.min.js"></script >
  < style > img{width:360px;height:560px;}
        . ui - bar - myHeaderTheme { background - color: cyan; }
  </style >
</head >
< body >
< div data - role = "page" id = "myPage1">
  < div data - role = "header" data - theme = "myHeaderTheme">
```

```
  <h1>北京风光</h1></div>
 <div data-role="main">
  <a href="♯myPage2" data-transition="flip">
   <img src="image\myimage1.jpg"/></a></div></div>
<div data-role="page" id="myPage2">
 <div data-role="header" data-theme="myHeaderTheme">
  <h1>上海风光</h1></div>
  <div data-role="main">
   <a href="♯myPage3" data-transition="flip">
    <img src="image\myimage2.jpg"/></a></div></div>
<div data-role="page" id="myPage3">
 <div data-role="header" data-theme="myHeaderTheme">
  <h1>重庆风光</h1></div>
  <div data-role="main">
   <a href="♯myPage1" data-transition="flip">
    <img src="image\myimage3.jpg"/></a></div></div>
</body></html>
```

上面这段代码在 MyCode\MySampleG26\app\src\main\assets\myPage.html 文件中。在这段代码中，data-transition＝"flip"表示以翻转过渡的动画效果切换两个页面，过渡效果通常被用于使用data-transition 属性的链接(a 元素)或表单。除了 flip 过渡动画之外，jQuery Mobile 还包括下列过渡动画：fade(默认，淡入到下一页)、flow(抛出当前页，进入下一页)、pop(像弹窗那样转到下一页)、slide(从右向左滑动到下一页)、slidefade(从右向左滑动并淡入到下一页)、slideup(从下到上滑动到下一页)、slidedown(从上到下滑动到下一页)、turn(转向下一页)。

此实例的完整代码在 MyCode\MySampleG26 文件夹中。

009　自定义过渡动画的方向

此实例主要通过设置 a 元素的 data-direction 属性，实现自定义(水平滑动)过渡动画的方向。当实例运行之后，单击"下一图书"按钮，将按照从右向左的方向滑动到下一页面(图书封面图像)；单击"上一图书"按钮，将按照从左向右的方向滑动到上一页面(图书封面图像)，效果分别如图 009-1(a)和图 009-1(b)所示。

主要代码如下：

```
<!DOCTYPE html>
<html>
<head>
<meta charset="UTF-8"/>
<link rel="stylesheet" href="https://cdnjs.cloudflare.com/ajax/libs
                   /jquery-mobile/1.4.5/jquery.mobile.min.css">
<script src="https://cdnjs.cloudflare.com/ajax/libs
                   /jquery/2.1.0/jquery.min.js"></script>
<script src="https://cdnjs.cloudflare.com/ajax/libs
                   /jquery-mobile/1.4.5/jquery.mobile.min.js"></script>
<style>
  img{width:100%;height:70%;position:absolute;top:120px;left:10px;}
  ♯myPage1 a, ♯myPage2 a, ♯myPage3 a{font-size:1.1em;width:134px}
  </style>
</head>
<body>
<div data-role="page" id="myPage1">
```

图　009-1

```
< div data – role = "header" >
 <!-- href 属性用于指定切换显示的页面 -->
 < a href = "♯myPage3" data – transition = "slide" data – direction = "reverse">上一图书</a>
 < a href = "♯myPage2" data – transition = "slide">下一图书</a></div>
 < div data – role = "main"><img src = "image\myimage1.jpg"/></div></div>
< div data – role = "page" id = "myPage2">
 < div data – role = "header" style = "height:60px">
  < a href = "♯myPage1" data – transition = "slide" data – direction = "reverse">上一图书</a>
  < a href = "♯myPage3" data – transition = "slide" >下一图书</a></div>
 < div data – role = "main"><img src = "image\myimage2.jpg"/></div></div>
< div data – role = "page" id = "myPage3">
 < div data – role = "header" style = "height:60px">
  < a href = "♯myPage2" data – transition = "slide" data – direction = "reverse">上一图书</a>
  < a href = "♯myPage1" data – transition = "slide" >下一图书</a></div>
 < div data – role = "main"><img src = "image\myimage3.jpg"/></div></div>
</body></html>
```

上面这段代码在 MyCode\MySampleG29\app\src\main\assets\myPage.html 文件中。在这段代码中，如果仅在 a 元素中设置 data-transition＝"slide"，则表示按照从右向左的方向滑动页面；如果同时在 a 元素中设置 data-direction＝"reverse"，则表示按照从左向右的方向滑动页面。

此实例的完整代码在 MyCode\MySampleG29 文件夹中。

010　在页面跳转时禁止动画

此实例主要通过设置 a 元素的 data-transition 属性为 none，实现在从一个页面跳转到另一个页面时禁止使用默认的过渡动画。当实例运行之后，单击当前图像（页面）即可跳转到其他图像（页面），在（单击图像）第一次、第二次跳转时，由于设置了 a 元素的 data-transition 属性为 none，因此在跳转时无任何过渡动画效果。在第三次跳转时，由于 a 元素未设置 data-transition 属性，因此将显示默认的 fade 过渡动画，效果分别如图 010-1(a)和图 010-1(b)所示。

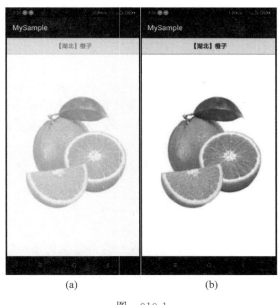

(a)　　　　　　　(b)

图　010-1

主要代码如下：

```
<!DOCTYPE html>
<html>
<head>
  <meta name = "viewport" content = "width = device - width, initial - scale = 1">
  <link rel = "stylesheet" href = "https://apps.bdimg.com/libs
                /jquerymobile/1.4.5/jquery.mobile - 1.4.5.min.css">
  <script src = "https://apps.bdimg.com/libs
                /jquery/1.10.2/jquery.min.js"></script>
  <script src = "https://apps.bdimg.com/libs
                /jquerymobile/1.4.5/jquery.mobile - 1.4.5.min.js"></script>
  <style> img{width:360px;height:560px;}
          .ui - bar - myHeaderTheme { background - color: cyan; }
  </style>
</head>
<body>
<div data - role = "page" id = "myPage1">
  <div data - role = "header" data - theme = "myHeaderTheme">
    <h1>【陕西】苹果</h1></div>
    <div data - role = "main">
      <a href = " # myPage2" data - transition = "none">
      <img src = "image\\myimage1.jpg"/></a></div></div>
<div data - role = "page" id = "myPage2">
  <div data - role = "header" data - theme = "myHeaderTheme">
    <h1>【云南】香蕉</h1></div>
    <div data - role = "main">
      <a href = " # myPage3"data - transition = "none">
      <img src = "image\\myimage2.jpg"/></a></div></div>
    <div data - role = "page" id = "myPage3">
    <div data - role = "header" data - theme = "myHeaderTheme">
      <h1>【湖北】橙子</h1></div>
      <div data - role = "main">
```

```
< a href = "♯myPage1" >
< img src = "image\\myimage3.jpg"/></a></div></div>
</body></html >
```

上面这段代码在 MyCode\MySampleG83\app\src\main\assets\myPage.html 文件中。在这段代码中,data-transition="none"表示在页面跳转时禁止使用默认的淡入(fade)过渡动画。在 jQuery Mobile 中,默认情况下,如果未设置 a 元素的 data-transition 属性,在页面跳转时将显示默认的淡入过渡动画。

此实例的完整代码在 MyCode\MySampleG83 文件夹中。

011 自定义淡出淡入过渡动画

此实例主要通过设置 a 元素的 data-transition 属性为自定义的淡出淡入过渡动画 myTransition,实现以淡出淡入的过渡动画效果从一个页面跳转到另一个页面。当实例运行之后,单击当前图像(页面),当前图像(页面)淡出,效果分别如图 011-1(a)和图 011-1(b)所示,下一幅图像(页面)淡入。

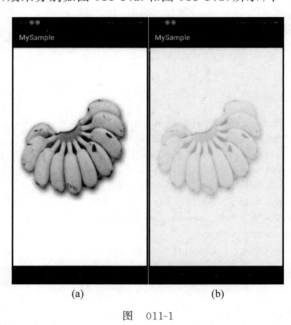

(a)   (b)

图   011-1

主要代码如下:

```
<!DOCTYPE html >
< html >
< head >
 < meta charset = "UTF - 8"/>
 < link rel = "stylesheet" href = "https://cdnjs.cloudflare.com/ajax/libs
                         /jquery - mobile/1.4.5/jquery.mobile.min.css">
 < script src = "https://cdnjs.cloudflare.com/ajax/libs
                         /jquery/2.1.0/jquery.min.js"></script >
 < script src = "https://cdnjs.cloudflare.com/ajax/libs
                         /jquery - mobile/1.4.5/jquery.mobile.min.js"></script >
 < style >
  img{width:400px;height:600px;}
```

```
/*表示在1.5秒内完成淡入(进场)动画*/
.myTransition.in{ -webkit-animation:myIn 1.5s;}
/*表示在1.5秒内完成淡出(离场)动画*/
.myTransition.out{ -webkit-animation:myOut 1.5s;}
/*淡入(进场)动画*/
@-webkit-keyframes myIn{ from{ opacity: 0.1 } to{ opacity: 1;} }
/*淡出(离场)动画*/
@-webkit-keyframes myOut{ from{ opacity: 1} to{ opacity: 0.1;} }
</style>
</head>
<body>
<div data-role="page" id="myPage1">
 <a href="#myPage2" data-transition="myTransition">
 <img src="image\myimage1.jpg"/></a></div>
 <div data-role="page" id="myPage2">
  <a href="#myPage3" data-transition="myTransition">
  <img src="image\myimage2.jpg"/></a></div>
<div data-role="page" id="myPage3">
  <a href="#myPage1" data-transition="myTransition">
  <img src="image\myimage3.jpg"/></a></div>
</body></html>
```

　　上面这段代码在 MyCode\MySampleG63\app\src\main\assets\myPage.html 文件中。在这段代码中,opacity 表示元素的透明度,其值为 1 表示完全不透明,即可见;其值为 0 表示完全透明,即不可见。data-transition＝"myTransition"表示使用自定义的淡出淡入过渡动画。

　　此实例的完整代码在 MyCode\MySampleG63 文件夹中。

012　使用多种过渡动画组合

　　此实例主要通过设置 a 元素的 data-transition 属性为自定义的包含旋转和缩放两种动画组合的过渡动画,实现以旋转缩小的过渡动画效果退出当前页面(图像),再以旋转放大的过渡动画效果进入新的页面(图像)。当实例运行之后,单击当前图像(页面),当前图像(页面)以旋转缩小的过渡动画效果退出,直至完全消失,下一幅图像(页面)以旋转放大的过渡动画效果进入画面;直至完全显示,效果分别如图 012-1(a)和图 012-1(b)所示。

　　主要代码如下:

```
<!DOCTYPE html>
<html>
<head>
 <meta charset="UTF-8"/>
 <link rel="stylesheet" href="https://cdn.bootcss.com
                          /jquery-mobile/1.4.5/jquery.mobile.min.css">
  <script src="https://cdn.bootcss.com
                          /jquery/2.1.0/jquery.min.js"></script>
  <script src="https://cdn.bootcss.com/jquery-mobile/1.4.5
                          /jquery.mobile.min.js"></script>
 <style> img{width:400px;height:600px;}
  /*表示在1.5秒内完成进场动画*/
  .myTransition.in{ -webkit-animation:myIn 1.5s;}
  /*表示在1.5秒内完成退场动画*/
```

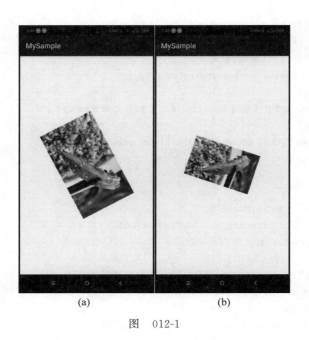

(a)   (b)

图　012-1

```
.myTransition.out{ - webkit - animation:myOut 1.5s;}
    /* 旋转放大动画 */
    @- webkit - keyframes myIn{ from{ - webkit - transform:rotateZ(0deg) scale(0);}
    to{ - webkit - transform:rotateZ(360deg) scale(1);} }
    /* 旋转缩小动画 */
    @- webkit - keyframes myOut{ from{ - webkit - transform:rotateZ(360deg) scale(1);}
    to{ - webkit - transform:rotateZ(0deg) scale(0);} }
  </style>
</head>
< body>
< div data - role = "page" id = "myPage1">
 < a href = " #myPage2" data - transition = "myTransition">
  < img src = "image\myimage1.jpg"/></a></div>
< div data - role = "page" id = "myPage2">
 < a href = " #myPage3" data - transition = "myTransition">
  < img src = "image\myimage2.jpg"/></a></div>
< div data - role = "page" id = "myPage3">
 < a href = " #myPage1" data - transition = "myTransition">
  < img src = "image\myimage3.jpg"/></a></div>
</body></html>
```

上面这段代码在 MyCode\MySampleH32\app\src\main\assets\myPage.html 文件中。在这段代码中,@-webkit-keyframes myIn{ from{-webkit-transform:rotateZ(0deg) scale(0);} to{-webkit-transform:rotateZ(360deg) scale(1);} }中的 rotateZ(0deg)表示进场旋转动画的起始角度是 0°,rotateZ(360deg)表示进场旋转动画的终止角度是 360°;scale(0)表示进场放大动画的起始系数是 0,scale(1)表示进场放大动画的终止系数是 1。@-webkit-keyframes myOut{ from{-webkit-transform:rotateZ(360deg) scale(1);} to{-webkit-transform:rotateZ(0deg) scale(0);} }中的 rotateZ(360deg)表示退场旋转动画的起始角度是 360°,rotateZ(0deg)表示退场旋转动画的终止角度是 0°;scale(1)表示退场缩小动画的起始系数是 1,scale(0)表示退场缩小动画的终止系数是 0。

此实例的完整代码在 MyCode\MySampleH32 文件夹中。

013　使用过渡动画显示弹窗

此实例主要通过设置 a 元素的 data-transition 属性为 turn、data-position-to 属性为 window、data-rel 属性为 popup，实现使用 turn 过渡动画显示弹窗。当实例运行之后，单击图像，将使用 turn 过渡动画显示弹窗（作者简介）；单击弹窗之外的其他区域，将使用 turn 过渡动画关闭弹窗（作者简介），效果分别如图 013-1（a）和图 013-1（b）所示。

(a)　　　　　　　(b)

图　013-1

主要代码如下：

```
<!DOCTYPE html>
<html>
<head>
 <meta charset = "utf-8"/>
 <link rel = "stylesheet" href = "https://cdn.bootcss.com
                        /jquery-mobile/1.4.5/jquery.mobile.min.css">
 <script src = "https://cdn.bootcss.com
                        /jquery/2.1.0/jquery.min.js"></script>
 <script src = "https://cdn.bootcss.com/jquery-mobile/1.4.5
                        /jquery.mobile.min.js"></script>
 <style> img{width:400px;height:600px;}</style>
</head>
<body>
<div data-role = "page">
 <a href = "#myPopup" data-rel = "popup"
    data-transition = "turn" data-position-to = "window">
 <img id = "myImage" src = "image\\myimage1.jpg"/></a>
 <div data-role = "popup" id = "myPopup">
  <div data-role = "header"><h1>作者简介</h1></div>
  <div data-role = "main" class = "ui-content">
   <h4>罗帅,1997 年出生于重庆市长寿区,现居住于重庆市渝北区金开大道 2009 号,联系电话:152××××8653,
联系 QQ:209××××576. </h4>
```

```
</div></div></div></body></html>
```

上面这段代码在 MyCode\MySampleG59\app\src\main\assets\myPage.html 文件中。在这段代码中,data-position-to 属性用于指定弹窗的显示位置,origin 是默认值;如果是 window,则表示在屏幕中央显示弹窗。data-transition 属性指定过渡动画类型,可用值包括 fade、flip、flow、pop、slide、slidedown、slidefade、slideup、turn、none 等。data-rel 属性规定链接行为,如果是 back,则表示回退到历史记录的前一个页面;如果是 dialog,则表示以对话框形式打开链接,不保存到历史记录;如果是 external,则表示链接到另一个域;如果是 popup,则表示打开一个弹窗。

此实例的完整代码在 MyCode\MySampleG59 文件夹中。

014　自定义圆角风格的弹窗

此实例主要通过设置 div 元素(popup 弹窗)的 data-corners 属性为 true,实现使用预置的半径创建圆角弹窗。当实例运行之后,单击“显示圆角弹窗”按钮,将显示一个圆角半径为 20px 的弹窗,如图 014-1(a)所示。单击“显示普通弹窗”按钮,将显示一个普通的矩形弹窗,如图 014-1(b)所示。

(a)　　　　　　　(b)

图　014-1

主要代码如下:

```
<!DOCTYPE html>
<html>
<head>
 <meta charset = "UTF-8"/>
 <link rel = "stylesheet" href = "https://cdn.bootcss.com
                    /jquery-mobile/1.4.5/jquery.mobile.min.css">
 <script src = "https://cdn.bootcss.com/jquery/2.1.0/jquery.min.js"></script>
 <script src = "https://cdn.bootcss.com
                    /jquery-mobile/1.4.5/jquery.mobile.min.js"></script>
 <style> h1{text-align:center;}
  /*设置弹窗的圆角半径为20px*/
  .ui-corner-all{-webkit-border-radius:20px;}
```

```
    </style>
    <script>
      $(function(){
        $("#myButton1").click(function(){              //响应单击"显示圆角弹窗"按钮
          $("#myCornerPopup").popup("open");
        });
        $("#myButton2").click(function(){              //响应单击"显示普通弹窗"按钮
          $("#myPopup").popup("open");
        }); });
    </script>
</head>
<body>
<div data-role="page">
  <div data-role="main" class="ui-content">
    <button id="myButton1" data-inline="true"
            style="width:150px;">显示圆角弹窗</button>
    <button id="myButton2" data-inline="true"
            style="width:150px;">显示普通弹窗</button></div>
  <!-- 设置data-corners属性为true,显示圆角弹窗 -->
  <div data-role="popup" id="myCornerPopup" data-corners="true">
    <div data-role="header"><h1>圆角弹窗</h1></div>
    <div data-role="main" class="ui-content">
      <h4>量子力学关于物理量测量的原理,表明粒子的位置与动量不可同时被确定.该原理是德国物理学家沃
纳·卡尔·海森堡于1927年通过对理想实验的分析提出来的,不久就被证明可以从量子力学的基本原理及其相应
的数学形式中把它推导出来.根据这个原理,微观客体的任何一对互为共轭的物理量,如坐标和动量,都不可能
同时具有确定值,即不可能对它们的测量结果同时做出准确预言.</h4></div></div>
  <div data-role="popup" id="myPopup" data-corners="false">
    <div data-role="header"><h1>普通弹窗</h1></div>
    <div data-role="main" class="ui-content">
<h4>博弈论主要研究公式化了的激励结构间的相互作用,是研究具有斗争或竞争性质现象的数学理论和方法.
博弈论考虑游戏中的个体的预测行为和实际行为,并研究它们的优化策略.生物学家使用博弈理论来理解和预
测进化论的某些结果.博弈论已经成为经济学的标准分析工具之一.在生物学、经济学、国际关系、计算机科学、
政治学、军事战略和其他很多学科都有广泛的应用.</h4></div></div>
</div></body></html>
```

上面这段代码在 MyCode\MySampleG57\app\src\main\assets\myPage.html 文件中。需要注意的
是,在创建圆角弹窗时,除了需要在<div data-role="popup" id="myCornerPopup" data-corners="true">
中设置 data-corners 属性为 true 外,还应该在 style 中指定圆角半径值,如. ui-corner-all{-webkit-border-
radius:20px;},否则 data-corners 属性将不起作用。

此实例的完整代码在 MyCode\MySampleG57 文件夹中。

015 自定义黑色主题的弹窗

此实例主要通过设置 div 元素(popup 弹窗)的 data-theme 属性为 b,实现创建黑色主题的弹窗。
当实例运行之后,单击图像,将从下向上滑入黑色主题的弹窗(作者简介);再次单击图像,将从上向下
滑出黑色主题的弹窗(作者简介),效果分别如图 015-1(a)和图 015-1(b)所示。

主要代码如下:

```
<!DOCTYPE html>
<html>
<head>
```

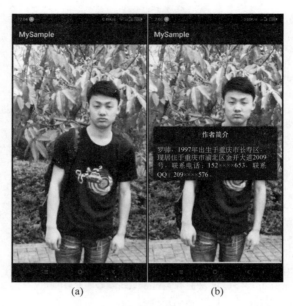

(a)   (b)

图　015-1

```
< meta charset = "UTF - 8"/>
< link rel = "stylesheet" href = "https://cdn.bootcss.com
                  /jquery - mobile/1.4.5/jquery.mobile.min.css">
< script src = "https://cdn.bootcss.com/jquery/2.1.0/jquery.min.js"></script>
< script src = "https://cdn.bootcss.com
                  /jquery - mobile/1.4.5/jquery.mobile.min.js"></script>
< style > img{width:400px;height:600px;}</style>
</head>
< body >
< div data - role = "page">
 < a href = "♯myPopup" data - rel = "popup"
                  data - transition = "slideup" data - position - to = "window">
  < img id = "myImage" src = "image\myimage1.jpg"/></a>
  < div data - role = "popup" data - theme = "b" id = "myPopup">
   < div data - role = "header">< h3 >电影简介</h3></div>
< h4 >罗帅,1997 年出生于重庆市长寿区,现居住于重庆市渝北区金开大道2009 号,联系电话:152××××8653,
联系 QQ:209×××576.</h4>
</div></div></body></html>
```

上面这段代码在 MyCode\MySampleG73\app\src\main\assets\myPage.html 文件中。在这段代码中,data-theme="b"表示弹窗使用黑色主题,jQuery Mobile 提供了两种不同的主题,即主题 a 和主题 b,a 主题的样式适用于大多数元素,即通常所说的默认主题。

此实例的完整代码在 MyCode\MySampleG73 文件夹中。

016　在弹窗右上角添加按钮

此实例主要通过在 a 元素中设置 class 属性为 ui-corner-all ui-shadow ui-icon-delete ui-btn ui-btn-icon-notext ui-btn-right,实现在弹窗的右上角添加关闭按钮。当实例运行之后,单击图像,将从下向上滑入作者简介弹窗,并且在该弹窗的右上角有一个关闭按钮;单击该关闭按钮,将从上向下滑出作者简介的弹窗,效果如图 016-1 所示。

图　016-1

主要代码如下：

```
<!DOCTYPE html>
<html>
<head>
  <meta charset = "UTF-8"/>
  <link rel = "stylesheet" href = "https://cdn.bootcss.com
                      /jquery-mobile/1.4.5/jquery.mobile.min.css">
  <script src = "https://cdn.bootcss.com/jquery/2.1.0/jquery.min.js"></script>
  <script src = "https://cdn.bootcss.com
                      /jquery-mobile/1.4.5/jquery.mobile.min.js"></script>
  <style> img{width:400px;height:600px;}</style>
</head>
<body>
<div data-role = "page">
  <a href = "#myPopup" data-rel = "popup" data-transition = "slideup">
  <img src = "image\myimage1.jpg"/></a>
  <div data-role = "popup" id = "myPopup">
  <a href = "#" data-rel = "back" class = " ui-corner-all ui-shadow ui-icon-delete ui-btn ui-
btn-icon-notext ui-btn-right">关闭</a>
  <div data-role = "header"><h3>作者简介</h3></div>
    <div data-role = "main" class = "ui-content">
<h4>罗帅,1997 年出生于重庆市长寿区,现居住于重庆市渝北区金开大道 2009 号,联系电话:152××××8653,
联系 QQ:209××××576.</h4>
</div></div></div></body></html>
```

上面这段代码在 MyCode\MySampleAG2\app\src\main\assets\myPage. html 文件中。在这段
代码中,class＝"ui-corner-all ui-shadow ui-icon-delete ui-btn-icon-notext ui-btn ui-btn-right"表示在
弹窗的右上角添加关闭按钮；如果是 class＝"ui-btn ui-corner-all ui-shadow ui-icon-delete ui-btn-
icon-notext ui-btn-left",则该关闭按钮将出现在弹窗的左上角。

此实例的完整代码在 MyCode\MySampleAG2 文件夹中。

017　在弹窗边线上添加箭头

此实例主要通过在 div 元素（popup 弹窗）中设置 data-arrow 属性为 t，实现在弹窗的上边框线上添加一个方向箭头。当实例运行之后，单击图像，将显示一个上边框线有方向箭头的弹窗，效果分别如图 017-1（a）和图 017-1（b）所示。

(a)　　　　　　(b)

图　017-1

主要代码如下：

```
<!DOCTYPE html>
<html>
<head>
 <meta charset = "UTF - 8"/>
 <link rel = "stylesheet" href = "https://cdn.bootcss.com
                   /jquery - mobile/1.4.5/jquery.mobile.min.css">
 <script src = "https://cdn.bootcss.com/jquery/2.1.0/jquery.min.js"></script>
 <script src = "https://cdn.bootcss.com
                   /jquery - mobile/1.4.5/jquery.mobile.min.js"></script>
 <style> img{width:400px;height:600px;}</style>
</head>
<body>
<div data - role = "page">
 <a href = "#myPopup" data - rel = "popup">
  <img id = "myImage" src = "image\myimage1.jpg"/></a>
 <div data - role = "popup" id = "myPopup" data - arrow = "t">
  <div data - role = "main" class = "ui - content">
     <h4>罗帅,1997 年出生于重庆市长寿区,现居住于重庆市渝北区金开大道 2009 号,联系电话:15××××28653,
联系 QQ:209××××576.</h4>
</div></div></div></body></html>
```

上面这段代码在 MyCode\MySampleBG2\app\src\main\assets\myPage.html 文件中。在这段代码中,data-arrow＝"t"表示在弹窗的上边框线上添加方向箭头；如果 data-arrow＝"b",则将在弹窗

的下边框线上添加方向箭头；如果 data-arrow＝"l"，则将在弹窗的左边框线上添加方向箭头；如果
data-arrow＝"r"，则将在弹窗的右边框线上添加方向箭头。

此实例的完整代码在 MyCode\MySampleBG2 文件夹中。

018　将弹窗定位在元素上方

此实例主要通过在 a 元素中设置 data-position-to 属性为指定元素的 id(jQuery 选择器)，如
♯myImage1，实现弹窗在显示时定位在指定元素的上方。当实例运行之后，单击任意一个图像，将在
该图像的上方显示菜名的弹窗，效果分别如图 018-1(a)和图 018-1(b)所示。

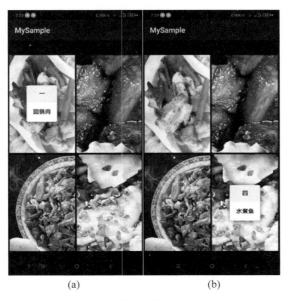

(a)　　　　　　　　　(b)

图　　018-1

主要代码如下：

```html
<!DOCTYPE html>
<html>
<head>
 <meta charset = "UTF-8"/>
 <link rel = "stylesheet" href = "https://cdn.bootcss.com
                   /jquery-mobile/1.4.5/jquery.mobile.min.css">
 <script src = "https://cdn.bootcss.com/jquery/2.1.0/jquery.min.js"></script>
 <script src = "https://cdn.bootcss.com
                   /jquery-mobile/1.4.5/jquery.mobile.min.js"></script>
  <style>
    img{width:49%;height:49%;}
    #myPage{margin-top:40px;background-color:black;}
  </style>
</head>
<body style = "background-color:black">
<div data-role = "page" id = "myPage">
  <a href = "#myPopup1" data-rel = "popup"
     data-transition = "slideup" data-position-to = "#myImage1">
    <img id = "myImage1" src = "image\myimage1.jpg"/></a>
  <div data-role = "popup" id = "myPopup1">
```

```
< div data - role = "header"><h3>No.1</h3></div>
< div data - role = "main" class = "ui - content"><h4>回锅肉</h4></div></div>
< a href = " ♯ myPopup2" data - rel = "popup"
data - transition = "slideup" data - position - to = " ♯ myImage2">
< img id = "myImage2" src = "image\myimage2.jpg"/></a>
< div data - role = "popup" id = "myPopup2">
< div data - role = "header"><h3>No.2</h3></div>
< div data - role = "main" class = "ui - content"><h4>红烧肉</h4></div></div>
< a href = " ♯ myPopup3" data - rel = "popup"
data - transition = "slideup" data - position - to = " ♯ myImage3">
< img id = "myImage3" src = "image\myimage3.jpg"/></a>
< div data - role = "popup" id = "myPopup3">
< div data - role = "header"><h3>No.3</h3></div>
< div data - role = "main" class = "ui - content"><h4>大盘鸡</h4></div></div>
< a href = " ♯ myPopup4" data - rel = "popup"
    data - transition = "slideup" data - position - to = " ♯ myImage4">
< img id = "myImage4" src = "image\myimage4.jpg"/></a>
< div data - role = "popup" id = "myPopup4">
< div data - role = "header"><h3>No.4</h3></div>
< div data - role = "main" class = "ui - content"><h4>水煮鱼</h4></div></div>
</div></body></html>
```

上面这段代码在 MyCode\MySampleBG1\app\src\main\assets\myPage.html 文件中。在这段代码中,data-position-to 属性用于指定弹窗的位置,origin 是默认值,表示定位弹窗在打开它的链接上;如果是 jQuery selector(选择器),则定位弹窗在指定元素上;如果是 window,则表示在屏幕中央定位弹窗。

此实例的完整代码在 MyCode\MySampleBG1 文件夹中。

019　强制使用按钮关闭弹窗

此实例主要通过设置 div 元素(popup 弹窗)的 data-dismissible 属性为 false,实现强制使用在弹窗上的关闭按钮才能关闭弹窗。当实例运行之后,单击图像,将显示弹窗;单击弹窗之外的其他任何区域(如果 data-dismissible 属性为 true,可以通过此方式关闭弹窗),弹窗仍旧显示;单击弹窗左上角的关闭按钮,关闭弹窗,效果分别如图 019-1(a)和图 019-1(b)所示。

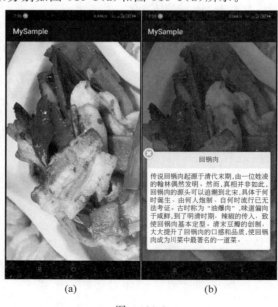

(a)　　　　　　(b)

图　019-1

主要代码如下：

```
<!DOCTYPE html>
<html>
<head>
  <meta charset="UTF-8"/>
  <link rel="stylesheet" href="https://cdn.bootcss.com
                           /jquery-mobile/1.4.5/jquery.mobile.min.css">
  <script src="https://cdn.bootcss.com/jquery/2.1.0/jquery.min.js"></script>
  <script src="https://cdn.bootcss.com
                           /jquery-mobile/1.4.5/jquery.mobile.min.js"></script>
  <style>img{width:400px;height:600px;}</style>
</head>
<body>
<div data-role="page">
  <a href="#myPopup" data-rel="popup" data-transition="slideup">
   <img id="myImage" src="image\myimage1.jpg"/></a>
  <div data-role="popup" id="myPopup"
       data-dismissible="false" data-overlay-theme="b">
  <a href="#" data-rel="back" class="ui-btn ui-corner-all ui-shadow ui-btn ui-icon-delete
ui-btn-icon-notext ui-btn-left">关闭</a>
  <div data-role="header"><h3>回锅肉</h3></div>
  <div data-role="main" class="ui-content">
    <h4>传说回锅肉起源于清代末期，由一位姓凌的翰林偶然发明。然而，真相并非如此，回锅肉的源头可以追
溯到北宋，具体于何时诞生、由何人炮制、自何时流行已无法考证。古时称为"油爆肉"，味道偏向于咸鲜，到了明
清时期，辣椒的传入，致使回锅肉基本定型。
    清末豆瓣的创制，大大提升了回锅肉的口感和品质，使回锅肉成为川菜中最著名的一道菜。</h4>
</div></div></div></body></html>
```

上面这段代码在 MyCode\MySampleBG4\app\src\main\assets\myPage.html 文件中。在这段代码中，data-dismissible="false"表示禁止通过单击弹窗之外的区域关闭弹窗，如果设置了此属性，通常需要为弹窗添加关闭按钮，如<a href="#" data-rel="back" class="ui-btn ui-corner-all ui-shadow ui-btn ui-icon-delete ui-btn-icon-notext ui-btn-left">关闭</a>。

此实例的完整代码在 MyCode\MySampleBG4 文件夹中。

020　在侧滑面板创建抽屉菜单

此实例主要通过设置 div 元素的 data-role 属性为 panel，创建侧滑面板，并通过 listview 在其上创建抽屉菜单。当实例运行之后，单击图像，将从左向右滑入抽屉菜单"名菜导航"，在抽屉菜单中任意单击菜单项，将显示该菜单项对应的图像，效果分别如图 020-1(a)和图 020-1(b)所示。

主要代码如下：

```
<!DOCTYPE html>
<html>
<head>
  <meta charset="UTF-8"/>
  <link rel="stylesheet" href="https://cdnjs.cloudflare.com/ajax/libs
                           /jquery-mobile/1.4.5/jquery.mobile.min.css">
  <script src="https://cdnjs.cloudflare.com/ajax/libs
                           /jquery/2.1.0/jquery.min.js"></script>
  <script src="https://cdnjs.cloudflare.com/ajax/libs
                           /jquery-mobile/1.4.5/jquery.mobile.min.js"></script>
```

```
<script>
  $(function(){
    $("ul li").each(function(index){        //在单击菜单项时,设置相关图像
      $(this).click(function(){
      $("img").prop("src","image\\myimage" + (index + 1) + ".jpg");
    }); }); });
</script>
<style> img{width:100%;height:100%;position:absolute;top:0px;left:0px;}</style>
</head>
<body>
<div data-role = "page">
  <div data-role = "main" class = "ui-content" id = "myMain">
  <!-- 通过 href 属性链接至面板 -->
  <a href = "#myPanel"><img src = "image\myimage1.jpg"/></a></div>
  <div data-role = "panel" id = "myPanel" data-display = "push">
    <h2>名菜导航</h2>
    <ul data-role = "listview" data-inset = "true">
    <li><a href = "#">回锅肉</a></li>
    <li><a href = "#">红烧肉</a></li>
    <li><a href = "#">大盘鸡</a></li>
    <li><a href = "#">水煮鱼</a></li></ul>
  </div></div></body></html>
```

上面这段代码在 MyCode\MySampleG33\app\src\main\assets\myPage.html 文件中。在这段代码中,data-role＝"panel"用于创建侧滑面板,data-display＝"push"表示同时推动 panel(面板)和 main(主页面),以实现滑出 panel(面板),同时滑入 main(主页面)的图像,实现 panel(面板)和 main(主页面)分为左右两部分。

此实例的完整代码在 MyCode\MySampleG33 文件夹中。

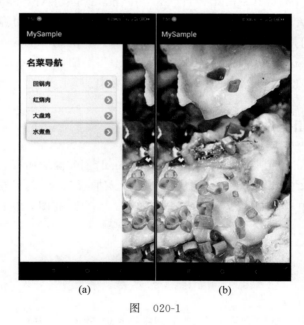

(a)　　　　　　　(b)

图　020-1

021　根据输入框内容过滤文本

此实例主要通过设置 div 元素的 data-filter 属性和 data-input 属性,实现根据输入框的内容自动

过滤符合条件的文本内容(列表项)。当实例运行之后,在输入框中输入过滤关键字,如"爱",将在下方仅显示包含"爱"的书名(列表项),效果分别如图 021-1(a)和图 021-1(b)所示。

(a)   (b)

图 021-1

主要代码如下:

```
<!DOCTYPE html>
<html>
<head>
 <meta charset="UTF-8"/>
 <link rel="stylesheet" href="https://cdnjs.cloudflare.com/ajax/libs
                        /jquery-mobile/1.4.5/jquery.mobile.min.css">
 <script src="https://cdnjs.cloudflare.com/ajax/libs
                        /jquery/2.1.0/jquery.min.js"></script>
 <script src="https://cdnjs.cloudflare.com/ajax/libs
                        /jquery-mobile/1.4.5/jquery.mobile.min.js"></script>
 <script>
   $(function(){
    $("p").each(function(){
    //为p元素添加单击事件,并将被单击p元素文本填充至输入框
     $(this).click(function(){
       $("#mySearch").val($(this).text());
     }); }); });
 </script>
</head>
<body>
<div data-role="page">
 <div data-role="main" class="ui-content">
  <input id="mySearch"/>
  <div><strong>经典好书推荐:</strong></div>
  <div data-filter="true" data-input="#mySearch">
   <p>爱永远不用说对不起:西格尔《爱情故事》</p>
   <p>难得糊涂的爱情与婚姻:列夫·托尔斯泰《安娜·卡列尼娜》</p>
   <p>用哲学来思考:米兰·昆德拉《生命中不能承受之轻》</p>
   <p>唤醒生命的人:海伦·凯勒《假如给我三天光明》</p>
```

```
<p>爱和欲的煎熬:福楼拜《包法利夫人》</p>
<p>片刻的浮华盛世:莫泊桑《项链》</p>
<p>灵魂的哲学与博爱:司汤达《红与黑》</p>
<p>溶解心灵的秘密:舒婷《舒婷诗集》</p>
<p>勇敢地被启蒙:高尔基《母亲》</p>
</div></div></div></body></html>
```

上面这段代码在 MyCode\MySampleG39\app\src\main\assets\myPage.html 文件中。在这段代码中,data-filter="true" 表示该 div 元素中的文本内容支持过滤功能。data-input="♯mySearch" 用于指定过滤关键字所在的输入框。

此实例的完整代码在 MyCode\MySampleG39 文件夹中。

022　在输入框中设置提示文本

此实例主要通过设置 input 元素的 placeholder 属性,实现在输入框中添加输入提示文本。当实例运行之后,单击"设置提示"按钮,将分别在"报考院校:"和"报考专业:"输入框中添加灰色的提示文本"清华大学"和"计算机应用";一旦在输入框中输入内容,相关的提示文本自动消失。单击"删除提示"按钮,在"报考院校:"和"报考专业:"输入框中的提示文本也会自动消失,效果分别如图 022-1(a)和图 022-1(b)所示。

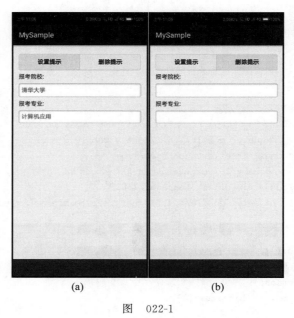

(a)　　　　　　(b)

图　022-1

主要代码如下:

```
<!DOCTYPE html>
<html>
<head>
  <meta name="viewport" content="width=device-width, initial-scale=1">
  <link rel="stylesheet" href="https://apps.bdimg.com/libs
                /jquerymobile/1.4.5/jquery.mobile-1.4.5.min.css">
  <script src="https://apps.bdimg.com/libs
                /jquery/1.10.2/jquery.min.js"></script>
  <script src="https://apps.bdimg.com/libs
                /jquerymobile/1.4.5/jquery.mobile-1.4.5.min.js"></script>
```

```
<script>
  function onClickButton1(){                //响应单击"设置提示"按钮
    $("#myUniversity").prop("placeholder","清华大学");
    $("#myMajor").prop("placeholder","计算机应用");
  }
  function onClickButton2(){                //响应单击"删除提示"按钮
    $("input").prop("placeholder","");
  }
</script>
</head>
<body>
<div data-role="page">
 <div data-role="main" class="ui-content">
  <div data-role="controlgroup" data-type="horizontal">
   <a class="ui-btn" onclick="onClickButton1();"
                      style="width:130px">设置提示</a>
   <a class="ui-btn" onclick="onClickButton2();"
                      style="width:130px">删除提示</a></div>
 <label>报考院校:</label><input placeholder="清华大学" id="myUniversity">
 <label>报考专业:</label><input placeholder="计算机应用" id="myMajor">
</div></div></body></html>
```

上面这段代码在 MyCode\MySampleH01\app\src\main\assets\myPage.html 文件中。在这段代码中,placeholder 属性表示在输入框中设置灰色的提示文本,该提示文本在输入框有输入内容时自动消失,无(删除)输入内容时自动显示。

此实例的完整代码在 MyCode\MySampleH01 文件夹中。

023 在输入框中添加清空按钮

此实例主要通过设置 input 元素的 data-clear-btn 属性为 true,实现在输入框的右端(内部)添加清空按钮。当实例运行之后,如果在输入框中输入文本,将在输入框的右端出现按钮清空(×),单击清空按钮(×),将清空输入框的所有文本,然后清空按钮(×)自动消失,效果分别如图 023-1(a)和图 023-1(b)所示。

(a)   (b)

图 023-1

主要代码如下：

```
<!DOCTYPE html>
<html>
<head>
  <meta charset = "UTF-8"/>
  <meta name = "viewport" content = "width = device-width, initial-scale = 1">
  <link rel = "stylesheet" href = "https://cdn.bootcss.com
                        /jquery-mobile/1.4.5/jquery.mobile.min.css">
  <script src = "https://apps.bdimg.com/libs
                        /jquery/1.10.2/jquery.min.js"></script>
  <script src = "https://cdn.bootcss.com
                        /jquery-mobile/1.4.5/jquery.mobile.min.js"></script>
</head>
<body>
<div data-role = "main" class = "ui-content">
  <label>报考院校:</label><input type = "text" data-clear-btn = "true">
  <label>报考专业:</label><input type = "text" data-clear-btn = "true">
</div></body></html>
```

上面这段代码在 MyCode\MySampleG20\app\src\main\assets\myPage.html 文件中。在这段代码中，data-clear-btn＝"true"表示在输入框的右端(内部)添加清空按钮，如果 data-clear-btn＝"false"或者不设置此属性，输入框的右端(内部)将不显示清空按钮。

此实例的完整代码在 MyCode\MySampleG20 文件夹中。

024　根据两个选项创建滑块开关

此实例主要通过设置 select 元素的 data-role 属性为 slider，实现根据两个选项创建滑块开关。当实例运行之后，在水平方向上任意拖动滑块，即可在"赞成"和"反对"两个选项之间任意切换，并在下方以粗体字显示选择结果，效果分别如图 024-1(a)和图 024-1(b)所示。

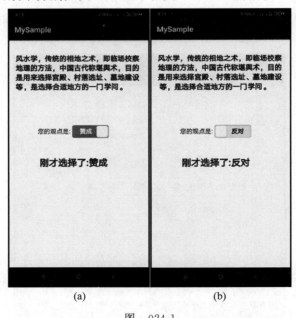

(a)　　　　　　　　(b)

图　024-1

主要代码如下:

```
<! DOCTYPE html>
<html>
<head>
  <meta charset = "UTF-8"/>
  <link rel = "stylesheet" href = "https://cdn.bootcss.com
                      /jquery-mobile/1.4.5/jquery.mobile.min.css">
  <script src = "https://cdn.bootcss.com/jquery/2.1.0/jquery.min.js"></script>
  <script src = "https://cdn.bootcss.com
                      /jquery-mobile/1.4.5/jquery.mobile.min.js"></script>
  <script>
    $(function(){
     var mySlider = true;
     $("#mySwitch").change(function(){
      if(mySlider == true)
        $("#myInfo").text("刚才选择了:赞成");
      else
        $("#myInfo").text("刚才选择了:反对");
      mySlider = !mySlider;
     }); });
  </script>
</head>
<body>
<div data-role = "page">
  <h3 class = "ui-content">风水学,传统的相地之术,即临场校察地理的方法,中国古代称堪舆术,目的是用来
选择宫殿、村落选址、墓地建设等,是选择合适地方的一门学问.</h3>
  <div data-role = "main" class = "ui-content" style = "position:relative;left:60px;">
   <label for = "mySwitch" style = "position:relative;display:inline;top:-20px;">您的观点是:</label>
   <select id = "mySwitch" data-role = "slider" style = "display:inline;">
    <option value = "off">反对</option>
    <option value = "on">赞成</option></select></div>
   <h2 id = "myInfo" style = "position:relative;left:80px;"></h2>
</div></body></html>
```

上面这段代码在 MyCode\MySampleG86\app\src\main\assets\myPage.html 文件中。

此实例的完整代码在 MyCode\MySampleG86 文件夹中。

025 设置和获取滑块的取值范围

此实例主要通过调用 prop()方法访问滑块控件的 max 属性和 min 属性,实现动态设置和获取滑块控件的取值范围。当实例运行之后,单击"设置滑块取值范围"按钮,将重置滑块的取值范围;使用手指任意滑动滑块,然后单击"获取滑块取值范围"按钮,将在弹窗中显示滑块的上限值、下限值和当前值,效果分别如图 025-1(a)和图 025-1(b)所示。

主要代码如下:

```
<! DOCTYPE html>
<html>
<head>
  <meta name = "viewport" content = "width=device-width, initial-scale=1">
  <link rel = "stylesheet" href = "https://apps.bdimg.com/libs
                      /jquerymobile/1.4.5/jquery.mobile-1.4.5.min.css">
```

```
< script src = "https://apps.bdimg.com/libs
                /jquery/1.10.2/jquery.min.js"></script >
< script src = "https://apps.bdimg.com/libs
                /jquerymobile/1.4.5/jquery.mobile-1.4.5.min.js"></script >
< script >
  function onClickButton1(){                      //响应单击"设置滑块取值范围"按钮
    $("#myRange").prop("min","100");
    $("#myRange").prop("max","400");
    $("#myRange").val(250).slider("refresh");
  }
  function onClickButton2(){                      //响应单击"获取滑块取值范围"按钮
    var myInfo = "范围下限:" + $("#myRange").prop("min")
          +"<br>范围上限:" + $("#myRange").prop("max")
          +"<br>当前值:" + $("#myRange").val();
    $("#myPopup").popup( "option", "transition", "slideup" );
    $("#myPopup").popup("open");
    $("#myPopup p").html(myInfo);
  }
</script >
</head >
< body >
< div data-role = "page">
  < div data-role = "main" class = "ui-content">
   < div data-role = "controlgroup" data-type = "horizontal">
    < a class = "ui-btn" onclick = "onClickButton1();"
        style = "width:130px">设置滑块取值范围</a >
    < a class = "ui-btn" onclick = " onClickButton2();"
        style = "width:130px">获取滑块取值范围</a ></div >
    < label for = "myRange">价格范围:</label >
    < input type = "range" id = "myRange" value = "700" min = "500" max = "1000"></div >
    < div data-role = "popup" data-theme = "a" id = "myPopup" style = "width:320px;">
    < div data-role = "header"><h3 >滑块取值范围</h3 ></div >
    < p ></p >
</div ></div ></body ></html >
```

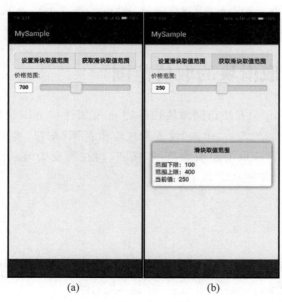

图　025-1

上面这段代码在 MyCode\MySampleH02\app\src\main\assets\myPage.html 文件中。在这段代码中,prop()方法的两个参数如果包含属性名称和属性值,表示设置属性值,如 $("♯myRange").prop("min","100")表示设置滑块的 min 属性值为 100;prop()方法的参数如果仅包含属性名称,表示获取指定名称的属性值,如 $("♯myRange").prop("min")表示获取滑块的 min 属性值。

此实例的完整代码在 MyCode\MySampleH02 文件夹中。

026　创建支持上下限设置的滑块

此实例主要通过设置 div 元素的 data-role 属性为 rangeslider,创建上限和下限可设置范围的滑块。当实例运行之后,滑动左端的滑块可以设置范围下限值,滑动右端的滑块可以设置范围上限值,单击"获取价格范围"按钮,将在弹窗中显示设置的价格上限值和下限值,效果分别如图 026-1(a)和图 026-1(b)所示。

(a)　　　　　　　　(b)

图　026-1

主要代码如下:

```html
<!DOCTYPE html>
<html>
<head>
 <meta charset = "UTF-8"/>
 <link rel = "stylesheet" href = "https://cdn.bootcss.com
                    /jquery-mobile/1.4.5/jquery.mobile.min.css">
 <script src = "https://cdn.bootcss.com/jquery/2.1.0/jquery.min.js"></script>
 <script src = "https://cdn.bootcss.com
                    /jquery-mobile/1.4.5/jquery.mobile.min.js"></script>
 <script>
 $(function(){
  $("button").click(function(){                //响应单击"获取价格范围"按钮
   $("♯myPopup").popup( "option", "transition", "slideup" );
   $("♯myPopup").popup("open");
   $("♯myPopup h4").text("设置的价格范围是:"
          + $("♯myMinRange").val() + "元-" + $("♯myMaxRange").val() + "元");
```

```
  }); });
 </script>
</head>
<body>
<div data-role="main" class="ui-content">
 <!-- 设置data-role属性为rangeslider,以添加范围设置功能 -->
 <div data-role="rangeslider">
  <label for="myMinRange">价格范围:</label>
  <input type="range" id="myMinRange" value="200" min="0" max="1000"/>
  <label for="myMaxRange">价格范围:</label>
  <input type="range" id="myMaxRange" value="800" min="0" max="1000"/></div>
  <button type="button">获取价格范围</button>
  <div data-role="popup" data-theme="a" id="myPopup">
  <div data-role="header"><h3>价格范围</h3></div>
  <h4></h4>
</div></div></body></html>
```

上面这段代码在 MyCode\MySampleG24\app\src\main\assets\myPage.html 文件中。

关于如何加载页面文件和添加网络权限的问题请参考实例 001。此实例的完整代码在 MyCode\MySampleG24 文件夹中。

027 动态折叠或展开折叠块

此实例主要通过使用 collapsible()方法,实现以非手动方式折叠或展开列表项(即不单击列表项左侧的"＋"或"－"符号实现折叠或展开列表项)。当实例运行之后,单击"展开西南地区"按钮,展开(显示)西南地区下方的列表项,如图 027-1(a)所示。单击"折叠西南地区"按钮,折叠(隐藏)西南地区下方的列表项,如图 027-1(b)所示。

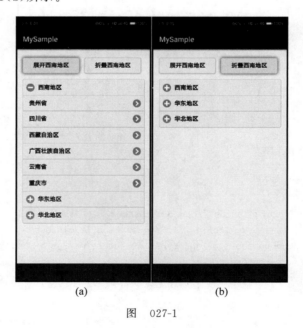

(a)   (b)

图　027-1

主要代码如下:

```
<!DOCTYPE html>
<html>
```

```
<head>
 <meta charset = "UTF-8"/>
 <link rel = "stylesheet" href = "https://cdnjs.cloudflare.com/ajax/libs
                          /jquery-mobile/1.4.5/jquery.mobile.min.css">
 <script src = "https://cdnjs.cloudflare.com/ajax/libs
                          /jquery/2.1.0/jquery.min.js"></script>
 <script src = "https://cdnjs.cloudflare.com/ajax/libs
                          /jquery-mobile/1.4.5/jquery.mobile.min.js"></script>
 <script>
  $(function(){
   $("#myButton1").click(function(){              //响应单击"展开西南地区"按钮
    //强制展开第一个列表(西南地区),若已处于展开状态,不进行任何操作
    $("#myList>div:first").collapsible("expand");
   });
   $("#myButton2").click(function(){              //响应单击"折叠西南地区"按钮
    //强制折叠第一个列表(西南地区),若已处于折叠状态,不进行任何操作
    $("#myList>div:first").collapsible("collapse");
   });
   //在应用启动时,强制展开最后一个列表(华北地区)
   $("#myList>div:last").collapsible("expand");
  });
 </script>
</head>
<body>
<div data-role = "page">
 <div data-role = "main" class = "ui-content">
  <div><button id = "myButton1" style = "width:152px"
                  data-inline = "true">展开西南地区</button>
       <button id = "myButton2" style = "width:152px"
                  data-inline = "true">折叠西南地区</button></div>
  <!-- 设置data-role属性为collapsibleset,表示折叠集合 -->
  <div data-role = "collapsibleset" id = "myList">
   <!-- 设置子元素的data-role属性为collapsible,创建可折叠块 -->
   <div data-role = "collapsible">
    <h3>西南地区</h3>
    <!-- 设置元素的data-role属性为listview,显示列表内容 -->
    <ul data-role = "listview">
     <li><a href = "#">贵州省</a></li>
     <li><a href = "#">四川省</a></li>
     <li><a href = "#">西藏自治区</a></li>
     <li><a href = "#">广西壮族自治区</a></li>
     <li><a href = "#">云南省</a></li>
     <li><a href = "#">重庆市</a></li></ul></div>
   <div data-role = "collapsible">
    <h3>华东地区</h3>
    <ul data-role = "listview">
     <li><a href = "#">江苏省</a></li>
     <li><a href = "#">浙江省</a></li>
     <li><a href = "#">上海市</a></li></ul></div>
   <div data-role = "collapsible">
    <h3>华北地区</h3>
    <ul data-role = "listview">
     <li><a href = "#">河北省</a></li>
     <li><a href = "#">天津市</a></li>
```

```
<li><a href = "#">北京市</a></li></ul></div>
</div></div></div></body></html>
```

上面这段代码在 MyCode\MySampleG41\app\src\main\assets\myPage.html 文件中。

此实例的完整代码在 MyCode\MySampleG41 文件夹中。

028　自定义折叠块的图标位置

此实例主要通过设置 div 元素(collapsible 可折叠块)的 data-iconpos 属性,实现动态调整折叠图标(+/−)的位置。当实例运行之后,单击"折叠图标在左端"按钮,可折叠块图标(+/−)将放置在左端,如图 028-1(a)所示。单击"折叠图标在右端"按钮,可折叠块图标(+/−)将放置在右端,如图 028-1(b)所示。

(a)　　　　　　　　(b)

图　028-1

主要代码如下:

```
<!DOCTYPE html>
<html>
<head>
<meta charset = "UTF - 8"/>
<link rel = "stylesheet" href = "https://cdn.bootcss.com
                 /jquery - mobile/1.4.5/jquery.mobile.min.css">
<script src = "https://cdn.bootcss.com/jquery/2.1.0/jquery.min.js"></script>
<script src = "https://cdn.bootcss.com
                 /jquery - mobile/1.4.5/jquery.mobile.min.js"></script>
<script>
 function onClickButton1(){              //响应单击"折叠图标在左端"按钮
   $("#myDiv [data - role = 'collapsible']").collapsible({iconpos:"left"});
 }
 function onClickButton2(){              //响应单击"折叠图标在右端"按钮
   $("#myDiv [data - role = 'collapsible']").collapsible({iconpos:"right"});
 }
</script>
```

```
</head>
<body>
<div data-role="page">
 <div data-role="main" class="ui-content">
  <div data-role="controlgroup" data-type="horizontal">
   <a class="ui-btn" onclick="onClickButton1();"
                     style="width:130px">折叠图标在左端</a>
   <a class="ui-btn" onclick="onClickButton2();"
                     style="width:130px">折叠图标在右端</a></div>
 <div data-role="collapsibleset" id="myDiv">
  <div data-role="collapsible" data-iconpos="left">
  <h1>Android炫酷应用300例·实战篇</h1>
  <img src="image\myimage1.jpg"/></div>
  <div data-role="collapsible">
  <h1>HTML5+CSS3炫酷实例集锦</h1>
  <img src="image\myimage2.jpg"/></div>
  <div data-role="collapsible">
  <h1>jQuery炫酷实例集锦</h1>
  <img src="image\myimage3.jpg"/></div>
  <div data-role="collapsible">
  <h1>Visual C# 2005数据库开发经典案例</h1>
  <img src="image\myimage4.jpg"/></div>
  <div data-role="collapsible">
  <h1>Visual C++.Net新技术编程120例</h1>
  <img src="image\myimage5.jpg"/>
</div></div></div></div></body></html>
```

上面这段代码在 MyCode\MySampleH28\app\src\main\assets\myPage.html 文件中。在这段代码中,data-iconpos="left"表示折叠图标在可折叠块的左端,这也是默认值;如果 data-iconpos="right",则表示折叠图标在可折叠块的右端。

此实例的完整代码在 MyCode\MySampleH28 文件夹中。

029 自定义折叠图标和展开图标

此实例主要通过设置 div 元素(collapsible 可折叠块)的 data-collapsed-icon 属性为 arrow-d、data-expanded-icon 属性为 arrow-u,实现将默认的折叠/展开图标(+/-)自定义为上/下箭头图标。当实例运行之后,单击"部分获奖作品"左端的下箭头图标,将展开部分获奖名单,下箭头图标重置为上箭头图标;单击"部分获奖作品"左端的上箭头图标,将折叠部分获奖名单,上箭头图标重置为下箭头图标,效果分别如图 029-1(a)和图 029-1(b)所示。

主要代码如下:

```
<!DOCTYPE html>
<html>
<head>
 <meta charset="UTF-8"/>
 <link rel="stylesheet" href="https://cdn.bootcss.com
                    /jquery-mobile/1.4.5/jquery.mobile.min.css">
 <script src="https://cdn.bootcss.com/jquery/2.1.0/jquery.min.js"></script>
 <script src="https://cdn.bootcss.com
                    /jquery-mobile/1.4.5/jquery.mobile.min.js"></script>
</head>
```

```
< body >
< div data - role = "page">
 < div data - role = "main" class = "ui - content" >
  <p>诺贝尔在 1895 年 11 月 27 日立下遗嘱,捐献全部财产 3122 万余瑞典克朗设立基金,每年把利息作为奖
金,授予"一年来对人类作出最大贡献的人".根据他的遗嘱,瑞典政府于同年建立"诺贝尔基金会",负责把基金
的年利息授予获奖人,诺贝尔文学奖就是其中之一.</p>
  < div data - role = "collapsible" data - collapsed - icon = "arrow - d"
                              data - expanded - icon = "arrow - u">
   < h1 >部分获奖作品</h1 >
   < p > 2017   石黑一雄《群山淡景》</p>
   < p > 2016   鲍勃·迪伦《Blowing in the Wind》</p>
   < p > 2014   帕特里克·莫迪亚诺《暗店街》</p>
   < p > 2013   艾丽斯·芒罗《逃离》</p>
   < p > 2012   莫言《红高粱》</p>
   < p > 1999   君特·格拉斯《铁皮鼓》</p>
   < p > 1996   希姆博尔斯卡《我们为此活着》</p>
   < p > 1995   希尼《一位自然主义者之死》</p>
</div ></div ></div ></body ></html >
```

上面这段代码在 MyCode\MySampleG82\app\src\main\assets\myPage.html 文件中。在这段
代码中,data-collapsed-icon＝"arrow-d"表示使用下箭头图标代替默认的"＋"图标,data-expanded-
icon＝"arrow-u"表示使用上箭头图标代替默认的"－"图标,在这两个图标中,可以单独设置其中一个
图标,也可以同时设置两个图标。

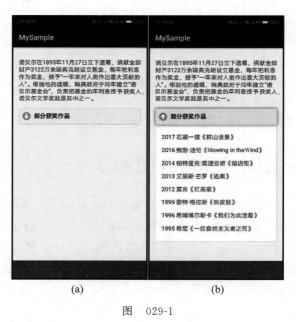

(a)   (b)

图　029-1

此实例的完整代码在 MyCode\MySampleG82 文件夹中。

030　实现多个折叠块互斥展开

此实例主要通过设置 div 元素的 data-role 属性为 collapsibleset,实现多个折叠块在一个集合中
互斥展开,即同一时间只有一个折叠块可以展开。当实例运行之后,如果一个新的折叠块被展开,其
他的所有折叠块都会被折叠起来,效果分别如图 030-1(a)和图 030-1(b)所示。

(a)　　　　　　　(b)

图　030-1

主要代码如下：

```
<!DOCTYPE html>
<html>
<head>
 <meta charset = "UTF-8"/>
 <link rel = "stylesheet" href = "https://cdn.bootcss.com
                     /jquery-mobile/1.4.5/jquery.mobile.min.css">
 <script src = "https://cdn.bootcss.com/jquery/2.1.0/jquery.min.js"></script>
 <script src = "https://cdn.bootcss.com
                     /jquery-mobile/1.4.5/jquery.mobile.min.js"></script>
</head>
<body>
<div data-role = "page">
 <div data-role = "main" class = "ui-content">
  <div data-role = "collapsibleset">
   <div data-role = "collapsible">
    <h1>Android 炫酷应用 300 例·实战篇</h1>
    <img src = "image\myimage1.jpg"/></div>
   <div data-role = "collapsible">
    <h1>HTML5 + CSS3 炫酷实例集锦</h1>
    <img src = "image\myimage2.jpg"/></div>
   <div data-role = "collapsible">
    <h1>jQuery 炫酷实例集锦</h1>
    <img src = "image\myimage3.jpg"/></div>
   <div data-role = "collapsible">
    <h1>Visual C# 2005 数据库开发经典案例</h1>
    <img src = "image\myimage4.jpg"/></div>
   <div data-role = "collapsible">
    <h1>Visual C++.Net 新技术编程 120 例</h1>
    <img src = "image\myimage5.jpg"/></div>
   <div data-role = "collapsible">
    <h1>Visual C# 2005 编程技巧大全</h1>
    <img src = "image\myimage6.jpg"/></div>
```

```
< div data – role = "collapsible">
  <h1>Visual C# 2008 最佳编程实例集粹</h1>
  < img src = "image\myimage7.jpg"/></div>
</div></div></div></body></html>
```

上面这段代码在 MyCode\MySampleH21\app\src\main\assets\myPage.html 文件中。在这段代码中，data-role= "collapsibleset"表示创建一个可折叠集合，即组合在一起的多个可折叠块，当新块被打开时，所有其他块关闭。

此实例的完整代码在 MyCode\MySampleH21 文件夹中。

031　创建多层嵌套的折叠块

此实例主要通过设置多个 div 元素的 data-role 属性为 collapsible，创建多层嵌套的可折叠块。当实例运行之后，多层嵌套的可折叠块在展开或折叠之后的效果分别如图 031-1(a)和图 031-1(b)所示。

(a)　　　　　　　　(b)

图　031-1

主要代码如下：

```
<!DOCTYPE html>
< html >
< head >
  < meta charset = "UTF – 8"/>
  < link rel = "stylesheet" href = "https://cdnjs.cloudflare.com/ajax/libs
                    /jquery – mobile/1.4.5/jquery.mobile.min.css">
  < script src = "https://cdnjs.cloudflare.com/ajax/libs
                    /jquery/2.1.0/jquery.min.js"></script>
  < script src = "https://cdnjs.cloudflare.com/ajax/libs
                    /jquery – mobile/1.4.5/jquery.mobile.min.js"></script>
</head>
< body >
< div data – role = "page">
  < div data – role = "main" class = "ui – content">
    < div data – role = "collapsible" data – collapsed = "false">
```

```
<h3>清华大学</h3>
<p>清华大学是中国著名高等学府,坐落于北京西北郊风景秀丽的清华园.</p>
<div data-role="collapsible" data-collapsed="false">
<h3>信息科学技术学院</h3>
<p>清华大学信息科学技术学院,是科技部批准组建的6个国家研究中心之一.</p>
<div data-role="collapsible" data-collapsed="false">
<h3>计算机科学与技术系</h3>
<p>清华大学计算机科学与技术系成立于1958年.1996年,计算机科学与技术系在由国务院学位办公室主持
的全国计算机学科评估中排名第一,计算机科学与技术系在总共4个分项指标中,3项(学术队伍、人才培养、学
术声誉)在全国排名第一.</p>
</div></div></div></div></div></body></html>
```

上面这段代码在 MyCode\MySampleG91\app\src\main\assets\myPage.html 文件中。在这段代码中,data-collapsed="false"表示在加载页面时自动展开在折叠块中的内容,data-collapsed="true"表示在加载页面时自动折叠在折叠块中的内容,data-collapsed 属性的默认值为 true。

此实例的完整代码在 MyCode\MySampleG91 文件夹中。

032 创建图文结合的列表项

此实例主要通过设置 ul 元素的 data-role 属性为 listview,实现创建图文结合的列表项。当实例运行之后,图文结合的列表项如图 032-1(a)所示。单击"统计学基础"列表项,将在弹窗中显示该书的内容简介,如图 032-1(b)所示。

(a)   (b)

图   032-1

主要代码如下:

```
<!DOCTYPE html>
<html>
<head>
<meta name="viewport" content="width=device-width, initial-scale=1">
<link rel="stylesheet" href="https://apps.bdimg.com/libs
                    /jquerymobile/1.4.5/jquery.mobile-1.4.5.min.css">
<script src="https://apps.bdimg.com/libs
```

```
                            /jquery/1.10.2/jquery.min.js"></script>
    <script src="https://apps.bdimg.com/libs
                            /jquerymobile/1.4.5/jquery.mobile-1.4.5.min.js"></script>
    <style>
    .ui-bar-myHeaderTheme { color: black; background-color: cyan;}
</style>
    <script>
    function onClickButton(){                    //响应单击列表项
        $("#myPopup").popup("option", "transition", "slideup" );
        $("#myPopup").popup("open" );
        $("#myPopup p").html( $("#myInfo1").text());
    }
    </script>
</head>
<body>
<div data-role="page">
    <div data-role="header" data-theme="myHeaderTheme">
      <h1>清华大学出版社新书</h1></div>
    <div data-role="main" class="ui-content">
      <ul data-role="listview" data-inset="false" data-split-theme="a">
      <li><a href="#">
          <img src="image\myimage1.jpg">
          <h2>Android 炫酷应用 300 例·实战篇</h2>
          <p>本书例举了 300 个实用性极强的移动端应用开发案例.</p></a></li>
      <li><a href="#" onclick="onClickButton();">
          <img src="image\myimage2.jpg">
          <h2>统计学基础</h2>
          <p id="myInfo1">本书以应用为导向,内容简洁,学练一体,易于学习者理解和掌握.</p></a></li>
      <li><a href="#">
          <img src="image\myimage3.jpg">
          <h2>现代企业管理</h2>
          <p>本书主要是应高等院校本科生学习企业管理基础知识的需要而编写的.</p></a></li>
      <li><a href="#">
          <img src="image\myimage4.jpg">
          <h2>软件开发之殇</h2>
          <p>本书介绍如何管理技术团队、国内软件开发之殇、软件外包公司生存指南.</p></a></li>
      <li><a href="#">
          <img src="image\myimage5.jpg">
          <h2>企业战略管理</h2>
          <p>本书结合作者多年来在战略管理领域的教学与研究心得,基于企业战略管理完整框架体系安排章
节结构.</p></a></li>
      <li><a href="#">
          <img src="image\myimage6.jpg">
          <h2>色彩基础训练</h2>
          <p>本书内容分为色彩的基础知识、水粉风景写生训练、色彩写生与创作训练、色彩作品赏析等.</p>
</a></li>
      <li><a href="#">
          <img src="image\myimage7.jpg">
          <h2>现代瑜伽</h2>
          <p>本书详细介绍了瑜伽与呼吸、瑜伽与健康、瑜伽与美容、瑜伽与身心等瑜伽的基础理论.</p></a>
</li></ul></div>
      <div data-role="popup" data-theme="a" id="myPopup" style="width:330px;">
        <div data-role="header"><h3>内容简介</h3></div>
        <p></p>
```

</div></div></body></html>

上面这段代码在 MyCode\MySampleG84\app\src\main\assets\myPage.html 文件中。

此实例的完整代码在 MyCode\MySampleG84 文件夹中。

033　自定义列表项的图标大小

此实例主要通过使用 addClass()方法为列表项添加 ui-li-icon 样式，实现列表项显示为小图标。当实例运行之后，单击"小图标显示"按钮，列表项显示小图标，如图 033-1(a)所示。单击"大图像显示"按钮，列表项显示大图像，如图 033-1(b)所示。

(a)　　　　　　　　(b)

图　　033-1

主要代码如下：

```html
<!DOCTYPE html>
<html>
<head>
<meta charset="UTF-8"/>
<link rel="stylesheet" href="https://cdn.bootcss.com
                    /jquery-mobile/1.4.5/jquery.mobile.min.css">
<script src="https://cdn.bootcss.com/jquery/2.1.0/jquery.min.js"></script>
<script src="https://cdn.bootcss.com
                    /jquery-mobile/1.4.5/jquery.mobile.min.js"></script>
<script>
    function onClickButton1(){              //响应单击"小图标显示"按钮
      $("ul li").each(function(){
        $(this).find("img").addClass("ui-li-icon");
      });
     $("ul").listview("refresh");
    }
    function onClickButton2(){                 //响应单击"大图像显示"按钮
      $("ul li").each(function(){
        $(this).removeClass("ui-li-has-icon");
        $(this).find("img").removeClass("ui-li-icon");
```

```
    });
    $("ul").listview("refresh");
  }
</script>
</head>
<body>
<div data-role="page">
  <div data-role="main" class="ui-content">
    <div data-role="controlgroup" data-type="horizontal">
      <a class="ui-btn" onclick="onClickButton1();"
              style="width:130px">小图标显示</a>
      <a class="ui-btn" onclick="onClickButton2();"
          style="width:130px">大图像显示</a></div>
    <ul data-role="listview" data-inset="true">
      <li><a href="#">
        <img src="image\myimage1.jpg">Android炫酷应用300例·实战篇</a></li>
      <li><a href="#">
        <img src="image\myimage2.jpg">HTML5+CSS3炫酷实例集锦</a></li>
      <li><a href="#">
        <img src="image\myimage3.jpg">jQuery炫酷实例集锦</a></li>
      <li><a href="#">
        <img src="image\myimage4.jpg">Visual C# 2005数据库开发经典案例</a></li>
      <li><a href="#">
        <img src="image\myimage5.jpg">Visual C++.Net新技术编程120例</a></li>
      <li><a href="#">
        <img src="image\myimage6.jpg">Visual C++编程技巧精选集</a></li>
</ul></div></div></body></html>
```

上面这段代码在 MyCode\MySampleG99\app\src\main\assets\myPage.html 文件中。在这段代码中，$(this).find("img").addClass("ui-li-icon")表示为列表项中的 img 元素添加 ui-li-icon 样式，此时 img 元素的图像将被缩放为 16×16px 图标；如果没有为 img 元素添加 ui-li-icon 样式，jQuery Mobile 将自动缩放图像到 80×80px。

此实例的完整代码在 MyCode\MySampleG99 文件夹中。

034 根据首字分组显示列表项

此实例主要通过设置 ul 元素的 data-autodividers 属性为 true,实现根据首字(母)分组显示列表项。当实例运行之后,将按照首字(母)分组显示列表项,单击任一列表项,该列表项将自动填充到输入框,如图 034-1(a)所示。在输入框中输入过滤关键字"程",将在下方仅显示包含"程"的列表项,如图 034-1(b)所示。

主要代码如下：

```
<!DOCTYPE html>
<html>
<head>
  <meta charset="UTF-8"/>
  <link rel="stylesheet" href="https://cdn.bootcss.com
                          /jquery-mobile/1.4.5/jquery.mobile.min.css">
  <script src="https://cdn.bootcss.com/jquery/2.1.0/jquery.min.js"></script>
  <script src="https://cdn.bootcss.com
                          /jquery-mobile/1.4.5/jquery.mobile.min.js"></script>
```

```
<script>
  $(function(){
  $("ul li").each(function(){
  //为列表项添加单击事件,并将被单击列表项填充至输入框
   $(this).click(function(){
    $("#mySearch").val($(this).text());
  }); }); });
</script>
</head>
<body>
<div data-role="main" class="ui-content">
  <input id="mySearch" data-type="search"/>
  <ul data-role="listview" data-filter="true" data-input="#mySearch"
     data-autodividers="true" data-inset="true">
  <li>Android Studio开发实战</li>
  <li>Android开发范例实战宝典</li>
  <li>程序员的自我修养</li>
  <li>程序员修炼之道</li>
  <li>程序员的数学思维修炼</li>
  <li>SQL Server 2016从入门到精通</li>
  <li>SQL Server 2012从零开始学</li>
  <li>算法图解</li>
  <li>算法之美</li>
  <li>算法分析导论</li>
</ul></div></body></html>
```

上面这段代码在 MyCode\MySampleG35\app\src\main\assets\myPage.html 文件中。在这段代码中,data-input="#mySearch"用于关联输入框和列表项。data-filter="true"表示启用列表项筛选过滤功能。data-autodividers="true"用于根据首字(母)分组显示列表项。

(a)   (b)

图 034-1

此实例的完整代码在 MyCode\MySampleG35 文件夹中。

035 为列表项添加气泡计数器

此实例主要通过在 li 元素中增加 span 元素作为计数器,实现单击 li 元素(列表项)计数器即增加

1. 当实例运行之后,单击"好评""中评""差评"等任意一个列表项(li 元素),上面的气泡计数即增加 1,效果分别如图 035-1(a)和图 035-1(b)所示。

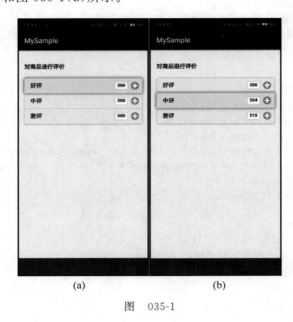

(a)   (b)

图   035-1

主要代码如下:

```
<!DOCTYPE html>
<html>
<head>
 <meta charset = "UTF - 8"/>
 <link rel = "stylesheet" href = "https://cdn.bootcss.com
                       /jquery - mobile/1.4.5/jquery.mobile.min.css">
 <script src = "https://cdn.bootcss.com/jquery/2.1.0/jquery.min.js"></script>
 <script src = "https://cdn.bootcss.com
                       /jquery - mobile/1.4.5/jquery.mobile.min.js"></script>
 <script>
   $ (function(){
    $ ("#myList li").each(function(){              //单击列表项评论数加 1
     $ (this).click(function(){
      var myValue = $ (this).find("span").text();
      $ (this).find("span").text(++myValue);
   }); }); });
 </script>
</head>
<body>
<div data - role = "page">
 <div data - role = "main" class = "ui - content">
  <h4>对商品进行评价</h4>
  <ul data - role = "listview" data - inset = "true" id = "myList">
   <li data - icon = "plus"><a href = "#">
       好评<span class = "ui - li - count">500</span></a></li>
    <li data - icon = "plus"><a href = "#">
       中评<span class = "ui - li - count">500</span></a></li>
    <li data - icon = "plus"><a href = "#">
       差评<span class = "ui - li - count">500</span></a></li>
```

```
</ul></div></div></body></html>
```

上面这段代码在 MyCode\MySampleH10\app\src\main\assets\myPage.html 文件中。

此实例的完整代码在 MyCode\MySampleH10 文件夹中。

036　自定义选择框右端箭头图标

此实例主要通过设置 select 元素的 data-icon 属性为 plus,实现将 select 右端的下箭头图标自定义为加号(＋)图标。当实例运行之后,单击"显示默认图标"按钮,select 右端显示默认的下箭头图标,如图 036-1(a)所示。单击"显示自定义图标"按钮,select 右端显示自定义的加号(＋)图标,如图 036-1(b)所示。

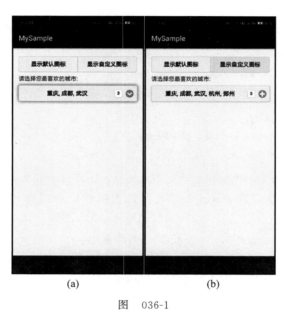

(a)　　　　　　　　(b)

图　036-1

主要代码如下:

```
<!DOCTYPE html>
<html>
<head>
 <meta charset = "UTF - 8"/>
 <link rel = "stylesheet" href = "https://cdn.bootcss.com
                        /jquery - mobile/1.4.5/jquery.mobile.min.css">
 <script src = "https://cdn.bootcss.com/jquery/2.1.0/jquery.min.js"></script>
 <script src = "https://cdn.bootcss.com
                        /jquery - mobile/1.4.5/jquery.mobile.min.js"></script>
 <script>
 function onClickButton1(){              //响应单击"显示默认图标"按钮
   $ ("#mySelect").parent().find("a")
                  .removeClass("ui - icon - plus").addClass("ui - icon - carat - d");
 }
 function onClickButton2(){              //响应单击"显示自定义图标"按钮
   $ ("#mySelect").parent().find("a")
                  .addClass("ui - icon - plus").removeClass("ui - icon - carat - d");
 }
 </script>
```

```
</head>
<body>
<div data-role="page">
 <div data-role="main" class="ui-content">
  <div data-role="controlgroup" data-type="horizontal">
   <a class="ui-btn" onclick="onClickButton1();"
                     style="width:130px">显示默认图标</a>
   <a class="ui-btn" onclick="onClickButton2();"
          style="width:130px">显示自定义图标</a></div>
  <label for="mySelect">请选择您最喜欢的城市:</label>
  <select id="mySelect" data-native-menu="false"
                        multiple="true" data-icon="plus">
   <option>城市</option>
   <option value="重庆">重庆</option>
   <option value="成都">成都</option>
   <option value="武汉">武汉</option>
   <option value="杭州">杭州</option>
   <option value="南京">南京</option>
   <option value="郑州">郑州</option>
   <option value="深圳">深圳</option>
   <option value="上海">上海</option>
   <option value="广州">广州</option></select>
</div></div></body></html>
```

上面这段代码在 MyCode\MySampleG80\app\src\main\assets\myPage.html 文件中。在这段代码中,data-icon="plus"表示设置 select 右端的图标为加号(+)图标,如果未设置此属性,select 右端的图标默认为下箭头图标。

此实例的完整代码在 MyCode\MySampleG80 文件夹中。

037 设置选择框的选项不可选择

此实例主要通过设置 option 元素的 data-placeholder 属性为 true,实现在单击 select 右侧的箭头图标之后,在滑出的选项列表中该选项不可选择。当实例运行之后,单击选择框右侧的箭头,将弹出"请选择您最喜欢的图书"选项列表,如果在该选项列表中单击"jQuery 炫酷应用实例集锦",该选项将不会出现在选择框中,效果分别如图 037-1(a)和图 037-1(b)所示;但是在该选项列表中任意单击其他选项,如"Visual C# 2005 编程技巧大全",该选项将出现在选择框中。

主要代码如下:

```
<!DOCTYPE html>
<html>
<head>
 <meta charset="UTF-8"/>
 <link rel="stylesheet" href="https://cdn.bootcss.com
                     /jquery-mobile/1.4.5/jquery.mobile.min.css">
 <script src="https://cdn.bootcss.com/jquery/2.1.0/jquery.min.js"></script>
 <script src="https://cdn.bootcss.com
                     /jquery-mobile/1.4.5/jquery.mobile.min.js"></script>
</head>
<body>
<div data-role="page">
 <div data-role="main" class="ui-content">
```

```
< select id = "mySelect" data - native - menu = "false" >
 < option >请选择您最喜欢的图书</option >
 < option > HTML5 + CSS3 炫酷应用实例集锦</option >
 < option > Visual C# 2008 开发经验与技巧宝典</option >
 < option > ASP.NET 数据库开发经典案例</option >
 < option > Visual C# 2005 编程实例精粹</option >
 < option data - placeholder = "true"> jQuery 炫酷应用实例集锦</option >
 < option > Visual C# 2005 编程技巧大全</option >
 < option > Android 炫酷应用300 例·实战篇</option >
 < option > Visual C# 2005 数据库开发经典案例(精)</option >
 </select ></div ></div ></body ></html >
```

上面这段代码在 MyCode\MySampleG61\app\src\main\assets\myPage.html 文件中。在这段代码中，< option data-placeholder＝"true"> jQuery 炫酷应用实例集锦</option >的 data-placeholder＝"true"，表示该选项不可选择，只用于占位。

(a)　　　　　　　　　(b)

图　037-1

此实例的完整代码在 MyCode\MySampleG61 文件夹中。

038　一次全选或全不选复选框

此实例主要通过使用 prop("checked",true)方法、prop("checked",false)方法和 checkboxradio("refresh")方法等，实现全选或全不选复选框。当实例运行之后，单击"全选"按钮，所有复选框全部被选择，效果如图 038-1(a)所示。单击"全不选"按钮，取消选择所有复选框，效果如图 038-1(b)所示。

主要代码如下：

```
<!DOCTYPE html >
< html >
< head >
 < meta charset = "UTF - 8"/>
 < link rel = "stylesheet" href = "https://cdnjs.cloudflare.com/ajax/libs
                        /jquery - mobile/1.4.5/jquery.mobile.min.css">
 < script src = "https://cdnjs.cloudflare.com/ajax/libs
```

(a)   (b)

图　038-1

```
                    /jquery/2.1.0/jquery.min.js"></script>
< script src = "https://cdnjs.cloudflare.com/ajax/libs
                    /jquery-mobile/1.4.5/jquery.mobile.min.js"></script>
< script >
  $(function(){
    $("#myButton1").click(function(){                //响应单击"全选"按钮
      $("input[type = 'checkbox']").prop("checked",
                                true).checkboxradio("refresh");
    });
    $("#myButton2").click(function(){                //响应单击"全不选"按钮
      $("input[type = 'checkbox']").prop("checked",
                                false).checkboxradio("refresh");
  });});
</script>
</head>
< body >
< div data-role = "main" class = "ui-content">
 < fieldset data-role = "controlgroup">
  <h3>请选择您喜爱的电影:</h3>
  < label for = "myCheckbox1">肖申克的救赎</label>
  < input type = "checkbox" id = "myCheckbox1" value = "肖申克的救赎"/>
  < label for = "myCheckbox2">西瓦拉多大决战</label>
  < input type = "checkbox" id = "myCheckbox2" value = "西瓦拉多大决战"/>
  < label for = "myCheckbox3">请以你的名字呼唤我</label>
  < input type = "checkbox" id = "myCheckbox3" value = "请以你的名字呼唤我"/>
  < label for = "myCheckbox4">敦刻尔克</label>
  < input type = "checkbox" id = "myCheckbox4" value = "敦刻尔克"/>
  < label for = "myCheckbox5">少年派的奇幻漂流</label>
  < input type = "checkbox" id = "myCheckbox5" value = "少年派的奇幻漂流"/>
  < label for = "myCheckbox6">这个杀手不太冷</label>
  < input type = "checkbox" id = "myCheckbox6" value = "这个杀手不太冷"/>
  < label for = "myCheckbox7">波西米亚狂想曲</label>
  < input type = "checkbox" id = "myCheckbox7" value = "波西米亚狂想曲"/>
  < label for = "myCheckbox8">芭比之仙子的秘密</label>
```

```
< input type = "checkbox" id = "myCheckbox8" value = "芭比之仙子的秘密"/>
< label for = "myCheckbox9">狂怒之阿登战役</label>
< input type = "checkbox" id = "myCheckbox9" value = "狂怒之阿登战役"/>
</fieldset >
< div >< button id = "myButton1" style = "width:152px"
                              data - inline = "true">全选</button >
      < button id = "myButton2" style = "width:152px"
                              data - inline = "true">全不选</button ></div >
</div ></div ></body ></html >
```

上面这段代码在 MyCode\MySampleG31\app\src\main\assets\myPage.html 文件中。

此实例的完整代码在 MyCode\MySampleG31 文件夹中。

039　禁用单选按钮的部分选项

此实例主要通过调用 checkboxradio('disable')方法和 checkboxradio('enable')方法,实现动态禁用和允许单选按钮的选项。当实例运行之后,单击"禁用部分选项"按钮,第 2、第 3、第 4、第 5 单选按钮变为浅灰色,此时不能执行单选操作,如图 039-1(a)所示。单击"允许所有选项"按钮,所有单选按钮处于可选状态,如图 039-1(b)所示。

(a)   (b)

图　039-1

主要代码如下:

```
<! DOCTYPE html >
< html >
< head >
 < meta charset = "UTF - 8"/>
 < link rel = "stylesheet" href = "https://cdn.bootcss.com
                        /jquery - mobile/1.4.5/jquery.mobile.min.css">
 < script src = "https://cdn.bootcss.com/jquery/2.1.0/jquery.min.js"></script >
 < script src = "https://cdn.bootcss.com
                        /jquery - mobile/1.4.5/jquery.mobile.min.js"></script >
```

```
<script>
  function onClickButton1(){                    //响应单击"禁用部分选项"按钮
    $('#myRadio2').checkboxradio('disable');
    $('#myRadio3').checkboxradio('disable');
    $('#myRadio4').checkboxradio('disable');
    $('#myRadio5').checkboxradio('disable');
  }
  function onClickButton2(){                    //响应单击"允许所有选项"按钮
    $('input[name="myGroup1"]').each(function(){
      $(this).checkboxradio('enable');
    });
  }
</script>
</head>
<body>
<div data-role="page">
 <div data-role="main" class="ui-content">
  <div data-role="controlgroup" data-type="horizontal">
   <a class="ui-btn" onclick="onClickButton1();"
                style="width:130px">禁用部分选项</a>
   <a class="ui-btn" onclick="onClickButton2();"
                style="width:130px">允许所有选项</a></div>
   <fieldset data-role="controlgroup" data-type="vertical">
    <label for="myRadio1">Photoshop CS6 完全自学教程</label>
    <input name="myGroup1" type="radio"
           id="myRadio1" value="Photoshop CS6 完全自学教程"/>
    <label for="myRadio2">3ds Max 2016 从入门到精通</label>
    <input name="myGroup1" type="radio"
           id="myRadio2" value="3ds Max 2016 从入门到精通"/>
    <label for="myRadio3">Photoshop CC 完全自学教程</label>
    <input name="myGroup1" type="radio"
           id="myRadio3" value="Photoshop CC 完全自学教程"/>
    <label for="myRadio4">After Effects CC 2017 经典教程</label>
    <input name="myGroup1" type="radio"
           id="myRadio4" value="After Effects CC 2017 经典教程"/>
    <label for="myRadio5">Photoshop 从入门到精通</label>
    <input name="myGroup1" type="radio"
           id="myRadio5" value="Photoshop 从入门到精通"/>
    <label for="myRadio6">Animate CC 2017 经典教程</label>
    <input name="myGroup1" type="radio"
           id="myRadio6" value="Animate CC 2017 经典教程"/>
    <label for="myRadio7">jQuery 炫酷应用实例集锦</label>
    <input name="myGroup1" type="radio"
           id="myRadio7" value="jQuery 炫酷应用实例集锦"/>
    <label for="myRadio8">HTML5 + CSS3 炫酷应用实例集锦</label>
    <input name="myGroup1" type="radio"
           id="myRadio8" value="HTML5 + CSS3 炫酷应用实例集锦"/>
    <label for="myRadio9">Android 炫酷应用 300 例·实战篇</label>
    <input name="myGroup1" type="radio"
           id="myRadio9" value="Android 炫酷应用 300 例·实战篇"/>
    <label for="myRadio10">Visual C# 2005 数据库开发经典案例</label>
    <input name="myGroup1" type="radio"
           id="myRadio10" value="Visual C# 2005 数据库开发经典案例"/>
    <label for="myRadio11">Visual C++.Net 新技术编程 120 例</label>
```

```
< input name = "myGroup1" type = "radio"
        id = "myRadio11" value = "Visual C++.Net 新技术编程 120 例"/>
</fieldset >
</div ></div ></body ></html >
```

上面这段代码在 MyCode\MySampleG93\app\src\main\assets\myPage.html 文件中。在这段代码中,checkboxradio('disable')表示禁用单选按钮,checkboxradio('enable')表示允许使用单选按钮。

此实例的完整代码在 MyCode\MySampleG93 文件夹中。

040　预置和获取单选按钮的值

此实例主要通过调用 prop('checked',true)方法和 checkboxradio('refresh')方法,实现动态预置单选按钮的值,以及使用 val()方法获取单选按钮的值。当实例运行之后,单击"预置选中的图书"按钮,相关的单选按钮处于选中状态,如图 040-1(a)所示。单击"获取选中的图书"按钮,单选按钮的选择结果如图 040-1(b)所示。

(a)　　　　　　(b)

图　040-1

主要代码如下:

```
<!DOCTYPE html >
< html >
< head >
 < meta charset = "UTF - 8"/>
 < link rel = "stylesheet" href = "https://cdn.bootcss.com
                      /jquery - mobile/1.4.5/jquery.mobile.min.css">
 < script src = "https://cdn.bootcss.com/jquery/2.1.0/jquery.min.js"></script >
 < script src = "https://cdn.bootcss.com
                      /jquery - mobile/1.4.5/jquery.mobile.min.js"></script >
 < script >
 function onClickButton1(){                    //响应单击"预置选中的图书"按钮
   $ ('input[ name = "myGroup1"]:checked').each(function(){
```

```
        $(this).prop('checked',false).checkboxradio('refresh');
     });
      $('#myRadio5').prop('checked',true).checkboxradio('refresh');
    }
    function onClickButton2(){                    //响应单击"获取选中的图书"按钮
     var myInfo = "选中的图书如下:<br>";
      $('input[name = "myGroup1"]:checked').each(function(){
        myInfo += $(this).val() + "<br>";
      });
     $("#myPopup").popup( "option", "transition", "slideup" );
     $("#myPopup").popup("open");
     $("#myPopup p").html(myInfo);
    }
</script>
</head>
<body>
<div data-role = "page">
 <div data-role = "main" class = "ui-content">
  <div data-role = "controlgroup" data-type = "horizontal">
   <a class = "ui-btn" onclick = "onClickButton1();"
                    style = "width:130px">预置选中的图书</a>
   <a class = "ui-btn" onclick = "onClickButton2();"
                    style = "width:130px">获取选中的图书</a></div>
  <div data-role = "collapsible" data-collapsed = "false">
   <h4>本年度最受欢迎的图书</h4>
   <fieldset data-type = "vertical">
    <label for = "myRadio1">Photoshop CS6 完全自学教程</label>
    <input name = "myGroup1" type = "radio"
          id = "myRadio1" value = "Photoshop CS6 完全自学教程"/>
    <label for = "myRadio2">3ds Max 2016 从入门到精通</label>
    <input name = "myGroup1" type = "radio"
          id = "myRadio2" value = "3ds Max 2016 从入门到精通"/>
    <label for = "myRadio3">Photoshop CC 完全自学教程</label>
    <input name = "myGroup1" type = "radio"
          id = "myRadio3" value = "Photoshop CC 完全自学教程"/>
    <label for = "myRadio4">After Effects CC 2017 经典教程</label>
    <input name = "myGroup1" type = "radio"
          id = "myRadio4" value = "After Effects CC 2017 经典教程"/>
    <label for = "myRadio5">Photoshop 从入门到精通</label>
    <input name = "myGroup1" type = "radio"
          id = "myRadio5" value = "Photoshop 从入门到精通"/>
    <label for = "myRadio6">Animate CC 2017 经典教程</label>
    <input name = "myGroup1" type = "radio"
          id = "myRadio6" value = "Animate CC 2017 经典教程"/>
    <label for = "myRadio7">jQuery 炫酷应用实例集锦</label>
    <input name = "myGroup1" type = "radio"
          id = "myRadio7" value = "jQuery 炫酷应用实例集锦"/>
    <label for = "myRadio8">HTML5 + CSS3 炫酷应用实例集锦</label>
    <input name = "myGroup1" type = "radio"
          id = "myRadio8" value = "HTML5 + CSS3 炫酷应用实例集锦"/>
   </fieldset></div></div>
   <div data-role = "popup" data-theme = "a"
        id = "myPopup" style = "width:320px;">
    <div data-role = "header"><h3>选择结果</h3></div>
```

```
      <p></p>
</div></div></body></html>
```

上面这段代码在 MyCode\MySampleG94\app\src\main\assets\myPage. html 文件中。在这段代码中,prop('checked',true)用于设置选中的单选按钮,checkboxradio('refresh')用于在设置之后刷新单选按钮。val()方法用于获取当前选项的值。

此实例的完整代码在 MyCode\MySampleG94 文件夹中。

041 动态指定表格显示哪些列

此实例主要通过设置 table 元素的 data-mode 属性为 columntoggle,实现动态指定哪些列在表格中显示。当实例运行之后,在表格的右上角有一个按钮,单击该按钮,然后在弹出的窗口中选择将要显示的列,这些列就会出现在表格中,未选择的列将不显示,效果分别如图 041-1(a)和图 041-1(b)所示。

      (a)   (b)

图　041-1

主要代码如下:

```
<!DOCTYPE html>
<html>
<head>
  <meta charset = "UTF-8"/>
  <link rel = "stylesheet" href = "https://cdnjs.cloudflare.com/ajax/libs
                      /jquery-mobile/1.4.5/jquery.mobile.min.css">
  <script src = "https://cdnjs.cloudflare.com/ajax/libs
                      /jquery/2.1.0/jquery.min.js"></script>
  <script src = "https://cdnjs.cloudflare.com/ajax/libs
                      /jquery-mobile/1.4.5/jquery.mobile.min.js"></script>
  <style>
    th{border-bottom: 1px solid #d6d6d6;}
    tr:nth-child(even){background:#e9e9e9;}
  </style>
</head>
<body>
```

```
< div data - role = "page">
 < div data - role = "main" class = "ui - content">
    < table data - role = "table" data - mode = "columntoggle" id = "myTable"
          class = "ui - responsive ui - shadow" data - column - btn - text = "表格列">
     < thead >< tr >< th data - priority = "1">索引</th >< th data - priority = "2">姓名</th >
        < th data - priority = "3">专业</th >< th data - priority = "4">毕业院校</th >
        < th data - priority = "5">原籍</th ></tr ></thead >
     < tbody >< tr >< td > 1 </td >< td >罗斌</td >< td >财务管理</td >
           < td >西南财经大学</td >< td >重庆长寿</td ></tr >
        < tr >< td > 2 </td >< td >罗帅</td >< td >社会统计</td >
           < td >四川师范大学</td >< td >重庆长寿</td ></tr >
        < tr >< td > 3 </td >< td >王彬</td >< td >机械装备</td >
           < td >西南理工大学</td >< td >广东珠海</td ></tr >
        < tr >< td > 4 </td >< td >汪兰</td >< td >计算机应用</td >
           < td >重庆邮电大学</td >< td >广西防城港</td ></tr >
        < tr >< td > 5 </td >< td >汤柱兰</td >< td >网络商务</td >
           < td >重庆工商大学</td >< td >重庆长寿</td ></tr >
    </tbody ></table ></div ></div ></body ></html >
```

上面这段代码在 MyCode\MySampleH07\app\src\main\assets\myPage. html 文件中。在这段代码中,data-priority 属性用于指定列的隐藏顺序,data-priority 的值可以是 1(最高优先级)到 6(最低优先级),如果没有为列指定优先级,列会一直显示,不会被隐藏。data-column-btn-text＝"表格列"用于设置表格右上角按钮的标题文本。

此实例的完整代码在 MyCode\MySampleH07 文件夹中。

042　通过搜索框过滤表格内容

此实例主要通过设置 table 元素的 data-filter 属性为 true,实现在搜索框中过滤表格内容。当实例运行之后,在搜索框下面将显示一个表格,在表格中单击任一单元格,该单元格的内容将被自动填充到搜索框;在搜索框中输入搜索文本,如"罗",将在表格中过滤掉其他内容,仅显示包含"罗"的数据行,效果分别如图 042-1(a)和图 042-1(b)所示。

(a)　　　　　　　(b)

图　042-1

主要代码如下：

```html
<!DOCTYPE html>
<html>
<head>
 <meta charset = "UTF-8"/>
 <link rel = "stylesheet" href = "https://cdnjs.cloudflare.com/ajax/libs
                       /jquery-mobile/1.4.5/jquery.mobile.min.css">
 <script src = "https://cdnjs.cloudflare.com/ajax/libs
                       /jquery/2.1.0/jquery.min.js"></script>
 <script src = "https://cdnjs.cloudflare.com/ajax/libs
                       /jquery-mobile/1.4.5/jquery.mobile.min.js"></script>
 <script>
   $(function(){
    $("td").each(function(){
    //为表格的单元格添加单击事件,并将被单击单元格内容填充至搜索框
     $(this).click(function(){
       $("#mySearch").val( $(this).text());
     }); }); });
 </script>
 <style>
  th{border-bottom: 1px solid #d6d6d6;}
  tr:nth-child(even){background:#e9e9e9;}
 </style>
</head>
<body>
<div data-role = "page">
 <div data-role = "main" class = "ui-content">
  <input id = "mySearch" data-type = "search"/>
  <table data-role = "table" data-filter = "true"
        data-input = "#mySearch" data-mode = "columntoggle">
   <thead><tr><th>姓名</th><th>专业</th><th>毕业院校</th></tr></thead>
   <tbody><tr><td>罗斌</td><td>财务管理</td><td>西南财经大学</td></tr>
        <tr><td>罗帅</td><td>社会统计</td><td>四川师范大学</td></tr>
        <tr><td>王彬</td><td>机械装备</td><td>西南理工大学</td></tr>
        <tr><td>汪兰</td><td>计算机应用</td><td>重庆邮电大学</td></tr>
        <tr><td>汤柱兰</td><td>网络商务</td><td>重庆工商大学</td></tr>
   </tbody></table></div></div></body></html>
```

上面这段代码在 MyCode\MySampleG38\app\src\main\assets\myPage.html 文件中。在这段代码中，data-filter="true"表示表格支持数据过滤。data-input="#mySearch"用于指定根据搜索框（mySearch）的内容过滤表格数据。

此实例的完整代码在 MyCode\MySampleG38 文件夹中。

043　通过响应式 UI 布局表格

此实例主要通过为 table 元素添加 ui-responsive 样式，实现在手机横屏和竖屏切换时，表格同时也根据屏幕大小自动切换样式。当实例运行之后，如果手机处于竖屏状态，表格的显示效果如图 043-1(a)所示。如果手机处于横屏状态，表格的显示效果如图 043-1(b)所示。

注意：在测试时，一定要在手机设置中开启"自动旋转"功能。

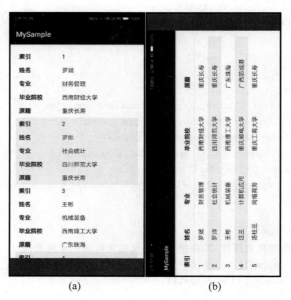

(a)　　　　　　　　(b)

图　043-1

主要代码如下：

```
<!DOCTYPE html>
<html>
<head>
 <meta charset = "UTF-8"/>
 <link rel = "stylesheet" href = "https://cdnjs.cloudflare.com/ajax/libs
                  /jquery-mobile/1.4.5/jquery.mobile.min.css">
 <script src = "https://cdnjs.cloudflare.com/ajax/libs
                  /jquery/2.1.0/jquery.min.js"></script>
 <script src = "https://cdnjs.cloudflare.com/ajax/libs
                  /jquery-mobile/1.4.5/jquery.mobile.min.js"></script>
 <style>
  th{border-bottom: 1px solid #d6d6d6;}
  tr:nth-child(even){background: #e9e9e9;}
 </style>
</head>
<body>
<div data-role = "page">
 <div data-role = "main" class = "ui-content">
  <table data-role = "table" class = "ui-responsive" >
   <thead><tr><th data-priority = "1">索引</th><th data-priority = "3">姓名</th><th>专业</th>
<th>毕业院校</th><th>原籍</th></tr></thead>
   <tbody><tr><td>1</td><td>罗斌</td><td>财务管理</td><td>西南财经大学</td><td>重庆长寿
</td></tr>
        <tr><td>2</td><td>罗帅</td><td>社会统计</td><td>四川师范大学</td><td>重庆长
寿</td></tr>
        <tr><td>3</td><td>王彬</td><td>机械装备</td><td>西南理工大学</td><td>广东珠
海</td></tr>
        <tr><td>4</td><td>汪兰</td><td>计算机应用</td><td>重庆邮电大学</td><td>广西防城
港</td></tr>
        <tr><td>5</td><td>汤柱兰</td><td>网络商务</td><td>重庆工商大学</td><td>重庆长寿
</td></tr>
    </tbody></table></div></div></body></html>
```

上面这段代码在 MyCode\MySampleH05\app\src\main\assets\myPage.html 文件中。在这段代码中,< table data-role="table" class="ui-responsive">中的 class= "ui-responsive"表示表格支持响应式布局,即横屏和竖屏切换。

此实例的完整代码在 MyCode\MySampleH05 文件夹中。

044 通过响应式 UI 布局文本块

此实例主要通过设置 div 元素的 class 属性为 ui-responsive,使用响应式布局多个文本块。当实例运行之后,如果竖屏放置手机,三个文本块垂直排列的效果如图 044-1(a)所示。如果横屏放置手机,三个文本块水平排列的效果如图 044-1(b)所示。

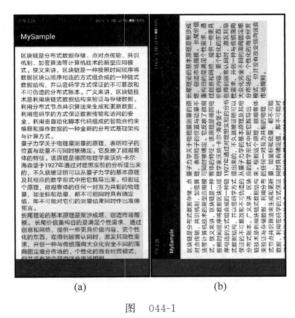

图 044-1

注意:在测试时,一定要在手机设置中开启"自动旋转"功能。

主要代码如下:

```
<! DOCTYPE html >
< html >
< head >
 < meta charset = "UTF-8"/>
 < link rel = "stylesheet" href = "https://cdn.bootcss.com
                     /jquery-mobile/1.4.5/jquery.mobile.min.css">
 < script src = "https://cdn.bootcss.com/jquery/2.1.0/jquery.min.js"></script>
 < script src = "https://cdn.bootcss.com
                     /jquery-mobile/1.4.5/jquery.mobile.min.js"></script>
</head>
< body >
< div data-role = "page">
 < div data-role = "main" class = "ui-content">
  < div class = "ui-grid-b ui-responsive">
   < div class = "ui-block-a " style = "background:#fff8dc;">
    < span>区块链是分布式数据存储、点对点传输、共识机制、加密算法等计算机技术的新型应用模式.狭义来讲,区块链是一种按照时间顺序将数据区块以顺序相连的方式组合成的一种链式数据结构,并以密码学方式保
```

证的不可篡改和不可伪造的分布式账本.广义来讲,区块链技术是利用块链式数据结构来验证与存储数据、利用分布式节点共识算法来生成和更新数据、利用密码学的方式保证数据传输和访问的安全、利用由自动化脚本代码组成的智能合约来编程和操作数据的一种全新的分布式基础架构与计算方式.</span></div>

```
< div class = "ui - block - b" style = "background:＃bfefff;">
```

　　< span >量子力学关于物理量测量的原理,表明粒子的位置与动量不可同时被确定.它反映了微观客体的特征.该原理是德国物理学家沃纳·卡尔·海森堡于1927年通过对理想实验的分析提出来的,不久就被证明可以从量子力学的基本原理及其相应的数学形式中把它推导出来.根据这个原理,微观客体的任何一对互为共轭的物理量,如坐标和动量,都不可能同时具有确定值,即不可能对它们的测量结果同时作出准确预言.</span></div>

```
< div class = "ui - block - c" style = "background:＃00eeee;">
```

　　< span >长尾理论的基本原理是聚沙成塔,创造市场规模.长尾价值重构目的是满足个性需求,通过创意和网络,提供一些更具价值内容、更个性化的东西,在得到顾客认同时,激发其隐性需求,开创一种与传统面向大众化完全不同的面向固定细分市场的、个性化的商业经营模式,但并没有改变弱肉强食市场规划.</span>
```
</div></div></div></div></body></html>
```

上面这段代码在 MyCode\MySampleG62\app\src\main\assets\myPage.html 文件中。在这段代码中,< div class＝"ui-grid-b ui-responsive">中的 ui-responsive 用于根据竖屏或横屏,适时自动调整元素布局。

此实例的完整代码在 MyCode\MySampleG62 文件夹中。

045　通过网格 UI 均分图文块

此实例主要通过设置 div 元素的 class 属性(样式)分别为 ui-grid-a、ui-block-a、ui-block-b 等,实现通过网格布局将两个图文块平均分配在两列中。当实例运行之后,单击"单列显示"按钮,两个图文块单列纵向连续显示,如图 045-1(a)所示。单击"双列显示"按钮,两个图文块横向双列独立显示,如图 045-1(b)所示。

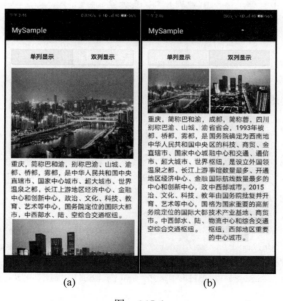

(a)　　　　　　(b)

图　045-1

主要代码如下：

```
<! DOCTYPE html >
< html >
< head >
 < meta charset = "UTF - 8"/>
```

```
< link rel = "stylesheet" href = "https://cdn.bootcss.com
                        /jquery - mobile/1.4.5/jquery.mobile.min.css">
< script src = "https://cdn.bootcss.com/jquery/2.1.0/jquery.min.js"></script>
< script src = "https://cdn.bootcss.com
                        /jquery - mobile/1.4.5/jquery.mobile.min.js"></script>
< style > img{width:100 % ;height:100 % ;}</style>
< script >
  function onClickButton1(){                    //响应单击"单列显示"按钮
     $ (" #myDiv").removeClass("ui - grid - a");
  }
  function onClickButton2(){                    //响应单击"双列显示"按钮
     $ (" #myDiv").addClass("ui - grid - a");
  }
</script>
</head>
< body>
< div data - role = "page">
 < div data - role = "main" class = "ui - content">
  < div data - role = "controlgroup" data - type = "horizontal">
   < a class = "ui - btn" onclick = "onClickButton1();"
                    style = "width:130px">单列显示</a>
   < a class = "ui - btn" onclick = "onClickButton2();"
               style = "width:130px">双列显示</a></div>
   < div class = "ui - grid - a" id = "myDiv">
   < div class = "ui - block - a">
   < img src = "image\myimage1.jpg">
   < span style = "font - size:18px;">重庆,简称巴和渝,别称巴渝、山城、渝都、桥都、雾都,是中华人民共和国
中央直辖市、国家中心城市、超大城市、世界温泉之都,长江上游地区经济中心、金融中心和创新中心,政治、文
化、科技、教育、艺术等中心,国务院定位的国际大都市,中西部水、陆、空综合交通枢纽.</span></div>
   < div class = "ui - block - b">
   < img src = "image\myimage2.jpg" style = "margin - left:4px;">
   < span style = "font - size:18px;background: #bbffbb;">成都,简称蓉,四川省省会,1993 年被国务院确定
为西南地区的科技、商贸、金融中心和交通、通信枢纽,是设立外国领事馆数量最多、开通国际航线数量最多的中
西部城市.2015 年由国务院批复并升格为国家重要的高新技术产业基地、商贸物流中心和综合交通枢纽,西部地
区重要的中心城市.
</span></div></div></div></div></body></html>
```

上面这段代码在 MyCode\MySampleH13\app\src\main\assets\myPage.html 文件中。在这段
代码中,class＝"ui-grid-a"表示此表格只有两列,两列平均分配表格空间;class＝"ui-block-a"表示此
表格的第 1 列,class＝"ui-block-b"表示此表格的第 2 列。

此实例的完整代码在 MyCode\MySampleH13 文件夹中。

046　使用字段容器响应屏幕切换

此实例主要通过设置 li 元素(列表项)的 data-role 属性为 fieldcontain,实现每个列表项的 label
元素(标签)和 input 元素(输入框)的布局自适应横屏和竖屏的变化。当实例运行之后,如果当前手机
是竖屏状态,每个列表项的 label 元素(标签)和 input 元素(输入框)自动纵向排列,如图 046-1(a)所
示。如果当前手机是横屏状态,每个列表项的 label 元素(标签)和 input 元素(输入框)自动横向排列,
如图 046-1(b)所示。

注意:在测试此实例时,手机一定要开启"自动旋转"功能。

(a)   (b)

图　046-1

主要代码如下：

```html
<! DOCTYPE html >
< html >
< head >
 < meta charset = "UTF - 8"/>
 < link rel = "stylesheet" href = "https://cdnjs.cloudflare.com/ajax/libs
                       /jquery - mobile/1.4.5/jquery.mobile.min.css">
 < script src = "https://cdnjs.cloudflare.com/ajax/libs
                       /jquery/2.1.0/jquery.min.js"></script>
 < script src = "https://cdnjs.cloudflare.com/ajax/libs
                       /jquery - mobile/1.4.5/jquery.mobile.min.js"></script>
</head >
< body >
< div data - role = "page">
 < div data - role = "main" class = "ui - content">
    < ul data - role = "listview" data - inset = "true">
     < li data - role = "fieldcontain">
      < label for = "myName">姓名:</label>
      < input type = "text" id = "myName"/></li>
     < li data - role = "fieldcontain">
      < label for = "myMajor">专业:</label>
      < input type = "text" id = "myMajor"/></li>
     < li data - role = "fieldcontain">
      < label for = "myUniversity">毕业院校:</label>
      < input type = "text" id = "myUniversity"/></li>
     < li data - role = "fieldcontain">
      < label for = "myPhone">联系电话:</label>
      < input type = "text" id = "myPhone"/></li>
     < li data - role = "fieldcontain">
      < label for = "myQQ">联系 QQ:</label>
      < input type = "text" id = "myQQ"/></li>
     < li data - role = "fieldcontain">
      < label for = "myAddress">常住地址:</label>
```

```
<input type = "text" id = "myAddress"/></li></ul>
</div></div></body></html>
```

上面这段代码在 MyCode\MySampleH39\app\src\main\assets\myPage.html 文件中。

此实例的完整代码在 MyCode\MySampleH39 文件夹中。

047 监听手机横屏或竖屏切换

此实例主要通过动态监听 orientationchange 事件,并在该事件响应方法中获取 event 参数的 orientation 属性值判断当前手机方向,实现根据手机横屏或竖屏自动选择图像布局。当实例运行之后,如果当前手机屏幕是竖屏,纵向显示三幅图像,如图 047-1(a)所示,上下滑动屏幕可以显示全部图像。如果当前手机屏幕是横屏,同时显示三幅图像,如图 047-1(b)所示。

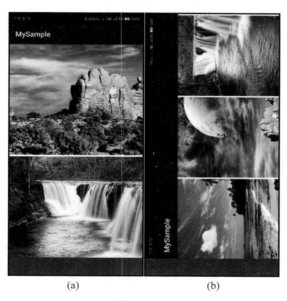

(a)   (b)

图   047-1

注意:在测试时,一定要在手机设置中开启"自动旋转"功能。

主要代码如下:

```
<!DOCTYPE html>
<html>
<head>
<meta charset = "UTF-8"/>
<link rel = "stylesheet" href = "https://cdnjs.cloudflare.com/ajax/libs
                    /jquery-mobile/1.4.5/jquery.mobile.min.css">
<script src = "https://cdnjs.cloudflare.com/ajax/libs
                    /jquery/2.1.0/jquery.min.js"></script>
<script src = "https://cdnjs.cloudflare.com/ajax/libs
                    /jquery-mobile/1.4.5/jquery.mobile.min.js"></script>
<style>img{width:100%;height:100%;}</style>
<script>
    //监听手机屏幕的横屏和竖屏切换
    $(window).on("orientationchange",function(event){
    if(event.orientation == "portrait"){
        //若当前手机是竖屏,以默认样式(纵向)显示图像
```

```
        $ ("img").css({"width":"100%"});
    }else if(event.orientation == "landscape"){
        //若当前手机是横屏,将每张图像缩小到 32.8% 进行横向显示
        $ ("img").css({"width":"32.8%"});
} });
</script>
</head>
< body>
< div data-role="page">
 < div data-role="main">
  < img src="image\myimage1.jpg"/>
  < img src="image\myimage2.jpg"/>
  < img src="image\myimage3.jpg"/>
 </div></div></body></html>
```

上面这段代码在 MyCode\MySampleG40\app\src\main\assets\myPage.html 文件中。需要注意的是,此实例需要在 AndroidManifest.xml 文件中进行屏幕方向配置(android:configChanges = "orientation|screenSize"),如下面的代码所示:

```
<?xml version="1.0" encoding="UTF-8"?>
< manifest xmlns:android="http://schemas.android.com/apk/res/android"
    package="com.bin.luo.mysample">
    < application android:allowBackup="true"
        android:icon="@mipmap/ic_launcher"
        android:label="@string/app_name"
        android:supportsRtl="true"
        android:theme="@style/AppTheme">
        < activity android:name=".MainActivity"
            android:configChanges="orientation|screenSize">
            < intent-filter>
                < action android:name="android.intent.action.MAIN" />
                < category android:name="android.intent.category.LAUNCHER" />
            </intent-filter>
        </activity>
    </application>
    < uses-permission android:name="android.permission.INTERNET" />
</manifest>
```

上面这段代码在 MyCode\MySampleG40\app\src\main\AndroidManifest.xml 文件中。

此实例的完整代码在 MyCode\MySampleG40 文件夹中。

048 使用圆角 UI 对图像进行圆角处理

此实例主要通过为 img 元素添加 ui-corner-all 样式,实现对图像进行圆角处理。当实例运行之后,单击"以默认样式显示"按钮,图像的默认显示效果如图 048-1(a)所示。单击"以圆角样式显示"按钮,图像在圆角处理之后的效果如图 048-1(b)所示。

主要代码如下:

```
<!DOCTYPE html>
< html>
< head>
 < meta name="viewport" content="width=device-width, initial-scale=1">
```

　　　　　　　　(a)　　　　　　　　　　(b)

图　　048-1

```
< link rel = "stylesheet" href = "https://apps.bdimg.com/libs
                    /jquerymobile/1.4.5/jquery.mobile - 1.4.5.min.css">
< script src = "https://apps.bdimg.com/libs
                    /jquery/1.10.2/jquery.min.js"></script>
< script src = "https://apps.bdimg.com/libs
                    /jquerymobile/1.4.5/jquery.mobile - 1.4.5.min.js"></script>
< style >.ui - corner - all{ - webkit - border - radius:80px;}
        img{width:100%;height:100%;}</style>
< script >
  // (在 Activity 中调用)响应单击"以圆角样式显示"按钮
  function RoundCornerImage(){ $ ("img").prop("class","ui - corner - all");}
  // (在 Activity 中调用)响应单击"以默认样式显示"按钮
  function NormalImage(){ $ ("img").prop("class","");}
</script>
</head>
< body >
< div data - role = "page">
 < img src = "image\myimage.jpg"/>
</div></body></html>
```

　　上面这段代码在 MyCode\MySampleG16\app\src\main\assets\myPage.html 文件中。在 Android 应用中,可以使用 loadUrl()方法调用在页面文件中定义的 JavaScript 函数,如下面的代码所示:

```
public class MainActivity extends Activity {
 WebView myWebView;
 @Override
 protected void onCreate(Bundle savedInstanceState) {
  super.onCreate(savedInstanceState);
  setContentView(R.layout.activity_main);
  myWebView = (WebView) findViewById(R.id.myWebView);
  myWebView.setWebChromeClient(new WebChromeClient());
  WebSettings myWebSettings = myWebView.getSettings();
```

```
myWebSettings.setJavaScriptEnabled(true);
myWebView.loadUrl("file:///android_asset/myPage.html");        //加载页面文件
}
public void onClickButton1(View v){                      //响应单击"以默认样式显示"按钮
    //调用指定的 JavaScript 函数 NormalImage()以默认样式显示图像
    myWebView.loadUrl("javascript:NormalImage();");
}
public void onClickButton2(View v){                      //响应单击"以圆角样式显示"按钮
    //调用指定的 JavaScript 函数 RoundCornerImage()以圆角样式显示图像
    myWebView.loadUrl("javascript:RoundCornerImage();");
} }
```

上面这段代码在 MyCode\MySampleG16\app\src\main\java\com\bin\luo\mysample\MainActivity. java 文件中。在这段代码中，myWebView. loadUrl("javascript：RoundCornerImage();")表示调用在页面文件中的 JavaScript 函数 RoundCornerImage()。

此实例的完整代码在 MyCode\MySampleG16 文件夹中。

049　使用阴影 UI 为图像添加阴影

此实例主要通过在 img 元素上使用 addClass()方法设置 ui-overlay-shadow 样式，实现在图像上添加阴影。当实例运行之后，单击"添加阴影"按钮，显示带阴影的图像，如图 049-1(a)所示。单击"移除阴影"按钮，显示无阴影的图像，如图 049-1(b)所示。

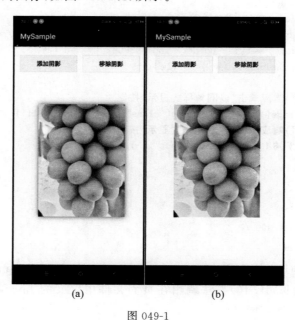

(a)　　　　　　　　　(b)

图 049-1

主要代码如下：

```
<!DOCTYPE html >
< html >
< head >
< meta charset = "UTF - 8"/>
< link rel = "stylesheet" href = "https://cdn.bootcss.com
                        /jquery - mobile/1.4.5/jquery.mobile.min.css">
< script src = "https://cdn.bootcss.com/jquery/2.1.0/jquery.min.js"></script>
```

```
< script src = "https://cdn.bootcss.com
                      /jquery - mobile/1.4.5/jquery.mobile.min.js"></script>
</head>
< body >
< div data - role = "main" class = "ui - content">
 < a class = "ui - btn ui - btn - inline" style = "width:118px"
     onclick = " $ ('#myImage').addClass('ui - overlay - shadow')">添加阴影</a>
 < a class = "ui - btn ui - btn - inline" style = "width:118px"
     onclick = " $ ('#myImage').removeClass('ui - overlay - shadow')">移除阴影</a>
 < img src = "image\myimage1.jpg"
       id = "myImage" style = "margin - left:50px;margin - top:80px;"/>
</div></body></html>
```

上面这段代码在 MyCode\MySampleG70\app\src\main\assets\myPage.html 文件中。在这段代码中,ui-overlay-shadow 不仅对 img 元素有效,也可以在按钮、工具条、面板、表格、列表等元素中使用,使其四周产生阴影。

此实例的完整代码在 MyCode\MySampleG70 文件夹中。

050　使用两指手势实现缩放图像

此实例主要通过在 touchstart 和 touchmove 事件响应方法中记录两个手指的距离变化,并据此设置(img 元素)图像的缩放比例,实现根据两指手势缩放图像。当实例运行之后,如果两个手指按住图像向外扩张,图像由小变大;如果两个手指按住图像向内收缩,图像由大变小,效果分别如图 050-1(a)和图 050-1(b)所示。

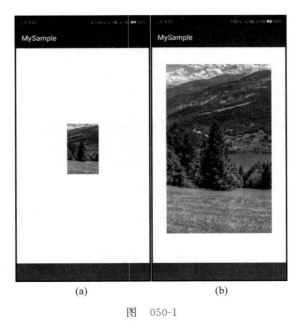

(a)　　　　　　　　(b)

图　050-1

主要代码如下:

```
<!DOCTYPE html >
< html >
< head >
 < meta charset = "UTF - 8"/>
 < link rel = "stylesheet" href = "https://cdnjs.cloudflare.com/ajax/libs
```

```
                                    /jquery - mobile/1.4.5/jquery.mobile.min.css">
        < script src = "https://cdnjs.cloudflare.com/ajax/libs
                        /jquery/2.1.0/jquery.min.js"></script>
        < script src = "https://cdnjs.cloudflare.com/ajax/libs
                        /jquery - mobile/1.4.5/jquery.mobile.min.js"></script>
        < style > img{width:50 % ;height:50 % ;position:absolute;}</style>
        < script >
          $ (function(){
           var myDistance;                            //记录两个手指直线距离
            $ ("img").css("left",(window.innerWidth - $ ("img").width())/2 + "px");
            $ ("img").css("top","130px");
            $ (document).on("touchstart",function(e){   //添加手指按下事件监听器
             if(e.originalEvent.touches.length > 1){     //判断两个手指是否均处于按下状态
              //获取两个手指的位置
              var myPoint1 = e.originalEvent.touches[0];
              var myPoint2 = e.originalEvent.touches[1];
              //获取两个手指的距离(x 和 y 方向)
              var myXDistance = Math.abs(myPoint2.pageX - myPoint1.pageX);
              var myYDistance = Math.abs(myPoint2.pageY - myPoint1.pageY);
              myDistance = Math.sqrt(myXDistance * myXDistance
                     + myYDistance * myYDistance);        //计算两个手指位置的直线距离
           } });
            $ (document).on("touchmove",function(e){      //添加手指移动事件监听器
             if(e.originalEvent.touches.length > 1){       //判断两个手指是否均处于按下状态
             //再次获取两个手指的坐标值,并计算两个手指的直线距离
              var myPoint1 = e.originalEvent.touches[0];
              var myPoint2 = e.originalEvent.touches[1];
              var myXDistance = Math.abs(myPoint2.pageX - myPoint1.pageX);
              var myYDistance = Math.abs(myPoint2.pageY - myPoint1.pageY);
              var myCurrentDistance =
                     Math.sqrt(myXDistance * myXDistance + myYDistance * myYDistance);
              //将该距离值与前次按下时的距离做比较,计算缩放比例
              var myRatio = myCurrentDistance/myDistance;
              //根据缩放比例对图像进行缩放操作
              $ ("img").css(" - webkit - transform","scale(" + myRatio.toFixed(2) + ")");
           } }); });
          </script>
        </head>
       <body>
       < div data - role = "page">
        < img src = "image\myimage1.jpg"/>
       </div></body></html>
```

上面这段代码在 MyCode\MySampleG46\app\src\main\assets\myPage.html 文件中。
此实例的完整代码在 MyCode\MySampleG46 文件夹中。

051　使用两指手势实现旋转图像

此实例主要通过在 touchstart 和 touchmove 事件响应方法(监听器)中,记录两个手指在移动的过程中形成的转角变化,并据此设置(img 元素)图像的旋转角度,实现通过两指手势旋转图像。当实例运行之后,如果食指按住图像,中指按住图像围绕食指逆时针旋转,图像将同步逆时针旋转;如果食指按住图像,中指按住图像围绕食指顺时针旋转,图像将同步顺时针旋转,效果分别如图 051-1(a)和

图 051-1(b)所示。

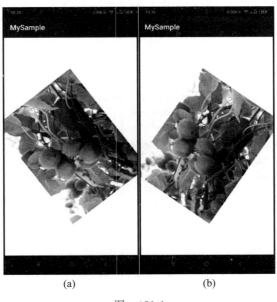

(a)　　　　　　　　　　(b)

图　　051-1

主要代码如下：

```
<!DOCTYPE html>
<html>
<head>
 <meta charset = "UTF-8"/>
 <link rel = "stylesheet" href = "https://cdnjs.cloudflare.com/ajax/libs
                    /jquery-mobile/1.4.5/jquery.mobile.min.css">
 <script src = "https://cdnjs.cloudflare.com/ajax/libs
                    /jquery/2.1.0/jquery.min.js"></script>
 <script src = "https://cdnjs.cloudflare.com/ajax/libs
                    /jquery-mobile/1.4.5/jquery.mobile.min.js"></script>
 <style> img{position:absolute;}</style>
 <script>
  $(function(){
   function getVector(point1,point2){            //根据两指位置生成对应的向量
    var myX = Math.round(point1.pageX - point2.pageX);
    var myY = Math.round(point1.pageY - point2.pageY);
    return {x:myX,y:myY};
   }
   function getLength(vector){                   //计算向量的长度
    return Math.sqrt(vector.x * vector.x + vector.y * vector.y);
   }
   var myStartVector;                            //记录两指刚按下时的向量
   $("img").css("left",(window.innerWidth - $("img").width())/2 + "px");
   $("img").css("top",(window.innerHeight - $("img").height())/2 + "px");
   $(document).on("touchstart",function(e){      //添加手指按下事件监听器
    if(e.originalEvent.touches.length > 1){      //判断两个手指是否均处于按下状态
     myStartVector = getVector(e.originalEvent.touches[0],
          e.originalEvent.touches[1]);           //根据按下两指位置获取此时的向量
    }});
   $(document).on("touchmove",function(e){       //添加手指移动事件监听器
```

```
    if(e. originalEvent. touches. length > 1){            //判断两个手指是否均处于按下状态
      var myEndVector = getVector(e. originalEvent. touches[0],
                e. originalEvent. touches[1]);            //根据按下两指位置获取此时的向量
      //判断旋转方向是顺时针,还是逆时针
      var myDirection = myStartVector. x * myEndVector. y -
                                myEndVector. x * myStartVector. y > 0?1: - 1;
      //计算两次向量所形成夹角的余弦值
      var myCos = (myStartVector. x * myEndVector. x + myStartVector. y
          * myEndVector. y)/(getLength(myStartVector) * getLength(myEndVector));
      //根据余弦值获取对应的角度
      var myAngle = Math. acos(myCos) * myDirection * 180/Math. PI;
      //根据角度对图像进行旋转操作
      $ ("img"). css(" - webkit - transform","rotate(" + myAngle + "deg)");
  } }); });
 </script >
</head >
< body >
< div data - role = "page">
 < div data - role = "main">
   < img src = "image\myimage1. jpg"/>
</div ></div ></body ></html >
```

上面这段代码在 MyCode\MySampleG47\app\src\main\assets\myPage. html 文件中。
此实例的完整代码在 MyCode\MySampleG47 文件夹中。

052　为图像添加下拉回弹功能

此实例主要通过在 touchstart、touchmove、touchend 等事件响应方法中记录和设置 img 元素(图像)的垂直坐标位置,实现为元素(图像)添加下拉回弹功能。当实例运行之后,手指按住图像在垂直方向上滑动,即可将图像拖到任意位置,然后松开手指,图像立即回弹到屏幕顶端,效果分别如图 052-1(a)和图 052-1(b)所示。

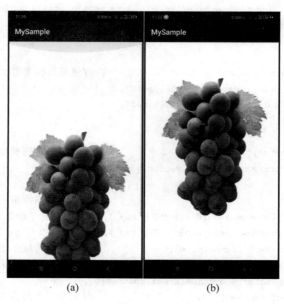

(a)　　　　　　　　(b)

图　052-1

主要代码如下：

```
<!DOCTYPE html>
<html>
<head>
<meta charset="UTF-8"/>
<link rel="stylesheet" href="https://cdnjs.cloudflare.com/ajax/libs
                       /jquery-mobile/1.4.5/jquery.mobile.min.css">
<script src="https://cdnjs.cloudflare.com/ajax/libs
                       /jquery/2.1.0/jquery.min.js"></script>
<script src="https://cdnjs.cloudflare.com/ajax/libs
                       /jquery-mobile/1.4.5/jquery.mobile.min.js"></script>
<style>#myImage{-webkit-transition:all ease 0.01s;position:absolute;
           width:100%;height:100%;}</style>
<script>
  $(function(){
    var myPosY;
    $(document).on("touchstart",function(e){            //手指按下
     //获取手指在按下时的垂直坐标
     myPosY = e.originalEvent.changedTouches[0].pageY;
    });
    $(document).on("touchmove",function(e){             //手指滑动
     //获取当前手指的垂直坐标
     myCurrentY = e.originalEvent.changedTouches[0].pageY;
     //比较两次坐标值,判断是否执行了下拉操作
     if(myCurrentY > myPosY){
      if(myCurrentY - myPosY <= 500){                   //防止下拉越界
        $("#myImage").css("top",(myCurrentY - myPosY) + "px");
     } } });
    $(document).on("touchend",function(){               //手指抬起
        $("#myImage").css("top","0px"); });             //使页面回弹至顶部
  });
</script>
</head>
<body>
<img src="image\myimage1.jpg" id="myImage"/>
</body></html>
```

上面这段代码在 MyCode\MySampleG43\app\src\main\assets\myPage.html 文件中。

此实例的完整代码在 MyCode\MySampleG43 文件夹中。

053　监听手指左滑或右滑图像

此实例主要通过监听 swipeleft 事件和 swiperight 事件,实现手指在屏幕上从右向左滑动时显示下一幅图像,从左向右滑动时显示上一幅图像。当实例运行之后,如果手指在屏幕上从右向左滑动,显示下一幅图像;如果手指在屏幕上从左向右滑动,显示上一幅图像,效果分别如图 053-1(a)和图 053-1(b)所示。

主要代码如下：

```
<!DOCTYPE html>
<html>
<head>
```

(a)   (b)

图   053-1

```
<meta charset = "UTF - 8"/>
<link rel = "stylesheet" href = "https://cdn.bootcss.com
                        /jquery - mobile/1.4.5/jquery.mobile.min.css">
<script src = "https://cdn.bootcss.com/jquery/2.1.0/jquery.min.js"></script>
<script src = "https://cdn.bootcss.com
                        /jquery - mobile/1.4.5/jquery.mobile.min.js"></script>
<script>
  $(document).ready(function(){
    var myIndex = 1;
    $(document).on('swipeleft',function(event){              //手指左滑时显示下一幅图像
      if(myIndex < 3){ myIndex += 1; }
      else{ myIndex = 1; }
      $('#myImage').prop("src","image/myimageA" + myIndex + ".jpg");
    });
    $(document).on('swiperight',function(event){             //手指右滑时显示上一幅图像
     if(myIndex > 1){ myIndex -= 1; }
     else{ myIndex = 3; }
     $('#myImage').prop("src","image/myimageA" + myIndex + ".jpg");
  });});
</script>
<style> img{width:400px;height:600px;}</style>
</head>
<body>
<div data - role = "page">
 <div data - role = "main"><img id = "myImage" src = "image/myimageA1.jpg"></div>
</div></body></html>
```

上面这段代码在 MyCode\MySampleH33\app\src\main\assets\myPage.html 文件中。在这段代码中,swipeleft 表示手指在屏幕上从右向左滑动,swiperight 表示手指在屏幕上从左向右滑动。

此实例的完整代码在 MyCode\MySampleH33 文件夹中。

054   通过双击操作实现缩放图像

此实例主要通过在 tap 事件响应方法(函数)中记录和设置 img 元素(图像)的宽度和高度,实现

通过双击缩小或放大图像。当实例运行之后,双击图像,图像由小变大;再次双击图像,图像由大变小,效果分别如图 054-1(a)和图 054-1(b)所示。

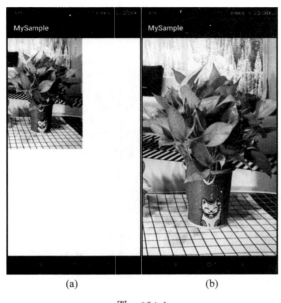

(a)　　　　　　　(b)

图　　054-1

主要代码如下:

```html
<!DOCTYPE html>
<html>
<head>
<meta charset="UTF-8"/>
<link rel="stylesheet" href="https://cdnjs.cloudflare.com/ajax/libs
                    /jquery-mobile/1.4.5/jquery.mobile.min.css">
<script src="https://cdnjs.cloudflare.com/ajax/libs
                    /jquery/2.1.0/jquery.min.js"></script>
<script src="https://cdnjs.cloudflare.com/ajax/libs
                    /jquery-mobile/1.4.5/jquery.mobile.min.js"></script>
<style>
/*设置过渡动画持续时间是3秒*/
img{width:200px;height:300px;-webkit-transition:all ease 3s;}
</style>
<script>
  $(function(){
    var isClick=false;                    //判断单击或双击图像的标志
    var isScale=false;                    //判断当前图像缩放状态的标志
    $("img").on("tap",function(){         //为指定的img元素添加触摸事件监听器
     if(!isClick){                        //单击图像
        isClick=true;
     }else{                               //双击图像
        isClick=false;
        if(!isScale){                     //放大图像
         isScale=true;
           $("img").css("width","400px");
           $("img").css("height","600px");
        }else{                            //缩小图像
         isScale=false;
```

```
    $ ("img").css("width","200px");
    $ ("img").css("height","300px");
 } } });});
</script>
</head>
<body>
<div data – role = "page">
 <div data – role = "main">
  < img src = "image\myimage1.jpg" />
</div></div></body></html>
```

上面这段代码在 MyCode\MySampleG44\app\src\main\assets\myPage. html 文件中。

此实例的完整代码在 MyCode\MySampleG44 文件夹中。

055　以拖动方式实现图像移动

此实例主要通过处理 vmousedown、vmousemove、vmouseup 等事件,即手指按下、手指移动、手指抬起,实现以拖动的方式在屏幕上任意移动元素(如 img,中国象棋棋子)。当实例运行之后,手指按住"車"移动,即可将"車"拖动到任意位置;手指按住"馬"移动,也可将"馬"拖动到任意位置,效果分别如图 055-1(a)和图 055-1(b)所示。

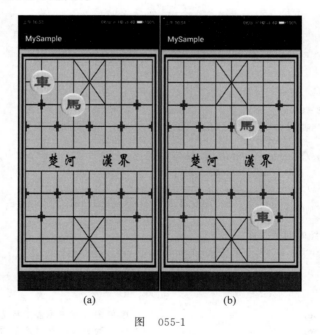

(a)　　　　　　　　　　　(b)

图　　055-1

主要代码如下:

```
<!DOCTYPE html >
< html >
< head >
 < meta charset = "UTF – 8"/>
 < link rel = "stylesheet" href = "https://cdnjs. cloudflare. com/ajax/libs
                    /jquery – mobile/1.4.5/jquery. mobile. min. css">
 < script src = "https://cdnjs. cloudflare. com/ajax/libs
                    /jquery/2.1.0/jquery. min. js"></script >
 < script src = "https://cdnjs. cloudflare. com/ajax/libs
```

```
                         /jquery-mobile/1.4.5/jquery.mobile.min.js"></script>
  <script>
    $(function(){
      //手势拖动操作的标志
      var isDrag1 = false,isDrag2 = false;
      //在手指按下时启用标志,#myPng1 表示"車",#myPng2 表示"馬"
      $("#myPng1").on("vmousedown",function(){isDrag1 = true;});
      $("#myPng2").on("vmousedown",function(){isDrag2 = true;});
      //在手指移动时设置元素位置
      $(document).on("vmousemove",function(e){
      if(isDrag1){
        $("#myPng1").css("top",e.pageY-$("#myPng1").height()/2+"px");
        $("#myPng1").css("left",e.pageX-$("#myPng1").width()/2+"px");
      }
      if(isDrag2){
        $("#myPng2").css("top",e.pageY-$("#myPng2").height()/2+"px");
        $("#myPng2").css("left",e.pageX-$("#myPng2").width()/2+"px");
      }});
      //在手指抬起时禁用标志
      $("#myPng1").on("vmouseup",function(){isDrag1 = false;});
      $("#myPng2").on("vmouseup",function(){isDrag2 = false;});
    });
  </script>
</head>
<body>
<div data-role="page"
     style="background:url('image\\myimage3.jpg');background-size:100% 100%;">
<div data-role="main">
  <img src="image\myimage1.png" id="myPng1"
       style="position:absolute;top:40px;left:10px "/>
  <img src="image\myimage2.png" id="myPng2"
       style="position:absolute;top:100px;left:90px"/>
</div></div></body></html>
```

上面这段代码在 MyCode\MySampleG42\app\src\main\assets\myPage.html 文件中。
此实例的完整代码在 MyCode\MySampleG42 文件夹中。

056　以动画方式滚动超长图像

此实例主要通过使用动画方法 animate(),实现以动画风格滚动显示超长图像。当实例运行之后,单击图像,图像滚动到屏幕底部;再次单击图像,图像滚动到屏幕顶部,效果分别如图 056-1(a)和图 056-1(b)所示。

主要代码如下:

```
<!DOCTYPE html>
<html>
<head>
<meta charset="UTF-8"/>
<link rel="stylesheet" href="https://cdn.bootcss.com
                          /jquery-mobile/1.4.5/jquery.mobile.min.css">
<script src="https://cdn.bootcss.com/jquery/2.1.0/jquery.min.js"></script>
<script src="https://cdn.bootcss.com
```

```
                                    /jquery - mobile/1.4.5/jquery.mobile.min.js"></script>
  <script>
    var isClicked = true;
    function ClickImage(){                      //响应单击图像
      if(isClicked){                            //以动画风格在1秒钟内滚动到屏幕底部
        $(document.body).animate({scrollTop: $("♯myImage").height()},1000);
        isClicked = false;
      }else{                                    //以动画风格在1秒钟内滚动到屏幕顶部
        $(document.body).animate({scrollTop:0},1000);
        isClicked = true;
      } }
  </script>
</head>
< body>
< div data - role = "page">
 < div data - role = "main" >
  < img id = "myImage" src = "image/myimage1.jpg" onclick = "ClickImage();">
</div></div></body></html>
```

上面这段代码在 MyCode\MySampleH26\app\src\main\assets\myPage.html 文件中。在这段代码中，$(document.body).animate({scrollTop：$("♯myImage").height()}，1000)的 $("♯myImage").height()表示距离顶部的高度值，1000 表示动画执行时长为 1 秒。

此实例的完整代码在 MyCode\MySampleH26 文件夹中。

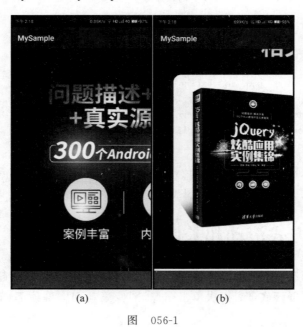

(a)   (b)

图   056-1

057   在滚动图像时实现标题置顶

此实例主要通过设置 div 元素（页眉 header）的 data-position 属性为 fixed，实现在滚动显示多幅图像时，标题（页眉）始终固定于屏幕顶部。当实例运行之后，使用手指在屏幕上滑动，即可以滚动浏览多幅图像，但是标题"四川名菜集锦"始终固定于屏幕顶部，不随图像滚动，效果分别如图 057-1（a）和图 057-1（b）所示。

图　057-1

主要代码如下：

```
<!DOCTYPE html>
<html>
<head>
 <meta charset = "UTF-8"/>
 <link rel = "stylesheet" href = "https://cdnjs.cloudflare.com/ajax/libs
                    /jquery-mobile/1.4.5/jquery.mobile.min.css">
 <script src = "https://cdnjs.cloudflare.com/ajax/libs
                    /jquery/2.1.0/jquery.min.js"></script>
 <script src = "https://cdnjs.cloudflare.com/ajax/libs
                    /jquery-mobile/1.4.5/jquery.mobile.min.js"></script>
 <style> img{width:100%;height:100%;}</style>
</head>
<body>
<div data-role = "page">
 <!-- 设置 data-position 属性为 fixed,实现标题(页眉 header)置顶显示 -->
 <div data-role = "header" data-position = "fixed">
  <h1 style = "font-size:1.2em">四种名菜集锦</h1></div>
  <div data-role = "main">
   <img src = "image\myimage1.jpg"/>
   <img src = "image\myimage2.jpg"/>
   <img src = "image\myimage3.jpg"/>
</div></div></body></html>
```

上面这段代码在 MyCode\MySampleG30\app\src\main\assets\myPage.html 文件中。
此实例的完整代码在 MyCode\MySampleG30 文件夹中。

058　浏览在存储卡上的图像文件

此实例主要通过使用 window.URL.createObjectURL(obj.files[0])获取 URL 路径,并据此设置 img 元素的 src 属性,实现在页面中浏览手机存储卡上的本地图像文件。当实例运行之后,单击"选择文件"按钮,然后在弹出的文件选择窗口中选择存储卡上的图像文件,将立即显示图像,效果分别如图 058-1(a)和图 058-1(b)所示。

(a)　　　　　　　(b)

图　058-1

主要代码如下:

```
<!DOCTYPE html>
<html>
<head>
  <meta charset = "UTF-8"/>
  <link rel = "stylesheet" href = "https://cdnjs.cloudflare.com/ajax/libs
                      /jquery-mobile/1.4.5/jquery.mobile.min.css">
  <script src = "https://cdnjs.cloudflare.com/ajax/libs
                      /jquery/2.1.0/jquery.min.js"></script>
  <script src = "https://cdnjs.cloudflare.com/ajax/libs
                      /jquery-mobile/1.4.5/jquery.mobile.min.js"></script>
  <style> img{width:100%;height:100%;}</style>
  <script>
  $(function(){
    $("#myFile").on("change",function(){
    var myUrl = window.webkitURL.createObjectURL(this.files[0]);
    //设置 img 元素的 src 属性值,以显示图像
    $("#myImage").prop("src",myUrl);
    }); });
  </script>
</head>
<body>
<div data-role = "page">
  <div data-role = "main" class = "ui-content">
    <input type = "file" id = "myFile"/>
    <img id = "myImage"/>
</div></div></body></html>
```

上面这段代码在 MyCode\MySampleG51\app\src\main\assets\myPage.html 文件中。在这段

代码中,<input type="file" id="myFile"/>表示"选择文件"按钮,用于选择手机存储卡上的本地文件;但是在使用它之前通常应该自定义 WebChromeClient 的 onShowFileChooser()方法,并进行回调处理,主要代码如下:

```java
public class MainActivity extends Activity {
  WebView myWebView;
  ValueCallback<Uri[]> myCallBack;
  @Override
  protected void onCreate(Bundle savedInstanceState) {
    super.onCreate(savedInstanceState);
    setContentView(R.layout.activity_main);
    myWebView = (WebView) findViewById(R.id.myWebView);
    WebSettings myWebSettings = myWebView.getSettings();
    myWebSettings.setJavaScriptEnabled(true);
    myWebView.setWebChromeClient(new WebChromeClient(){
    //重写 onShowFileChooser()方法,用于通过文件选择器选取本地图像文件
    @Override
    public boolean onShowFileChooser(WebView webView, ValueCallback<Uri[]>
            filePathCallback, FileChooserParams fileChooserParams){
      //获取 ValueCallback,用于回传所选本地图像文件
      myCallBack = filePathCallback;
      Intent myIntent = new Intent(Intent.ACTION_GET_CONTENT);
      myIntent.setType("image/*");
      startActivityForResult(myIntent,0);
      return true;
    } });
    myWebView.getSettings().setJavaScriptEnabled(true);
    myWebView.loadUrl("file:///android_asset/myPage.html");
  }
//重写 onActivityResult()方法,用于获取所选本地图像文件 Uri,并回传至页面
  @Override
  protected void onActivityResult(int requestCode, int resultCode, Intent data){
    //将所选本地图像文件回传至页面
    myCallBack.onReceiveValue(new Uri[]{data.getData()});
    myCallBack = null;
  }
}
```

上面这段代码在 MyCode\MySampleG51\app\src\main\java\com\bin\luo\mysample\MainActivity.java 文件中。

此实例的完整代码在 MyCode\MySampleG51 文件夹中。

059　将当前图像保存到手机存储卡上

此实例主要通过添加自定义 JavaScript 接口,实现在页面中调用自定义的 Android 函数 SaveWebImage()将长按的图像保存到手机存储卡上。当实例运行之后,长按图像即可将图像保存到手机存储卡根文件夹(myimage1.jpg)中,效果分别如图 059-1(a)和图 059-1(b)所示。

主要代码如下:

```html
<!DOCTYPE html>
<html>
<head>
```

图　059-1

```
< meta charset = "UTF - 8"/>
< link rel = "stylesheet" href = "https://cdnjs.cloudflare.com/ajax/libs
                    /jquery - mobile/1.4.5/jquery.mobile.min.css">
< script src = "https://cdnjs.cloudflare.com/ajax/libs
                    /jquery/2.1.0/jquery.min.js"></script>
< script src = "https://cdnjs.cloudflare.com/ajax/libs
                    /jquery - mobile/1.4.5/jquery.mobile.min.js"></script>
< style > img{width:400px;height:600px;}</style>
< script >
  $ (function(){
  $ ("img").on("taphold",function(){                      //为 img 元素添加长按操作及其响应函数
  //调用 Android 层 SaveWebImage()函数,执行保存图像操作
  android.SaveWebImage( $ ("img").prop("src"));
  }); });
 </script>
</head>
< body >
< div data - role = "page">
 < div data - role = "main">
  < img src = "image\myimage1.jpg"/>
</div></div></body></html>
```

上面这段代码在 MyCode\MySampleG45\app\src\main\assets\myPage. html 文件中。在这段代码中,android. SaveWebImage()函数是自定义的 Android 函数,该函数主要根据页面中的图像地址保存图像,主要代码如下:

```
public class MainActivity extends Activity {
 WebView myWebView;
 @Override
 protected void onCreate(Bundle savedInstanceState) {
  super.onCreate(savedInstanceState);
  setContentView(R.layout.activity_main);
  myWebView = (WebView) findViewById(R.id.myWebView);
```

```
myWebView.setWebChromeClient(new WebChromeClient());
WebSettings myWebSettings = myWebView.getSettings();
myWebSettings.setJavaScriptEnabled(true);
//添加自定义 JavaScript 接口,以实现在 JavaScript 层调用 Android 函数
myWebView.addJavascriptInterface(new JavaScriptinterface(this),"android");
myWebView.loadUrl("file:///android_asset/myPage.html");
}
class JavaScriptinterface{
    Context context;
    public JavaScriptinterface(Context c){context = c;}
    @JavascriptInterface
    public void SaveWebImage(String url){                    //保存图像的自定义函数
        try {
            //获取图像文件的相对路径
            String myUrl = url.substring(url.indexOf("android_asset/") + 14);
            //根据路径获取 assets 文件夹中的指定图像
            Bitmap myBitmap = BitmapFactory.decodeStream(getAssets().open(myUrl));
            //将图像以文件输出流形式保存至手机存储卡根文件夹中
            File myFile = new File(Environment.getExternalStorageDirectory()
                            + "/myimage1.jpg");
            FileOutputStream myStream = new FileOutputStream(myFile);
            myBitmap.compress(Bitmap.CompressFormat.JPEG,100,myStream);
            myStream.flush();
            myStream.close();
            runOnUiThread(new Runnable(){
                @Override
                public void run(){
                    Toast.makeText(context,
                            "在手机上保存图像操作成功!",Toast.LENGTH_SHORT).show();
                } });
        }
        catch(Exception e){e.printStackTrace();}
} } }
```

上面这段代码在 MyCode\MySampleG45\app\src\main\java\com\bin\luo\mysample\MainActivity.java 文件中。此外,操作存储卡需要在 AndroidManifest.xml 文件中添加<uses-permission android:name="android.permission.WRITE_EXTERNAL_STORAGE"/>权限。

此实例的完整代码在 MyCode\MySampleG45 文件夹中。

060　选择并播放手机存储卡上的视频

此实例主要通过使用 window.URL.createObjectURL(obj.files[0])获取 URL 路径,并使用它设置 video 元素的 src 属性,实现在页面中选择并播放手机存储卡上的视频文件。当实例运行之后,单击"选择文件"按钮,然后在弹出的选择窗口中选择在手机上的本地视频文件,该视频文件将立即被设置为 video 元素的 src 属性,然后单击播放按钮即可播放此视频,效果分别如图 060-1(a)和图 060-1(b)所示。

主要代码如下:

```
<!DOCTYPE html>
<html>
<head>
  <meta charset = "UTF-8"/>
```

(a)   (b)

图　060-1

```
<link rel = "stylesheet" href = "https://cdnjs.cloudflare.com/ajax/libs
                    /jquery-mobile/1.4.5/jquery.mobile.min.css">
<script src = "https://cdnjs.cloudflare.com/ajax/libs
                    /jquery/2.1.0/jquery.min.js"></script>
<script src = "https://cdnjs.cloudflare.com/ajax/libs
                    /jquery-mobile/1.4.5/jquery.mobile.min.js"></script>
<script>
  $(function(){
   $("#myFile").on("change",function(){
    var myUrl = window.webkitURL.createObjectURL(this.files[0]);
    //设置 video 元素的 src 属性值,以播放视频
    $("#myVideo").prop("src",myUrl);
  }); });
 </script>
</head>
<body>
<div data-role = "page">
 <div data-role = "main" class = "ui-content">
  <input type = "file" id = "myFile"/>
  <video controls = "controls" id = "myVideo" style = "width:330px;height:260px"/>
</div></div></body></html>
```

上面这段代码在 MyCode\MySampleG54\app\src\main\assets\myPage.html 文件中。在这段代码中,<input type="file" id="myFile"/>表示"选择文件"按钮,用于选择在手机上的本地文件;但是在使用它之前通常应该自定义 WebChromeClient 的 onShowFileChooser()函数,并进行回调处理,主要代码如下:

```
public class MainActivity extends Activity {
WebView myWebView;
ValueCallback<Uri[]> myCallBack;
@Override
protected void onCreate(Bundle savedInstanceState) {
  super.onCreate(savedInstanceState);
```

```
setContentView(R.layout.activity_main);
myWebView = (WebView) findViewById(R.id.myWebView);
WebSettings myWebSettings = myWebView.getSettings();
myWebSettings.setJavaScriptEnabled(true);
myWebView.setWebChromeClient(new WebChromeClient(){
  //重写 onShowFileChooser()方法,用于文件选择器选取手机的本地视频文件
  @Override
  public boolean onShowFileChooser(WebView webView, ValueCallback<Uri[]>
        filePathCallback, FileChooserParams fileChooserParams){
    //获取 ValueCallback,用于回传所选本地视频文件
    myCallBack = filePathCallback;
    Intent myIntent = new Intent(Intent.ACTION_GET_CONTENT);
    myIntent.setType("video/*");
    startActivityForResult(myIntent,0);
    return true;
  } });
  myWebView.getSettings().setJavaScriptEnabled(true);
  myWebView.loadUrl("file:///android_asset/myPage.html");
}
//重写 onActivityResult()方法,用于获取所选本地视频文件 URI,并回传至页面
@Override
protected void onActivityResult(int requestCode, int resultCode, Intent data){
  //将所选本地视频文件回传至页面
  myCallBack.onReceiveValue(new Uri[]{data.getData()});
  myCallBack = null;
}
}
```

上面这段代码在 MyCode\MySampleG54\app\src\main\java\com\bin\luo\mysample\MainActivity.java 文件中。

此实例的完整代码在 MyCode\MySampleG54 文件夹中。

061　在页面中开启和关闭 WiFi

此实例主要通过自定义 Android 函数 setWifiState(),实现在页面中使用滑块开关调用 Android 函数开启或关闭手机 WiFi。当实例运行之后,拖动滑块即可改变手机 WiFi 的开关状态,效果分别如图 061-1(a)和图 061-1(b)所示。

主要代码如下:

```
<!DOCTYPE html>
<html>
<head>
<meta charset="UTF-8"/>
<link rel="stylesheet" href="https://cdn.bootcss.com
                    /jquery-mobile/1.4.5/jquery.mobile.min.css">
<script src="https://cdn.bootcss.com
                    /jquery/2.1.0/jquery.min.js"></script>
<script src="https://cdn.bootcss.com
                    /jquery-mobile/1.4.5/jquery.mobile.min.js"></script>
<script>
  $(function(){
```

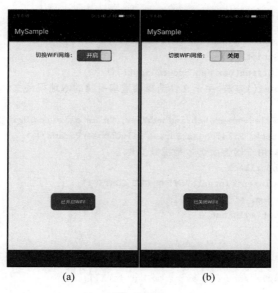

(a)   (b)

图　061-1

```
//调用 Android 函数 setWifiState()动态开启或关闭手机 WiFi
android.setWifiState( $ ("＃mySwitch").is(':checked'));
 $ ("＃mySwitch").change(function(){
  //获取开关当前状态,并根据该状态开启或关闭手机 WiFi
  android.setWifiState( $ (this).is(':checked'));
 }); });
</script>
</head>
<body>
<div data-role="main" class="ui-content">
 <center><label for="mySwitch"
    style="position:relative;display:inline;top:0px;">切换 WiFi 网络:</label>
<!-- 设置 data-role 属性为 flipswitch,实现滑块开关样式 -->
<input type="checkbox" data-role="flipswitch" id="mySwitch"
        style="display:inline;" data-on-text="开启" data-off-text="关闭">
</center></div></body></html>
```

上面这段代码在 MyCode\MySampleG23\app\src\main\assets\myPage.html 文件中。在这段代码中,setWifiState()函数是自定义的 Android 函数,该函数的主要代码如下:

```
public class MainActivity extends Activity{
 WebView myWebView;
 @Override
 protected void onCreate(Bundle savedInstanceState){
  super.onCreate(savedInstanceState);
  setContentView(R.layout.activity_main);
  myWebView = (WebView)findViewById(R.id.myWebView);
  myWebView.setWebViewClient(new WebViewClient());
  myWebView.setWebChromeClient(new WebChromeClient());
  //添加自定义 JavaScript 接口,以实现在页面中调用 Android 函数
  myWebView.addJavascriptInterface(new JavaScriptinterface(this),"android");
  myWebView.getSettings().setJavaScriptEnabled(true);
  myWebView.loadUrl("file:///android_asset/myPage.html");          //加载页面文件
 }
```

```
class JavaScriptinterface{
  Context myContext;
  public JavaScriptinterface(Context context){ myContext = context; }
  @JavascriptInterface
  public void setWifiState(final boolean wifiState){
    //由于该函数为异步操作,需转移至主线程执行相关操作
    runOnUiThread(new Runnable(){
      @Override
      public void run(){
        //根据 WiFi 状态值动态开启或关闭手机 WiFi 网络
        WifiManager myWifiManager =
                (WifiManager)getSystemService(Context.WIFI_SERVICE);
        myWifiManager.setWifiEnabled(wifiState);
        //通过 Toast 显示手机当前 WiFi 状态
        if(wifiState){
         Toast.makeText(myContext, "已开启 WiFi!", Toast.LENGTH_SHORT).show();
        }else{
         Toast.makeText(myContext, "已关闭 WiFi!", Toast.LENGTH_SHORT).show();
        } } });} } }
```

上面这段代码在 MyCode\MySampleG23\app\src\main\java\com\bin\luo\mysample\MainActivity.java 文件中。此外,操作 WiFi 网络需要在 AndroidManifest.xml 文件中添加< uses-permission android:name= "android.permission.CHANGE_WIFI_STATE"/>权限。

此实例的完整代码在 MyCode\MySampleG23 文件夹中。

第2章

OpenCV实例

062 在图像上绘制文本

此实例主要通过使用 Imgproc 的 putText( )方法,实现在图像上绘制(添加)文本。Imgproc 是 Image 和 Processing 这两个单词的缩写组合,它是 OpenCV 的图像处理模块,该模块包含如下内容:线性和非线性的图像滤波、图像的几何变换、图像转换、直方图相关、结构分析和形状描述、运动分析和对象跟踪、特征检测、目标检测等。OpenCV 是一个基于 BSD 许可(开源)发行的跨平台计算机视觉库,它可以运行在 Linux、Windows、Android 和 Mac OS 等操作系统上。OpenCV 原本由一系列 C 函数和少量 C++类构成,同时提供了 Python 等其他语言的接口,它实现了图像处理和计算机视觉方面的很多通用算法。本书提供的 OpenCV 实例使用 Java 语言编写,并且运行在 Android 手机上。

当实例运行之后,单击"显示原始图像"按钮,原始图像的效果如图 062-1(a)所示。单击"在图像上添加文本"按钮,在图像上添加文本(OpenCV)之后的效果如图 062-1(b)所示。

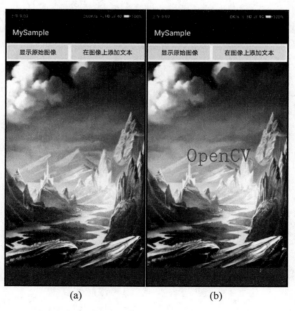

(a)   (b)

图   062-1

主要代码如下：

```
public class MainActivity extends Activity {
  ImageView myImageView;
  Bitmap myBitmap;
  static{ System.loadLibrary("opencv_java3");}                    //加载 OpenCV 库
  @Override
  protected void onCreate(Bundle savedInstanceState) {
    super.onCreate(savedInstanceState);
    setContentView(R.layout.activity_main);
    myImageView = (ImageView) findViewById(R.id.myImageView);
    myBitmap = BitmapFactory.decodeResource(getResources(), R.mipmap.myimage1);
  }
  public void onClickButton1(View v) {                            //响应单击"显示原始图像"按钮
    myImageView.setImageBitmap(myBitmap);
  }
  public void onClickButton2(View v) {                            //响应单击"在图像上添加文本"按钮
    Bitmap myNewBitmap = Bitmap.createBitmap(myBitmap.getWidth(),
      myBitmap.getHeight(),Bitmap.Config.RGB_565);                //根据原始图像创建空 Bitmap
    Mat myMat = new Mat();
    Utils.bitmapToMat(myBitmap,myMat);                            //将原始图像保存至 myMat
    Point myPoint = new Point(300, 700);                          //定义绘制文本的起始位置
    Scalar myScalar = new Scalar(255,0,0,255);                    //设置绘制文本的颜色
    //在图像上添加文本(仅支持英文、符号等,暂不支持中文)
    Imgproc.putText(myMat,"OpenCV",myPoint,
                              Core.FONT_HERSHEY_COMPLEX,4,myScalar,3);
    //将添加文本之后的图像输出至 myNewBitmap
    Utils.matToBitmap(myMat,myNewBitmap);
    //通过 ImageView 控件显示添加文本之后的图像
    myImageView.setImageBitmap(myNewBitmap);
  }
}
```

上面这段代码在 MyCode\MySampleK31\app\src\main\java\com\bin\luo\mysample\MainActivity.java 文件中。在这段代码中,Imgproc 的 putText()方法用于在图像上添加文字(字母),该方法的语法声明如下：

```
static void putText(Mat img, String text, Point org, int fontFace,
                    double fontScale, Scalar color, int thickness)
```

其中,参数 Mat img 表示待绘制的图像；参数 String text 表示待绘制的文字；参数 Point org 表示文字的起点坐标；参数 int fontFace 表示字体；参数 double fontScale 表示文字大小因子,值越大文字越大；参数 Scalar color 表示文字颜色；参数 int thickness 表示文字线条宽度。

Utils.bitmapToMat(myBitmap,myMat)用于将 Bitmap 输出到 Mat,该方法的语法声明如下：

```
static void bitmapToMat(Bitmap bmp, Mat mat)
```

其中,参数 Bitmap bmp 表示源 Bitmap,支持 ARGB_8888 和 RGB_565 像素类型；参数 Mat mat 表示目标 Mat,默认类型是 CV_8UC4 类型,大小和 Bitmap 一样,通道顺序为 RGBA。

Utils.matToBitmap(myMat,myNewBitmap)用于将 Mat 输出到 Bitmap,该方法的语法声明如下：

```
static void matToBitmap(Mat mat, Bitmap bmp)
```

其中,参数 Mat mat 表示源 Mat,支持 CV_8UC1,CV_8UC3 或 CV_8UC4 类型;参数 Bitmap bmp 表示目标 Bitmap,支持 ARGB_8888 或 RGB_565 类型。

static{ System. loadLibrary("opencv_java3");}表示加载 OpenCV 库。默认情况下,在 Android 中使用 OpenCV 需要导入相关的库文件,具体操作步骤如下。

(1) 从 https://opencv. org/releases. html 页面中单击 Android pack 超链接,稍等一会儿即可弹出"新建下载任务"对话框,然后在该对话框中单击"下载"按钮,执行下载操作,如图 062-2 所示。在下载完成之后解压文件即可。在此实例中,可以忽略此步骤,直接从源代码中复制 openCVLibrary345Copy 文件夹到项目即可。

图　062-2

(2) 在 Android Studio 菜单上依次选择 File\New\Import Module…,弹出 Import Module from Source 对话框。在该对话框中单击"Source directory:"右端的文件夹按钮,然后选择 openCVLibrary345Copy 文件夹,会出现错误(重复)提示。直接在"Module name:"输入框中将 openCVLibrary345Copy 修改为 openCVLibrary345,错误提示消失,如图 062-3 所示。再单击 Finish 按钮即可。

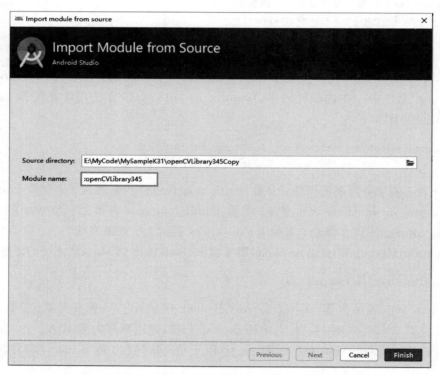

图　062-3

（3）按照如下粗体字所示修改 MyCode\MySampleK31\app\build.gradle 文件。完成之后同步（Sync Now）即可。

```
apply plugin: 'com.android.application'
android {
        compileSdkVersion 29
        buildToolsVersion "29.0.2"
        defaultConfig {
            applicationId "com.bin.luo.mysample"
            minSdkVersion 27
            targetSdkVersion 29
            versionCode 1
            versionName "1.0"
            testInstrumentationRunner "androidx.test.runner.AndroidJUnitRunner"
        }
        buildTypes {
            release {
                minifyEnabled false
                proguardFiles
getDefaultProguardFile('proguard-android-optimize.txt'), 'proguard-rules.pro'
            }
        }
        sourceSets { main { jniLibs.srcDirs = ['libs'] } }
}
dependencies {
    implementation fileTree(dir: 'libs', include: ['*.jar'])
    implementation 'androidx.appcompat:appcompat:1.0.2'
    implementation 'androidx.constraintlayout:constraintlayout:1.1.3'
    testImplementation 'junit:junit:4.12'
    implementation project(':openCVLibrary345')
    androidTestImplementation 'androidx.test:runner:1.2.0'
    androidTestImplementation 'androidx.test.espresso:espresso-core:3.2.0'
}
```

（4）复制 MyCode\MySampleK31\app\libs 文件夹下的所有内容到（用户的）项目中即可。该文件夹及其子文件夹的文件与手机 CPU 的类型有关，缺少这些文件在编译或运行时会报错或无响应。

特别说明：此章的其他实例源代码的 libs 文件夹是空的（由于文件太大，为便于读者下载源代码，已经被删除），因此在测试前必须从 MyCode\MySampleK31\app\libs 文件夹复制该文件夹中的所有子文件夹及其文件到（用户的）项目的 libs 文件夹。

此实例的完整代码在 MyCode\MySampleK31 文件夹中。

063　在图像上绘制箭头线

此实例主要通过使用 Imgproc 的 arrowedLine()方法，实现在图像的指定位置绘制箭头线。当实例运行之后，单击"显示原始图像"按钮，原始图像的效果如图 063-1(a)所示。单击"在图像上绘制箭头线"按钮，在图像的指定位置绘制箭头线之后的效果如图 063-1(b)所示。

主要代码如下：

```
public void onClickButton2(View v) {              //响应单击"在图像上绘制箭头线"按钮
    Bitmap myNewBitmap = Bitmap.createBitmap(myBitmap.getWidth(),
                        myBitmap.getHeight(),Bitmap.Config.RGB_565);
```

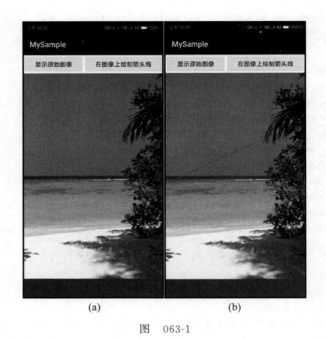

(a)　　　　　　　　(b)

图　063-1

```
Mat myMat = new Mat();
Utils.bitmapToMat(myBitmap,myMat);
Imgproc.arrowedLine(myMat,new Point(100, 800), new Point(850, 500),
                    new Scalar(255, 0,0),6, 8, 0, 0.05);          //绘制箭头线
//将箭头线图像输出至 myNewBitmap
Utils.matToBitmap(myMat,myNewBitmap);
//使用 ImageView 控件显示箭头线图像
myImageView.setImageBitmap(myNewBitmap);
}
```

　　上面这段代码在 MyCode\MySampleK57\app\src\main\java\com\bin\luo\mysample\MainActivity.java 文件中。在这段代码中,Imgproc 的 arrowedLine()方法用于在图像上绘制箭头线,该方法的语法声明如下:

```
static void arrowedLine(Mat img, Point pt1, Point pt2, Scalar color,
              int thickness, int line_type, int shift, double tipLength)
```

　　其中,参数 Mat img 表示图像;参数 Point pt1 表示箭头线的起点坐标;参数 Point pt2 表示箭头线的终点坐标(箭头);参数 Scalar color 表示箭头线的颜色;参数 int thickness 表示箭头线的宽度;参数 int line_type 表示箭头线的类型;参数 int shift 表示箭头线的偏移量;参数 double tipLength 表示箭头占线段的比例。

　　关于在项目中如何导入 OpenCV 库及相关问题请参考实例 062。此实例的完整代码在 MyCode\MySampleK57 文件夹中。

064　在图像上绘制弧线

　　此实例主要通过在 Imgproc 的 ellipse()方法中设置弧线的起始角和终止角等参数,实现在图像的指定位置绘制弧线。当实例运行之后,单击"显示原始图像"按钮,原始图像的效果如图 064-1(a)所示。单击"在图像上绘制弧线"按钮,在图像的指定位置绘制弧线之后的效果如图 064-1(b)所示。

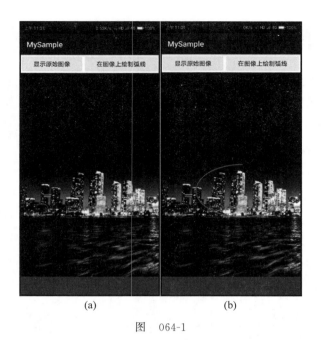

图　064-1

主要代码如下：

```
public void onClickButton2(View v) {                          //响应单击"在图像上绘制弧线"按钮
    //根据原始图像创建空 Bitmap,用于保存添加弧线之后的图像
    Bitmap myNewBitmap = Bitmap.createBitmap(myBitmap.getWidth(),
                        myBitmap.getHeight(),Bitmap.Config.RGB_565);
    Mat myMat = new Mat();
    Utils.bitmapToMat(myBitmap,myMat);                        //将原始图像保存至 myMat
    Imgproc.ellipse(myMat,new Point(700, 900),new Size(400, 200),
            0,45,270,new Scalar(255,0,0),6,8,0);             //在图像的指定位置绘制弧线
    //将包含弧线的图像输出至 myNewBitmap
    Utils.matToBitmap(myMat,myNewBitmap);
    //使用 ImageView 控件显示包含弧线的图像
    myImageView.setImageBitmap(myNewBitmap);
}
```

上面这段代码在 MyCode\MySampleK58\app\src\main\java\com\bin\luo\mysample\MainActivity.java 文件中。在这段代码中,Imgproc 的 ellipse()方法用于在图像上根据指定的起始角和终止角绘制弧线,该方法的语法声明如下：

```
static void ellipse(Mat img, Point center, Size axes,
                double angle, double startAngle, double endAngle,
                Scalar color, int thickness, int lineType, int shift)
```

其中,参数 Mat img 表示图像；参数 Point center 表示椭圆中心；参数 Size axes 表示椭圆的长轴和短轴的一半大小(Half of the size of the ellipse main axes)；参数 double angle 表示椭圆自身的旋转角度；参数 double startAngle 表示弧线在椭圆上的起始角度；参数 double endAngle 表示弧线在椭圆上的终止角度；参数 Scalar color 表示弧线的线条颜色；参数 int thickness 表示弧线的线条宽度；参数 int lineType 表示弧线的线条类型；参数 int shift 表示偏移量。

此实例的完整代码在 MyCode\MySampleK58 文件夹中。

065   在图像上绘制折线

此实例主要通过设置 Imgproc 的 polylines()方法的 isClosed 参数为 false,实现在图像的指定位置绘制折线。当实例运行之后,单击"显示原始图像"按钮,原始图像的效果如图 065-1(a)所示。单击"在图像上绘制折线"按钮,在图像的指定位置绘制折线之后的效果如图 065-1(b)所示。

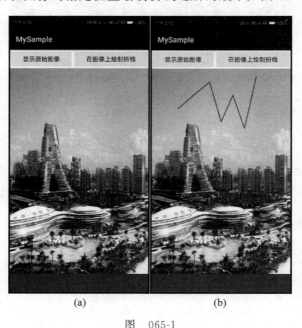

(a)   (b)

图   065-1

主要代码如下:

```
public void onClickButton2(View v) {                        //响应单击"在图像上绘制折线"按钮
    //根据原始图像创建空 Bitmap,用于保存添加折线之后的图像
    Bitmap myNewBitmap = Bitmap.createBitmap(myBitmap.getWidth(),
            myBitmap.getHeight(),Bitmap.Config.RGB_565);
    Mat myMat = new Mat();
    Utils.bitmapToMat(myBitmap,myMat);                      //将原始图像保存至 myMat
    //设置折线的顶点坐标
    ArrayList < MatOfPoint > myPoints = new ArrayList <>();
    myPoints.add(new MatOfPoint(new Point(230,300),new Point(500,100),
            new Point(600,400),new Point(700,200),
            new Point(800,450), new Point(900,60)));
    //在图像的指定位置绘制折线
    Imgproc.polylines(myMat,myPoints,false,new Scalar(255,0,0,255),6);
    //将包含折线的图像输出至 myNewBitmap
    Utils.matToBitmap(myMat,myNewBitmap);
    //使用 ImageView 控件显示包含折线的图像
    myImageView.setImageBitmap(myNewBitmap);
}
```

上面这段代码在 MyCode \ MySampleK55 \ app \ src \ main \ java \ com \ bin \ luo \ mysample \ MainActivity. java 文件中。在这段代码中,Imgproc 的 polylines()方法用于在图像上绘制折线,该方法的语法声明如下:

```
static void polylines(Mat img, List < MatOfPoint > pts,
                      boolean isClosed, Scalar color, int thickness)
```

其中,参数 Mat img 表示图像。参数 List < MatOfPoint > pts 表示折线的顶点列表。参数 boolean isClosed 表示图形是否封闭,如果此参数为 false,首尾顶点不相连,即形成折线;如果此参数为 true,首尾顶点相连,即形成多边形。参数 Scalar color 表示线条的颜色。参数 int thickness 表示线条的宽度。

此实例的完整代码在 MyCode\MySampleK55 文件夹中。

066　在图像上绘制凸折线

此实例主要通过使用 Imgproc 的 fillConvexPoly()方法,实现在图像的指定位置绘制(实心)凸折线。当实例运行之后,单击"显示原始图像"按钮,原始图像的效果如图 066-1(a)所示。单击"在图像上绘制凸折线"按钮,在图像的指定位置绘制(实心)凸折线之后的效果如图 066-1(b)所示。

说明:一般情况下,起点和终点重合的折线称为封闭折线或多边形;不相邻的两边都不相交的折线称为简单折线;如果对于简单折线的任一边所在的直线,折线其他各边都在其同侧,称此为凸折线,否则称为凹折线。

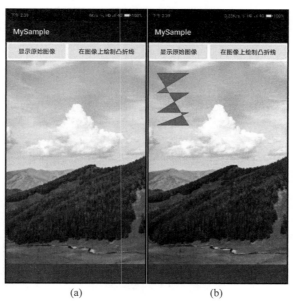

(a)　　　　　　　　(b)

图　　066-1

主要代码如下:

```
public void onClickButton2(View v) {                      //响应单击"在图像上绘制凸折线"按钮
    //创建空 Bitmap,用于保存包含凸折线的图像
    Bitmap myNewBitmap = Bitmap.createBitmap(myBitmap.getWidth(),
                            myBitmap.getHeight(),Bitmap.Config.RGB_565);
    Mat myMat = new Mat();
    Utils.bitmapToMat(myBitmap,myMat);                       //将原始图像保存至 myMat
    //预置构成凸折线的各个顶点
    MatOfPoint myPoints = new MatOfPoint (
            new Point(75, 100), new Point(350, 100),
            new Point(75, 250), new Point(350, 250),
```

```
        new Point(75, 400), new Point(350, 400),
        new Point(75, 500), new Point(350, 500));
Imgproc.fillConvexPoly(myMat,myPoints,new Scalar(255, 0, 0));    //绘制凸折线
//将包含凸折线的图像输出至 myNewBitmap
Utils.matToBitmap(myMat,myNewBitmap);
//使用 ImageView 控件显示包含凸折线的图像
myImageView.setImageBitmap(myNewBitmap);
}
```

上面这段代码在 MyCode＼MySampleK56＼app＼src＼main＼java＼com＼bin＼luo＼mysample＼MainActivity.java 文件中。在这段代码中，Imgproc 的 fillConvexPoly()方法用于在图像上绘制凸折线，该方法的语法声明如下：

```
static void fillConvexPoly(Mat img, MatOfPoint points, Scalar color)
```

其中，参数 Mat img 表示图像；参数 MatOfPoint points 表示构成凸折线的顶点列表；参数 Scalar color 表示凸折线的颜色。

此实例的完整代码在 MyCode\MySampleK56 文件夹中。

067　在图像上绘制五边形

此实例主要通过使用 Imgproc 的 polylines()方法，实现在图像的指定位置绘制五边形。当实例运行之后，单击"显示原始图像"按钮，原始图像的效果如图 067-1(a)所示。单击"在图像上绘制五边形"按钮，在图像的指定位置绘制五边形之后的效果如图 067-1(b)所示。

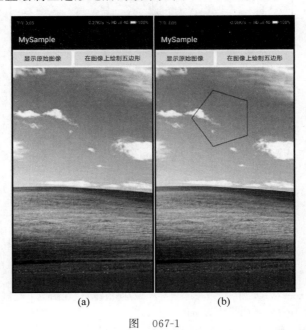

(a)　　　　　　　　(b)

图　067-1

主要代码如下：

```
public void onClickButton2(View v) {                    //响应单击"在图像上绘制五边形"按钮
    Bitmap myNewBitmap = Bitmap.createBitmap(myBitmap.getWidth(),
                        myBitmap.getHeight(),Bitmap.Config.RGB_565);
    Mat myMat = new Mat();
```

```
Utils.bitmapToMat(myBitmap,myMat);
double dx = 500,dy = 200,s = 500;
double myDig = Math.PI / 5 * 4;
Point myPoint0 = new Point(dx,dy);
Point myPoint1 = new Point(dx,dy);
Point myPoint2 = new Point(dx,dy);
Point myPoint3 = new Point(dx,dy);
Point myPoint4 = new Point(dx,dy);
//获取五边形的五个顶点坐标
for(int i = 0; i < 5; i++){
  double x = Math.sin(i * myDig);
  double y = Math.cos(i * myDig);
  dx = dx + x * s;
  dy = dy + y * s;
  if(i == 0){myPoint0 = new Point(dx,dy);}
  else if(i == 1){myPoint2 = new Point(dx,dy);}
  else if(i == 2){myPoint4 = new Point(dx,dy);}
  else if(i == 3){myPoint1 = new Point(dx,dy);}
  else if(i == 4){myPoint3 = new Point(dx,dy);}
}
ArrayList < MatOfPoint > myPoints = new ArrayList <>();
MatOfPoint myMatOfPoint = new MatOfPoint(myPoint0,
                        myPoint1,myPoint2,myPoint3,myPoint4);
myPoints.add(myMatOfPoint);
//根据顶点坐标在图像的指定位置绘制五边形
Imgproc.polylines(myMat,myPoints,true,new Scalar(255,0,0,255),4);
Utils.matToBitmap(myMat,myNewBitmap);
myImageView.setImageBitmap(myNewBitmap);
}
```

上面这段代码在 MyCode \ MySampleL37 \ app \ src \ main \ java \ com \ bin \ luo \ mysample \ MainActivity.java 文件中。关于 Imgproc 的 polylines()方法的说明请参考实例 065。

此实例的完整代码在 MyCode\MySampleL37 文件夹中。

068　在图像上绘制椭圆

此实例主要通过使用 Imgproc 的 ellipse()方法,实现在图像的指定位置绘制椭圆。当实例运行之后,单击"显示原始图像"按钮,原始图像的效果如图 068-1(a)所示。单击"在图像上绘制椭圆"按钮,在图像的指定位置绘制椭圆之后的效果如图 068-1(b)所示。

主要代码如下:

```
public void onClickButton2(View v) {                    //响应单击"在图像上绘制椭圆"按钮
  Bitmap myNewBitmap = Bitmap.createBitmap(myBitmap.getWidth(),
                        myBitmap.getHeight(),Bitmap.Config.RGB_565);
  Mat myMat = new Mat();
  Utils.bitmapToMat(myBitmap,myMat);                    //将原始图像保存至 myMat
  //在图像的指定位置绘制椭圆
  Imgproc.ellipse(myMat,new RotatedRect(new Point(670, 860),
                        new Size(800, 300), 90),new Scalar(255,0,0),6);
  Utils.matToBitmap(myMat,myNewBitmap);
  myImageView.setImageBitmap(myNewBitmap);
}
```

上面这段代码在 MyCode\MySampleK36\app\src\main\java\com\bin\luo\mysample\MainActivity.java 文件中。在这段代码中，Imgproc 的 ellipse()方法用于在图像上绘制椭圆,该方法的语法声明如下:

```
static void ellipse(Mat img, RotatedRect box, Scalar color, int thickness)
```

其中,参数 Mat img 表示图像;参数 RotatedRect box 表示椭圆的外接矩形;参数 Scalar color 表示椭圆的线条颜色;参数 int thickness 表示椭圆的线条宽度,如果此参数值为负数,将用指定的线条颜色填充椭圆内部。

此实例的完整代码在 MyCode\MySampleK36 文件夹中。

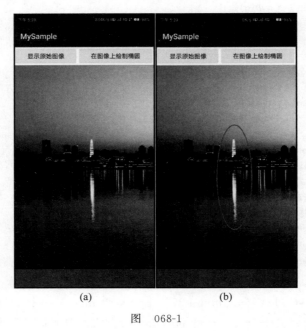

图 068-1

069 在图像上绘制标记

此实例主要通过使用 Imgproc 的 drawMarker()方法,实现在图像上绘制标记。当实例运行之后,单击"显示原始图像"按钮,原始图像的效果如图 069-1(a)所示。单击"在图像上绘制标记"按钮,在图像上绘制三个星星标记(符号)之后的效果如图 069-1(b)所示。

主要代码如下:

```
public void onClickButton2(View v) {                    //响应单击"在图像上绘制标记"按钮
    Bitmap myNewBitmap = Bitmap.createBitmap(myBitmap.getWidth(),
                    myBitmap.getHeight(),Bitmap.Config.RGB_565);
    Mat myMat = new Mat();
    Utils.bitmapToMat(myBitmap,myMat);
    //绘制第一行第一个星星标记
    Imgproc.drawMarker(myMat, new Point(600, 150),
                    new Scalar(0,0,255),Imgproc.MARKER_STAR,40,6,8);
    //绘制第二行第一个星星标记
    Imgproc.drawMarker(myMat, new Point(600, 200),
                    new Scalar(0,0,255),Imgproc.MARKER_STAR,40,6,8);
    //绘制第三行第一个星星标记
```

```
Imgproc.drawMarker(myMat, new Point(600, 250),
                   new Scalar(0,0,255),Imgproc.MARKER_STAR,40,6,8);
Utils.matToBitmap(myMat,myNewBitmap);
myImageView.setImageBitmap(myNewBitmap);
}
```

上面这段代码在 MyCode\MySampleK99\app\src\main\java\com\bin\luo\mysample\MainActivity.java 文件中。在这段代码中，Imgproc 的 drawMarker() 方法用于在图像上绘制标记，该方法的语法声明如下：

```
static void drawMarker(Mat img, Point position, Scalar color,
        int markerType, int markerSize, int thickness, int line_type)
```

其中，参数 Mat img 表示图像；参数 Point position 表示标记的绘制位置；参数 Scalar color 表示标记颜色；参数 int markerType 表示标记类型，如 MARKER_TILTED_CROSS、MARKER_STAR、MARKER_CROSS、MARKER_DIAMOND、MARKER_SQUARE、MARKER_TRIANGLE_DOWN、MARKER_TRIANGLE_UP 等；参数 int markerSize 表示标记大小；参数 int thickness 表示标记的线条宽度；参数 int line_type 表示标记的线条类型。

此实例的完整代码在 MyCode\MySampleK99 文件夹中。

(a)　　　　　　　(b)

图　069-1

070　在图像上添加水印

此实例主要通过使用 Mat 的 submat() 方法和 Core 的 addWeighted() 方法，实现在图像的指定位置添加半透明的水印标记。当实例运行之后，单击"显示原始图像"按钮，原始图像的效果如图 070-1(a) 所示。单击"在图像上添加水印"按钮，将在图像的左上角添加一个半透明的水印标记（下箭头），效果如图 070-1(b) 所示。

主要代码如下：

```
public void onClickButton2(View v) {                    //响应单击"在图像上添加水印"按钮
```

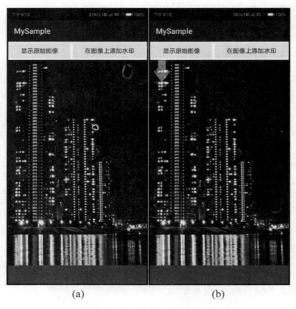

图　070-1

```
Bitmap myMarkBitmap =
        BitmapFactory.decodeResource(getResources(),R.mipmap.myicon);
myMarkBitmap = Bitmap.createScaledBitmap(myMarkBitmap,200,200,true);
//创建用于保存添加水印之后的空 Bitmap
Bitmap myNewBitmap = Bitmap.createBitmap(myBitmap.getWidth(),
                        myBitmap.getHeight(),Bitmap.Config.RGB_565);
Mat myMat = new Mat();
Mat myMarkMat = new Mat();
Utils.bitmapToMat(myBitmap,myMat);                //将原始图像保存至 myMat
Utils.bitmapToMat(myMarkBitmap,myMarkMat);
//截取原始图像的指定部分,该部分的宽和高须与水印图像的宽和高一致
Mat mySubMat = myMat.submat(0, myMarkMat.rows(), 0, myMarkMat.cols());
//将该部分图像与水印图像进行混合处理
Core.addWeighted(mySubMat,1,myMarkMat,0.6,0,mySubMat);
//将添加水印之后的图像输出至 myNewBitmap
Utils.matToBitmap(myMat,myNewBitmap);
//通过 ImageView 控件显示添加水印之后的图像
myImageView.setImageBitmap(myNewBitmap);
}
```

上面这段代码在 MyCode \ MySampleK24 \ app \ src \ main \ java \ com \ bin \ luo \ mysample \ MainActivity.java 文件中。在这段代码中,submat()方法用于获取图像的指定部分,该方法的语法声明如下:

```
Mat submat(int rowStart, int rowEnd, int colStart, int colEnd)
```

其中,参数 int rowStart 表示起始行;参数 int rowEnd 表示结束行;参数 int colStart 表示起始列;参数 int colEnd 表示结束列;该方法的返回值即是上述参数限定的图像区域。

addWeighted()方法用于根据指定的权重值叠加混合两幅图像,该方法的语法声明如下:

```
static void addWeighted(Mat src1, double alpha, Mat src2,
                double beta, double gamma, Mat dst)
```

其中,参数 Mat src1 表示第 1 幅输入图像;参数 double alpha 表示第 1 幅输入图像的混合权重值;参数 Mat src2 表示第 2 幅输入图像;参数 double beta 表示第 2 幅输入图像的混合权重值;参数 double gamma 是一个调整值,它与其他参数的关系是:dst = src1 * alpha + src2 * beta + gamma;参数 Mat dst 表示输出图像。

此实例的完整代码在 MyCode\MySampleK24 文件夹中。

071　在图像上添加噪点

此实例主要通过在随机生成的像素点上使用 Mat 的 put()方法设置像素值(白色),实现在图像上添加随机噪点。当实例运行之后,单击"显示原始图像"按钮,原始图像的效果如图 071-1(a)所示。单击"在图像上添加噪点"按钮,图像随机生成白色噪点之后的效果如图 071-1(b)所示。

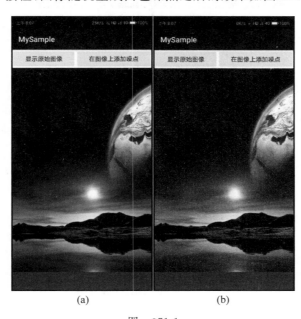

(a)　　　　　　　　　(b)

图　071-1

主要代码如下:

```
public void onClickButton2(View v) {                    //响应单击"在图像上添加噪点"按钮
    Mat myMat = new Mat();
    Utils.bitmapToMat(myBitmap,myMat);
    //将原始图像转为 RGB 格式
    Imgproc.cvtColor(myMat,myMat,Imgproc.COLOR_RGBA2RGB);
    for(int k = 0;k < 50000;k ++){
    //随机生成坐标点,并将该点颜色设置为白色,即白色噪点
     int myCol = new Random().nextInt(myMat.cols());
     int myRow = new Random().nextInt(myMat.rows());
     myMat.put(myRow,myCol,255,255,255);
    }
    Bitmap myNewBitmap = Bitmap.createBitmap(myMat.width(),
                                  myMat.height(), Bitmap.Config.RGB_565);
    Utils.matToBitmap(myMat,myNewBitmap);
    myImageView.setImageBitmap(myNewBitmap);
  }
```

上面这段代码在 MyCode \ MySampleK30 \ app \ src \ main \ java \ com \ bin \ luo \ mysample \ MainActivity.java 文件中。在这段代码中，put()方法用于设置像素值。

此实例的完整代码在 MyCode\MySampleK30 文件夹中。

072 以凸包方式抠取图像

此实例主要通过使用 Imgproc 的 fillConvexPoly()方法绘制凸包(封闭的多边形)形状,实现根据多边形的形状抠取图像。当实例运行之后,单击"显示原始图像"按钮,原始图像的效果如图 072-1(a)所示。单击"使用凸包抠图"按钮,抠取的多边形图像效果如图 072-1(b)所示。

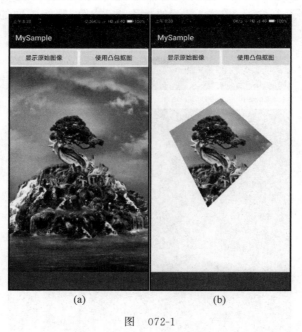

(a)   (b)

图   072-1

主要代码如下:

```
public void onClickButton2(View v) {                              //响应单击"使用凸包抠图"按钮
  Mat myMat = new Mat();
  Utils.bitmapToMat(myBitmap,myMat);
  //初始化 myMaskMat,用于绘制遮罩层
  Mat myMaskMat = new Mat(myMat.size(), CvType.CV_8U, new Scalar(0));
  //指定抠取多边形区域的顶点位置
  Point myPoint1 = new Point(600,340);
  Point myPoint2 = new Point(200,600);
  Point myPoint3 = new Point(500,1200);
  Point myPoint4 = new Point(1000,700);
  //使用 MatOfPoint 封装顶点位置
  MatOfPoint myPointMat = new MatOfPoint(myPoint1,myPoint2,myPoint3,myPoint4);
  //根据顶点位置计算凸包(封闭的多边形),并使用白色填充凸包外部区域
  Imgproc.fillConvexPoly(myMaskMat,myPointMat,new Scalar(255));
  //初始化 myMaskedMat,用于保存抠取的多边形图像
  Mat myMaskedMat = new Mat();
  //根据 myMaskMat 在 myMat 上抠取多边形图像,然后保存在 myMaskedMat 上
  myMat.copyTo(myMaskedMat,myMaskMat);
  //创建空 Bitmap,用于保存抠取的多边形图像
```

```
Bitmap myNewBitmap = Bitmap.createBitmap(myMaskedMat.width(),
                        myMaskedMat.height(),Bitmap.Config.ARGB_8888);
//将抠取的多边形图像输出至 myNewBitmap
Utils.matToBitmap(myMaskedMat,myNewBitmap);
//通过 ImageView 控件显示抠取的多边形图像
myImageView.setImageBitmap(myNewBitmap);
}
```

上面这段代码在 MyCode\MySampleL08\app\src\main\java\com\bin\luo\mysample\
MainActivity.java 文件中。在这段代码中,Mat 的 copyTo()方法的主要作用就是根据遮罩层抠图,
该方法的语法声明如下:

```
void copyTo(Mat m, Mat mask)
```

其中,参数 Mat m 表示输出的图像;参数 Mat mask 表示掩码;例如:A.copyTo(B,mask)得到的 B
是 A 被 mask 掩盖之后的图像。

关于 Imgproc 的 fillConvexPoly()方法的说明请参考实例 066。

此实例的完整代码在 MyCode\MySampleL08 文件夹中。

073 以五角星形状抠取图像

此实例主要通过使用 Core 的 bitwise_not()方法等,实现以五角星形状抠取图像。当实例运行之
后,单击"显示原始图像"按钮,原始图像的效果如图 073-1(a)所示。单击"抠取五角星图像"按钮,抠
取的五角星图像效果如图 073-1(b)所示。

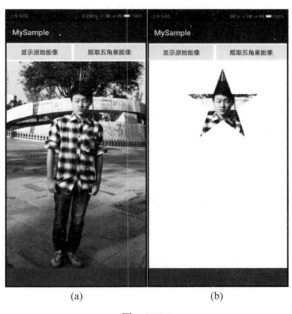

图　073-1

主要代码如下:

```
public void onClickButton2(View v) {                 //响应单击"抠取五角星图像"按钮
    Mat myMat = new Mat();
    Utils.bitmapToMat(myBitmap,myMat);               //将原始图像保存至 myMat
    Mat myDestMat = new Mat();
```

```
Bitmap myDestBitmap =
        BitmapFactory.decodeResource(getResources(),R.mipmap.myimage2);
Utils.bitmapToMat(myDestBitmap,myDestMat);
//初始化myEffectMat,用于保存经过处理的图像
Mat myEffectMat = new Mat();
//根据指定的权重叠加两幅图像
Core.addWeighted(myMat,0.0,myDestMat,0.99,0,myEffectMat);
Mat myForegroundMat = new Mat();                    //初始化myForegroundMat,用于保存前景图像
Mat myBackgroundMat = new Mat();                    //初始化myBackgroundMat,用于保存背景图像
//初始化myForegroundMaskMat,用于生成前景区域所对应的遮罩层
//初始化myBackgroundMaskMat,用于生成背景区域所对应的遮罩层
Mat myForegroundMaskMat = new Mat(myMat.size(), CvType.CV_8U);
Mat myBackgroundMaskMat = new Mat(myMat.size(),CvType.CV_8U);
myBackgroundMaskMat.setTo(new Scalar(255,255,255));
//设置五角星的10个顶点坐标
double x = 340,y = 60,s = 600;
Point myPoint0 = new Point(x + s * 0.5,y + s * 0);
Point myPoint1 = new Point(x + s * 0.63,y + s * 0.38);
Point myPoint2 = new Point(x + s * 1,y + s * 0.38);
Point myPoint3 = new Point(x + s * 0.69,y + s * 0.59);
Point myPoint4 = new Point(x + s * 0.82,y + s * 1);
Point myPoint5 = new Point(x + s * 0.5,y + s * 0.75);
Point myPoint6 = new Point(x + s * 0.18,y + s * 1);
Point myPoint7 = new Point(x + s * 0.31,y + s * 0.59);
Point myPoint8 = new Point(x + s * 0,y + s * 0.38);
Point myPoint9 = new Point(x + s * 0.37,y + s * 0.38);
ArrayList < MatOfPoint > myPoints = new ArrayList <>();
MatOfPoint myMatOfPoint = new MatOfPoint(myPoint0,myPoint1,myPoint2,
        myPoint3,myPoint4,myPoint5,myPoint6,myPoint7,myPoint8,myPoint9);
myPoints.add(myMatOfPoint);
//根据顶点坐标在图像的指定位置绘制五角星
Imgproc.fillPoly(myForegroundMaskMat,myPoints,new Scalar(255,255,255));
//对前景遮罩层进行取反操作,得到背景遮罩层
Core.bitwise_not(myForegroundMaskMat,myBackgroundMaskMat);
//根据前景和背景遮罩层,分别将原始图像和经过处理的图像填充至对应Mat
myEffectMat.copyTo(myForegroundMat,myForegroundMaskMat);
myMat.copyTo(myBackgroundMat,myBackgroundMaskMat);
//将前景和背景区域图像进行叠加处理,生成最终效果图
Core.add(myForegroundMat,myBackgroundMat,myBackgroundMat);
Bitmap myNewBitmap = Bitmap.createBitmap(myBackgroundMat.width(),
        myBackgroundMat.height(),Bitmap.Config.RGB_565);
Utils.matToBitmap(myBackgroundMat,myNewBitmap);
myImageView.setImageBitmap(myNewBitmap);
}
```

上面这段代码在 MyCode\MySampleL43\app\src\main\java\com\bin\luo\mysample\MainActivity.java 文件中。在这段代码中,Core 的 bitwise_not()方法用于对图像的像素值取反,该方法的语法声明如下:

```
static void bitwise_not(Mat src, Mat dst)
```

其中,参数 Mat src 表示输入图像;参数 Mat dst 表示输出图像。

Core 的 add()方法用于对两幅图像进行叠加,该方法的语法声明如下:

```
static void add(Mat src1, Mat src2, Mat dst)
```

其中,参数 Mat src1 表示第 1 幅输入图像;参数 Mat src2 表示第 2 幅输入图像;参数 Mat dst 表示输出图像。

Imgproc 的 fillPoly()方法用于在图像上绘制实心多边形,该方法的语法声明如下:

```
static void fillPoly(Mat img, List < MatOfPoint > pts, Scalar color)
```

其中,参数 Mat img 表示图像;参数 List < MatOfPoint > pts 表示多边形的顶点列表;参数 Scalar color 表示多边形的填充颜色。

关于 Mat 的 copyTo()方法的说明请参考实例 072。

此实例的完整代码在 MyCode\MySampleL43 文件夹中。

074　以圆形形状抠取图像

此实例主要通过使用 Imgproc 的 circle()方法等,实现抠取圆形图像。当实例运行之后,单击"显示原始图像"按钮,原始图像的效果如图 074-1(a)所示。单击"抠取圆形图像"按钮,抠取的圆形图像效果如图 074-1(b)所示。

(a)　　　　　　　　(b)

图　074-1

主要代码如下:

```
public void onClickButton2(View v) {                    //响应单击"抠取圆形图像"按钮
    //初始化 myMat,用于保存原始图像
    Mat myMat = new Mat();
    Utils.bitmapToMat(myBitmap,myMat);
    //初始化 myMaskMat,用于创建遮罩层
    Mat myMaskMat = new Mat(myMat.size(), CvType.CV_8U,new Scalar(0));
    //设置半径和圆心坐标
    int myRadius = 300;
    Point myPoint = new Point(720,660);
    //在遮罩层上绘制实心圆
    Imgproc.circle(myMaskMat,myPoint,myRadius,new Scalar(255), - 1);
```

```
    //初始化 myMaskedMat,用于保存抠取的圆形图像
    Mat myMaskedMat = new Mat();
    //根据 myMaskMat 在 myMat 上抠取圆形图像,然后保存在 myMaskedMat 上
    myMat.copyTo(myMaskedMat,myMaskMat);
    //创建空 Bitmap,用于保存抠取的圆形图像
    Bitmap myNewBitmap = Bitmap.createBitmap(myMaskedMat.width(),
                            myMaskedMat.height(),Bitmap.Config.ARGB_8888);
    //将抠取的圆形图像输出至 myNewBitmap
    Utils.matToBitmap(myMaskedMat,myNewBitmap);
    //通过 ImageView 控件显示抠取的圆形图像
    myImageView.setImageBitmap(myNewBitmap);
}
```

上面这段代码在 MyCode \ MySampleK96 \ app \ src \ main \ java \ com \ bin \ luo \ mysample \ MainActivity. java 文件中。在这段代码中,Imgproc 的 circle()方法用于在图像上绘制圆形,该方法的语法声明如下:

```
static void circle(Mat img, Point center,
                    int radius, Scalar color, int thickness)
```

其中,参数 Mat img 表示图像;参数 Point center 表示圆心坐标;参数 int radius 表示半径;参数 Scalar color 表示线条颜色;参数 int thickness 表示线条宽度,如果该参数值为负数,表示使用线条颜色(Scalar color)填充圆形内部。

此实例的完整代码在 MyCode\MySampleK96 文件夹中。

075 以字母形状抠取图像

此实例主要通过使用 Imgproc 的 putText()方法等,实现以字母形状抠取图像。当实例运行之后,单击"显示原始图像"按钮,原始图像的效果如图 075-1(a)所示。单击"抠取字母图像"按钮,抠取的字母(W)图像效果如图 075-1(b)所示。

(a)   (b)

图   075-1

主要代码如下:

```
public void onClickButton2(View v) {                              //响应单击"抠取字母图像"按钮
    //初始化 myMat,用于保存原始图像
    Mat myMat = new Mat();
    Utils.bitmapToMat(myBitmap,myMat);
    //初始化 myMaskMat,用于创建遮罩层
    Mat myMaskMat = new Mat(myMat.size(), CvType.CV_8U,new Scalar(0));
    //在遮罩层绘制字母 W
    Imgproc.putText(myMaskMat,"W",new Point(250, 1200),
                    Core.FONT_HERSHEY_COMPLEX,28,new Scalar(255),72);
    //初始化 myMaskedMat,用于保存抠取的字母图像
    Mat myMaskedMat = new Mat();
    //根据 myMaskMat 在 myMat 抠取字母图像,然后保存在 myMaskedMat 上
    myMat.copyTo(myMaskedMat,myMaskMat);
    //创建空 Bitmap,用于保存抠取的字母图像
    Bitmap myNewBitmap = Bitmap.createBitmap(myMaskedMat.width(),
                            myMaskedMat.height(),Bitmap.Config.ARGB_8888);
    //将抠取的字母图像输出至 myNewBitmap
    Utils.matToBitmap(myMaskedMat,myNewBitmap);
    //通过 ImageView 控件显示抠取的字母图像
    myImageView.setImageBitmap(myNewBitmap);
}
```

上面这段代码在 MyCode \ MySampleK98 \ app \ src \ main \ java \ com \ bin \ luo \ mysample \ MainActivity.java 文件中。

此实例的完整代码在 MyCode\MySampleK98 文件夹中。

076 按照比例缩放图像

此实例主要通过使用 Imgproc 的 resize()方法,实现按照指定的比例缩小或放大图像。当实例运行之后,单击"缩小图像"按钮,原始图像在经过缩小至 50% 之后的效果如图 076-1(a)所示。单击"放大图像"按钮,原始图像在经过放大至 150%之后的效果如图 076-1(b)所示。

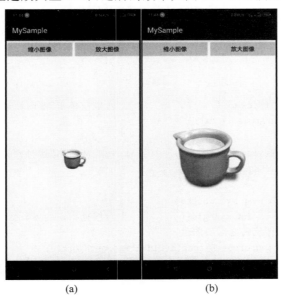

(a)   (b)

图　076-1

主要代码如下：

```
public void onClickButton1(View v) {                    //响应单击"缩小图像"按钮
    ScaleBitmap(myBitmap,0.5f);                         //将图像缩小一半
}
public void onClickButton2(View v) {                    //响应单击"放大图像"按钮
    ScaleBitmap(myBitmap,1.5f);                         //将图像放大 1.5 倍
}
public void ScaleBitmap(Bitmap myOldBitmap,
                        float myScale){                 //根据参数缩放图像
    Mat myMat = new Mat();
    Utils.bitmapToMat(myOldBitmap,myMat);               //将原始图像存入 myMat
    Mat myNewMat = myMat.clone();                       //用于保存缩放之后的图像
    Imgproc.resize(myMat,myNewMat,new Size(myMat.width() * myScale,
        myMat.height() * myScale));                     //根据指定比例对图像进行缩放
    Bitmap myNewBitmap = Bitmap.createBitmap(myNewMat.width(),
                        myNewMat.height(),Bitmap.Config.ARGB_8888);
    Utils.matToBitmap(myNewMat,myNewBitmap);
    myImageView.setImageBitmap(myNewBitmap);
}
```

上面这段代码在 MyCode\MySampleK14\app\src\main\java\com\bin\luo\mysample\MainActivity.java 文件中。在这段代码中，Imgproc 的 resize()方法用于根据指定的宽和高缩放图像，该方法的语法声明如下：

```
static void resize(Mat src, Mat dst, Size dsize)
```

其中，参数 Mat src 表示输入图像；参数 Mat dst 表示输出图像；参数 Size dsize 表示缩放之后的图像尺寸。

此实例的完整代码在 MyCode\MySampleK14 文件夹中。

077 按照角度旋转图像

此实例主要通过使用 Imgproc 的 getRotationMatrix2D()方法和 warpAffine()方法，实现按照指定的角度旋转图像。当实例运行之后，单击"顺时针旋转 30 度"按钮，图像在经过顺时针旋转 30°之后的效果如图 077-1(a)所示。单击"逆时针旋转 30 度"按钮，图像在经过逆时针旋转 30°之后的效果如图 077-1(b)所示。

主要代码如下：

```
public void onClickButton1(View v) {                    //响应单击"顺时针旋转 30 度"按钮
    RotateBitmap(myBitmap,myAngle -= 30);
}
public void onClickButton2(View v) {                    //响应单击"逆时针旋转 30 度"按钮
    RotateBitmap(myBitmap,myAngle += 30);
}
public void RotateBitmap(Bitmap myOldBitmap,
                        int myAngle){                   //根据指定的参数旋转图像
    //创建空 Bitmap,用于保存旋转之后的图像
    Bitmap myNewBitmap = Bitmap.createBitmap(myOldBitmap.getWidth(),
                        myOldBitmap.getHeight(),Bitmap.Config.RGB_565);
    Mat myMat = new Mat();
    Utils.bitmapToMat(myOldBitmap,myMat);               //将原始图像保存至 myMat
```

```
//获取旋转矩阵所对应的 Mat
Mat myRotateMat = Imgproc.getRotationMatrix2D(
                new Point(myMat.width()/2.0,myMat.height()/2.0),myAngle,1);
//根据 myMat 对图像进行旋转操作
Imgproc.warpAffine(myMat,myMat,myRotateMat,myMat.size());
Utils.matToBitmap(myMat,myNewBitmap);                //将旋转图像输出至 myNewBitmap
myImageView.setImageBitmap(myNewBitmap);             //通过 ImageView 控件显示旋转图像
}
```

上面这段代码在 MyCode\MySampleK13\app\src\main\java\com\bin\luo\mysample\MainActivity.java 文件中。在这段代码中,Imgproc 的 getRotationMatrix2D()方法用于根据指定的旋转角度和缩放比例变换图像,该方法的语法声明如下:

```
static Mat getRotationMatrix2D(Point center, double angle, double scale)
```

其中,参数 Point center 用于设置中心点坐标;参数 double angle 用于设置旋转角度;参数 double scale 用于设置缩放比例。

Imgproc 的 warpAffine()方法用于实现仿射变换,该方法的语法声明如下:

```
static void warpAffine(Mat src, Mat dst, Mat M, Size dsize)
```

其中,参数 Mat src 表示仿射变换之前的图像矩阵;参数 Mat dst 表示仿射变换之后的图像矩阵;参数 Mat M 表示实现仿射变换的自定义矩阵;参数 Size dsize 表示图像矩阵大小。

此实例的完整代码在 MyCode\MySampleK13 文件夹中。

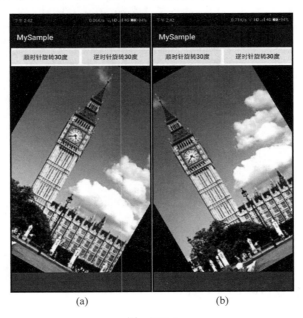

图 077-1

078 在垂直方向翻转图像

此实例主要通过使用 Core 的 flip()方法,实现以翻转的方式倒立图像。当实例运行之后,单击"显示原始图像"按钮,原始图像的效果如图 078-1(a)所示。单击"显示倒立图像"按钮,图像在经过垂直翻转之后的倒立效果如图 078-1(b)所示。

主要代码如下：

```
public void onClickButton2(View v) {          //响应单击"显示倒立图像"按钮
    Mat myMat = new Mat();
    Utils.bitmapToMat(myBitmap,myMat);         //将原始图像保存至 myMat
    Core.flip(myMat,myMat,0);                  //0 表示在垂直方向上翻转图像,即倒立图像
    Utils.matToBitmap(myMat,myBitmap);         //将倒立图像输出至 myBitmap
    myImageView.setImageBitmap(myBitmap);      //通过 ImageView 控件显示倒立图像
}
```

上面这段代码在 MyCode\MySampleK17\app\src\main\java\com\bin\luo\mysample\MainActivity.java 文件中。在这段代码中,Core 的 flip()方法用于实现图像的翻转,包括水平翻转、垂直翻转,以及水平垂直翻转,该方法的语法声明如下：

```
static void flip(Mat src, Mat dst, int flipCode)
```

其中,参数 Mat src 表示输入图像；参数 Mat dst 表示输出图像；参数 int flipCode 表示翻转模式：0 代表垂直翻转、1 代表水平翻转、−1 代表垂直和水平翻转。

此实例的完整代码在 MyCode\MySampleK17 文件夹中。

(a)   (b)

图　078-1

079　为图像添加反色特效

此实例主要通过使用 Core 的 LUT()方法,实现以反色的风格显示图像。当实例运行之后,单击"显示原始图像"按钮,原始图像的效果如图 079-1(a)所示；单击"显示反色图像"按钮,图像在经过反色处理之后的效果如图 079-1(b)所示。

主要代码如下：

```
public void onClickButton2(View v) {          //响应单击"显示反色图像"按钮
    //初始化 myMat,用于保存原始图像
    Mat myMat = new Mat();
    Utils.bitmapToMat(myBitmap,myMat);
```

```
//初始化 myLUTMat,用于直接操作图像像素
Mat myLUTMat = new Mat(1,256, CvType.CV_8U);
for(int i = 0; i < myLUTMat.height(); i ++){
 for(int j = 0; j < myLUTMat.width(); j ++){
   //根据底片(反色)算法重新设置像素
   myLUTMat.put(i,j,255 - j);
 }
}
//对原始图像进行反色操作
Core.LUT(myMat,myLUTMat,myMat);
//创建空 Bitmap,用于保存反色图像
Bitmap myNewBitmap = Bitmap.createBitmap(myMat.width(),
                               myMat.height(), Bitmap.Config.RGB_565);
//输出反色图像至 myNewBitmap
Utils.matToBitmap(myMat,myNewBitmap);
//通过 ImageView 控件显示反色图像(即底片)
myImageView.setImageBitmap(myNewBitmap);
}
```

上面这段代码在 MyCode\MySampleL05\app\src\main\java\com\bin\luo\mysample\MainActivity.java 文件中。在这段代码中,Core 的 LUT()方法用于根据定制的映射关系操作图像的像素值(此例是反色)。LUT(Look-Up Table)实际上就是一张像素灰度值的映射表,它将实际采样到的像素灰度值经过一定的变换,如阈值、反转、二值化、对比度调整、线性变换等,变成另外一个与之对应的灰度值,以此调整图像。LUT()方法的语法声明如下:

```
static void LUT(Mat src, Mat lut, Mat dst)
```

其中,参数 Mat src 表示输入图像。参数 Mat lut 表示映射矩阵,当 Mat src 参数为单通道时,lut 必须是单通道;当 Mat src 参数为多通道时,lut 可以是单通道,也可以是多通道。参数 Mat dst 表示输出图像。

此实例的完整代码在 MyCode\MySampleL05 文件夹中。

(a)   (b)

图 079-1

080　为图像添加腐蚀特效

此实例主要通过使用 Imgproc 的 erode()方法,实现为图像添加腐蚀特效。当实例运行之后,单击"显示原始图像"按钮,原始图像的效果如图 080-1(a)所示。单击"显示腐蚀图像"按钮,原始图像在腐蚀之后的效果如图 080-1(b)所示。

(a)　　　　　　　　　　(b)

图　080-1

主要代码如下:

```
public void onClickButton2(View v) {                    //响应单击"显示腐蚀图像"按钮
    Mat myMat = new Mat();
    //创建空 Bitmap,用于保存经过腐蚀处理的图像
    Bitmap myNewBitmap = Bitmap.createBitmap(myBitmap.getWidth(),
                                myBitmap.getHeight(),Bitmap.Config.RGB_565);
    //将原始图像值保存至 myMat
    Utils.bitmapToMat(myBitmap,myMat);
    //初始化腐蚀内核,并在其中定义腐蚀类型、腐蚀大小等参数
    Mat myKernel = Imgproc.getStructuringElement(
                                Imgproc.MORPH_RECT,new Size(20,20));
    //根据自定义腐蚀内核对图像进行腐蚀处理
    Imgproc.erode(myMat,myMat,myKernel);
    //将腐蚀图像输出至 myNewBitmap
    Utils.matToBitmap(myMat,myNewBitmap);
    //通过 ImageView 控件显示腐蚀图像
    myImageView.setImageBitmap(myNewBitmap);
}
```

上面这段代码在 MyCode\MySampleK19\app\src\main\java\com\bin\luo\mysample\MainActivity.java 文件中。在这段代码中,Imgproc 的 erode()方法用于根据腐蚀内核进行腐蚀处理,所谓腐蚀,就是原图的高亮部分被腐蚀,效(结)果图拥有比原图更少的高亮区域。erode()方法的语法声明如下:

```
static void erode(Mat src, Mat dst, Mat kernel)
```

其中,参数 Mat src 表示输入图像;参数 Mat dst 表示输出图像;参数 Mat kernel 表示腐蚀内核。

Imgproc 的 getStructuringElement()方法用于创建腐蚀/膨胀图像的内核,该方法的语法声明如下:

```
static Mat getStructuringElement(int shape, Size ksize)
```

其中,参数 int shape 表示内核的类型,如 MORPH_RECT、MORPH_ELLIPSE、MORPH_CROSS 等;参数 Size ksize 表示内核的大小;该方法的返回值即为腐蚀/膨胀图像的内核。

此实例的完整代码在 MyCode\MySampleK19 文件夹中。

081 为图像添加膨胀特效

此实例主要通过使用 Imgproc 的 dilate()方法,实现为图像添加膨胀特效。当实例运行之后,单击"显示原始图像"按钮,原始图像的效果如图 081-1(a)所示;单击"显示膨胀图像"按钮,图像在实现膨胀之后的效果如图 081-1(b)所示。

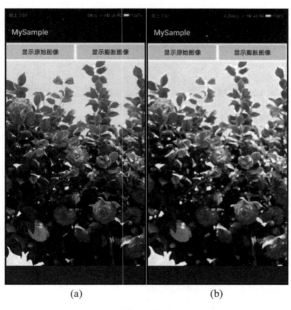

(a)   (b)

图   081-1

主要代码如下:

```
public void onClickButton2(View v) {                    //响应单击"显示膨胀图像"按钮
    Mat myMat = new Mat();
    //创建空 Bitmap,用于保存经过膨胀处理的图像
    Bitmap myNewBitmap = Bitmap.createBitmap(myBitmap.getWidth(),
                                    myBitmap.getHeight(),Bitmap.Config.RGB_565);
    Utils.bitmapToMat(myBitmap,myMat);                    //将原始图像保存至 myMat
    //初始化膨胀内核,并定义膨胀类型、膨胀大小等参数
    Mat myKernel = Imgproc.getStructuringElement(Imgproc.MORPH_RECT,new Size(8,8));
    //根据自定义膨胀内核对图像进行膨胀处理
    Imgproc.dilate(myMat,myMat,myKernel);
    Utils.matToBitmap(myMat,myNewBitmap);                    //将膨胀图像输出至 myNewBitmap
```

```
    myImageView.setImageBitmap(myNewBitmap);                    //通过 ImageView 控件显示膨胀图像
}
```

上面这段代码在 MyCode\MySampleK20\app\src\main\java\com\bin\luo\mysample\ MainActivity.java 文件中。在这段代码中,Imgproc 的 dilate()方法用于对图像添加膨胀效果,所谓膨胀,就是对图像的高亮部分进行膨胀,效果图拥有比原图更大的高亮区域。dilate()方法的语法声明如下:

```
static void dilate(Mat src, Mat dst, Mat kernel)
```

其中,参数 Mat src 表示输入图像;参数 Mat dst 表示输出图像;参数 Mat kernel 表示膨胀内核。

Imgproc 的 getStructuringElement()方法用于创建腐蚀/膨胀图像的内核,关于该方法的说明请参考实例 080。

此实例的完整代码在 MyCode\MySampleK20 文件夹中。

082   为图像添加素描特效

此实例主要通过使用 Imgproc 的 Sobel()方法等,实现为图像添加素描特效。当实例运行之后,单击"显示原始图像"按钮,原始图像的效果如图 082-1(a)所示;单击"显示素描图像"按钮,图像在实现素描特效之后的效果如图 082-1(b)所示。

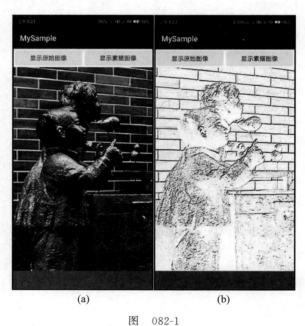

(a)   (b)

图   082-1

主要代码如下:

```
public void onClickButton2(View v) {                              //响应单击"显示素描图像"按钮
    //创建空 Bitmap,用于保存经过处理之后的图像
    Bitmap myNewBitmap = Bitmap.createBitmap(myBitmap.getWidth(),
                            myBitmap.getHeight(),Bitmap.Config.RGB_565);
    Mat myMat = new Mat();
    Utils.bitmapToMat(myBitmap,myMat);
    //将原始图像转为灰度图像
    Imgproc.cvtColor(myMat,myMat,Imgproc.COLOR_BGR2GRAY);
```

```
Mat mySobelX = new Mat();
Mat mySobelY = new Mat();
Mat mySobelMat = new Mat();
//在水平方向和垂直方向分别对图像进行 Sobel 算子处理
Imgproc.Sobel(myMat,mySobelX, CvType.CV_8U,1,0);
Imgproc.Sobel(myMat,mySobelY, CvType.CV_8U,0,1);
//将两次处理的结果合并为一幅图
Core.addWeighted(mySobelX,0.5,mySobelY,0.5,0,mySobelMat);
//对图像进行反转处理,即生成素描图像
Core.bitwise_not(mySobelMat,mySobelMat);
Utils.matToBitmap(mySobelMat,myNewBitmap);        //将素描图像输出到 myNewBitmap
myImageView.setImageBitmap(myNewBitmap);          //通过 ImageView 控件显示素描图像
}
```

上面这段代码在 MyCode\MySampleK22\app\src\main\java\com\bin\luo\mysample\MainActivity.java 文件中。在这段代码中,Imgproc 的 Sobel()方法用来计算图像边缘,该方法的语法声明如下:

```
static void Sobel(Mat src, Mat dst, int ddepth, int dx, int dy)
```

其中,Mat src 参数表示输入图像;Mat dst 参数表示输出图像;int ddepth 参数表示输出图像的深度;int dx 参数表示 x 方向的导数的阶数(order of the derivative x);int dy 参数表示 y 方向的导数的阶数(order of the derivative y)。

此实例的完整代码在 MyCode\MySampleK22 文件夹中。

083 为图像添加羽化特效

此实例主要通过在图像上叠加径向渐变层,使图像的边缘产生羽化特效(即中心清晰,边缘模糊)。当实例运行之后,单击"显示原始图像"按钮,原始图像的效果如图 083-1(a)所示。单击"显示羽化图像"按钮,图像的边缘经过羽化之后的效果如图 083-1(b)所示。

(a)   (b)

图   083-1

主要代码如下：

```
public void onClickButton2(View v) {                            //响应单击"显示羽化图像"按钮
    //初始化 myMat,用于保存径向渐变层(图像)
    Mat myGradientMat = new Mat(myImageView.getHeight(),
                         myImageView.getWidth(), CvType.CV_8UC4);
    onMyRadialGradientLayer(myGradientMat,new Scalar(0,0,0,0),
                         new Scalar(255,255,255,255));   //绘制径向渐变层背景
    //初始化 myImageMat,用于保存原始图像
    Mat myImageMat = new Mat();
    Utils.bitmapToMat(myBitmap,myImageMat);
    Imgproc.resize(myImageMat,myImageMat, new Size(myGradientMat.width(),
             myGradientMat.height()));                   //实现图像大小与径向渐变层大小匹配
    //将图像与径向渐变层混合,实现边缘羽化效果
    Core.addWeighted(myGradientMat,1,myImageMat,1,0,myGradientMat);
    //创建 myNewBitmap,用于保存经过羽化的图像
    Bitmap myNewBitmap = Bitmap.createBitmap(myGradientMat.width(),
                         myGradientMat.height(), Bitmap.Config.ARGB_8888);
    Utils.matToBitmap(myGradientMat,myNewBitmap);        //输出羽化图像至 myNewBitmap
    myImageView.setImageBitmap(myNewBitmap);             //通过 ImageView 控件显示羽化图像
}
public void onMyRadialGradientLayer(Mat src,
                         Scalar startColor, Scalar endColor){
    src.setTo(startColor);
    Point myCenterPoint = new Point(src.width()/2,src.height()/2);
    Point myOriginPoint = new Point(src.width()/2,src.height()/2);
    double myDistance = 0;
    if(myOriginPoint.x <= myCenterPoint.x && myOriginPoint.y <= myCenterPoint.y){
      myDistance = Math.sqrt((src.width() - 1 - myOriginPoint.x) *
            (src.width() - 1 - myOriginPoint.x) + (src.height() - 1 - myOriginPoint.y) *
            (src.height() - 1 - myOriginPoint.y));
    }else if(myOriginPoint.x <= myCenterPoint.x && myOriginPoint.y > myCenterPoint.y){
      myDistance = Math.sqrt((src.width() - 1 - myOriginPoint.x) *
            (src.width() - 1 - myOriginPoint.x) + myOriginPoint.y * myOriginPoint.y);
    }else if(myOriginPoint.x > myCenterPoint.x && myOriginPoint.y <= myCenterPoint.y){
      myDistance = Math.sqrt(myOriginPoint.x * myOriginPoint.x +
            (src.height() - 1 - myOriginPoint.y) * (src.height() - 1 - myOriginPoint.y));
    }else if(myOriginPoint.x > myCenterPoint.x && myOriginPoint.y > myCenterPoint.y){
      myDistance = Math.sqrt(myOriginPoint.x * myOriginPoint.x
                         + myOriginPoint.y * myOriginPoint.y);
    }
    //根据距离分别计算 RGBA 的权重值
    double myWeightR = (endColor.val[0] - startColor.val[0])/myDistance;
    double myWeightG = (endColor.val[1] - startColor.val[1])/myDistance;
    double myWeightB = (endColor.val[2] - startColor.val[2])/myDistance;
    double myWeightA = (endColor.val[3] - startColor.val[3])/myDistance;
    for(int i = 0;i < src.width();i++){
      for(int j = 0;j < src.height();j++){
        double myOriginDistance = Math.sqrt((i - myOriginPoint.x) *
              (i - myOriginPoint.x) + (j - myOriginPoint.y) * (j - myOriginPoint.y));
        double[] myPixel = src.get(j, i);
        //根据权重值重新计算颜色值,并赋值当前的新像素值
        double myPixelR = myPixel[0] + myWeightR * myOriginDistance;
        double myPixelG = myPixel[1] + myWeightG * myOriginDistance;
```

```
    double myPixelB = myPixel[2] + myWeightB * myOriginDistance;
    double myPixelA = myPixel[3] + myWeightA * myOriginDistance;
    src.put(j,i,myPixelR,myPixelG,myPixelB,myPixelA);
   }
  }
 }
```

上面这段代码在 MyCode \ MySampleL04 \ app \ src \ main \ java \ com \ bin \ luo \ mysample \ MainActivity.java 文件中。在这段代码中,put()方法用于设置像素值,关于该方法的语法说明请参考实例 084。

此实例的完整代码在 MyCode\MySampleL04 文件夹中。

084 为图像添加漩涡特效

此实例主要通过使用 Mat 的 put()方法和 Mat 的 get()方法,根据中心漩涡的算法,实现以重置像素的方式在图像上添加中心漩涡特效。当实例运行之后,单击"显示原始图像"按钮,原始图像的效果如图 084-1(a)所示。单击"显示漩涡图像"按钮,原始图像在添加中心漩涡特效之后的效果如图 084-1(b)所示。

(a)   (b)

图   084-1

主要代码如下:

```
public void onClickButton2(View v) {              //响应单击"显示漩涡图像"按钮
   Mat myMat = new Mat();
   Utils.bitmapToMat(myBitmap,myMat);
   Mat myNewMat = new Mat(myMat.size(), CvType.CV_8UC3);
   myMat.copyTo(myNewMat);
   float myPi = 3.1415926f;
   //获取原始图像宽和高
   int myWidth = myMat.cols();
   int myHeight = myMat.rows();
   //定义漩涡旋转角度
```

```
    int myAngle = 70;
    //定义漩涡中心点
    Point myCenterPoint = new Point(myWidth/2,myHeight/2);
    float myRadius,myNewX,myNewY;
    float x0,y0;
    float myTheta;
    for(int y = 0;y < myHeight;y ++){
     for(int x = 0;x < myWidth;x ++){
       //计算当前点与漩涡中心点之间的距离
       y0 = (float)(myCenterPoint.y - y);
       x0 = (float)(x - myCenterPoint.x);
       //根据当前点与漩涡中心点间距计算夹角
       myTheta = (float)Math.atan(y0/(x0 + 0.00001));
       if(x0 < 0) myTheta = myTheta + myPi;
       //计算漩涡半径
       myRadius = (float)Math.sqrt(x0 * x0 + y0 * y0);
       //根据漩涡半径重新计算夹角值
       myTheta += myRadius/myAngle;
       //根据夹角计算对应的坐标位置
       myNewX = (float)(myRadius * Math.cos(myTheta));
       myNewY = (float)(myRadius * Math.sin(myTheta));
       myNewX = (float)(myCenterPoint.x + myNewX);
       myNewY = (float)(myCenterPoint.y - myNewY);
       //对坐标值做越界处理
       if(myNewX < 0) myNewX = 0;
       if(myNewX >= myWidth - 1) myNewX = myWidth - 2;
       if(myNewY < 0) myNewY = 0;
       if(myNewY >= myHeight - 1) myNewY = myHeight - 2;
       //重置当前点像素为指定点的像素
       myNewMat.put(y,x,myMat.get((int)myNewY,(int)myNewX));
     }
    }
    Bitmap myNewBitmap = Bitmap.createBitmap(myNewMat.width(),myNewMat.height(),
                     Bitmap.Config.RGB_565);        //创建空位图,用于保存中心漩涡图像
    Utils.matToBitmap(myNewMat,myNewBitmap);        //将中心漩涡图像输出至 myNewBitmap
    myImageView.setImageBitmap(myNewBitmap);        //通过 ImageView 控件显示中心漩涡图像
}
```

上面这段代码在 MyCode\MySampleL78\app\src\main\java\com\bin\luo\mysample\MainActivity.java 文件中。在这段代码中,Mat 的 put()方法用于设置指定位置的像素值,该方法的语法声明如下:

```
int put(int row, int col, double... data)
```

其中,参数 int row 表示垂直坐标(行数);参数 int col 表示水平坐标(列数);参数 double... data 表示该点的像素值。

Mat 的 get()方法用于获取指定位置的像素值,该方法的语法声明如下:

```
double[] get(int row, int col)
```

其中,参数 int row 表示垂直坐标(行数);参数 int col 表示水平坐标(列数);该方法的返回值表示该点的像素值。

此实例的完整代码在 MyCode\MySampleL78 文件夹中。

085　为图像添加强光特效

此实例主要通过使用 Mat 的 put()方法和 Mat 的 get()方法,根据强光(该特效用来复合或过滤颜色,具体取决于混合色;此效果与聚光灯照在图像上相似,如果混合色光源比 50％的灰色亮,图像变亮,如同过滤后的效果,这对于向图像添加高光非常有用;如果混合色光源比 50％的灰色暗,图像变暗,如同复合后的效果,这对于向图像添加阴影非常有用,详情请参考 Photoshop)滤镜的算法重置像素,实现给图像添加强光特效。当实例运行之后,单击"显示原始图像"按钮,原始图像的效果如图 085-1(a)所示。单击"显示强光图像"按钮,原始图像在经过强光处理之后的效果如图 085-1(b)所示。

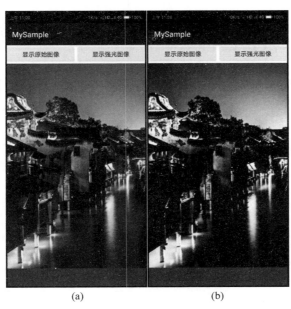

(a)　　　　　　　　　　(b)

图　085-1

主要代码如下:

```
public void onClickButton2(View v) {                    //响应单击"显示强光图像"按钮
  Mat myMat = new Mat();
  //将原始图像保存至 myMat
  Utils.bitmapToMat(myBitmap,myMat);
  Mat myNewMat = new Mat();
  myMat.copyTo(myNewMat);
  for(int i = 0;i < myMat.width();i++){
   for(int j = 0;j < myMat.height();j++){
    //获取当前位置的像素
    double[] myPixels = myNewMat.get(j,i);
    for(int k = 0;k < myPixels.length;k ++){
     //判断当前位置像素值大小,并对其做相应处理,以实现强光效果
     if(myPixels[k]< = 128)
      myPixels[k] = myPixels[k] * myPixels[k]/128;
     if(myPixels[k]> 128)
      myPixels[k] = 255 - ((255 - myPixels[k]) * (255 - myPixels[k])/128);
    }
    //重新设置当前位置像素值
    myNewMat.put(j,i,myPixels);
```

```
      }
    }
    //创建空 Bitmap,用于保存强光图像
    Bitmap myNewBitmap = Bitmap.createBitmap(myBitmap.getWidth(),
                          myBitmap.getHeight(),Bitmap.Config.RGB_565);
    Utils.matToBitmap(myNewMat,myNewBitmap);              //将强光图像输出至 myNewBitmap
    myImageView.setImageBitmap(myNewBitmap);              //通过 ImageView 控件显示强光图像
}
```

上面这段代码在 MyCode \ MySampleL83 \ app \ src \ main \ java \ com \ bin \ luo \ mysample \ MainActivity. java 文件中。关于 Mat 的 put()方法和 Mat 的 get()方法的说明请参考实例 084。

此实例的完整代码在 MyCode\MySampleL83 文件夹中。

086 为图像添加亮色特效

此实例主要通过使用 Mat 的 put()方法和 Mat 的 get()方法,根据亮色(该特效通过增加或减少对比度加深或减淡颜色,具体取决于混合色,如果混合色光源比 50%的灰色亮,减小对比度使图像变亮,如果混合色光源比 50%的暗,增加对比度使图像变暗,更多信息请参考 Photoshop)滤镜的算法重置像素,实现给图像添加亮色特效。当实例运行之后,单击"显示原始图像"按钮,原始图像的效果如图 086-1(a)所示。单击"显示亮色图像"按钮,原始图像在经过亮色处理之后的效果如图 086-1(b)所示。

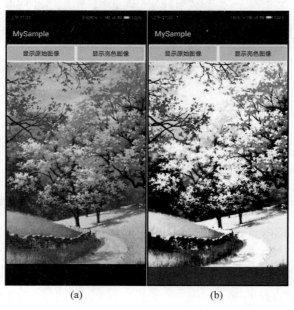

(a)   (b)

图   086-1

主要代码如下:

```
public void onClickButton2(View v) {                     //响应单击"显示亮色图像"按钮
    Mat myMat = new Mat();
    //将原始图像保存至 myMat
    Utils.bitmapToMat(myBitmap,myMat);
    Mat myNewMat = new Mat();
    myMat.copyTo(myNewMat);
    for(int i = 0;i < myMat.width();i ++){
      for(int j = 0;j < myMat.height();j ++){
```

```
    double[] myPixels = myNewMat.get(j,i);                //获取当前像素值
    for(int k = 0;k < myPixels.length;k ++){
      //判断当前像素值大小,并根据亮色算法计算对应的像素值,以实现亮色效果
      if(myPixels[k]<= 128)
        myPixels[k] = myPixels[k] - (255 - myPixels[k]) *
                  (255 - 2 * myPixels[k])/(2 * myPixels[k]);
      if(myPixels[k]> 128)
        myPixels[k] = myPixels[k] + myPixels[k] *
                  (2 * myPixels[k] - 255)/(2 * (255 - myPixels[k]));
    }
    myNewMat.put(j,i,myPixels);                     //重新设置当前像素值
  }
}
//创建空 Bitmap,用于保存亮色图像
Bitmap myNewBitmap = Bitmap.createBitmap(myBitmap.getWidth(),
                    myBitmap.getHeight(),Bitmap.Config.RGB_565);
Utils.matToBitmap(myNewMat,myNewBitmap);            //将亮色图像输出至 myNewBitmap
myImageView.setImageBitmap(myNewBitmap);            //通过 ImageView 控件显示亮色图像
}
```

上面这段代码在 MyCode\MySampleL87\app\src\main\java\com\bin\luo\mysample\MainActivity.java 文件中。

此实例的完整代码在 MyCode\MySampleL87 文件夹中。

087　为图像添加雾气特效

此实例主要通过使用 Photo 的 illuminationChange()方法,实现给图像添加雾气特效。当实例运行之后,单击"显示原始图像"按钮,原始图像的效果如图 087-1(a)所示。单击"显示雾气图像"按钮,原始图像在添加雾气特效之后的效果如图 087-1(b)所示。

注意:此功能有点耗时,在测试时请耐心等候 2 分钟以上。

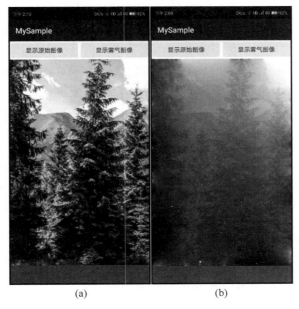

(a)　　　　　　　　　(b)

图　087-1

主要代码如下：

```
public void onClickButton2(View v) {                    //响应单击"显示雾气图像"按钮
    Mat myMat = new Mat();
    Utils.bitmapToMat(myBitmap, myMat);
    //将原始图像转为 RGB 格式
    Imgproc.cvtColor(myMat,myMat,Imgproc.COLOR_RGBA2RGB);
    Mat myNewMat = myMat.clone();
    //创建与原始图像大小相同,颜色为白色的遮罩层
    Mat myMaskMat = myMat.clone();
    myMaskMat.setTo(new Scalar(255,255,255));
    //为原始图像添加雾气效果
    Photo.illuminationChange(myMat,myMaskMat,myNewMat);
    Bitmap myNewBitmap = Bitmap.createBitmap(myNewMat.width(),
                              myNewMat.height(), Bitmap.Config.RGB_565);
    //将雾气图像输出至 myNewBitmap
    Utils.matToBitmap(myNewMat,myNewBitmap);
    //通过 ImageView 控件显示雾气图像
    myImageView.setImageBitmap(myNewBitmap);
}
```

上面这段代码在 MyCode\MySampleM07\app\src\main\java\com\bin\luo\mysample\ MainActivity.java 文件中。在这段代码中,Photo 的 illuminationChange()方法主要用于除去在图像中的高光部分,实现雾气效果,该方法的语法声明如下：

```
static void illuminationChange(Mat src, Mat mask, Mat dst)
```

其中,参数 Mat src 表示输入图像；参数 Mat mask 表示掩码；参数 Mat dst 表示输出图像。

此实例的完整代码在 MyCode\MySampleM07 文件夹中。

088　为图像添加美颜特效

此实例主要通过使用 Imgproc 的 GaussianBlur()方法、Imgproc 的 bilateralFilter()方法和 Core 的 addWeighted()方法等,实现给图像添加美颜特效。当实例运行之后,单击"显示原始图像"按钮,原始图像的效果如图 088-1(a)所示。单击"显示美颜图像"按钮,图像在经过美颜之后的效果如图 088-1(b)所示。

主要代码如下：

```
public void onClickButton2(View v) {                    //响应单击"显示美颜图像"按钮
    Mat myMat = new Mat();
    Utils.bitmapToMat(myBitmap,myMat);
    //将原始图像转为 RGB 格式
    Imgproc.cvtColor(myMat,myMat,Imgproc.COLOR_RGBA2RGB);
    Mat myTempMat = myMat.clone();
    Mat myNewMat = myMat.clone();
    myMat.convertTo(myMat, -1,1.1,68);
    //对原始图像进行高斯模糊处理
    Imgproc.GaussianBlur(myMat,myMat,new Size(9,9),0,0);
    //对原始图像进行双边滤波处理,并另存为一幅新图像
    Imgproc.bilateralFilter(myMat,myTempMat,30,30 * 2,30/2);
    //对原始图像进行高斯模糊处理,并另存为一幅新图像
```

```
Imgproc.GaussianBlur(myMat,myNewMat,new Size(0,0),9);
//将另存的图像进行加权混合处理,实现美颜效果
Core.addWeighted(myTempMat,1.5,myNewMat, - 0.5,0,myNewMat);
Bitmap myNewBitmap = Bitmap.createBitmap(myNewMat.width(),
                            myNewMat.height(), Bitmap.Config.RGB_565);
//将美颜图像输出至 myNewBitmap
Utils.matToBitmap(myNewMat,myNewBitmap);
//通过 ImageView 控件显示美颜图像
myImageView.setImageBitmap(myNewBitmap);
}
```

上面这段代码在 MyCode \ MySampleM09 \ app \ src \ main \ java \ com \ bin \ luo \ mysample \ MainActivity. java 文件中。在这段代码中,Imgproc 的 GaussianBlur()方法的下列重载形式用于对输入的图像进行高斯滤波(模糊)处理,该方法的语法声明如下:

```
static void GaussianBlur(Mat src, Mat dst, Size ksize,
                            double sigmaX, double sigmaY)
```

其中,参数 Mat src 表示输入图像;参数 Mat dst 表示输出图像;参数 Size ksize 表示高斯滤波器模板大小;参数 double sigmaX 表示高斯滤波在横向的滤波系数;参数 double sigmaY 表示高斯滤波在纵向的滤波系数。

(a)　　　　　　　(b)

图　088-1

Imgproc 的 bilateralFilter()方法用于对图像进行双边滤波处理。双边滤波是结合图像的空间邻近度和像素值相似度的一种折中处理,同时考虑空域信息和灰度相似性,达到保留边缘且去除噪声的目的。该方法的语法声明如下:

```
static void bilateralFilter(Mat src, Mat dst, int d,
                    double sigmaColor, double sigmaSpace)
```

其中,参数 Mat src 表示执行双边滤波处理之前的图像;参数 Mat dst 表示执行双边滤波处理之后的图像;参数 int d 代表像素邻域直径;参数 double sigmaColor 表示颜色空间过滤器的 sigma 值;参数 double sigmaSpace 表示坐标空间过滤器的 sigma 值。

此实例的完整代码在 MyCode\MySampleM09 文件夹中。

089 为图像添加白平衡特效

此实例主要通过使用 Core 的 mean()方法等,实现给图像添加白平衡特效。白平衡是电视摄像领域一个非常重要的概念,通过它可以解决色彩还原和色调处理的一系列问题。白平衡是随着电子影像再现色彩真实而产生的。当实例运行之后,单击"显示原始图像"按钮,原始图像的效果如图 089-1(a)所示。单击"显示白平衡图像"按钮,将显示图像的白平衡效果,如图 089-1(b)所示。

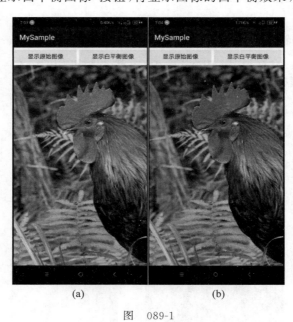

(a)　　　　　　　　(b)

图　　089-1

主要代码如下:

```
public void onClickButton2(View v) {                          //响应单击"显示白平衡图像"按钮
    Mat myMat = new Mat();
    Utils.bitmapToMat(myBitmap,myMat);
    Mat myNewMat = myMat.clone();
    ArrayList < Mat > myChannels = new ArrayList <>();
    //对原始图像进行通道分离操作
    Core.split(myMat,myChannels);
    //计算原始图像每个通道指定像素的平均值
    double myR = Core.mean(myChannels.get(0)).val[0];
    double myG = Core.mean(myChannels.get(1)).val[0];
    double myB = Core.mean(myChannels.get(2)).val[0];
    //重新计算 RGB 分量值
    double myNewB = (myR + myG + myB)/(3 * myB);
    double myNewG = (myR + myG + myB)/(3 * myG);
    double myNewR = (myR + myG + myB)/(3 * myR);
    //根据分量值重新设置原始图像各个通道
    Core.multiply(myChannels.get(0),new Scalar(myNewR),myChannels.get(0));
    Core.multiply(myChannels.get(1),new Scalar(myNewG),myChannels.get(1));
    Core.multiply(myChannels.get(2),new Scalar(myNewB),myChannels.get(2));
    //重新合并图像通道,生成一幅新图像
    Core.merge(myChannels,myNewMat);
    Bitmap myNewBitmap = Bitmap.createBitmap(myNewMat.width(),
```

```
                          myNewMat.height(), Bitmap.Config.RGB_565);
    Utils.matToBitmap(myNewMat,myNewBitmap);          //将白平衡图像输出至 myNewBitmap
    myImageView.setImageBitmap(myNewBitmap);          //通过 ImageView 控件显示白平衡图像
}
```

上面这段代码在 MyCode\MySampleM01\app\src\main\java\com\bin\luo\mysample\MainActivity.java 文件中。在这段代码中,Core 的 mean()方法用于对像素求平均值,该方法的语法声明如下:

```
static Scalar mean(Mat src)
```

其中,参数 Mat src 表示输入像素分量;该方法的返回值是 Scalar。

此实例的完整代码在 MyCode\MySampleM01 文件夹中。

090　为图像添加梯度特效

此实例主要通过设置 Imgproc 的 morphologyEx()方法的 op 参数为 Imgproc. MORPH_GRADIENT,实现在图像上添加梯度特效,即突出团块(blob)的边缘,保留物体的边缘轮廓。当实例运行之后,单击"显示原始图像"按钮,原始图像的效果如图 090-1(a)所示。单击"显示梯度图像"按钮,图像产生的梯度效果如图 090-1(b)所示。

(a)　　　　　　(b)

图　090-1

主要代码如下:

```
public void onClickButton2(View v) {                 //响应单击"显示梯度图像"按钮
    //创建空 Bitmap,用于保存梯度特效图像
    Bitmap myNewBitmap = Bitmap.createBitmap(myBitmap.getWidth(),
                             myBitmap.getHeight(),Bitmap.Config.RGB_565);
    Mat myMat = new Mat();
    Utils.bitmapToMat(myBitmap,myMat);               //将原始图像保存至 myMat
    Mat myNewMat = new Mat();
    Mat myKernel =
```

```
        Imgproc.getStructuringElement(Imgproc.MORPH_RECT, new Size(15, 15));
    //使用形态学方法morphologyEx()执行梯度操作,即突出团块边缘,保留边缘轮廓
    Imgproc.morphologyEx(myMat, myNewMat, Imgproc.MORPH_GRADIENT, myKernel);
    //将梯度特效图像输出至myNewBitmap
    Utils.matToBitmap(myNewMat,myNewBitmap);
    //使用ImageView控件显示梯度特效图像
    myImageView.setImageBitmap(myNewBitmap);
}
```

上面这段代码在 MyCode\MySampleK67\app\src\main\java\com\bin\luo\mysample\MainActivity.java 文件中。在这段代码中,Imgproc 的 morphologyEx()方法用于在给定的图像上执行开运算、闭运算、形态学梯度、顶帽、黑帽等形态学变换操作,该方法的语法声明如下:

```
static void morphologyEx(Mat src, Mat dst, int op, Mat kernel)
```

其中,参数 Mat src 表示输入图像,即源图像;参数 Mat dst 表示输出图像,即执行形态学变换操作的结果图像;参数 int op 表示操作类型,如 Imgproc. MORPH_GRADIENT、Imgproc. MORPH_BLACKHAT 、Imgproc. MORPH_TOPHAT 等;参数 Mat kernel 表示形态学滤波中用到的滤波器,在形态学中称为结构元素,结构元素往往是由一个特殊的形状构成,如线条、矩形、圆等。

Imgproc 的 getStructuringElement()方法用于创建腐蚀/膨胀图像的内核,关于该方法的说明请参考实例 080。

此实例的完整代码在 MyCode\MySampleK67 文件夹中。

091   在图像边缘添加镜像

此实例主要通过使用 Core. BORDER_REFLECT 设置 Core 的 copyMakeBorder()方法的 borderType 参数,实现根据指定的宽度以图像边缘为对称线镜像图像。当实例运行之后,单击"显示原始图像"按钮,原始图像的效果如图 091-1(a)所示。单击"镜像图像边缘"按钮,以图像上、下、左、右四条边为对称线进行镜像图像边缘之后的效果如图 091-1(b)所示。

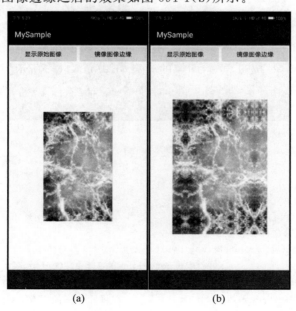

(a)   (b)

图   091-1

主要代码如下：

```
public void onClickButton2(View v) {                //响应单击"镜像图像边缘"按钮
    Mat myMat = new Mat();
    Utils.bitmapToMat(myBitmap,myMat);              //将原始图像保存至 myMat
    //根据指定的宽度镜像图像边缘
    Core.copyMakeBorder(myMat,myMat,100,100,100,100,Core.BORDER_REFLECT);
    //创建空 Bitmap,用于保存镜像边缘之后的图像
    Bitmap myNewBitmap = Bitmap.createBitmap(myMat.width(),
                                    myMat.height(),Bitmap.Config.RGB_565);
    //将镜像边缘之后的图像输出至 myNewBitmap
    Utils.matToBitmap(myMat,myNewBitmap);
    //通过 ImageView 控件显示镜像边缘之后的图像
    myImageView.setImageBitmap(myNewBitmap);
}
```

上面这段代码在 MyCode＼MySampleK40＼app＼src＼main＼java＼com＼bin＼luo＼mysample＼MainActivity.java 文件中。在这段代码中，Core 的 copyMakeBorder()方法用于扩展图像的边缘，将图像变大，然后以各种外插方式自动填充图像边界，该方法的语法声明如下：

```
static void copyMakeBorder(Mat src, Mat dst, int top, int bottom,
                        int left, int right, int borderType)
```

其中，参数 Mat src 表示输入图像；参数 Mat dst 表示输出图像；参数 int top 表示图像上边的扩展（输出图像－输入图像）宽度；参数 int bottom 表示图像下边的扩展（输出图像－输入图像）宽度；参数 int left 表示图像左边的扩展（输出图像－输入图像）宽度；参数 int right 表示图像右边的扩展（输出图像－输入图像）宽度；参数 int borderType 表示边缘扩展的类型，即外插类型，包括以下几种方式：BORDER_REPLICATE、BORDER_REFLECT、BORDER_REFLECT_101、BORDER_WRAP、BORDER_CONSTANT、BORDER_ISOLATED。

此实例的完整代码在 MyCode＼MySampleK40 文件夹中。

092 在图像边缘添加边框

此实例主要通过使用 Core 的 copyMakeBorder()方法，实现在图像的周围添加边框线。当实例运行之后，单击"显示原始图像"按钮，原始图像的效果如图 092-1(a)所示。单击"添加边框线"按钮，图像在添加红色边框线之后的效果如图 092-1(b)所示。

主要代码如下：

```
public void onClickButton2(View v) {                //响应单击"添加边框线"按钮
    Mat myMat = new Mat();
    Utils.bitmapToMat(myBitmap,myMat);              //将原始图像保存至 myMat
    int myWidth = 10;                               //设置边框线宽度
    //根据宽度值和原始图像大小生成 myNewMat
    Mat myNewMat = new Mat(myMat.rows() + myWidth * 2,
            myMat.cols() + myWidth * 2,myMat.depth());
    Core.copyMakeBorder(myMat,myNewMat,myWidth,myWidth,myWidth,myWidth,
        Core.BORDER_ISOLATED,new Scalar(255,0,0));  //添加指定颜色的边框线
    //创建空 Bitmap,用于保存包含边框线的图像
    Bitmap myNewBitmap = Bitmap.createBitmap(myNewMat.width(),
                                myNewMat.height(),Bitmap.Config.RGB_565);
    //将包含边框线的图像输出至 myNewBitmap
```

```
    Utils.matToBitmap(myNewMat,myNewBitmap);
    //通过 ImageView 控件显示包含边框线的图像
    myImageView.setImageBitmap(myNewBitmap);
}
```

上面这段代码在 MyCode＼MySampleL58＼app＼src＼main＼java＼com＼bin＼luo＼mysample＼MainActivity.java 文件中。关于 Core 的 copyMakeBorder()方法的说明请参考实例 091。

此实例的完整代码在 MyCode＼MySampleL58 文件夹中。

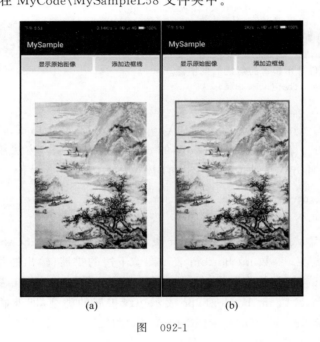

(a)　　　　　　　(b)

图　092-1

093　使用中值滤波模糊图像

此实例主要通过使用 Imgproc 的 medianBlur()方法，实现以中值滤波方式模糊图像。当实例运行之后，单击"显示原始图像"按钮，原始图像的效果如图 093-1(a)所示。单击"显示模糊图像"按钮，以中值滤波方式模糊图像之后的效果如图 093-1(b)所示。

主要代码如下：

```
public void onClickButton2(View v) {                    //响应单击"显示模糊图像"按钮
    //根据原始图像创建相同大小的空 Bitmap
    Bitmap myNewBitmap = Bitmap.createBitmap(myBitmap.getWidth(),
                            myBitmap.getHeight(),Bitmap.Config.RGB_565);
    Mat myMat = new Mat();
    Utils.bitmapToMat(myBitmap,myMat);                  //将原始图像保存至 myMat
    Imgproc.medianBlur(myMat,myMat,19);                 //采用中值滤波方式模糊图像
    Utils.matToBitmap(myMat,myNewBitmap);               //将模糊图像写入 myNewBitmap
    myImageView.setImageBitmap(myNewBitmap);            //在 ImageView 上显示模糊图像
}
```

上面这段代码在 MyCode＼MySampleK50＼app＼src＼main＼java＼com＼bin＼luo＼mysample＼MainActivity.java 文件中。在这段代码中，Imgproc 的 medianBlur()方法用于以中值滤波方式模糊图像，该滤波将覆盖的像素点按照升序或者降序排列，将中间元素作为锚点像素；使用中值滤波能够

较好地除去椒盐噪声(该噪声是稀疏分布在整个图像中的黑白像素点),且只会对很少一部分像素造成影响。medianBlur()方法的语法声明如下:

```
static void medianBlur(Mat src, Mat dst, int ksize)
```

其中,参数 Mat src 表示输入图像;参数 Mat dst 表示输出图像;参数 int ksize 表示模糊模板大小,必须是大于 1 的正奇数,如 3,5,7…。

此实例的完整代码在 MyCode\MySampleK50 文件夹中。

(a)　　　　　　　　　(b)

图　　093-1

094　使用方框滤波模糊图像

此实例主要通过使用 Imgproc 的 boxFilter()方法,实现以方框(盒式)滤波方式模糊图像。当实例运行之后,单击"显示原始图像"按钮,原始图像的效果如图 094-1(a)所示。单击"显示模糊图像"按钮,以方框滤波方式模糊图像之后的效果如图 094-1(b)所示。

主要代码如下:

```
public void onClickButton2(View v) {                    //响应单击"显示模糊图像"按钮
    //根据原始图像创建相同大小的空 Bitmap
    Bitmap myNewBitmap = Bitmap.createBitmap(myBitmap.getWidth(),
                        myBitmap.getHeight(),Bitmap.Config.RGB_565);
    Mat myMat = new Mat();
    Utils.bitmapToMat(myBitmap,myMat);                  //将原始图像保存至 myMat
    //将原始图像转为 RGB 图像
    Imgproc.cvtColor(myMat,myMat,Imgproc.COLOR_RGBA2RGB);
    Mat myNewMat = new Mat();                           //用于保存模糊图像的 Mat
    //采用方框滤波对图像进行模糊操作
    Imgproc.boxFilter(myMat, myNewMat,myMat.depth(),new Size(20,20));
    //将模糊图像保存至 myNewBitmap
    Utils.matToBitmap(myNewMat,myNewBitmap);
    //在 ImageView 上显示模糊图像
```

```
myImageView.setImageBitmap(myNewBitmap);
}
```

上面这段代码在 MyCode＼MySampleK52＼app＼src＼main＼java＼com＼bin＼luo＼mysample＼MainActivity.java 文件中。在这段代码中，Imgproc 的 boxFilter( )方法用于对图像进行方框滤波。boxFilter( )方法的语法声明如下：

```
static void boxFilter(Mat src, Mat dst, int ddepth, Size ksize)
```

其中，参数 Mat src 表示执行方框滤波之前的图像；参数 Mat dst 表示执行方框滤波之后的图像；参数 int ddepth 代表输出图像的深度，－1 表示使用原图深度，即 src.depth( )；参数 Size ksize 表示模糊内核的大小，一般用 Size(w,h)表示内核的大小(其中，w 为宽度，h 为高度)；如：Size(3,3)就表示 3×3 的内核大小，Size(5,5)表示 5×5 的内核大小。

此实例的完整代码在 MyCode＼MySampleK52 文件夹中。

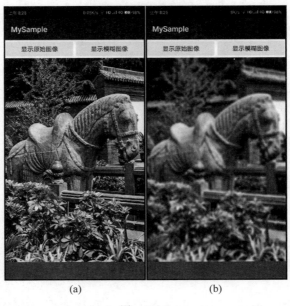

(a)   (b)

图　094-1

095　使用金字塔采样模糊图像

此实例主要通过使用 Imgproc 的 pyrUp( )方法和 pyrDown( )方法，实现以金字塔上采样模式、金字塔下采样模式模糊图像。当实例运行之后，单击"显示原始图像"按钮，原始图像的效果如图 095-1(a)所示。单击"显示模糊图像"按钮，以金字塔上、下采样模式模糊的图像效果如图 095-1(b)所示。

说明：在 OpenCV 中，金字塔是对图像的一种操作，它使用特定的平滑过滤器(例如：高斯、拉普拉斯算子)对输入图像进行初始平滑，然后对平滑的图像进行二次采样。

主要代码如下：

```
public void onClickButton2(View v) {                    //响应单击"显示模糊图像"按钮
    Mat myMat = new Mat();
    Utils.bitmapToMat(myBitmap,myMat);
    for(int i = 0;i < 3;i ++){
      Imgproc.pyrDown(myMat,myMat,new Size(myMat.width()/2,myMat.height()/2));
```

```
}
for(int i = 0;i < 3;i ++){
  Imgproc.pyrUp(myMat,myMat,new Size(myMat.width() * 2,myMat.height() * 2));
}
Bitmap myNewBitmap = Bitmap.createBitmap(myMat.width(),
                         myMat.height(), Bitmap.Config.RGB_565);
Utils.matToBitmap(myMat,myNewBitmap);           //输出模糊之后的图像
myImageView.setImageBitmap(myNewBitmap);        //显示模糊之后的图像
}
```

上面这段代码在 MyCode\MySampleK29\app\src\main\java\com\bin\luo\mysample\MainActivity.java 文件中。在这段代码中,Imgproc 的 pyrUp()方法用于上采样放大图像,该方法的语法声明如下:

```
static void pyrUp(Mat src, Mat dst, Size dstsize)
```

其中,参数 Mat src 表示输入图像;参数 Mat dst 表示输出图像;参数 Size dstsize 表示采样块的大小。

Imgproc 的 pyrDown()方法用于下采样缩小图像,该方法的语法声明如下:

```
static void pyrDown(Mat src, Mat dst, Size dstsize)
```

其中,参数 Mat src 表示输入图像;参数 Mat dst 表示输出图像;参数 Size dstsize 表示采样块的大小。

此实例的完整代码在 MyCode\MySampleK29 文件夹中。

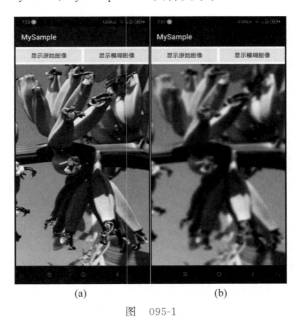

(a)   (b)

图   095-1

096   使用高斯方法模糊图像

此实例主要通过使用 Imgproc 的 GaussianBlur()方法,实现以高斯模式对图像进行模糊。当实例运行之后,单击"显示原始图像"按钮,原始图像的效果如图 096-1(a)所示。单击"显示模糊图像"按钮,按照高斯算法进行模糊之后的图像效果如图 096-1(b)所示。

主要代码如下:

```
public void onClickButton2(View v) {                //响应单击"显示模糊图像"按钮
```

```
//根据原始图像创建相同大小的Bitmap
Bitmap myBlurBitmap = Bitmap.createBitmap(myBitmap.getWidth(),
                            myBitmap.getHeight(), Bitmap.Config.RGB_565);
Mat myOriginMat = new Mat();
Utils.bitmapToMat(myBitmap, myOriginMat);          //将原始图像保存至myOriginMat
//用于保存使用高斯模糊之后的图像的Mat
Mat myBlurMat = myOriginMat.clone();
//进行高斯模糊操作,这里Size的参数必须是奇数,否则可能会报错
Imgproc.GaussianBlur(myOriginMat, myBlurMat, new Size(47, 47), 0);
//将模糊图像写入myBlurBitmap
Utils.matToBitmap(myBlurMat, myBlurBitmap);
//在ImageView上显示模糊图像
myImageView.setImageBitmap(myBlurBitmap);
}
```

上面这段代码在 MyCode\MySampleK06\app\src\main\java\com\bin\luo\mysample\MainActivity.java 文件中。在这段代码中,Imgproc 的 GaussianBlur()方法的下列重载形式用于对输入的图像进行高斯滤波(模糊),该方法的语法声明如下:

static void GaussianBlur(Mat src, Mat dst, Size ksize, double sigmaX)

其中,参数 Mat src 表示输入图像;参数 Mat dst 表示输出图像;参数 Size ksize 表示高斯滤波器模板大小;参数 double sigmaX 表示高斯滤波在横向的滤波系数。

此实例的完整代码在 MyCode\MySampleK06 文件夹中。

(a)   (b)

图　096-1

097　使用均值方法模糊图像

此实例主要通过使用 Imgproc 的 blur()方法,实现以均值方式模糊整幅图像。当实例运行之后,单击"显示原始图像"按钮,原始图像的效果如图 097-1(a)所示。单击"显示模糊图像"按钮,以均值方式模糊整幅图像之后的效果如图 097-1(b)所示。

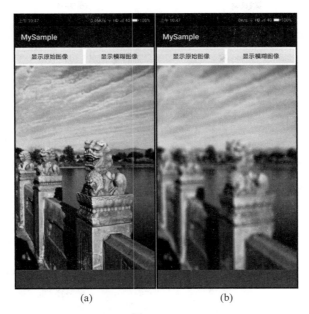

(a)   (b)

图 097-1

主要代码如下:

```
public void onClickButton2(View v) {                              //响应单击"显示模糊图像"按钮
    //根据原始图像创建相同大小的空 Bitmap
    Bitmap myNewBitmap = Bitmap.createBitmap(myBitmap.getWidth(),
                                myBitmap.getHeight(),Bitmap.Config.RGB_565);
    Mat myMat = new Mat();
    Utils.bitmapToMat(myBitmap,myMat);                             //将原始图像保存至 myMat
    Mat myNewMat = myMat.clone();
    //采用均值方式模糊图像,Size 越大越模糊
    Imgproc.blur(myMat,myNewMat,new Size(30,30));
    //将模糊图像写入 myNewBitmap
    Utils.matToBitmap(myNewMat,myNewBitmap);
    //在 ImageView 上显示模糊图像
    myImageView.setImageBitmap(myNewBitmap);
}
```

上面这段代码在 MyCode \ MySampleK48 \ app \ src \ main \ java \ com \ bin \ luo \ mysample \ MainActivity.java 文件中。在这段代码中,Imgproc 的 blur()方法用于以均值方式模糊图像,该方法的语法声明如下:

```
static void blur(Mat src, Mat dst, Size ksize)
```

其中,参数 Mat src 表示模糊之前的图像;参数 Mat dst 表示模糊之后的图像;参数 Size ksize 表示模糊块的大小。

此实例的完整代码在 MyCode\MySampleK48 文件夹中。

098 在图像上执行顶帽运算

此实例主要通过使用 Imgproc.MORPH_TOPHAT 设置 Imgproc 的 morphologyEx()方法的 op 参数,实现对图像进行顶帽运算操作,即突出显示比图像原轮廓更亮的部分。当实例运行之后,单击

"显示原始图像"按钮,原始图像的效果如图 098-1(a)所示。单击"执行顶帽运算"按钮,图像在执行顶帽运算之后的效果如图 098-1(b)所示。

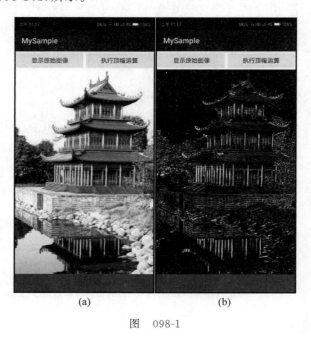

图　098-1

主要代码如下:

```
public void onClickButton2(View v) {                        //响应单击"执行顶帽运算"按钮
    //创建空 Bitmap,用于保存顶帽图像
    Bitmap myNewBitmap = Bitmap.createBitmap(myBitmap.getWidth(),
                            myBitmap.getHeight(),Bitmap.Config.RGB_565);
    Mat myMat = new Mat();
    Utils.bitmapToMat(myBitmap,myMat);                       //将原始图像保存至 myMat
    //将原始图像转为灰度图像
    Imgproc.cvtColor(myMat,myMat,Imgproc.COLOR_BGR2GRAY);
    Mat myNewMat = new Mat();
    Mat myKernel = Mat.ones(15,15, CvType.CV_32F);          //自定义内核
    //使用形态学方法 morphologyEx()执行顶帽运算操作,以突出比原轮廓亮的部分
    Imgproc.morphologyEx(myMat, myNewMat, Imgproc.MORPH_TOPHAT, myKernel);
    //将顶帽图像输出至 myNewBitmap
    Utils.matToBitmap(myNewMat,myNewBitmap);
    //使用 ImageView 控件显示顶帽图像
    myImageView.setImageBitmap(myNewBitmap);
}
```

上面这段代码在 MyCode\MySampleK63\app\src\main\java\com\bin\luo\mysample\MainActivity.java 文件中。关于 Imgproc 的 morphologyEx()方法的说明请参考实例 090。

此实例的完整代码在 MyCode\MySampleK63 文件夹中。

099　在图像上执行黑帽运算

此实例主要通过使用 Imgproc.MORPH_BLACKHAT 设置 Imgproc 的 morphologyEx()方法的 op 参数,实现对图像执行黑帽运算,即突出显示比原轮廓暗的部分。当实例运行之后,单击"显示原始图像"按钮,原始图像的效果如图 099-1(a)所示。单击"执行黑帽运算"按钮,图像在执行黑帽运算之后的效果如图 099-1(b)所示。

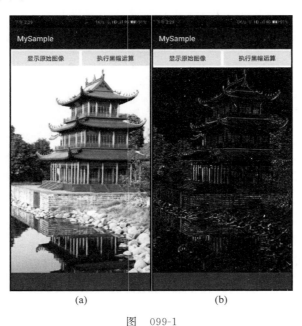

(a)　　　　　　　　(b)

图　099-1

主要代码如下:

```
public void onClickButton2(View v) {                        //响应单击"执行黑帽运算"按钮
    //根据原始图像创建空 Bitmap,用于保存执行黑帽运算之后的图像
    Bitmap myNewBitmap = Bitmap.createBitmap(myBitmap.getWidth(),
                            myBitmap.getHeight(),Bitmap.Config.RGB_565);
    Mat myMat = new Mat();
    Utils.bitmapToMat(myBitmap,myMat);                      //将原始图像保存至 myMat
    //将原始图像转为灰度图像
    Imgproc.cvtColor(myMat,myMat,Imgproc.COLOR_BGR2GRAY);
    Mat myNewMat = new Mat();
    Mat myKernel = Mat.ones(15,15, CvType.CV_32F);          //自定义内核
    //使用形态学方法 morphologyEx()执行黑帽运算,以突出比原轮廓暗的部分
    Imgproc.morphologyEx(myMat, myNewMat, Imgproc.MORPH_BLACKHAT, myKernel);
    //将执行黑帽运算之后的图像输出至 myNewBitmap
    Utils.matToBitmap(myNewMat,myNewBitmap);
    //使用 ImageView 控件显示执行黑帽运算之后的图像
    myImageView.setImageBitmap(myNewBitmap);
}
```

上面这段代码在 MyCode \ MySampleK64 \ app \ src \ main \ java \ com \ bin \ luo \ mysample \ MainActivity. java 文件中。

此实例的完整代码在 MyCode\MySampleK64 文件夹中。

100　在图像上执行开运算

此实例主要通过使用 Imgproc. MORPH_OPEN 设置 Imgproc 的 morphologyEx()方法的 op 参数,实现对图像执行开运算操作,即先腐蚀后膨胀图像,开运算可以用来消除小黑点。当实例运行之后，单击"显示原始图像"按钮，原始图像的效果如图100-1（a）所示。单击"执行开运算"按钮，图像在执行开运算操作之后的效果如图100-1（b）所示。

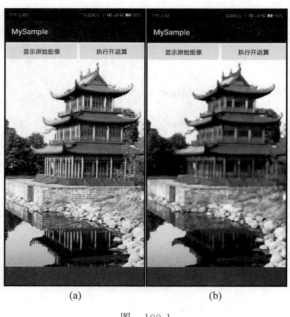

图　100-1

主要代码如下：

```
public void onClickButton2(View v) {                              //响应单击"执行开运算"按钮
    //创建空 Bitmap,用于保存开运算图像
    Bitmap myNewBitmap = Bitmap.createBitmap(myBitmap.getWidth(),
                              myBitmap.getHeight(),Bitmap.Config.RGB_565);
    Mat myMat = new Mat();
    Utils.bitmapToMat(myBitmap,myMat);                          //将原始图像保存至 myMat
    Mat myNewMat = new Mat();
    Mat myKernel = Imgproc.getStructuringElement(
                              Imgproc.MORPH_RECT, new Size(15, 15));
    //使用形态学方法 morphologyEx()执行开运算操作,即先腐蚀后膨胀
    Imgproc.morphologyEx(myMat, myNewMat, Imgproc.MORPH_OPEN, myKernel);
    //将开运算图像输出至 myNewBitmap
    Utils.matToBitmap(myNewMat,myNewBitmap);
    //使用 ImageView 控件显示开运算图像
    myImageView.setImageBitmap(myNewBitmap);
}
```

上面这段代码在 MyCode\MySampleK65\app\src\main\java\com\bin\luo\mysample\MainActivity.java 文件中。Imgproc 的 getStructuringElement()方法用于创建腐蚀/膨胀图像的内核，关于该方法的说明请参考实例080。

此实例的完整代码在 MyCode\MySampleK65 文件夹中。

101　在图像上执行闭运算

此实例主要通过使用 Imgproc.MORPH_CLOSE 设置 Imgproc 的 morphologyEx()方法的 op 参数，实现对图像执行闭运算操作，即先膨胀后腐蚀图像。当实例运行之后，单击"显示原始图像"按钮，原始图

像的效果如图 101-1(a)所示。单击"执行闭运算"按钮,图像在执行闭运算之后的效果如图 101-1(b)
所示。

图　101-1

主要代码如下:

```
public void onClickButton2(View v) {                         //响应单击"执行闭运算"按钮
    //根据原始图像创建空 Bitmap,用于保存执行闭运算之后的图像
    Bitmap myNewBitmap = Bitmap.createBitmap(myBitmap.getWidth(),
                                myBitmap.getHeight(),Bitmap.Config.RGB_565);
    Mat myMat = new Mat();
    Utils.bitmapToMat(myBitmap,myMat);                        //将原始图像保存至 myMat
    Mat myNewMat = new Mat();
    Mat myKernel = Imgproc.getStructuringElement(
                                Imgproc.MORPH_RECT, new Size(15, 15));
    //使用形态学方法 morphologyEx()执行闭运算,即先膨胀后腐蚀
    Imgproc.morphologyEx(myMat, myNewMat, Imgproc.MORPH_CLOSE, myKernel);
    //将执行闭运算之后的图像输出至 myNewBitmap
    Utils.matToBitmap(myNewMat,myNewBitmap);
    //使用 ImageView 控件显示执行闭运算之后的图像
    myImageView.setImageBitmap(myNewBitmap);
}
```

上面这段代码在 MyCode\MySampleK66\app\src\main\java\com\bin\luo\mysample\
MainActivity.java 文件中。

此实例的完整代码在 MyCode\MySampleK66 文件夹中。

102　使用拉普拉斯算子检测边缘

此实例主要通过使用 Imgproc 的 filter2D()方法操作 Laplace 算子,实现检测图像的轮廓边缘。
当实例运行之后,单击"显示原始图像"按钮,原始图像的效果如图 102-1(a)所示。单击"检测图像边
缘"按钮,图像的轮廓边缘检测结果如图 102-1(b)所示。

(a)   (b)

图　102-1

主要代码如下：

```
public void onClickButton2(View v) {                          //响应单击"检测图像边缘"按钮
    Mat myMat = new Mat();
    Utils.bitmapToMat(myBitmap,myMat);
    //将原始图像转为灰度图像
    Imgproc.cvtColor(myMat,myMat,Imgproc.COLOR_RGBA2GRAY);
    Mat myNewMat = myMat.clone();
    //初始化 Mat,用于存储 Laplace 算子数值
    Mat myKernel = new Mat(2,9,CvType.CV_16SC1);
    //存入 Laplace 算子所对应的卷积矩阵数值
    myKernel.put(0,0,0, 1, 0, 1, - 4, 1, 0, 1, 0,
                 2, 0, 2, 0, - 8, 0, 2, 0, 2);
    //根据 Laplace 算子对原始图像进行边缘检测
    Imgproc.filter2D(myMat,myNewMat, - 1,myKernel);
    Bitmap myNewBitmap = Bitmap.createBitmap(myNewMat.width(),
                                     myNewMat.height(), Bitmap.Config.RGB_565);
    //将轮廓图像输出至 myNewBitmap
    Utils.matToBitmap(myNewMat,myNewBitmap);
    //通过 ImageView 控件显示轮廓图像
    myImageView.setImageBitmap(myNewBitmap);
}
```

上面这段代码在 MyCode\MySampleM19\app\src\main\java\com\bin\luo\mysample\MainActivity.java 文件中。在这段代码中,Imgproc 的 filter2D()方法用于图像与内核进行卷积运算,该方法的语法声明如下：

```
static void filter2D(Mat src, Mat dst, int ddepth, Mat kernel)
```

其中,参数 Mat src 表示输入图像,即源图像；参数 Mat dst 表示输出图像,即图像和内核执行卷积运算的结果图像；参数 int ddepth 表示输出图像深度；参数 Mat kernel 表示卷积内核的 Mat。

此实例的完整代码在 MyCode\MySampleM19 文件夹中。

103　使用 LoG 算子检测边缘

　　此实例主要通过使用 Imgproc 的 filter2D()方法操作 LoG 算子,实现检测图像的轮廓边缘。LoG 边缘检测算子是 David Courtnay Marr 和 Ellen Hildreth 于 1980 年共同提出的,也称为边缘检测算法或 Marr & Hildreth 算子;该算法首先对图像做高斯滤波,然后再求其拉普拉斯(Laplacian)二阶导数,即图像与 Laplacian of the Gaussian function 进行滤波运算,最后通过检测滤波结果的零交叉(Zero crossings)可以获得图像或物体的边缘,因而也被业界简称为 Laplacian-of-Gaussian (LoG)算子。当实例运行之后,单击"显示原始图像"按钮,原始图像的效果如图 103-1(a)所示。单击"检测图像边缘"按钮,图像的轮廓边缘检测结果如图 103-1(b)所示。

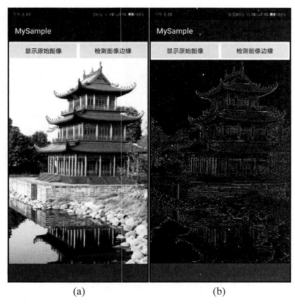

(a)　　　　　　　　　　　(b)

图　　103-1

　　主要代码如下:

```java
public void onClickButton2(View v) {                    //响应单击"检测图像边缘"按钮
    Mat myMat = new Mat();
    Utils.bitmapToMat(myBitmap,myMat);
    //将原始图像转为灰度图像
    Imgproc.cvtColor(myMat,myMat,Imgproc.COLOR_RGBA2GRAY);
    Mat myNewMat = myMat.clone();
    //初始化 Mat,用于存储 LoG 算子数值
    Mat myKernel = new Mat(5,5,CvType.CV_16SC1);
    //存入 LoG 算子所对应的卷积矩阵数值
    myKernel.put(0,0,0,0,1,0,0,0,1,2,1,0,1,2, - 16,2,1, 0,1,2,1,0,0,0,1,0,0);
    //根据 LoG 算子对原始图像进行边缘检测
    Imgproc.filter2D(myMat,myNewMat, - 1,myKernel);
    Bitmap myNewBitmap = Bitmap.createBitmap(myNewMat.width(),
                            myNewMat.height(), Bitmap.Config.RGB_565);
    //将轮廓图像输出至 myNewBitmap
    Utils.matToBitmap(myNewMat,myNewBitmap);
    //通过 ImageView 控件显示轮廓图像
    myImageView.setImageBitmap(myNewBitmap);
}
```

上面这段代码在 MyCode \ MySampleM20 \ app \ src \ main \ java \ com \ bin \ luo \ mysample \ MainActivity. java 文件中。关于 Imgproc 的 filter2D()方法的说明请参考实例 102。

此实例的完整代码在 MyCode\MySampleM20 文件夹中。

104　使用 Prewitt 算子检测边缘

此实例主要通过使用 Imgproc 的 filter2D()方法等操作 Prewitt 算子,实现检测图像的轮廓边缘。Prewitt 算子是一种一阶微分算子的边缘检测方式,它利用像素点上下、左右邻点的灰度差(在边缘处达到极值)检测边缘;其原理是在图像空间利用两个方向模板与图像进行邻域卷积来完成,这两个方向模板一个检测水平边缘,一个检测垂直边缘。当实例运行之后,单击"显示原始图像"按钮,原始图像的效果如图 104-1(a)所示。单击"检测图像边缘"按钮,图像的轮廓边缘检测结果如图 104-1(b)所示。

图　104-1

主要代码如下:

```java
public void onClickButton2(View v) {            //响应单击"检测图像边缘"按钮
    Mat myMat = new Mat();
    Utils.bitmapToMat(myBitmap,myMat);
    //将原始图像转为灰度图像
    Imgproc.cvtColor(myMat,myMat, Imgproc.COLOR_RGBA2GRAY);
    Mat myNewMat = myMat.clone();
    //初始化 Mat,用于保存沿水平方向和垂直方向检测图像边缘的卷积矩阵
    Mat myPrewittXMat = new Mat(3,3,CvType.CV_16SC1);
    Mat myPrewittYMat = new Mat(3,3,CvType.CV_16SC1);
    //设置 Prewitt 算子
    myPrewittXMat.put(0,0, -1,0,1, -1,0,1, -1,0,1);
    myPrewittYMat.put(0,0,1,1,1, 0,0,0, -1, -1, -1);
    //初始化 Mat,用于临时保存经过边缘检测的图像
    Mat myTempXMat = new Mat();
    Mat myTempYMat = new Mat();
```

```
//根据卷积矩阵分别对图像的水平方向和垂直方向进行边缘检测
Imgproc.filter2D(myMat,myTempXMat, - 1,myPrewittXMat);
Imgproc.filter2D(myMat,myTempYMat, - 1,myPrewittYMat);
//将经过水平方向和垂直方向边缘检测之后的两幅图像合成为一幅图像
Core.addWeighted(myTempXMat,0.5,myTempYMat,0.5,0,myNewMat);
Bitmap myNewBitmap = Bitmap.createBitmap(myNewMat.width(),
                            myNewMat.height(), Bitmap.Config.RGB_565);
//将轮廓图像输出至 myNewBitmap
Utils.matToBitmap(myNewMat,myNewBitmap);
//通过 ImageView 控件显示轮廓图像
myImageView.setImageBitmap(myNewBitmap);
}
```

上面这段代码在 MyCode\MySampleM16\app\src\main\java\com\bin\luo\mysample\MainActivity.java 文件中。

此实例的完整代码在 MyCode\MySampleM16 文件夹中。

105 使用 Sobel 方法检测边缘

此实例主要通过使用 Imgproc 的 Sobel()方法,实现检测图像的轮廓边缘。当实例运行之后,单击"显示原始图像"按钮,原始图像的效果如图 105-1(a)所示。单击"检测图像边缘"按钮,图像的轮廓边缘检测结果如图 105-1(b)所示。

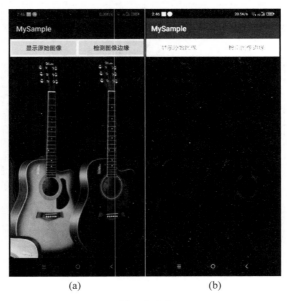

(a)   (b)

图   105-1

主要代码如下:

```
public void onClickButton2(View v) {                    //响应单击"检测图像边缘"按钮
    //根据原始图像创建相同大小的空 Bitmap
    Bitmap myNewBitmap = Bitmap.createBitmap(myBitmap.getWidth(),
                            myBitmap.getHeight(),Bitmap.Config.RGB_565);
    Mat myMat = new Mat();
    Utils.bitmapToMat(myBitmap,myMat);                    //将原始图像保存至 myMat
    Mat myNewMat = new Mat();
```

```
//执行索贝尔(Sobel)操作,在水平方向上和垂直方向上检测图像的边缘
Imgproc.Sobel(myMat, myNewMat, myMat.depth(), 1, 1);
//将边缘图像写入 myNewBitmap
Utils.matToBitmap(myNewMat,myNewBitmap);
//在 ImageView 上显示边缘图像
myImageView.setImageBitmap(myNewBitmap);
}
```

上面这段代码在 MyCode＼MySampleK62＼app＼src＼main＼java＼com＼bin＼luo＼mysample＼MainActivity.java 文件中。在这段代码中,Imgproc 的 Sobel()方法用于检测图像的轮廓边缘,在技术上,它是离散性差分算子,用来计算图像亮度函数的梯度之近似值,在图像的任何一点使用此算子,将会产生对应的梯度矢量或是其法矢量。

此实例的完整代码在 MyCode\MySampleK62 文件夹中。

106 使用 absdiff 方法检测边缘

此实例主要通过使用 Core 的 absdiff()方法,对两个模糊程度不同的相同图像进行差分计算,实现获取该图像的边缘轮廓。当实例运行之后,单击"显示原始图像"按钮,原始图像的效果如图 106-1(a)所示。单击"检测图像边缘"按钮,该图像在进行差分处理之后的边缘轮廓效果如图 106-1(b)所示。

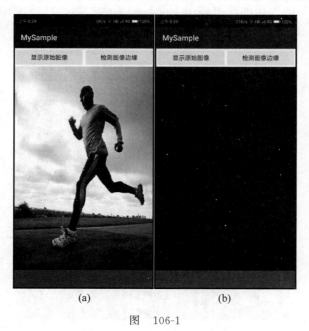

(a)   (b)

图   106-1

主要代码如下：

```
public void onClickButton2(View v) {                          //响应单击"检测图像边缘"按钮
    //根据原始图像创建空 Bitmap,用于保存轮廓图像
    Bitmap myNewBitmap = Bitmap.createBitmap(myBitmap.getWidth(),
                            myBitmap.getHeight(),Bitmap.Config.RGB_565);
    Mat myMat = new Mat();
    Mat myGrayMat = new Mat();
    Utils.bitmapToMat(myBitmap,myMat);
    //将原始图像转为灰度图像
    Imgproc.cvtColor(myMat, myGrayMat, Imgproc.COLOR_BGR2GRAY);
```

```
//使用两个不同的模糊半径通过高斯算法对图像作模糊处理
Mat myMat1 = new Mat();
Mat myMat2 = new Mat();
Imgproc.GaussianBlur(myGrayMat, myMat1, new Size(5, 5), 5);
Imgproc.GaussianBlur(myGrayMat, myMat2, new Size(13, 13), 5);
//将两幅模糊的图像相减,即根据差值获取图像轮廓
Mat myNewMat = new Mat();
Core.absdiff(myMat1, myMat2, myNewMat);
//将轮廓图像输出至myNewBitmap
Utils.matToBitmap(myNewMat,myNewBitmap);
//通过 ImageView 控件显示轮廓图像
myImageView.setImageBitmap(myNewBitmap);
}
```

上面这段代码在 MyCode\MySampleK77\app\src\main\java\com\bin\luo\mysample\ MainActivity. java 文件中。在这段代码中,Core 的 absdiff()方法用于对图像进行差分计算。absdiff()方法的语法声明如下:

```
static void absdiff(Mat src1, Mat src2, Mat dst)
```

其中,参数 Mat src1 表示第 1 幅输入图像。参数 Mat src2 表示第 2 幅输入图像。参数 Mat dst 表示两幅图像在执行差分处理之后的结果图像。

此实例的完整代码在 MyCode\MySampleK77 文件夹中。

107　使用 Scharr 方法检测边缘

此实例主要通过在水平方向上和垂直方向上使用 Imgproc 的 Scharr()方法对图像进行滤波,实现检测图像的轮廓边缘。当实例运行之后,单击"显示原始图像"按钮,原始图像的效果如图 107-1(a)所示;单击"检测图像边缘"按钮,图像的轮廓边缘检测结果如图 107-1(b)所示。

(a)　　　　　　　(b)

图　107-1

主要代码如下：

```
public void onClickButton2(View v) {                    //响应单击"检测图像边缘"按钮
    Mat myMat = new Mat();
    Utils.bitmapToMat(myBitmap,myMat);
    //对原始图像进行灰度处理
    Imgproc.cvtColor(myMat,myMat, Imgproc.COLOR_RGBA2GRAY);
    Mat myNewMat = myMat.clone();
    //初始化 Mat,用于存储经过 Scharr 滤波的图像
    Mat myScharrXMat = new Mat();
    Mat myScharrYMat = new Mat();
    //在水平方向和垂直方向分别对图像进行 Scharr 滤波
    Imgproc.Scharr(myMat,myScharrXMat,CvType.CV_8U,1,0);
    Imgproc.Scharr(myMat,myScharrYMat,CvType.CV_8U,0,1);
    //将两次处理的结果合并为轮廓边缘图像
    Core.addWeighted(myScharrXMat,0.5,myScharrYMat,0.5,0,myNewMat);
    Bitmap myNewBitmap = Bitmap.createBitmap(myNewMat.width(),
                                myNewMat.height(), Bitmap.Config.RGB_565);
    //将轮廓边缘图像输出至 myNewBitmap
    Utils.matToBitmap(myNewMat,myNewBitmap);
    //通过 ImageView 控件显示轮廓边缘图像
    myImageView.setImageBitmap(myNewBitmap);
}
```

上面这段代码在 MyCode \ MySampleM17 \ app \ src \ main \ java \ com \ bin \ luo \ mysample \ MainActivity.java 文件中。在这段代码中,Imgproc 的 Scharr()方法用于检测图像的轮廓边缘,一般直接称 Scharr 为滤波器,而不是算子。Scharr()方法的语法声明如下：

```
static void Scharr(Mat src, Mat dst, int ddepth, int dx, int dy)
```

其中,参数 Mat src 表示源(输入)图像。参数 Mat dst 表示目标(输出)图像。参数 int ddepth 表示图像深度。参数 int dx 表示 x 方向上的导数的阶数(order of the derivative x)。参数 int dy 表示 y 方向上的导数的阶数(order of the derivative y)。

此实例的完整代码在 MyCode\MySampleM17 文件夹中。

108 使用 Canny 方法检测边缘

此实例主要通过使用 Imgproc 的 Canny()方法,实现检测图像的轮廓边缘。当实例运行之后,单击"显示原始图像"按钮,原始图像的效果如图 108-1(a)所示；单击"检测图像边缘"按钮,图像的轮廓边缘检测结果如图 108-1(b)所示。

主要代码如下：

```
public void onClickButton2(View v) {                    //响应单击"检测图像边缘"按钮
    //根据原始图像创建空 Bitmap,用于保存轮廓边缘图像
    Bitmap myNewBitmap = Bitmap.createBitmap(myBitmap.getWidth(),
                                myBitmap.getHeight(),Bitmap.Config.RGB_565);
    Mat myMat = new Mat();
    Utils.bitmapToMat(myBitmap,myMat);                   //将原始图像保存至 myMat
    //将彩色图像转为灰度图像
    Imgproc.cvtColor(myMat, myMat, Imgproc.COLOR_BGR2GRAY);
    Mat myNewMat = new Mat();
    Imgproc.Canny(myMat, myNewMat, 60, 60 * 3);         //检测图像的轮廓边缘
```

```
//将轮廓边缘图像输出至 myNewBitmap
Utils.matToBitmap(myNewMat,myNewBitmap);
//使用 ImageView 控件显示轮廓边缘图像
myImageView.setImageBitmap(myNewBitmap);
}
```

上面这段代码在 MyCode \ MySampleK60 \ app \ src \ main \ java \ com \ bin \ luo \ mysample \
MainActivity.java 文件中。在这段代码中,Imgproc 的 Canny()方法用于检测图像的轮廓边缘,即检测图像所有灰度值变化较大的点,而且这些点连起来构成若干线条,这些线条就称为图像的边缘。Canny()方法的语法声明如下:

```
static void Canny(Mat image, Mat edges, double threshold1, double threshold2)
```

其中,参数 Mat image 表示输入图像,即源图像,且需为单通道 8 位图像;参数 Mat edges 表示输出的边缘图像,该图像需要与源图像的尺寸相同;参数 double threshold1 表示第一个滞后性阈值;参数 double threshold2 表示第二个滞后性阈值。

此实例的完整代码在 MyCode\MySampleK60 文件夹中。

(a) (b)

图　108-1

109　在图像中查找霍夫圆

此实例主要通过使用 Imgproc 的 HoughCircles()方法,实现在图像中查找(霍夫)圆。当实例运行之后,单击"显示原始图像"按钮,原始图像的效果如图 109-1(a)所示。单击"查找霍夫圆"按钮,将使用红线标注在图像中的圆,效果如图 109-1(b)所示。

主要代码如下:

```
public void onClickButton2(View v) {                            //响应单击"查找霍夫圆"按钮
    //初始化 myMat 和 myHoughMat,分别用于保存原始图像和查找的霍夫圆
    Mat myHoughMat = new Mat();
    Mat myMat = new Mat();
    Utils.bitmapToMat(myBitmap,myHoughMat);
```

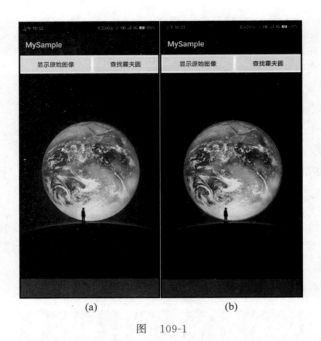

图　109-1

```
Utils.bitmapToMat(myBitmap,myMat);
//将原始图像转为灰度图像
Imgproc.cvtColor(myHoughMat,myHoughMat,Imgproc.COLOR_RGBA2GRAY);
//初始化myCircleMat,用于保存霍夫圆检测结果
Mat myCircleMat = new Mat();
//对灰度图像进行所有的霍夫圆检测操作
Imgproc.HoughCircles(myHoughMat,myCircleMat,
        Imgproc.CV_HOUGH_GRADIENT,1, myHoughMat.rows()/8,200,100,0,0);
for(int i = 0;i < myCircleMat.cols();i ++){
  double[] myCircle = myCircleMat.get(0,i);                  //获取圆
  Point myCenterPoint = new Point(myCircle[0],myCircle[1]);  //获取圆心坐标
  int myRadius = (int)Math.round(myCircle[2]);               //获取圆半径
  //将该圆在原始图像上标注出来
  Imgproc.circle(myMat,myCenterPoint,myRadius,new Scalar(255,0,0),8);
}
Bitmap myBitmap = Bitmap.createBitmap(myMat.width(),
                            myMat.height(), Bitmap.Config.RGB_565);
Utils.matToBitmap(myMat,myBitmap);
myImageView.setImageBitmap(myBitmap);
}
```

上面这段代码在 MyCode\MySampleL12\app\src\main\java\com\bin\luo\mysample\MainActivity.java 文件中。在这段代码中,Imgproc 的 HoughCircles()方法用于根据霍夫变换(Hough Transform)在图像中查找圆,该方法的语法声明如下:

```
static void HoughCircles(Mat image, Mat circles, int method,
                double dp,double minDist, double param1,
                double param2, int minRadius, int maxRadius)
```

其中,参数 Mat image 表示输入 8bit(灰度)图像,其内容可被改变。参数 Mat circles 表示输出(圆)图像,相当于找到的圆存储仓库。参数 int method 表示变换方式,如 CV_HOUGH_GRADIENT。参数 double dp 表示寻找圆弧圆心的累计分辨率,这个参数允许创建一个比输入图像分辨率低的累加器,

这样做是因为有理由认为在图像中存在的圆会自然降低到与图像宽高相同数量的范畴,如果 dp 设置为 1,分辨率是相同的,如果设置为更大的值(比如 2),累加器的分辨率受此影响会变小,且 dp 的值不能比 1 小。参数 double minDist 是让算法能明显区分两个不同圆之间的最小距离。参数 double param1 表示边缘检测算法的边缘阈值上限,下限被置为上限的一半。参数 double param2 表示累加器的阈值。参数 int minRadius 表示最小圆半径。参数 int maxRadius 表示最大圆半径。

此实例的完整代码在 MyCode\MySampleL12 文件夹中。

110　在图像中查找人脸

此实例主要通过使用 CascadeClassifier 的 detectMultiScale()方法和 Imgproc 的 rectangle()方法,实现检测在图像中的人脸。当实例运行之后,单击"显示原始图像"按钮,原始图像的效果如图 110-1(a)所示。单击"在图像中查找人脸"按钮,将在该图像上使用矩形标注(可以检测多个)人脸的区域,如图 110-1(b)所示。

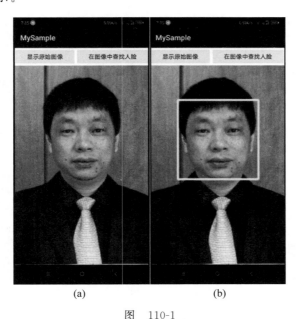

(a)　　　　　　(b)

图　110-1

主要代码如下:

```
public void onClickButton2(View v) {                          //响应单击"在图像中查找人脸"按钮
  ImageView myImageView = (ImageView) findViewById(R.id.myImageView);
  Bitmap myBitmap = ((BitmapDrawable)myImageView.getDrawable()).getBitmap();
  try{
  //将此工程项目的 raw 文件夹的人脸识别资源文件保存至应用,
  //并通过该文件来初始化 CascadeClassifier
  InputStream myInputStream =
          getResources().openRawResource(R.raw.lbpcascade_frontalface);
  File myCascadeDir = getDir("cascade", Context.MODE_PRIVATE);
  //读取人脸特征描述文件
  File myCascadeFile = new File(myCascadeDir,"lbpcascade_frontalface.xml");
  FileOutputStream myOutputStream = new FileOutputStream(myCascadeFile);
  byte[] myBuffer = new byte[4096];
  int myLength;
```

```
 while((myLength = myInputStream.read(myBuffer))!= - 1){
  myOutputStream.write(myBuffer,0,myLength);
 }
 myInputStream.close();
 myOutputStream.close();
 CascadeClassifier myClassifier =
                   new CascadeClassifier(myCascadeFile.getAbsolutePath());
 Mat myMat = new Mat();
 Mat myGrayMat = new Mat();
 Utils.bitmapToMat(myBitmap,myMat);
 //将原始图像转为灰度图像
 Imgproc.cvtColor(myMat,myGrayMat,Imgproc.COLOR_RGBA2GRAY);
 MatOfRect myFaceRect = new MatOfRect();
 //对当前图像进行人脸识别
 myClassifier.detectMultiScale(myGrayMat,
                   myFaceRect,1.1,1,1,new Size(100,100),new Size());
 Rect[] myFaceArray = myFaceRect.toArray();
 for (int i = 0;i < myFaceArray.length;i++){
  if(myFaceArray[i].area()> 15000){
   //绘制人脸矩形区域
   Imgproc.rectangle(myMat,myFaceArray[i].tl(),
                   myFaceArray[i].br(),new Scalar(0,255,0,255),3);
  }
 }
 Utils.matToBitmap(myMat,myBitmap);
 myImageView.setImageBitmap(myBitmap);
 }catch (Exception e){e.printStackTrace();}
}
```

上面这段代码在 MyCode\MySampleK89\app\src\main\java\com\bin\luo\mysample\ MainActivity.java 文件中。在这段代码中,CascadeClassifier 的 detectMultiScale()方法的下列重载形式用于根据特征识别文件的内容对图像进行检测,该方法的语法声明如下:

```
void detectMultiScale(Mat image, MatOfRect objects, double scaleFactor,
          int minNeighbors, int flags, Size minSize, Size maxSize)
```

其中,参数 Mat image 表示待检测图像,一般为灰度图像以加快检测速度。参数 MatOfRect objects 表示被检测目标的矩形框集合。参数 double scaleFactor 表示在前后两次相继的扫描中,搜索窗口的比例系数,默认为 1.1,即每次搜索窗口依次扩大 10%。参数 int minNeighbors 表示构成检测目标的相邻矩形的最小个数(默认为 3 个),如果组成检测目标的小矩形的个数和小于 minNeighbors－1,会被排除,如果 minNeighbors 为 0,不做任何操作就返回所有的被检测候选矩形框,这种设定值一般用在用户自定义检测结果的组合程序上。参数 int flags 如果设置为 1,那么将会使用 Canny 边缘检测来排除边缘过多或过少的区域,这些区域通常不会是人脸所在区域。参数 Size minSize 和参数 Size maxSize 用来限制得到的目标区域的范围。

此实例的完整代码在 MyCode\MySampleK89 文件夹中。

111 在图像中查找人眼

此实例主要通过使用 CascadeClassifier 的 detectMultiScale()方法,实现在图像中检测人眼。当实例运行之后,单击"显示原始图像"按钮,原始图像的效果如图 111-1(a)所示。单击"在图像中查找人眼"按钮,将使用方框在图像上指明查找到的人眼,如图111-1(b)所示。

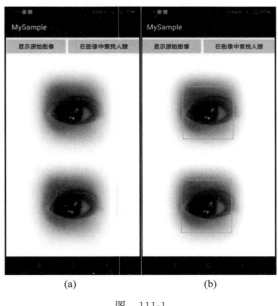

(a)　　　　　　　　(b)

图　111-1

主要代码如下:

```
public void onClickButton2(View v){                          //响应单击"在图像中查找人眼"按钮
  //首先在 res\raw 文件夹下添加人眼识别文件 haarcascade_eye.xml
  try{
   InputStream myInputStream =
            getResources().openRawResource(R.raw.haarcascade_eye);
   File myCascadeDir = getDir("cascade",Context.MODE_PRIVATE);
   File myCascadeFile = new File(myCascadeDir,"haarcascade_eye.xml");
   FileOutputStream myOutputStream = new FileOutputStream(myCascadeFile);
   byte[] myBuffer = new byte[4096];
   int myLength;
   while((myLength = myInputStream.read(myBuffer))!= - 1){
    myOutputStream.write(myBuffer,0,myLength);
   }
   myInputStream.close();
   myOutputStream.close();
   myClassifier = new CascadeClassifier(myCascadeFile.getAbsolutePath());
  }catch (Exception e){e.printStackTrace();}
  //初始化 myMat,用于保存原始图像
  Mat myMat = new Mat();
  Utils.bitmapToMat(myBitmap,myMat);
  //初始化 myEyesRect,用于保存人眼检测结果
  MatOfRect myEyesRect = new MatOfRect();
  //对指定图像进行人眼检测操作
  myClassifier.detectMultiScale(myMat,myEyesRect);
  Rect[] myEyes = myEyesRect.toArray();
  for (int i = 0;i < myEyes.length;i++){
   //对人眼识别结果进行筛选,可根据实际情况自行调整
   if(myEyes[i].area()> 25000){
    //将对人眼识别结果使用绿色方框逐个绘制出来
    Imgproc.rectangle(myMat,myEyes[i].tl(),
```

```
                              myEyes[i].br(),new Scalar(0,255,0),3);
        }
    }
    //创建空 Bitmap,用于保存标注人眼的图像
    Bitmap myNewBitmap = Bitmap.createBitmap(myMat.width(),
                              myMat.height(), Bitmap.Config.RGB_565);
    //将标注人眼的图像输出至 myNewBitmap
    Utils.matToBitmap(myMat,myNewBitmap);
    //通过 ImageView 控件显示标注人眼的图像
    myImageView.setImageBitmap(myNewBitmap);
}
```

上面这段代码在 MyCode\MySampleL22\app\src\main\java\com\bin\luo\mysample\MainActivity.java 文件中。在这段代码中,CascadeClassifier 的 detectMultiScale()方法的下列重载形式用于根据特征识别文件的内容对图像进行检测,该方法的语法声明如下:

```
void detectMultiScale(Mat image, MatOfRect objects)
```

其中,参数 Mat image 表示待检测图像,一般为灰度图像以加快检测速度。参数 MatOfRect objects 表示被检测物体的矩形框集合。

此实例的完整代码在 MyCode\MySampleL22 文件夹中。

112 在图像中查找行人

此实例主要通过使用 HOGDescriptor 的 detectMultiScale()方法,实现在图像中查找行人(走动的人)。当实例运行之后,单击"显示原始图像"按钮,原始图像的效果如图 112-1(a)所示。单击"在图像中查找行人"按钮,将使用矩形标注在图像中的行人,效果如图 112-1(b)所示。

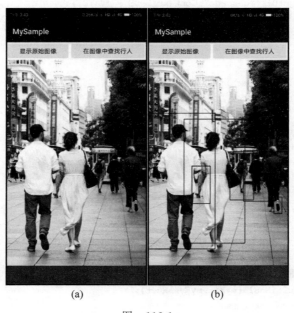

(a) (b)

图　112-1

主要代码如下:

```
public void onClickButton2(View v) {                    //响应单击"在图像中查找行人"按钮
```

```
Mat myMat = new Mat();
Utils.bitmapToMat(myBitmap,myMat);
Imgproc.cvtColor(myMat,myMat,Imgproc.COLOR_RGBA2RGB);
HOGDescriptor myHOGDescriptor = new HOGDescriptor();
MatOfFloat myMatOfFloat = HOGDescriptor.getDefaultPeopleDetector();
myHOGDescriptor.setSVMDetector(myMatOfFloat);
MatOfRect myResult = new MatOfRect();
myHOGDescriptor.detectMultiScale(myMat,myResult,new MatOfDouble());
for (int i = 0; i < myResult.toArray().length; i ++){
 Rect myRect = myResult.toArray()[i];
 Imgproc.rectangle(myMat, myRect.tl(),myRect.br(), new Scalar(0, 0, 255), 3);
}
Bitmap myBitmap = Bitmap.createBitmap(myMat.width(),
                                      myMat.height(), Bitmap.Config.RGB_565);
Utils.matToBitmap(myMat,myBitmap);
myImageView.setImageBitmap(myBitmap);
}
```

上面这段代码在 MyCode\MySampleL18\app\src\main\java\com\bin\luo\mysample\MainActivity.java 文件中。在这段代码中，HOGDescriptor 的 detectMultiScale()方法用于检测在图像中的目标(行人)，该方法的语法声明如下：

```
void detectMultiScale(Mat img, MatOfRect foundLocations,
                                MatOfDouble foundWeights)
```

其中，参数 Mat img 表示被检测的图像。参数 MatOfRect foundLocations 用于(通过多个矩形)保存检测结果。参数 MatOfDouble foundWeights 表示检测因子。

此实例的完整代码在 MyCode\MySampleL18 文件夹中。

113 在图像中查找前景物体

此实例主要通过使用 Imgproc 的 findContours()方法，实现在图像中搜索前景物体。当实例运行之后，单击"显示原始图像"按钮，原始图像的效果如图 113-1(a)所示；单击"查找前景物体"按钮，将使用红色椭圆指明找到的前景物体(鸡蛋)，如图 113-1(b)所示。

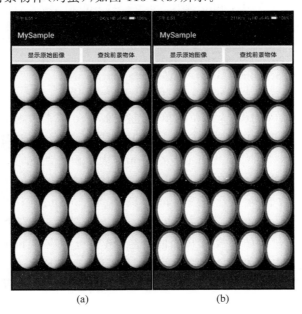

(a)   (b)

图　113-1

主要代码如下：

```
public void onClickButton2(View v) {                          //响应单击"查找前景物体"按钮
    //初始化myMat和myNewMat,分别用于保存原始图像和新图像
    Mat myMat = new Mat();
    Mat myNewMat = new Mat();
    Utils.bitmapToMat(myBitmap,myNewMat);
    Utils.bitmapToMat(myBitmap,myMat);
    //对原始图像先进行灰度处理,再进行二值化处理
    Imgproc.cvtColor(myMat,myMat,Imgproc.COLOR_RGBA2GRAY);
    Imgproc.threshold(myMat,myMat,127,255,Imgproc.THRESH_BINARY);
    //初始化myPoints,用于保存找到的轮廓点集合
    ArrayList<MatOfPoint> myPoints = new ArrayList();
    //在图像上寻找前景物体轮廓
    Imgproc.findContours(myMat,myPoints,new Mat(),
                         Imgproc.RETR_TREE,Imgproc.CHAIN_APPROX_SIMPLE);
    for(int i = 0;i < myPoints.size();i ++){
        //根据每个前景物体轮廓寻找与其对应的外接矩形
        Rect myRect = Imgproc.boundingRect(myPoints.get(i));
        //根据轮廓大小筛选出合适的轮廓
        if(myRect.area()> 35000&myRect.area()< 150000){
            //将MatOfPoint转为MatOfPoint2f
            MatOfPoint2f myPointMat = new MatOfPoint2f(myPoints.get(i).toArray());
            //根据轮廓坐标,寻找外接的可旋转矩形
            RotatedRect myRotatedRect = Imgproc.fitEllipse(myPointMat);
            //根据可旋转矩形在图像上绘制内接椭圆
            Imgproc.ellipse(myNewMat,myRotatedRect,new Scalar(255,0,0),20);
        }
    }
    Bitmap myNewBitmap = Bitmap.createBitmap(myNewMat.width(),
                         myNewMat.height(), Bitmap.Config.RGB_565);
    Utils.matToBitmap(myNewMat,myNewBitmap);
    //通过ImageView控件显示使用红色椭圆标注的前景物体
    myImageView.setImageBitmap(myNewBitmap);
}
```

上面这段代码在 MyCode＼MySampleL19＼app＼src＼main＼java＼com＼bin＼luo＼mysample＼MainActivity.java文件中。在这段代码中,Imgproc的findContours()方法用于在图像中查找物体轮廓,该方法的语法声明如下：

```
static void findContours(Mat image, List<MatOfPoint> contours,
                         Mat hierarchy, int mode, int method)
```

其中,参数 Mat image 表示输入图像,为 8 位的单通道图像,非 0 像素被视为 1,0 像素仍然是 0；如果 int mode 参数值是 RETR_CCOMP 或者 RETR_FLOODFILL,那么输入图像也可以是 32 位单通道类型,即 CV_32SC1。参数 List<MatOfPoint> contours 表示检测到的轮廓点集合,每个轮廓点将以 MatOfPoint 形式保存起来。参数 Mat hierarchy 是可选的输出矩阵,它包含了图像的拓扑信息；为了表示图像轮廓信息,该参数包含多个元素,每个轮廓点 contours[i] 对应 hierarchy 参数中的 hierarchy[i][0]、hierarchy[i][1]、hierarchy[i][2]、hierarchy[i][3],分别表示后一个轮廓、前一个轮廓、子轮廓和父轮廓的索引信息,如果没有某项的信息,该项所对应的 hierarchy 参数值将设置为负数。参数 int mode 表示轮廓检索模式,可取的值为：RETR_EXTERNAL(只检测最外层的轮廓)、RETR_LIST(检测所有轮廓,但不建立层级关系)、RETR_CCOMP(检测所有轮廓,但所有轮廓都只

建立两层层级关系,顶层为外轮廓,底层为内轮廓)、RETR_TREE(检测所有轮廓,并为其重新建立一个完整的层级结构)和 RETR_FLOODFILL(漫水填充法)。参数 int method 表示轮廓所采用的近似方法,可能的值为:CHAIN_APPROX_NONE(获取每个轮廓的每个像素,相邻两个点的像素位置差不超过 1)、CHAIN_APPROX_SIMPLE(压缩水平方向、垂直方向和对角线方向的元素,仅保留该方向的终点坐标)、CV_CHAIN_APPROX_TC89_L1(使用 Teh-Chin 链近似算法中的一种)和 CV_CHAIN_APPROX_TC89_KCOS(使用 Teh-Chin 链近似算法中的一种)。

此实例的完整代码在 MyCode\MySampleL19 文件夹中。

114　在图像中查找文字块

此实例主要通过使用 Imgproc 的 findContours()方法,实现在图像中查找文字块。当实例运行之后,单击"显示原始图像"按钮,原始图像的效果如图 114-1(a)所示;单击"在图像中查找文字块"按钮,将在图像中使用红色方框标出文字块,如图 114-1(b)所示。

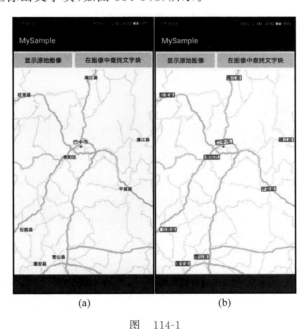

(a)　　　　　　　(b)

图　114-1

主要代码如下:

```java
public void onClickButton2(View v) {                    //响应单击"在图像中查找文字块"按钮
    //初始化 myMat 和 myWordMat,用于分别保存原始图像和文字块图像
    Mat myMat = new Mat();
    Mat myWordMat = new Mat();
    Utils.bitmapToMat(myBitmap,myMat);
    Utils.bitmapToMat(myBitmap,myWordMat);
    //将原始图像转为灰度图
    Imgproc.cvtColor(myMat,myMat,Imgproc.COLOR_RGBA2GRAY);
    //对图像进行边缘检测
    Imgproc.Sobel(myMat,myMat, CvType.CV_8U,1,0,3,1,0);
    //对图像进行二值化处理
    Imgproc.threshold(myMat,myMat,0,255,
                    Imgproc.THRESH_BINARY + Imgproc.THRESH_OTSU);
    Mat myElement1 = Imgproc.getStructuringElement(
```

```
                                    Imgproc.MORPH_RECT,new Size(30, 9));
    Mat myElement2 = Imgproc.getStructuringElement(
                                    Imgproc.MORPH_RECT,new Size(24, 6));
    //对图像进行形态学(膨胀和腐蚀)处理,可根据实际情况适当调整
    Imgproc.dilate(myMat,myMat,myElement2);
    Imgproc.erode(myMat,myMat,myElement1);
    Imgproc.dilate(myMat,myMat,myElement2);
    ArrayList<MatOfPoint> myPoints = new ArrayList<MatOfPoint>();
    //寻找文本外层轮廓
    Imgproc.findContours(myMat,myPoints,new Mat(),
                    Imgproc.RETR_TREE, Imgproc.CHAIN_APPROX_SIMPLE);
    ArrayList<RotatedRect> myRects = new ArrayList<RotatedRect>();
    for(MatOfPoint point:myPoints){
        //计算轮廓面积,并对轮廓进行过滤处理
        double myArea = Imgproc.contourArea(point);
        if(myArea<2000) continue;
        //获取轮廓外层的矩形框
        RotatedRect myRect = Imgproc.minAreaRect(new MatOfPoint2f(point.toArray()));
        myRects.add(myRect);
    }
    //将所有文字矩形逐个绘制在原始图像上
    for(RotatedRect rect:myRects){
        Point[] myRectPoints = new Point[4];
        rect.points(myRectPoints);
        for(int j = 0;j<4;j++){
            Imgproc.line(myWordMat,myRectPoints[j],
                            myRectPoints[(j+1)%4],new Scalar(255,0,0),4);
        }
    }
    Bitmap myNewBitmap = Bitmap.createBitmap(myWordMat.width(),
                            myWordMat.height(), Bitmap.Config.RGB_565);
    Utils.matToBitmap(myWordMat,myNewBitmap);
    myImageView.setImageBitmap(myNewBitmap);
}
```

上面这段代码在 MyCode\MySampleL07\app\src\main\java\com\bin\luo\mysample\MainActivity.java 文件中。关于 Imgproc 的 findContours()方法的说明请参考实例 113。

此实例的完整代码在 MyCode\MySampleL07 文件夹中。

115　以阈值化方式调整图像

此实例主要通过使用 Imgproc.THRESH_BINARY 设置 Imgproc 的 threshold()方法的 type 参数,实现以二值阈值化的方式调整图像。当实例运行之后,单击"显示原始图像"按钮,原始图像的效果如图 115-1(a)所示。单击"以阈值化方式调整图像"按钮,图像在经过二值阈值化调整之后的效果如图 115-1(b)所示。

主要代码如下:

```
public void onClickButton2(View v) {                    //响应单击"以阈值化方式调整图像"按钮
    //根据原始图像创建相同大小的空 Bitmap
    Bitmap myNewBitmap = Bitmap.createBitmap(myBitmap.getWidth(),
                            myBitmap.getHeight(),Bitmap.Config.RGB_565);
    Mat myMat = new Mat();
```

```
Mat myNewMat = new Mat();
Utils.bitmapToMat(myBitmap,myMat);                    //将原始图像保存至 myMat
//采用二值阈值化调整图像,其中 100 是阈值,255 是最大值
Imgproc.threshold(myMat,myNewMat,100,255,Imgproc.THRESH_BINARY);
//将二值阈值化图像写入 myNewBitmap
Utils.matToBitmap(myNewMat,myNewBitmap);
//通过 ImageView 控件显示二值阈值化图像
myImageView.setImageBitmap(myNewBitmap);
}
```

上面这段代码在 MyCode \ MySampleK43 \ app \ src \ main \ java \ com \ bin \ luo \ mysample \ MainActivity. java 文件中。在这段代码中,Imgproc 的 threshold()方法用于把图像的每个像素值都与一个预设的阈值做比较,再根据比较结果调整像素值,该方法的语法声明如下:

```
static double threshold(Mat src, Mat dst,
                        double thresh, double maxval, int type)
```

其中,参数 Mat src 表示调整之前的图像。参数 Mat dst 表示调整之后的图像。参数 double thresh 表示阈值。参数 double maxval 表示最大值。参数 int type 表示阈值比较方式,包括:Imgproc. THRESH_BINARY(二值阈值化,即当前值大于阈值时,采用 maxval 参数值,也就是第四个参数,否则为 0)、Imgproc. THRESH_TOZERO(阈值化到零)、Imgproc. THRESH_TRUNC(截断阈值化)、Imgproc. THRESH_BINARY_INV(反转二值阈值化)、Imgproc. THRESH_TOZERO_INV(反转阈值化到零)。

此实例的完整代码在 MyCode\MySampleK43 文件夹中。

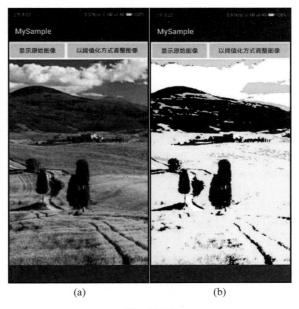

(a)　　　　　　　(b)

图　　115-1

116　对图像进行光照补偿

此实例主要通过使用 Mat 的 put()方法和 Mat 的 get()方法,实现根据指定的算法对图像进行光照补偿。当实例运行之后,单击"显示原始图像"按钮,原始图像的效果如图 116-1(a)所示。单击"对图像进

行光照补偿"按钮,图像在执行光照补偿之后(时间有点长,请耐心等待 2 分钟)的效果如图 116-1(b)
所示。

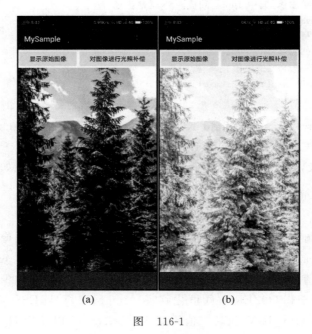

(a)   (b)

图   116-1

主要代码如下:

```
public void onClickButton2(View v) {                    //响应单击"对图像进行光照补偿"按钮
    Mat myMat = new Mat();
    Utils.bitmapToMat(myBitmap, myMat);
    Mat myNewMat = myMat.clone();
    for(int i = 0;i < myMat.width();i ++){
     for(int j = 0;j < myMat.height();j ++){
       //获取原始图像在当前位置的像素值
       double[] myPixels = myMat.get(j,i);
       for(int k = 0;k < myPixels.length;k ++){
         //通过对数算法对原始图像进行相应处理,实现光照补偿效果
         myPixels[k] = 255 * Math.log(1 + myPixels[k])/Math.log(256);
       }
       //动态设置当前位置的像素值
       myNewMat.put(j,i,myPixels);
     }
    }
    Bitmap myNewBitmap = Bitmap.createBitmap(myNewMat.width(),
                            myNewMat.height(), Bitmap.Config.RGB_565);
    //将光照补偿之后的图像输出至 myNewBitmap
    Utils.matToBitmap(myNewMat,myNewBitmap);
    //通过 ImageView 控件显示光照补偿之后的图像
    myImageView.setImageBitmap(myNewBitmap);
}
```

上面这段代码在 MyCode\MySampleM06\app\src\main\java\com\bin\luo\mysample\
MainActivity.java 文件中。

此实例的完整代码在 MyCode\MySampleM06 文件夹中。

117 对图像进行细节强化

此实例主要通过使用 Photo 的 detailEnhance()方法,实现对图像细节进行强化处理。当实例运行之后,单击"显示原始图像"按钮,原始图像的效果如图 117-1(a)所示。单击"对图像进行细节强化"按钮,图像细节在经过强化之后(时间有点长,请耐心等待 2 分钟)的效果如图 117-1(b)所示。

(a)   (b)

图　117-1

主要代码如下:

```
public void onClickButton2(View v) {                    //响应单击"对图像进行细节强化"按钮
    //初始化 myMat,用于保存原始图像
    Mat myMat = new Mat();
    Utils.bitmapToMat(myBitmap,myMat);
    //将原始图像转为 RGB 类型
    Imgproc.cvtColor(myMat,myMat,Imgproc.COLOR_RGBA2RGB);
    Photo.detailEnhance(myMat,myMat);                   //对图像进行细节强化处理
    Bitmap myNewBitmap = Bitmap.createBitmap(myMat.width(),
                                 myMat.height(),Bitmap.Config.RGB_565);
    Utils.matToBitmap(myMat,myNewBitmap);
    myImageView.setImageBitmap(myNewBitmap);
}
```

上面这段代码在 MyCode＼MySampleL20＼app＼src＼main＼java＼com＼bin＼luo＼mysample＼MainActivity.java 文件中。在这段代码中,Photo 的 detailEnhance()方法用于对图像进行细节强化处理,该方法的语法声明如下:

```
static void detailEnhance(Mat src, Mat dst)
```

其中,参数 Mat src 表示输入图像。参数 Mat dst 表示输出图像。

此实例的完整代码在 MyCode＼MySampleL20 文件夹中。

118 根据图像生成铅笔图

此实例主要通过使用 Photo 的 pencilSketch()方法,实现将彩色图像转为铅笔素描图像。当实例运行之后,单击"显示原始图像"按钮,原始图像的效果如图 118-1(a)所示。单击"生成铅笔图"按钮,将彩色图像转为铅笔素描图像之后的效果如图 118-1(b)所示。

(a)   (b)

图   118-1

主要代码如下:

```java
public void onClickButton2(View v) {                    //响应单击"生成铅笔图"按钮
    Mat myMat = new Mat();
    Utils.bitmapToMat(myBitmap,myMat);                  //将原始图像保存至 myMat
    //将原始图像转为 RGB 类型
    Imgproc.cvtColor(myMat,myMat,Imgproc.COLOR_RGBA2RGB);
    Mat mySingleChannelMat = new Mat();
    Mat myMultiChannelMat = new Mat();
    //对图像进行铅笔素描处理,
    //mySingleChannelMat 输出单色素描图像,myMultiChannelMat 输出彩色素描图像
    Photo.pencilSketch(myMat,mySingleChannelMat,myMultiChannelMat);
    Bitmap myNewBitmap = Bitmap.createBitmap(myMat.width(),
                                myMat.height(),Bitmap.Config.RGB_565);
    Utils.matToBitmap(mySingleChannelMat,myNewBitmap);
    myImageView.setImageBitmap(myNewBitmap);
}
```

上面这段代码在 MyCode\MySampleL21\app\src\main\java\com\bin\luo\mysample\MainActivity.java 文件中。在这段代码中,Photo 的 pencilSketch()方法用于将彩色图像转为铅笔素描图像,该方法的语法声明如下:

```java
static void pencilSketch(Mat src, Mat dst1, Mat dst2)
```

其中,参数 Mat src 表示输入的彩色图像。参数 Mat dst1 表示输出的单色素描图像。参数 Mat dst2

输出的彩色素描图像。

此实例的完整代码在 MyCode\MySampleL21 文件夹中。

119 使用双边滤波清除噪点

此实例主要通过使用 Imgproc 的 bilateralFilter()方法,对不清晰图像进行去噪和二值化处理,使图像变得更加清晰。当实例运行之后,单击"显示原始图像"按钮,原始图像的效果如图 119-1(a)所示(有部分相当模糊的文字)。单击"清除图像噪点"按钮,在图像上的不清晰文字被清除之后的效果如图 119-1(b)所示。

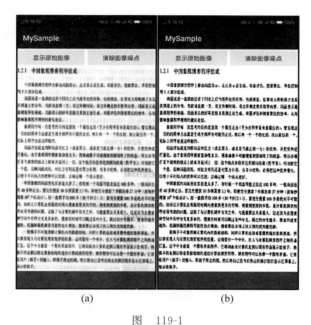

(a)   (b)

图　119-1

主要代码如下:

```
public void onClickButton2(View v) {                        //响应单击"清除图像噪点"按钮
    //根据原始图像创建相同大小的空 Bitmap
    Bitmap myNewBitmap = Bitmap.createBitmap(myBitmap.getWidth(),
                            myBitmap.getHeight(),Bitmap.Config.RGB_565);
    Mat myMat = new Mat();
    Utils.bitmapToMat(myBitmap,myMat);                      //将原始图像保存至 myMat
    Mat myNewMat = new Mat();
    //将彩色图像转为灰度图像
    Imgproc.cvtColor(myMat,myMat, Imgproc.COLOR_RGB2GRAY);
    //清除噪点,30 表示清除噪点的强度
    Imgproc.bilateralFilter(myMat,myNewMat, 30,
                            (double) (30 * 2), (double) (30 / 2));
    //二值化处理
    Imgproc.adaptiveThreshold(myNewMat,myNewMat, 255.0D,
        Imgproc.ADAPTIVE_THRESH_MEAN_C, Imgproc.THRESH_BINARY, 25, 10.0D);
    //将清晰图像写入 myNewBitmap
    Utils.matToBitmap(myNewMat,myNewBitmap);
    //在 ImageView 上显示清晰图像
    myImageView.setImageBitmap(myNewBitmap);
}
```

上面这段代码在 MyCode \ MySampleK53 \ app \ src \ main \ java \ com \ bin \ luo \ mysample \ MainActivity. java 文件中。在这段代码中,Imgproc 的 adaptiveThreshold()方法用于对图像进行二值化处理,该方法的语法声明如下:

```
adaptiveThreshold(Mat src, Mat dst, double maxValue, int adaptiveMethod,
                  int thresholdType, int blockSize, double C)
```

其中,参数 Mat src 表示处理之前的图像。参数 Mat dst 表示处理之后的图像。参数 double maxValue 与参数 int thresholdType 相关,如果这一参数为 THRESH_BINARY,那么二值化图像素大于阈值的被赋值为参数 maxValue;反之如果参数为 THRESH_BINARY_INV,那么小于阈值的被赋值为参数 maxValue。参数 int thresholdType 必须为 THRESH_BINARY 或 THRESH_BINARY_INV。参数 int blockSize 用于计算其阈值所考虑的范围,如 3,5,7 等。参数 double C 是一个常数. 一般取正值,也可以取 0 或者负数。

Imgproc 的 bilateralFilter()方法用于对图像进行双边滤波。关于该方法的说明请参考实例 088。此实例的完整代码在 MyCode\MySampleK53 文件夹中。

120　对图像进行 Gamma 校正

此实例主要通过使用 Core 的 LUT()方法,实现对图像进行 Gamma 校正。所谓 Gamma 校正,就是对图像的伽马曲线进行编辑,以对图像进行非线性色调编辑的方法,检出图像信号的深色部分和浅色部分,并使两者比例增大,提高图像对比度。当实例运行之后,单击"增大图像 Gamma 值"按钮,图像经过 Gamma 校正的效果如图 120-1(a)所示;单击"减小图像 Gamma 值"按钮,图像经过 Gamma 校正的效果如图 120-1(b)所示。

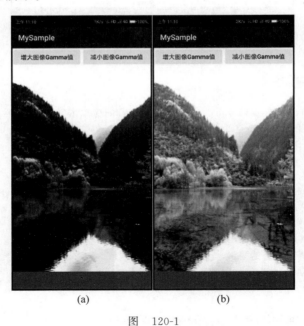

(a)　　　　　　　(b)

图　120-1

主要代码如下:

```
public void onClickButton1(View v) {                    //响应单击"增大图像 Gamma 值"按钮
    setGammaValue(1.5f);
}
```

```
public void onClickButton2(View v) {                    //响应单击"减小图像 Gamma 值"按钮
  setGammaValue(0.5f);
}
public void setGammaValue(float gamma){
  Mat myMat = new Mat();
  Utils.bitmapToMat(myBitmap,myMat);
  //将原始图像转为 RGB 格式
  Imgproc.cvtColor(myMat,myMat,Imgproc.COLOR_RGBA2RGB);
  ArrayList < Mat > myChannels = new ArrayList <>();
  //对原始图像进行通道分离操作
  Core.split(myMat,myChannels);
  Mat myNewMat = myMat.clone();
  Mat myLUT = new Mat(1,256, CvType.CV_8UC1);
  for(int i = 0;i < 256;i ++){
    //根据 gamma 参数计算经过 Gamma 校正处理之后的像素值
    double myLUTValue = Math.pow((float)(i/255.0),gamma) * 255.0f;
    //对像素值进行越界处理
    if(myLUTValue > = 255) myLUTValue = 255;
    if(myLUTValue < = 0) myLUTValue = 0;
    myLUT.put(0,i,myLUTValue);
  }
  for(int i = 0;i < myChannels.size();i ++){
    //通过 LUT(即查找表)操作替换原始图像像素值
    Core.LUT(myChannels.get(i),myLUT,myChannels.get(i));
  }
  //合并通道,生成一幅新图像
  Core.merge(myChannels,myNewMat);
  Bitmap myNewBitmap = Bitmap.createBitmap(myNewMat.width(),
                            myNewMat.height(), Bitmap.Config.RGB_565);
  //将图像处理结果输出至 myNewBitmap
  Utils.matToBitmap(myNewMat,myNewBitmap);
  //通过 ImageView 控件显示图像处理结果
  myImageView.setImageBitmap(myNewBitmap);
}
```

上面这段代码在 MyCode\MySampleM02\app\src\main\java\com\bin\luo\mysample\MainActivity.java 文件中。关于 LUT()方法的说明请参考实例 079。

此实例的完整代码在 MyCode\MySampleM02 文件夹中。

121 对图像的缺陷进行修复

此实例主要通过使用 Photo 的 inpaint()方法,实现对有缺陷的图像进行修复。当实例运行之后,单击"显示原始图像"按钮,原始图像的效果如图 121-1(a)所示。单击"修复图像缺陷"按钮,将去除图像中的白色文字,如图 121-1(b)所示。

主要代码如下:

```
public void onClickButton2(View v) {                    //响应单击"修复图像缺陷"按钮
  Mat myMat = new Mat();
  Utils.bitmapToMat(myBitmap,myMat);
  //将原始图像转换为 RGB 图像
  Imgproc.cvtColor(myMat,myMat,Imgproc.COLOR_RGBA2RGB);
  //初始化遮罩层,用于进行图像修复操作
```

```
Mat myMaskMat = myMat.clone();
//对遮罩层进行灰度和阈值化处理
Imgproc.cvtColor(myMaskMat,myMaskMat,Imgproc.COLOR_RGB2GRAY);
Imgproc.threshold(myMaskMat,myMaskMat,174,255,Imgproc.THRESH_BINARY);
//根据遮罩层对彩色图像进行修复处理(此例是去除白色文字)
Photo.inpaint(myMat,myMaskMat,myMat,1,Photo.INPAINT_TELEA);
Bitmap myBitmap = Bitmap.createBitmap(myMat.width(),myMat.height(),
                Bitmap.Config.RGB_565);          //创建空 Bitmap,用于保存修复的图像
//将修复的图像输出至 myBitmap
Utils.matToBitmap(myMat,myBitmap);
//通过 ImageView 控件显示修复的图像
myImageView.setImageBitmap(myBitmap);
}
```

上面这段代码在 MyCode\MySampleL55\app\src\main\java\com\bin\luo\mysample\MainActivity.java 文件中。在这段代码中,Photo 的 inpaint()方法具有图像修复功能,该方法的语法声明如下:

```
static void inpaint(Mat src, Mat inpaintMask,
                Mat dst, double inpaintRadius, int flags)
```

其中,参数 Mat src 表示修复之前的图像,为 8 位单通道或者三通道图像。参数 Mat inpaintMask 表示修复遮罩层(掩码),为 8 位单通道图像,其中非零像素表示要修补的区域。参数 Mat dst 表示修复之后的图像,它和 Mat src 参数的图像类型是一样的。参数 double inpaintRadius 表示修复区域的半径。参数 int flags 表示使用的修复算法,包括 INPAINT_NS 和 INPAINT_TELEA 两种算法。

此实例的完整代码在 MyCode\MySampleL55 文件夹中。

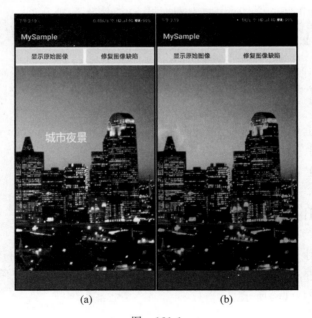

(a)   (b)

图　121-1

122　以 CLAHE 方式强化图像

此实例主要通过使用 Imgproc 的 createCLAHE()方法,实现强化图像(提高亮度和对比度)。当

实例运行之后,单击"显示原始图像"按钮,原始图像的效果如图 122-1(a)所示。单击"使用 CLAHE 强化图像"按钮,图像在强化之后的效果如图 122-1(b)所示。

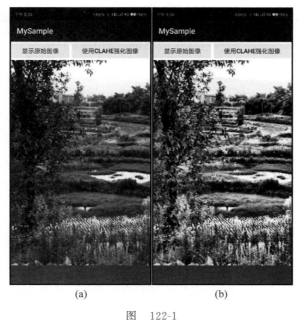

(a)　　　　　　　　　(b)

图　122-1

主要代码如下:

```
public void onClickButton2(View v) {              //响应单击"使用 CLAHE 强化图像"按钮
  Mat myMat = new Mat();
  Mat myNewMat = myMat.clone();
  Utils.bitmapToMat(myBitmap,myMat);
  //将原始图像转为 RGB 格式
  Imgproc.cvtColor(myMat,myMat,Imgproc.COLOR_RGBA2RGB);
  ArrayList < Mat > myChannels = new ArrayList <>();
  //对原始图像作通道分离处理
  Core.split(myMat,myChannels);
  //初始化 myCLAHE,通过限制对比度自适应直方图均衡(CLAHE)强化图像
  //Contrast Limited Adaptive Histogram Equalization
  CLAHE myCLAHE = Imgproc.createCLAHE(2,new Size(8,8));
  for(int i = 0;i < myChannels.size();i ++){
    Mat myChannelMat = myChannels.get(i);
    //对原始图像的每个通道都进行 CLAHE 处理
    myCLAHE.apply(myChannelMat,myChannelMat);
  }
  //对原始图像作通道合并处理,生成新图像
  Core.merge(myChannels,myNewMat);
  Bitmap myNewBitmap = Bitmap.createBitmap(myNewMat.width(),
                           myNewMat.height(),Bitmap.Config.RGB_565);
  Utils.matToBitmap(myNewMat,myNewBitmap);
  //通过 ImageView 控件显示强化图像
  myImageView.setImageBitmap(myNewBitmap);
}
```

上面这段代码在 MyCode \ MySampleL98 \ app \ src \ main \ java \ com \ bin \ luo \ mysample \ MainActivity.java 文件中。在这段代码中,Imgproc 的 createCLAHE()方法用于创建 CLAHE(限制

对比度自适应直方图均衡），该方法的语法声明如下：

```
static CLAHE createCLAHE(double clipLimit, Size tileGridSize)
```

其中，参数 double clipLimit 表示限制对比度阈值（Threshold for Contrast Limiting）。参数 Size tileGridSize 表示每次处理块的大小。该方法的返回值即为 CLAHE。

此实例的完整代码在 MyCode\MySampleL98 文件夹中。

123　判断点与图形的位置关系

此实例主要通过使用 Imgproc 的 pointPolygonTest()方法，判断点与多边形之间的位置关系。当实例运行之后，单击"绘制多边形"按钮，将在图像上绘制多边形和点，如图 123-1(a)所示。单击"判断点的位置"按钮，将在弹出的 Toast 中显示点与多边形的位置关系，如"该点在多边形的外部！"，如图 123-1(b)所示。

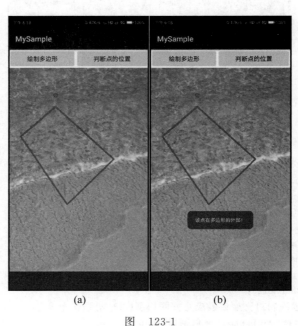

(a)　　　　　　　　(b)

图　123-1

主要代码如下：

```
public void onClickButton1(View v) {                        //响应单击"绘制多边形"按钮
    Mat myMat = new Mat();
    Utils.bitmapToMat(myBitmap,myMat);                      //将原始图像保存至 myMat
    List myPoints = new ArrayList();
    //指定多边形的顶点坐标
    Point myPoint1 = new Point(400,340);
    Point myPoint2 = new Point(100,600);
    Point myPoint3 = new Point(500,1200);
    Point myPoint4 = new Point(900,800);
    MatOfPoint myMatOfPoint = new MatOfPoint(myPoint1,myPoint2,myPoint3,myPoint4);
    myMatOfPoint2f = new MatOfPoint2f(myPoint1,myPoint2,myPoint3,myPoint4);
    myPoints.add(myMatOfPoint);
    //根据顶点坐标在图像的指定位置绘制多边形
    Imgproc.polylines(myMat,myPoints,true,new Scalar(255,0,0,255),12);
```

```
        //在指定的位置绘制红点
        Imgproc.circle(myMat,new Point(400,240),18,new Scalar(255,0,0,255),-1);
        //创建空Bitmap,用于保存包含多边形和红点的图像
        Bitmap myNewBitmap = Bitmap.createBitmap(myMat.width(),
                                    myMat.height(),Bitmap.Config.ARGB_8888);
        //将包含多边形和红点的图像输出至myNewBitmap
        Utils.matToBitmap(myMat,myNewBitmap);
        //通过ImageView控件显示包含多边形和红点的图像
        myImageView.setImageBitmap(myNewBitmap);
    }
public void onClickButton2(View v) {                    //响应单击"判断点的位置"按钮
    double myTest = Imgproc.pointPolygonTest(myMatOfPoint2f,
                                    new Point(400,240),false);
    String myInfo = "";
    if(myTest == 1){
     myInfo = "该点在多边形的内部!";
    }else if(myTest == -1){
     myInfo = "该点在多边形的外部!";
    }else if(myTest == 0){
     myInfo = "该点在多边形的边线上!";
    }
    Toast.makeText(this,myInfo, Toast.LENGTH_SHORT).show();
}
```

上面这段代码在 MyCode\MySampleL10\app\src\main\java\com\bin\luo\mysample\MainActivity.java 文件中。在这段代码中,Imgproc 的 pointPolygonTest()方法用于进行多边形测试,该方法的语法声明如下:

```
static double pointPolygonTest(MatOfPoint2f contour,
                    Point pt, boolean measureDist)
```

其中,参数 MatOfPoint2f contour 表示构成多边形的顶点集合。参数 Point pt 表示测试点的坐标。参数 boolean measureDist 如果是 true,该方法用于计算点到多边形边线的最短距离;如果是 false,检测点是否在多边形中。当 boolean measureDist 参数设置为 false 时,若返回值为正,表示点在多边形内部;返回值为负,表示在多边形外部;返回值为 0,表示点在多边形的边线上。

此实例的完整代码在 MyCode\MySampleL10 文件夹中。

124　计算多边形的面积

此实例主要通过使用 Imgproc 的 contourArea()方法,实现计算多边形的面积。当实例运行之后,单击"绘制多边形"按钮,将根据指定的顶点在图像上绘制绿色的多边形,如图 124-1(a)所示。单击"计算多边形面积"按钮,将在弹出的 Toast 中显示该多边形的面积,如图 124-1(b)所示。

主要代码如下:

```
public void onClickButton1(View v) {                    //响应单击"绘制多边形"按钮
    Mat myMat = new Mat();
    Utils.bitmapToMat(myBitmap,myMat);                   //将原始图像保存至myMat
    List myPoints = new ArrayList();
    //指定多边形的顶点坐标
    Point myPoint1 = new Point(500,500);
    Point myPoint2 = new Point(500,1500);
```

```
    Point myPoint3 = new Point(1000,1500);
    Point myPoint4 = new Point(1000,500);
    myMatOfPoint = new MatOfPoint(myPoint1,myPoint2,myPoint3,myPoint4);
    myPoints.add(myMatOfPoint);
    //根据顶点坐标在图像的指定位置绘制实心多边形
    Imgproc.fillPoly(myMat,myPoints,new Scalar(0,255,0,255));
    //创建空 Bitmap,用于保存包含多边形的图像
    Bitmap myNewBitmap = Bitmap.createBitmap(myMat.width(),
                                 myMat.height(),Bitmap.Config.ARGB_8888);
    //将包含多边形的图像输出至 myNewBitmap
    Utils.matToBitmap(myMat,myNewBitmap);
    //通过 ImageView 控件显示包含多边形的图像
    myImageView.setImageBitmap(myNewBitmap);
}
public void onClickButton2(View v) {                    //响应单击"计算多边形面积"按钮
    //根据顶点坐标计算多边形面积
    double myArea = Imgproc.contourArea(myMatOfPoint);
    Toast.makeText(this,"该多边形面积是:" + myArea,Toast.LENGTH_SHORT).show();
}
```

上面这段代码在 MyCode\MySampleL02\app\src\main\java\com\bin\luo\mysample\ MainActivity.java 文件中。在这段代码中,关于 Imgproc 的 fillPoly()方法的说明请参考实例 073。 Imgproc 的 contourArea()方法用于计算多边形的面积,该方法的语法声明如下:

```
static double contourArea(Mat contour)
```

其中,参数 Mat contour 通常使用 MatOfPoint 类型,MatOfPoint 类型继承自 Mat,表示多边形的顶点 集合。该方法的返回值即为多边形的面积。

此实例的完整代码在 MyCode\MySampleL02 文件夹中。

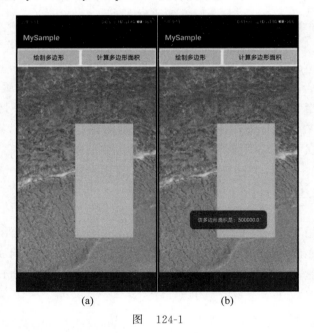

(a)　　　　　　　　　　(b)

图　124-1

125　计算多边形的周长

此实例主要通过使用 Imgproc 的 arcLength()方法,实现计算多边形的周长。当实例运行之后,

单击"绘制多边形"按钮,将根据指定的顶点在图像上绘制红色的多边形,如图 125-1(a)所示。单击"计算多边形周长"按钮,将在弹出的 Toast 中显示该多边形的周长,如图 125-1(b)所示。

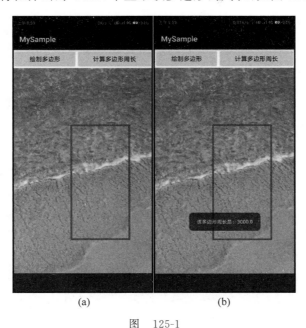

(a)　　　　　　　　　　　　(b)

图　　125-1

主要代码如下:

```
public void onClickButton1(View v) {                    //响应单击"绘制多边形"按钮
  Mat myMat = new Mat();
  Utils.bitmapToMat(myBitmap,myMat);                    //将原始图像保存至 myMat
  List myPoints = new ArrayList();
  //指定多边形的顶点坐标
  Point myPoint1 = new Point(500,500);
  Point myPoint2 = new Point(500,1500);
  Point myPoint3 = new Point(1000,1500);
  Point myPoint4 = new Point(1000,500);
  myMatOfPoint2f = new MatOfPoint2f(myPoint1,myPoint2,myPoint3,myPoint4);
  MatOfPoint myMatOfPoint = new MatOfPoint(myPoint1,myPoint2,myPoint3,myPoint4);
  myPoints.add(myMatOfPoint);
  //根据顶点坐标在图像的指定位置绘制多边形
  Imgproc.polylines(myMat, myPoints,true,new Scalar(255,0,0,255),12);
  //创建空 Bitmap,用于保存包含多边形的图像
  Bitmap myNewBitmap = Bitmap.createBitmap(myMat.width(),
                            myMat.height(),Bitmap.Config.ARGB_8888);
  //将包含多边形的图像输出至 myNewBitmap
  Utils.matToBitmap(myMat,myNewBitmap);
  //通过 ImageView 控件显示包含多边形的图像
  myImageView.setImageBitmap(myNewBitmap);
}
public void onClickButton2(View v) {                    //响应单击"计算多边形周长"按钮
  //根据顶点坐标计算多边形周长
  double myLength = Imgproc.arcLength( myMatOfPoint2f,true);
  Toast.makeText(this,"该多边形周长是:" + myLength,Toast.LENGTH_SHORT).show();
}
```

上面这段代码在 MyCode \ MySampleL03 \ app \ src \ main \ java \ com \ bin \ luo \ mysample \

MainActivity.java 文件中。在这段代码中，Imgproc 的 arcLength()方法用于计算多边形的周长，该方法的语法声明如下：

```
static double arcLength(MatOfPoint2f curve, boolean closed)
```

其中，参数 MatOfPoint2f curve 表示构成图形的顶点集合。参数 boolean closed 表示该图形是否封闭，此参数值一般为 true，表示封闭图形。

此实例的完整代码在 MyCode\MySampleL03 文件夹中。

126 使用直方图均衡调整饱和度

此实例主要通过使用 Imgproc 的 equalizeHist()方法均衡化处理 HSV 格式图像的 S 通道，实现对图像的饱和度进行调整。HSV（Hue，Saturation，Value）是根据颜色的直观特性由 A. R. Smith 在 1978 年创建的一种颜色空间，这个模型的参数分别是：色调（H）、饱和度（S）、明度（V）。当实例运行之后，单击"显示原始图像"按钮，原始图像的效果如图 126-1(a)所示；单击"调整图像饱和度"按钮，图像在调整饱和度之后的效果如图 126-1(b)所示。

(a)   (b)

图　126-1

主要代码如下：

```
public void onClickButton2(View v) {                    //响应单击"调整图像饱和度"按钮
    Mat myMat = new Mat();
    Utils.bitmapToMat(myBitmap,myMat);                  //将原始图像保存至 myMat
    Mat myHSVMat = myMat.clone();
    Mat myEqualizedMat = myMat.clone();
    //将原始图像转为 HSV 格式(Hue、Saturation、Value)
    Imgproc.cvtColor(myMat,myHSVMat,Imgproc.COLOR_RGB2HSV);
    ArrayList < Mat > myMats = new ArrayList < Mat >();
    //按照 HSV 格式对原始图像进行通道分离处理
    Core.split(myHSVMat,myMats);
    //仅对图像的饱和度 S 通道进行均衡化处理
    Imgproc.equalizeHist(myMats.get(1),myMats.get(1));
```

```
Core.merge(myMats,myHSVMat);                    // 将各通道合并为新图像
//将 HSV 格式转换为 RGB 格式
Imgproc.cvtColor(myHSVMat,myEqualizedMat,Imgproc.COLOR_HSV2RGB);
//创建空 Bitmap,用于保存饱和度调整之后的图像
Bitmap myNewBitmap = Bitmap.createBitmap(myBitmap.getWidth(),
                           myBitmap.getHeight(),Bitmap.Config.RGB_565);
Utils.matToBitmap(myEqualizedMat,myNewBitmap);
//通过 ImageView 控件显示饱和度调整之后的图像
myImageView.setImageBitmap(myNewBitmap);
}
```

上面这段代码在 MyCode\MySampleL66\app\src\main\java\com\bin\luo\mysample\ MainActivity.java 文件中。在这段代码中,Imgproc 的 equalizeHist()方法用于以直方图均衡化方式调整通道值,该方法的语法声明如下:

```
static void equalizeHist(Mat src, Mat dst)
```

其中,参数 Mat src 表示输入通道;参数 Mat dst 表示输出通道。

此实例的完整代码在 MyCode\MySampleL66 文件夹中。

127　使用直方图均衡化提高对比度

此实例主要通过使用 Imgproc 的 equalizeHist()方法,实现以直方图均衡化方式提高灰度图像的对比度。直方图均衡化主要使用累积函数对灰度值进行调整,以实现对比度的增强。当实例运行之后,单击"显示原始图像"按钮,原始图像的效果如图 127-1(a)所示。单击"提高图像对比度"按钮,灰度图像在对比度提高之后的效果如图 127-1(b)所示。

　　　　　　(a)　　　　　　　　　　　(b)

图　127-1

主要代码如下:

```
public void onClickButton2(View v) {                    //响应单击"提高图像对比度"按钮
    //根据原始图像创建大小相同的空 Bitmap
```

```
Bitmap myNewBitmap = Bitmap.createBitmap(myBitmap.getWidth(),
        myBitmap.getHeight(),Bitmap.Config.RGB_565);
Mat myMat = new Mat();
Utils.bitmapToMat(myBitmap,myMat);                        //将原始图像保存至 myMat
Mat myNewMat = myMat.clone();
//将图像转换为灰度图像
Imgproc.cvtColor(myMat,myNewMat,Imgproc.COLOR_BGR2GRAY);
//通过直方图均衡化提高灰度图的对比度
Imgproc.equalizeHist(myNewMat,myNewMat);
//将已经提高了对比度的灰度图写入 myNewBitmap
Utils.matToBitmap(myNewMat,myNewBitmap);
//在 ImageView 上显示提高了对比度的灰度图
myImageView.setImageBitmap(myNewBitmap);
}
```

上面这段代码在 MyCode＼MySampleK49＼app＼src＼main＼java＼com＼bin＼luo＼mysample＼MainActivity.java 文件中。关于 Imgproc 的 equalizeHist()方法的说明请参考实例126。

此实例的完整代码在 MyCode＼MySampleK49 文件夹中。

128　比较两幅图像的相似度

此实例主要通过使用 Imgproc 的 calcHist()方法和 Imgproc 的 compareHist()方法，以及 Core 的 normalize()方法，实现根据直方图数据比较两幅图像的相似度。当实例运行之后，单击"第一幅图像"按钮，显示第一幅图像，如图 128-1(a)所示。单击"第二幅图像"按钮，显示第二幅图像。单击"比较相似度"按钮，将在弹出的 Toast 中显示两幅图像的相似度值，如图 128-1(b)所示。

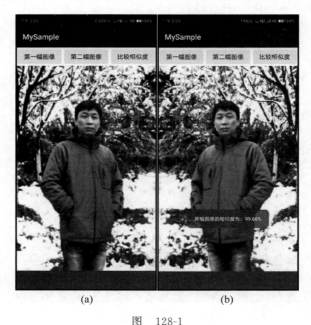

(a)　　　　　　　　(b)

图　128-1

主要代码如下：

```
public void onClickButton3(View v) {                        //响应单击"比较相似度"按钮
    //初始化 myMat1、myMat2,分别用于保存两幅图像
    Mat myMat1 = new Mat();
```

```
Mat myMat2 = new Mat();
Utils.bitmapToMat(myBitmap1,myMat1);
Utils.bitmapToMat(myBitmap2,myMat2);
//将原始图像转换为 HSV 格式
Imgproc.cvtColor(myMat1,myMat1,Imgproc.COLOR_RGB2HSV);
Imgproc.cvtColor(myMat2,myMat2,Imgproc.COLOR_RGB2HSV);
ArrayList < Mat > myMatList1 = new ArrayList();
myMatList1.add(myMat1);
ArrayList < Mat > myMatList2 = new ArrayList();
myMatList2.add(myMat2);
MatOfInt myChannel = new MatOfInt(0);
Mat myHist1 = new Mat();
Mat myHist2 = new Mat();
MatOfInt myHistSize = new MatOfInt(50);
MatOfFloat myRanges = new MatOfFloat(0,255);
//根据图像内容分别计算两幅图像的直方图数据
Imgproc.calcHist(myMatList1,myChannel,new Mat(),myHist1,myHistSize,myRanges);
Imgproc.calcHist(myMatList2,myChannel,new Mat(),myHist2,myHistSize,myRanges);
//对直方图数据进行归一化处理
Core.normalize(myHist1,myHist1,0,1,Core.NORM_MINMAX, - 1,new Mat());
Core.normalize(myHist2,myHist2,0,1,Core.NORM_MINMAX, - 1,new Mat());
//根据两幅图像的直方图数据进行比对,并计算相似度
double myResult = Imgproc.compareHist(myHist1,myHist2,0);
//使用 DecimalFormat 格式化相似度值
DecimalFormat myFormat = new DecimalFormat(".00 % ");
//使用 Toast 显示两幅图像的相似度值
Toast.makeText(this,"两幅图像的相似度为:"
                    + myFormat.format(myResult), Toast.LENGTH_SHORT).show();
}
```

上面这段代码在 MyCode \ MySampleL17 \ app \ src \ main \ java \ com \ bin \ luo \ mysample \ MainActivity. java 文件中。在这段代码中,Imgproc 的 calcHist()方法用于计算图像的直方图,该方法的语法声明如下:

```
static void calcHist(List < Mat > images, MatOfInt channels, Mat mask,
                    Mat hist, MatOfInt histSize, MatOfFloat ranges)
```

其中,参数 List < Mat > images 表示输入图像列表;参数 MatOfInt channels 表示计算直方图的通道列表;参数 Mat mask 表示掩码,在不为空的时候,该掩码类型必须为 8 位且与输入图像大小保持一致;参数 Mat hist 表示输出的直方图;参数 MatOfInt histSize 表示每一维直方图的大小;参数 MatOfFloat ranges 表示每一维直方图的取值范围。

Core 的 normalize()方法用于对直方图数据进行归一化处理,该方法的语法声明如下:

```
static void normalize(Mat src, Mat dst, double alpha, double beta,
                    int norm_type, int dtype, Mat mask)
```

其中,参数 Mat src 表示输入图像;参数 Mat dst 表示输出图像;参数 double alpha 表示 range normalization 模式的最小值;参数 double beta 表示 range normalization 模式的最大值;参数 int norm_type 表示归一化的类型,可以有以下取值:NORM_MINMAX、NORM_INF、NORM_L1、NORM_L2;当参数 int dtype 为负数时,输出图像类型与输入图像类型相同;否则,输出图像与输入图像只是通道数相同;参数 Mat mask 表示操作掩码。

Imgproc 的 compareHist()方法用于计算两个直方图的相似度,该方法的语法声明如下:

```
static double compareHist(Mat H1, Mat H2, int method)
```

其中,参数 Mat H1 表示第一个直方图;参数 Mat H2 表示第二个直方图;参数 int method 表示比较方式,包括 CV_COMP_CHISQR、CV_COMP_INTERSECT、CV_COMP_BHATTACHARYYA、CV_COMP_CORREL 等方式。

此实例的完整代码在 MyCode\MySampleL17 文件夹中。

129 按照权重值混合叠加两幅图像

此实例主要通过使用 Core 的 addWeighted()方法,实现对两幅图像按照一定的权重比例进行混合叠加显示。当实例运行之后,单击"第一幅图像"按钮,显示第一幅图像;单击"第二幅图像"按钮,显示第二幅图像;单击"叠加两幅图像"按钮,将按照指定的权重比例混合叠加显示第一幅图像和第二幅图像,效果如图 129-1(a)和图 129-1(b)所示。

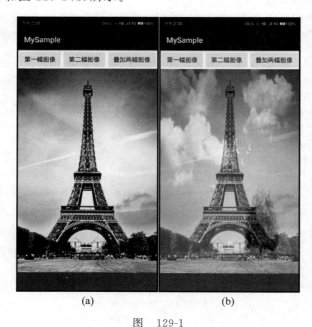

(a)   (b)

图　129-1

主要代码如下:

```
public void onClickButton3(View v) {                          //响应单击"叠加两幅图像"按钮
    //创建空 Bitmap,用于存放两幅图像混合叠加之后的图像
    Bitmap myMixedBitmap = Bitmap.createBitmap(myBitmap2.getWidth(),
                            myBitmap2.getHeight(),myBitmap2.getConfig());
    //用于存储指定图像的 Mat
    Mat myMat1 = new Mat();
    Mat myMat2 = new Mat();
    Mat myMixedMat = new Mat();
    //读取原始图像
    Utils.bitmapToMat(myBitmap1,myMat1);
    Utils.bitmapToMat(myBitmap2,myMat2);
    Utils.bitmapToMat(myMixedBitmap,myMixedMat);
    //按照指定权重混合叠加图像,并将结果写入 myMixedMat
    Core.addWeighted(myMat1,0.5f,myMat2,0.5f,0,myMixedMat);
    //将混合叠加图像写入 myMixedBitmap
```

```
    Utils.matToBitmap(myMixedMat,myMixedBitmap);
    //通过 ImageView 控件显示混合叠加图像
    myImageView.setImageBitmap(myMixedBitmap);
}
```

上面这段代码在 MyCode\MySampleK08\app\src\main\java\com\bin\luo\mysample\MainActivity.java 文件中。关于 Core 的 addWeighted()方法的说明请参考实例 070。

此实例的完整代码在 MyCode\MySampleK08 文件夹中。

130 以差值混合模式叠加两幅图像

此实例主要通过使用 Core 的 absdiff()方法,实现两幅图像以差值混合模式叠加显示。当实例运行之后,单击"第一幅图像"按钮,显示第一幅图像;单击"第二幅图像"按钮,显示第二幅图像;单击"差值叠加图像"按钮,第一幅图像和第二幅图像将以差值模式进行叠加混合,效果分别如图 130-1(a)和图 130-1(b)所示。

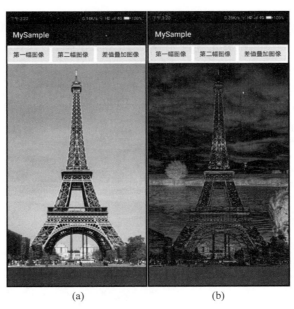

(a)　　　　　(b)

图　130-1

主要代码如下:

```
public void onClickButton3(View v) {              //响应单击"差值叠加图像"按钮
    Mat myMat1 = new Mat();
    Mat myMat2 = new Mat();
    Mat myNewMat = new Mat();
    //将两幅原始图像分别保存至 myMat1、myMat2
    Utils.bitmapToMat(myBitmap1,myMat1);
    Utils.bitmapToMat(myBitmap2,myMat2);
    //差值算法为:|A 图像像素值 - B 图像像素值|
    Core.absdiff(myMat1,myMat2,myNewMat);
    //创建空 Bitmap,用于保存差值混合图像
    Bitmap myNewBitmap = Bitmap.createBitmap(myBitmap1.getWidth(),
                        myBitmap1.getHeight(),Bitmap.Config.RGB_565);
    //将差值混合图像输出至 myNewBitmap
```

```
    Utils.matToBitmap(myNewMat,myNewBitmap);
    //通过 ImageView 控件显示差值混合图像
    myImageView.setImageBitmap(myNewBitmap);
}
```

上面这段代码在 MyCode\MySampleL71\app\src\main\java\com\bin\luo\mysample\MainActivity.java 文件中。在这段代码中,Core 的 absdiff()方法用于计算两幅图像对应点的像素值的差值(绝对值),该方法的语法声明如下:

```
static void absdiff(Mat src1, Mat src2, Mat dst)
```

其中,参数 Mat src1 表示第一幅输入图像;参数 Mat src2 表示第二幅输入图像;参数 Mat dst 表示两幅输入图像对应点的像素值的差值(绝对值),即输出图像。

此实例的完整代码在 MyCode\MySampleL71 文件夹中。

131 以点光算法叠加两幅图像

此实例主要通过使用 Mat 的 put()方法和 Mat 的 get()方法,根据点光(该算法根据混合色替换像素,具体取决于混合色的亮度;如果混合色光源比 50%灰色亮,替换比混合色暗的像素,而不改变比混合色亮的像素;如果混合色比 50%灰色暗,替换比混合色亮的像素,而不改变比混合色暗的像素,详情请参考 Photoshop)算法重置像素,实现叠加两幅图像。当实例运行之后,单击"第一幅图像"按钮,显示第一幅图像;单击"第二幅图像"按钮,显示第二幅图像;单击"点光叠加图像"按钮,第一幅图像和第二幅图像将以点光模式混合叠加,效果如图 131-1(a)和图 131-1(b)所示。

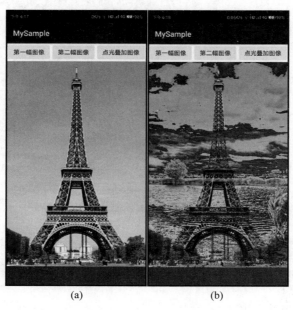

(a)   (b)

图   131-1

主要代码如下:

```
public void onClickButton3(View v) {                    //响应单击"点光叠加图像"按钮
    Mat myMat1 = new Mat();
    Mat myMat2 = new Mat();
    Mat myNewMat = new Mat();
```

```
//将两幅原始图像分别保存至 myMat1、myMat2
Utils.bitmapToMat(myBitmap1,myMat1);
Utils.bitmapToMat(myBitmap2,myMat2);
myMat1.copyTo(myNewMat);
for(int i = 0;i < myMat1.width();i ++){
 for(int j = 0;j < myMat1.height();j ++){
  double[] myPixels1 = myMat1.get(j,i);
  double[] myPixels2 = myMat2.get(j,i);
  double[] myNewPixels = new double[myPixels1.length];
  for(int k = 0;k < myPixels1.length;k ++){
   //分别对第一幅和第二幅图像的像素值进行判断,并根据点光混合算法动态设置新图像的像素值
   if(myPixels2[k]<= 128){
    if(myPixels1[k]> myPixels2[k] * 2){
     myNewPixels[k] = myPixels2[k] * 2;
    }else{
     myNewPixels[k] = myPixels1[k];
    }
   }else{
    if(myPixels1[k]> myPixels2[k] * 2 - 255){
     myNewPixels[k] = myPixels2[k] * 2 - 255;
    }else{
     myNewPixels[k] = myPixels1[k];
    }
   }
  }
  myNewMat.put(j,i,myNewPixels);
 }
}
//创建空 Bitmap,用于保存点光图像
Bitmap myNewBitmap = Bitmap.createBitmap(myNewMat.width(),
                                        myNewMat.height(),Bitmap.Config.RGB_565);
//将点光图像输出至 myNewBitmap
Utils.matToBitmap(myNewMat,myNewBitmap);
//通过 ImageView 控件显示点光图像
myImageView.setImageBitmap(myNewBitmap);
}
```

上面这段代码在 MyCode \ MySampleL88 \ app \ src \ main \ java \ com \ bin \ luo \ mysample \ MainActivity.java 文件中。

此实例的完整代码在 MyCode\MySampleL88 文件夹中。

132 自定义摄像头的预览画面

此实例主要通过使用 org.opencv.android.JavaCameraView 控件捕获摄像头预览画面,并使用 gray()方法自定义摄像头画面以灰度风格显示,或者使用 rgba()方法自定义摄像头画面以正常的彩色风格显示。当实例运行之后,单击"正常画面"按钮,摄像头预览画面的彩色效果如图 132-1(a)所示。单击"灰度画面"按钮,摄像头预览画面的灰度效果如图 132-1(b)所示。

主要代码如下:

```
public class MainActivity extends Activity {
 CameraBridgeViewBase myCameraView;
 boolean isGray = false;
```

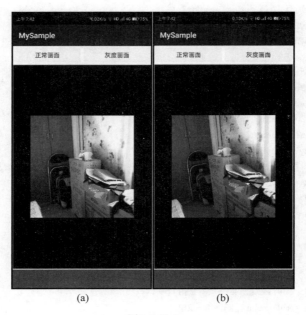

(a)   (b)

图　132-1

```
static { System.loadLibrary("opencv_java3"); }              //加载 OpenCV 库
@Override
protected void onCreate(Bundle savedInstanceState) {
 super.onCreate(savedInstanceState);
 setContentView(R.layout.activity_main);
 myCameraView = (CameraBridgeViewBase) findViewById(R.id.myCameraView);
 //为 JavaCameraView 控件设置回调监听
 myCameraView.setCvCameraViewListener(
         new CameraBridgeViewBase.CvCameraViewListener2(){
           @Override
           public void onCameraViewStarted(int width,int height){}
           @Override
           public void onCameraViewStopped(){}
           @Override
           public Mat onCameraFrame(
                   CameraBridgeViewBase.CvCameraViewFrame inputFrame){
             Mat myMat;
             if(isGray){
              //获取当前帧画面,并将该灰度画面写入 myMat
              myMat = inputFrame.gray();
             }else{
              //获取当前帧画面,并将该彩色画面写入 myMat
              myMat = inputFrame.rgba();
             }
             Mat myRotateMat = Imgproc.getRotationMatrix2D(
                     new Point(myMat.width()/2.0,myMat.height()/2.0),-90,1);
             //根据 myMat 对帧画面旋转 90 度
             Imgproc.warpAffine(myMat,myMat,myRotateMat,
                                 myMat.size(),Imgproc.INTER_NEAREST);
             return myMat;
           } });
     requestPermissions(new String[]{android.Manifest.permission.CAMERA}, 1);
 }
```

```
public void onClickButton1(View v) {                           //响应单击"正常画面"按钮
  isGray = false;
}
public void onClickButton2(View v) {                           //响应单击"灰度画面"按钮
  isGray = true;
}
@Override
//在 Android 6.0 及以上版本中,需要通过此方式动态申请摄像头权限
public void onRequestPermissionsResult(int requestCode,
                                  String[] permissions, int[] grantResults) {
  if (grantResults.length > 0 &&
                  grantResults[0] == PackageManager.PERMISSION_GRANTED) {
    myCameraView.setVisibility(View.VISIBLE);
    myCameraView.enableView();
} } }
```

上面这段代码在 MyCode\MySampleK87\app\src\main\java\com\bin\luo\mysample\MainActivity.java 文件中。此外,操作摄像头需要在 AndroidManifest.xml 文件中添加< uses-permission android:name= "android.permission.CAMERA"/>权限。

此实例的完整代码在 MyCode\MySampleK87 文件夹中。

133 使用摄像头拍摄照片

此实例主要通过使用 org.opencv.android.JavaCameraView 控件和 Imgcodecs 的 imwrite()方法,实现使用手机摄像头拍摄照片。当实例运行之后,单击"预览画面"按钮,自动捕获摄像头的预览画面;单击"开始拍照"按钮,将当前预览画面保存为照片文件,如图 133-1(a)所示。然后即可在手机存储卡的根文件夹中找到该照片文件,即"myPhoto.jpg",如图 133-1(b)所示。

(a)   (b)

图 133-1

主要代码如下:

```
public class MainActivity extends Activity {
```

```
CameraBridgeViewBase myCameraView;
Mat myMat;
static { System.loadLibrary("opencv_java3");}                    //加载 OpenCV 库
@Override
protected void onCreate(Bundle savedInstanceState) {
 super.onCreate(savedInstanceState);
 setContentView(R.layout.activity_main);
 myCameraView = (CameraBridgeViewBase) findViewById(R.id.myCameraView);
 //为 JavaCameraView 控件设置回调监听
 myCameraView.setCvCameraViewListener(
        new CameraBridgeViewBase.CvCameraViewListener2() {
          @Override
          public void onCameraViewStarted(int width, int height) { }
          @Override
          public void onCameraViewStopped() { }
          @Override
          public Mat onCameraFrame(
                  CameraBridgeViewBase.CvCameraViewFrame inputFrame) {
           myMat = inputFrame.rgba();
           Mat myRotateMat = Imgproc.getRotationMatrix2D(
            new Point(myMat.width() / 2.0, myMat.height() / 2.0), - 90, 1);
           //根据 myMat 对帧画面旋转 90 度
           Imgproc.warpAffine(myMat, myMat, myRotateMat,
                      myMat.size(), Imgproc.INTER_NEAREST);
           return myMat;
          }
        });
}
public void onClickButton1(View v) {                          //响应单击"预览画面"按钮
  requestPermissions(new String[]{android.Manifest.permission.CAMERA}, 1);
}
public void onClickButton2(View v) {                          //响应单击"开始拍照"按钮
  requestPermissions
    (new String[]{android.Manifest.permission.WRITE_EXTERNAL_STORAGE}, 1);
}
@Override
//在 Android 6.0 及以上版本中,需要通过此方式动态申请权限
public void onRequestPermissionsResult(int requestCode,
                        String[] permissions, int[] grantResults) {
  if (grantResults.length > 0 &&
              grantResults[0] == PackageManager.PERMISSION_GRANTED) {
   if(permissions[0].equals(Manifest.permission.CAMERA)){
    myCameraView.setVisibility(View.VISIBLE);
    myCameraView.enableView();
   }else if (permissions[0].equals(
                android.Manifest.permission.WRITE_EXTERNAL_STORAGE)){
    //对预览画面进行颜色转换操作
    Imgproc.cvtColor(myMat,myMat,Imgproc.COLOR_RGB2BGR);
    //保存照片至手机存储卡根文件夹
    boolean bSuccess = Imgcodecs.imwrite(
       Environment.getExternalStorageDirectory() + "/myPhoto.jpg",myMat);
    myCameraView.disableView();                            //停止预览
    if(bSuccess){
     Toast.makeText(this, "拍照成功!", Toast.LENGTH_SHORT).show();
```

```
  }else{
    Toast.makeText(this, "拍照失败!", Toast.LENGTH_SHORT).show();
  } } } } }
```

上面这段代码在 MyCode \ MySampleK88 \ app \ src \ main \ java \ com \ bin \ luo \ mysample \ MainActivity. java 文件中。此外,操作手机摄像头和在存储卡上写入文件需要在 AndroidManifest. xml 文件中添加< uses-permission android:name＝"android. permission. CAMERA"/>权限和< uses-permission android:name＝"android. permission. WRITE_EXTERNAL _STORAGE"/>权限。

此实例的完整代码在 MyCode\MySampleK88 文件夹中。

134　读取手机存储卡上的图像文件

此实例主要通过使用 Imgcodecs 的 imread()方法,实现根据图像文件的路径信息显示在手机存储卡上的本地图像文件。当实例运行之后,单击"选择图像文件并显示"按钮,将弹出图像文件选择窗口,如图 134-1(a)所示;在图像文件选择窗口中任意选择一个图像文件,将显示在该文件中的图像,如图 134-1(b)所示。

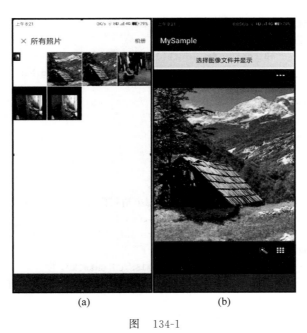

　　　　　(a)　　　　　　　　　　　　(b)

图　　134-1

主要代码如下:

```
public class MainActivity extends Activity {
  ImageView myImageView;
  Bitmap myBitmap;
  static { System.loadLibrary("opencv_java3"); }              //加载 OpenCV 库
  @Override
  protected void onCreate(Bundle savedInstanceState) {
    super.onCreate(savedInstanceState);
    setContentView(R.layout.activity_main);
    myImageView = (ImageView) findViewById(R.id.myImageView);
    myBitmap = BitmapFactory.decodeResource(getResources(), R.mipmap.myimage1);
  }
  public void onClickButton1(View v) {                        //响应单击"选择图像文件并显示"按钮
```

```
        requestPermissions(
                    new String[]{Manifest.permission.READ_EXTERNAL_STORAGE},1);
}
@Override
protected void onActivityResult(int requestCode, int resultCode, Intent data) {
 Uri myImageUri = data.getData();
 //通过查询数据库获取图像文件路径信息
 Cursor myCursor = getContentResolver().query(myImageUri,
        new String[]{MediaStore.Images.ImageColumns.DATA}, null, null, null);
 myCursor.moveToFirst();
 //获取列索引值
 int myIndex = myCursor.getColumnIndex(MediaStore.Images.ImageColumns.DATA);
 //获取路径信息
 String myPath = myCursor.getString(myIndex);
 myCursor.close();
 if (myPath != null) {
  //根据图像文件路径加载图像
  Mat myMat = Imgcodecs.imread(myPath);
  //对图像进行颜色转换
  Imgproc.cvtColor(myMat, myMat, Imgproc.COLOR_RGBA2BGR);
  //创建空 Bitmap,用于保存图像
  myBitmap = Bitmap.createBitmap(myMat.width(),
                                    myMat.height(), Bitmap.Config.RGB_565);
  //将图像输出至 myBitmap
  Utils.matToBitmap(myMat, myBitmap);
  //通过 ImageView 控件显示图像
  myImageView.setImageBitmap(myBitmap);
 }
}
@Override
//在 Android 6.0 及以上版本中,需要通过此方式动态申请权限
public void onRequestPermissionsResult(int requestCode,
                        String[] permissions, int[] grantResults) {
 if (grantResults.length > 0 &&
         grantResults[0] == PackageManager.PERMISSION_GRANTED) {
  if (permissions[0].equals(Manifest.permission.READ_EXTERNAL_STORAGE)) {
   //通过 Intent 选择本地图像文件
   Intent myIntent = new Intent(Intent.ACTION_PICK);
   myIntent.setType("image/#");
   startActivityForResult(myIntent, 0);
}}}}
```

上面这段代码在 MyCode\MySampleK83\app\src\main\java\com\bin\luo\mysample\MainActivity.java 文件中。在这段代码中,Imgcodecs 的 imread()方法用于根据文件路径信息解析图像文件,该方法的语法声明如下:

```
static Mat imread(String filename)
```

其中,参数 String filename 表示文件存储路径。该方法的返回值即为图像。

此外,读取手机存储卡的图像文件需要在 AndroidManifest.xml 文件中添加< uses-permission android:name="android. permission. READ_EXTERNAL_STORAGE"/>权限。

此实例的完整代码在 MyCode\MySampleK83 文件夹中。

135 将图像保存到手机存储卡上

此实例主要通过使用 Imgcodecs 的 imwrite()方法,实现将正在显示的图像保存到手机存储卡上。当实例运行之后,在"图像网址:"输入框中输入 https://p1.ssl.qhmsg.com /dr/270_500_/t016cddf32d8969796e.jpg,再单击"加载网络图像"按钮,将显示该链接指向的爱因斯坦图像;单击"保存图像至手机"按钮,将把该图像保存到手机存储卡的根文件夹中,如图 135-1(a)所示。然后,即可在手机存储卡的根文件夹中找到该图像文件,即 myOpenCVImage.jpg,如图 135-1(b)所示。

(a)   (b)

图   135-1

主要代码如下:

```
public void onClickButton1(View v) {                        //响应单击"加载网络图像"按钮
  EditText myEditUrl = (EditText)findViewById(R.id.myEditUrl);
  //获取网络图像的 URL 地址
  final String myImageUrl = myEditUrl.getText().toString();
  new Thread(){                                             //异步加载网络图像
   @Override
   public void run(){
    try {
     URL myImageURL = new URL(myImageUrl);
     //根据网络图像 URL 地址获取对应的输入流
     InputStream myImageStream = myImageURL.openStream();
     //通过输入流获取图像内容
     final Bitmap myBitmap = BitmapFactory.decodeStream(myImageStream);
     runOnUiThread(new Runnable(){
      @Override
      public void run(){
       //通过 ImageView 控件显示网络图像
       myImageView.setImageBitmap(myBitmap);
      }
     });
```

```
    }catch(Exception e){ e.printStackTrace(); } } }.start();
  }
  public void onClickButton2(View v) {                         //响应单击"保存图像至手机"按钮
    Mat myMat = new Mat();
    //获取 ImageView 控件的图像,并转换为 Bitmap
    Bitmap myBitmap = ((BitmapDrawable)myImageView.getDrawable()).getBitmap();
    //将 myBitmap 写入 Mat
    Utils.bitmapToMat(myBitmap,myMat);
    //对图像进行颜色转换操作
    Imgproc.cvtColor(myMat,myMat,Imgproc.COLOR_RGB2BGR);
    //保存图像至手机存储卡根目录
    boolean bSuccess = Imgcodecs.imwrite(
      Environment.getExternalStorageDirectory() + "/myOpenCVImage.jpg",myMat);
    if(bSuccess){
     Toast.makeText(this, "图像保存成功!", Toast.LENGTH_SHORT).show();
    }else{
     Toast.makeText(this, "图像保存失败!", Toast.LENGTH_SHORT).show();
    }
  }
```

上面这段代码在 MyCode\MySampleK84\app\src\main\java\com\bin\luo\mysample\MainActivity.java 文件中。在这段代码中,Imgcodec 的 imwrite()方法用于将图像保存到手机存储卡上,该方法的语法声明如下:

```
static boolean imwrite(String filename, Mat img)
```

其中,参数 String filename 表示图像文件名称。参数 Mat img 表示图像。

此外,在手机存储卡写入图像文件和访问网络需要在 AndroidManifest.xml 文件中添加< uses-permission android：name = " android.permission. WRITE _ EXTERNAL _ STORAGE "/> 权限 和< uses-permission android:name= "android.permission.INTERNET"/>权限。

此实例的完整代码在 MyCode\MySampleK84 文件夹中。

3

第三章

OpenGL实例

136 在场景中绘制五角星

此实例主要通过使用 GLSurfaceView 控件加载自定义 OpenGL 渲染器 Renderer，并在该 Renderer 中设置 glDrawArrays()方法的参数值为 GL10. GL_LINE_LOOP，实现在场景中绘制五角星。OpenGL(Open Graphics Library)是用于渲染 2D、3D 矢量图形的跨语言、跨平台的应用程序编程接口(API)，它由数百个不同的函数调用组成，用来呈现复杂的三维景象。

当该实例运行之后，单击"绘制五角星"按钮，在场景中绘制的五角星效果分别如图 136-1(a)和图 136-1(b)所示。在 Android 中，通常使用 android. opengl. GLSurfaceView 控件承载 OpenGL 的内容。

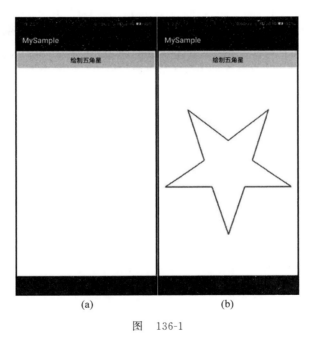

(a)   (b)

图   136-1

主要代码如下：

```
<?xml version = "1.0" encoding = "UTF - 8"?>
< LinearLayout xmlns:android = "http://schemas. android.com/apk/res/android"
    xmlns:tools = "http://schemas. android.com/tools"
```

```xml
        android:id = "@ + id/activity_main"
        android:layout_width = "match_parent"
        android:layout_height = "match_parent"
        android:orientation = "vertical"
        tools:context = "com.bin.luo.mysample.MainActivity">
    <LinearLayout
        android:layout_width = "match_parent"
        android:layout_height = "wrap_content"
        android:orientation = "horizontal">
        <Button
            android:layout_width = "match_parent"
            android:layout_height = "wrap_content"
            android:layout_weight = "1"
            android:onClick = "onClickButton1"
            android:text = "绘制五角星"
            android:textAllCaps = "false"
            android:textSize = "16dp" />
    </LinearLayout>
    <android.opengl.GLSurfaceView
        android:id = "@ + id/myGLSurfaceView"
        android:layout_width = "match_parent"
        android:layout_height = "match_parent" />
</LinearLayout>
```

上面这段代码在 MyCode\MySampleO61\app\src\main\res\layout\activity_main.xml 文件中。在 Android 中，GLSurfaceView 控件继承自 SurfaceView，该控件实现了 SurfaceHolder.Callback2 接口，拥有 SurfaceView 的全部特性，也有 View 所有的功能和属性，特别是处理事件的功能，它主要是在 SurfaceView 的基础上加入了 EGL 的管理，并自带了一个 GLThread 绘制线程（EGLContext 创建 GL 环境所在线程即为 GLThread），绘制的工作直接通过 OpenGL 在绘制线程中进行，不会阻塞主线程，绘制的结果输出到 SurfaceView 所提供的 Surface 上，这使得 GLSurfaceView 也拥有了 OpenGL ES 所提供的图形处理功能，通过它定义的 Render 接口，使更改具体的 Render 的行为非常灵活，只需要将实现了渲染功能的 Renderer 的实现类设置给 GLSurfaceView 即可，如下面的代码所示：

```java
public class MainActivity extends Activity {
    MyRenderer myRenderer;
    GLSurfaceView myGLSurfaceView;
    @Override
    protected void onCreate(Bundle savedInstanceState) {
        super.onCreate(savedInstanceState);
        setContentView(R.layout.activity_main);
        myGLSurfaceView = (GLSurfaceView) findViewById(R.id.myGLSurfaceView);
        myRenderer = new MyRenderer();
        myGLSurfaceView.setRenderer(myRenderer);
    }
    public void onClickButton1(View v) {                    //响应单击"绘制五角星"按钮
        float[] myVerticesCoord = new float[]{
                0.5f, 0f, 0.0f,
                0.63f, 0.38f, 0.0f,
                1, 0.38f, 0.0f,
                0.69f, 0.59f, 0.0f,
                0.82f, 1f, 0.0f,
                0.5f, 0.75f, 0.0f,
                0.18f, 1f, 0.0f,
```

```
        0.31f, 0.59f, 0.0f,
        0, 0.38f, 0.0f,
        0.37f, 0.38f, 0.0f};
    myRenderer.resetVerticesCoord(myVerticesCoord);
    }
}
```

上面这段代码在 MyCode\MySampleO61\app\src\main\java\com\bin\luo\mysample\MainActivity.java 文件中。在上面这段代码中,MyRenderer 类即是一个自定义的 OpenGL 渲染器,所有的绘制工作均在此类中实现。MyRenderer 类的主要代码如下:

```
public class MyRenderer implements GLSurfaceView.Renderer{
 float myVerticesCoord[] = {};
 FloatBuffer myVerticesBuffer;
 public MyRenderer(){resetVerticesCoord(myVerticesCoord);}
 //重新设置顶点坐标,并初始化对应的缓冲区
 public void resetVerticesCoord(float[] verticesCoord){
  myVerticesCoord = verticesCoord;
  myVerticesBuffer = ByteBuffer.allocateDirect(myVerticesCoord.length * 4)
        .order(ByteOrder.nativeOrder())
        .asFloatBuffer();
  myVerticesBuffer.put(myVerticesCoord);
  myVerticesBuffer.position(0);
 }
 @Override
 public void onSurfaceCreated(GL10 gl, EGLConfig config){ }
 @Override
 public void onSurfaceChanged(GL10 gl, int width, int height){
  gl.glViewport(0,0,width,height);
  gl.glMatrixMode(GL10.GL_PROJECTION);
  gl.glLoadIdentity();
  GLU.gluPerspective(gl,45.0f,(float)width/(float)height,0.1f,100.0f);
  gl.glMatrixMode(GL10.GL_MODELVIEW);
 }
 @Override
 public void onDrawFrame(GL10 gl){
  //设置场景背景为白色
  gl.glClearColor(1.0f,1.0f,1.0f,1.0f);
  //清除颜色和深度缓存
  gl.glClear(GL10.GL_COLOR_BUFFER_BIT|GL10.GL_DEPTH_BUFFER_BIT);
  gl.glLoadIdentity();
  gl.glTranslatef( - 0.5f, - 0.5f, - 2);              //将图形平移到指定位置
  gl.glEnableClientState(GL10.GL_VERTEX_ARRAY);
  gl.glVertexPointer(3,GL10.GL_FLOAT,0,myVerticesBuffer);
  gl.glLineWidth(8f);                                //设置线条宽度
  gl.glColor4f(1.0f,0.0f,0.0f,1.0f);                 //设置线条颜色
  //根据顶点坐标绘制封闭图形(五角星)
  gl.glDrawArrays(GL10.GL_LINE_LOOP,0,myVerticesCoord.length/3);
 }
}
```

上面这段代码在 MyCode\MySampleO61\app\src\main\java\com\bin\luo\mysample\MyRenderer.java 文件中。在这段代码中 gl.glDrawArrays(GL10.GL_LINE_LOOP,0,myVerticesCoord.length/3)用于绘制封闭图形(五角星),glDrawArrays()方法的语法声明如下:

```
void glDrawArrays(int mode, int first, int count)
```

其中,参数 int mode 表示绘制模式,OpenGL 2.0 及其后续版本提供以下参数值:GL_LINE_LOOP、GL_LINE_STRIP、GL_TRIANGLES、GL_TRIANGLE_STRIP、GL_TRIANGLE_FAN、GL_POINTS、GL_LINES;参数 int first 设置从数组缓存中的哪个位置开始绘制,一般为 0;参数 int count 表示在数组中顶点的数量。

此实例的完整代码在 MyCode\MySample061 文件夹中。

137 在场景中绘制圆柱体

此实例主要通过使用 GLSurfaceView 控件加载自定义 OpenGL 渲染器 Renderer,并在该 Renderer 中设置 glDrawArrays()方法的参数值为 GL_TRIANGLE_STRIP,实现在场景上绘制圆柱体。当实例运行之后,使用手指在屏幕上任意滑动,即可从不同角度观察绘制的圆柱体,效果分别如图 137-1(a)和图 137-1(b)所示。

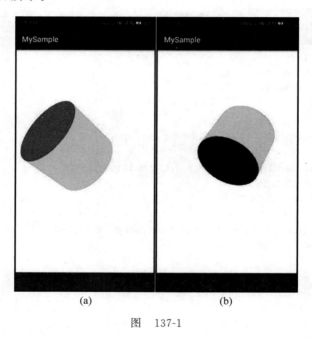

(a)   (b)

图   137-1

主要代码如下:

```
public class MainActivity extends Activity {
  MyRenderer myRenderer;
  GLSurfaceView myGLSurfaceView;
  float myLastX, myLastY;                    //用于记录上一次触摸点坐标
  @Override
  protected void onCreate(Bundle savedInstanceState) {
    super.onCreate(savedInstanceState);
    setContentView(R.layout.activity_main);
    myGLSurfaceView = (GLSurfaceView) findViewById(R.id.myGLSurfaceView);
    myRenderer = new MyRenderer();
    myGLSurfaceView.setRenderer(myRenderer);
    myGLSurfaceView.setOnTouchListener(new View.OnTouchListener() {
      @Override
```

```
public boolean onTouch(View v, MotionEvent event) {
  if(event.getAction() == MotionEvent.ACTION_MOVE){
    //获取当前触摸点坐标
    float myX = event.getX();
    float myY = event.getY();
    //计算坐标变化量
    float myDeltaX = myX - myLastX;
    float myDeltaY = myY - myLastY;
    //根据坐标变化值设置旋转角度
    myRenderer.myRotationX += myDeltaX * 0.5f;
    myRenderer.myRotationY += myDeltaY * 0.5f;
    //记录当前触摸点位置,并拦截默认触摸事件
    myLastX = myX;
    myLastY = myY;
  }
  return true;
  }
  });
 }
}
```

上面这段代码在 MyCode \ MySampleO85 \ app \ src \ main \ java \ com \ bin \ luo \ mysample \ MainActivity.java 文件中。在这段代码中,MotionEvent.ACTION_MOVE 表示手指在 GLSurfaceView 控件上移动,在此可以根据手指的变化从不同的角度观察圆柱体。绘制圆柱体的工作在 MyRenderer 类中完成,代码如下面所示:

```
public void onDrawFrame(GL10 gl){
  gl.glClearColor(1.0f,1.0f,1.0f,1.0f);
  gl.glClear(GL10.GL_COLOR_BUFFER_BIT|GL10.GL_DEPTH_BUFFER_BIT);
  gl.glLoadIdentity();
  gl.glTranslatef(0,0,-5);
  gl.glRotatef(myRotationX,1,0,0);
  gl.glRotatef(myRotationY,0,1,0);
  gl.glEnableClientState(GL10.GL_VERTEX_ARRAY);
  //设置圆柱体顶面填充色(红色)
  gl.glColor4f(1,0,0,1);
  //传入圆柱体顶面顶点坐标
  gl.glVertexPointer(3,GL10.GL_FLOAT,0,myTopCircleCoordsBuffer);
  //绘制圆柱体顶面
  gl.glDrawArrays(GL10.GL_TRIANGLE_STRIP,0,myTopCircleCoords.length/3);
  //设置圆柱体柱面填充色(绿色)
  gl.glColor4f(0,1,0,1);
  //传入圆柱体柱面顶点坐标
  gl.glVertexPointer(3,GL10.GL_FLOAT,0, myCylinderCoordsBuffer);
  //绘制圆柱体柱面
  gl.glDrawArrays(GL10.GL_TRIANGLE_STRIP,0, myCylinderCoords.length/3);
  //设置圆柱体底面填充色(蓝色)
  gl.glColor4f(0,0,1,1);
  //传入圆柱体底面顶点坐标
  gl.glVertexPointer(3,GL10.GL_FLOAT,0,myBottomCircleCoordsBuffer);
  //绘制圆柱体底面
  gl.glDrawArrays(GL10.GL_TRIANGLE_STRIP,0,myBottomCircleCoords.length/3);
  }
```

上面这段代码在 MyCode\MySampleO85\app\src\main\java\com\bin\luo\mysample\MyRenderer.java 文件中。关于 glDrawArrays()方法的说明请参考实例 136。

关于 MyRenderer 类和 MainActivity 类的其他内容请参考此实例的对应源代码。此实例的完整代码在 MyCode\MySampleO85 文件夹中。

138　在场景中绘制圆锥体

此实例主要通过使用 GLSurfaceView 控件加载自定义 OpenGL 渲染器 Renderer，并在该 Renderer 中设置 glDrawArrays()方法的参数值为 GL_TRIANGLE_STRIP，实现在场景中绘制圆锥体。当实例运行之后，使用手指在屏幕上任意滑动，即可从不同角度观察绘制的圆锥体，效果分别如图 138-1(a)和图 138-1(b)所示。

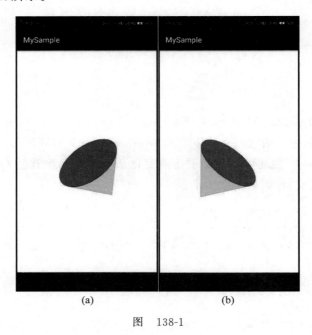

(a)　　　　　　(b)

图　　138-1

主要代码如下：

```
public void onDrawFrame(GL10 gl){
    gl.glClearColor(1.0f,1.0f,1.0f,1.0f);
    gl.glClear(GL10.GL_COLOR_BUFFER_BIT|GL10.GL_DEPTH_BUFFER_BIT);
    gl.glLoadIdentity();
    gl.glTranslatef(0,0,-5);
    gl.glRotatef(myRotationX,1,0,0);
    gl.glRotatef(myRotationY,0,1,0);
    gl.glEnableClientState(GL10.GL_VERTEX_ARRAY);
    //设置圆锥体底面填充色(红色)
    gl.glColor4f(1,0,0,1);
    //传入圆锥体底面顶点坐标
    gl.glVertexPointer(3,GL10.GL_FLOAT,0,myCircleCoordsBuffer);
    //绘制圆锥体底面
    gl.glDrawArrays(GL10.GL_TRIANGLE_STRIP,0,myCircleCoords.length/3);
    //设置圆锥体锥面填充色(绿色)
    gl.glColor4f(0,1,0,1);
    //传入圆锥体锥面顶点坐标
```

```
gl.glVertexPointer(3,GL10.GL_FLOAT,0, myConeCoordsBuffer);
//绘制圆锥体锥面
gl.glDrawArrays(GL10.GL_TRIANGLE_STRIP,0, myConeCoords.length/3);
}
```

上面这段代码在 MyCode\MySampleO86\app\src\main\java\com\bin\luo\mysample\MyRenderer.java 文件中。

关于 MyRenderer 类和 MainActivity 类的其他内容请参考此实例的对应源代码。此实例的完整代码在 MyCode\MySampleO86 文件夹中。

139 在场景中绘制三棱柱

此实例主要通过使用 GLSurfaceView 控件加载自定义 OpenGL 渲染器 Renderer，并在该 Renderer 中使用 glDrawElements()方法，实现在场景中绘制三棱柱。当实例运行之后，使用手指在屏幕上滑动，即可从不同角度观察绘制的三棱柱，效果分别如图 139-1(a)和图 139-1(b)所示。

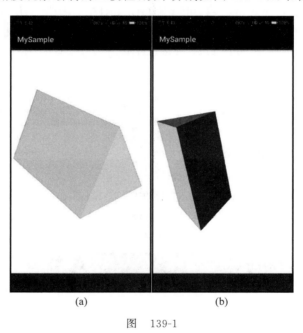

(a)   (b)

图　139-1

主要代码如下：

```
public void onDrawFrame(GL10 gl){
    gl.glClearColor(1.0f,1.0f,1.0f,1.0f);
    gl.glClear(GL10.GL_COLOR_BUFFER_BIT|GL10.GL_DEPTH_BUFFER_BIT);
    gl.glLoadIdentity();
    gl.glTranslatef(-0.75f,0.75f,-5);
    gl.glRotatef(myRotationX,1,0,0);
    gl.glRotatef(myRotationY,0,1,0);
    gl.glScalef(myScale,myScale,1);
    gl.glEnableClientState(GL10.GL_VERTEX_ARRAY);
    gl.glVertexPointer(3,GL10.GL_FLOAT,0,myVerticesBuffer);
    for(int i=0;i<8;i++){
    //设置各个表面的填充颜色
    gl.glColor4f(myColorsCoord[i*4],myColorsCoord[i*4+1],
```

```
                                   myColorsCoord[i * 4 + 2], myColorsCoord[i * 4 + 3]);
    //重置索引坐标值
    myIndicesBuffer.put(myIndicesCoord, i * 3, 3);
    myIndicesBuffer.position(0);
    //根据索引值绘制由指定顶点形成的三棱柱表面
    gl.glDrawElements(GL10.GL_TRIANGLES, myIndicesCoord.length,
                            GL10.GL_UNSIGNED_SHORT, myIndicesBuffer);
    }
}
```

上面这段代码在 MyCode\MySampleO83\app\src\main\java\com\bin\luo\mysample\MyRenderer.java 文件中。在这段代码中，gl.glDrawElements（GL10.GL_TRIANGLES，myIndicesCoord.length，GL10.GL_UNSIGNED_SHORT，myIndicesBuffer)用于根据指定的参数绘制三棱柱表面，glDrawElements()方法的语法声明如下：

    void glDrawElements(int mode, int count, int type, java.nio.Buffer indices)

其中，参数 int mode 表示绘制模式，该参数可以为 GL_TRIANGLES、GL_TRIANGLE_STRIP、GL_POLYGON、GL_LINE_STRIP 等；参数 int count 表示组成几何图形的元素个数，一般是顶点的个数；参数 int type 表示 indices 数组的数据类型，如果是索引，一般为整型；参数 java.nio.Buffer indices 表示索引数组。

关于 MyRenderer 类和 MainActivity 类的其他内容请参考此实例的对应源代码。此实例的完整代码在 MyCode\MySampleO83 文件夹中。

140 在场景中绘制三棱锥

此实例主要通过使用 GLSurfaceView 控件加载自定义 OpenGL 渲染器 Renderer，并在该 Renderer 中使用 glDrawElements()方法，实现在场景上绘制三棱锥。当实例运行之后，使用手指任意在屏幕上滑动，即可从不同角度观察绘制的三棱锥，效果分别如图 140-1(a)和图 140-1(b)所示。

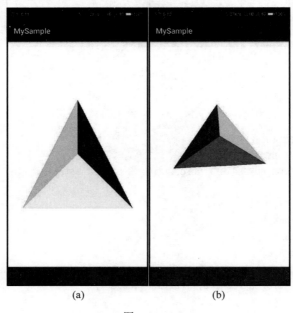

(a)   (b)

图   140-1

主要代码如下：

```
public void onDrawFrame(GL10 gl){
    gl.glClearColor(1.0f,1.0f,1.0f,1.0f);
    gl.glClear(GL10.GL_COLOR_BUFFER_BIT|GL10.GL_DEPTH_BUFFER_BIT);
    gl.glLoadIdentity();
    gl.glTranslatef(0,0,-5);
    gl.glRotatef(myRotationX,1,0,0);
    gl.glRotatef(myRotationY,0,1,0);
    gl.glEnableClientState(GL10.GL_VERTEX_ARRAY);
    gl.glVertexPointer(3,GL10.GL_FLOAT,0,myVerticesBuffer);
    for(int i=0;i<4;i++){
    //设置各个表面的颜色
    gl.glColor4f(myColorsCoord[i*4],myColorsCoord[i*4+1],
                        myColorsCoord[i*4+2],myColorsCoord[i*4+3]);
    //重置索引坐标值
    myIndicesBuffer.put(myIndicesCoord,i*3,3);
    myIndicesBuffer.position(0);
    //根据索引值绘制由指定顶点形成的表面
    gl.glDrawElements(GL10.GL_TRIANGLES,myIndicesCoord.length,
                        GL10.GL_UNSIGNED_SHORT,myIndicesBuffer);
    }
}
```

上面这段代码在 MyCode\MySampleO84\app\src\main\java\com\bin\luo\mysample\MyRenderer.java 文件中。关于 glDrawElements()方法的说明请参考实例 139。

关于 MyRenderer 类和 MainActivity 类的其他内容请参考此实例的对应源代码。此实例的完整代码在 MyCode\MySampleO84 文件夹中。

141 在场景中绘制随机噪点

此实例主要通过使用 GLSurfaceView 控件加载自定义 OpenGL 渲染器 Renderer，并在该 Renderer 中使用 Math.random()、gl.glDrawArrays()等方法，实现在场景上绘制随机噪点。当实例运行之后，单击"绘制随机噪点"按钮，生成的随机噪点的效果如图 141-1(a)所示。再次单击"绘制随机噪点"按钮，新生成的随机噪点的效果如图 141-1(b)所示。即每次生成的随机噪点的分布位置和颜色均不相同。

主要代码如下：

```
public class MyRenderer implements GLSurfaceView.Renderer{
    float[] myColorsArray;
    float[] myVerticesArray;
    FloatBuffer myVerticesBuffer,myColorsBuffer;
    //自动生成随机噪点，并将其绘制在场景中
    public MyRenderer(){regeneratePoints(6000);}
    public void regeneratePoints(int size){
    //初始化随机噪点的顶点和颜色数组
    myColorsArray = new float[size];
    myVerticesArray = new float[size];
    for(int i=0;i<size;i++){
    myColorsArray[i] = (float)Math.random();
    myVerticesArray[i] = (float)Math.random()*5;
```

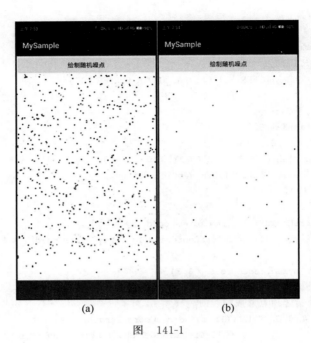

图 141-1

```
}
//初始化随机噪点的顶点和颜色数组所对应的缓冲区
myVerticesBuffer = ByteBuffer.allocateDirect(myVerticesArray.length * 4)
        .order(ByteOrder.nativeOrder())
        .asFloatBuffer();
myVerticesBuffer.put(myVerticesArray);
myVerticesBuffer.position(0);
myColorsBuffer = ByteBuffer.allocateDirect(myColorsArray.length * 4)
        .order(ByteOrder.nativeOrder())
        .asFloatBuffer();
myColorsBuffer.put(myColorsArray);
myColorsBuffer.position(0);
}
@Override
public void onSurfaceCreated(GL10 gl, EGLConfig config){}
@Override
public void onSurfaceChanged(GL10 gl, int width, int height){
  float myRatio = (float)width/height;
  gl.glViewport(0,0,width,height);
  gl.glMatrixMode(GL10.GL_PROJECTION);
  gl.glLoadIdentity();
  GLU.gluPerspective(gl,45,myRatio,0.1f,100.0f);
  gl.glMatrixMode(GL10.GL_MODELVIEW);
}
@Override
public void onDrawFrame(GL10 gl){
  gl.glClearColor(1.0f,1.0f,1.0f,1.0f);
  gl.glClear(GL10.GL_COLOR_BUFFER_BIT|GL10.GL_DEPTH_BUFFER_BIT);
  gl.glLoadIdentity();
  //在默认情况下,该部分噪点将铺满[-1,1]的正方形区域内,
  //所以在这里需要对该区域进行适当缩放,使其铺满整个控件范围
  gl.glTranslatef(-1.0f,-1.0f,-3.5f);
  gl.glScalef(3f,3f,1f);
```

```
//设置随机噪点的尺寸大小,噪点尺寸设置过大时将以正方形显示
gl.glPointSize(9f);
gl.glEnableClientState(GL10.GL_VERTEX_ARRAY);
gl.glEnableClientState(GL10.GL_COLOR_ARRAY);
gl.glVertexPointer(3,GL10.GL_FLOAT,0,myVerticesBuffer);
gl.glColorPointer(4,GL10.GL_FLOAT,0,myColorsBuffer);
//绘制随机噪点
gl.glDrawArrays(GL10.GL_POINTS,0,myVerticesArray.length);
  }
}
```

上面这段代码在 MyCode\MySampleO58\app\src\main\java\com\bin\luo\mysample\MyRenderer.java 文件中。

关于 MyRenderer 类和 MainActivity 类的其他内容请参考此实例的对应源代码。此实例的完整代码在 MyCode\MySampleO58 文件夹中。

142　在场景中添加 PNG 格式的图像

此实例主要通过使用 GLSurfaceView 控件加载自定义 OpenGL 渲染器 Renderer,并在该 Renderer 中使用 glBlendFunc()、glDrawArrays()方法等,实现在场景上添加 PNG 格式的图像。当实例运行之后,单击"绘制 png 格式图像 A"按钮,该 PNG 格式图像的效果如图 142-1(a)所示。单击"绘制 png 格式图像 B"按钮,该 PNG 格式图像的效果如图 142-1(b)所示。

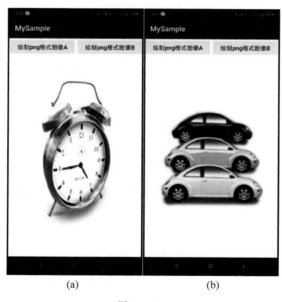

(a)　　　　　　(b)

图　142-1

主要代码如下:

```
public void onDrawFrame(GL10 gl){
  gl.glClearColor(1.0f,1.0f,1.0f,1.0f);
  gl.glClear(GL10.GL_COLOR_BUFFER_BIT|GL10.GL_DEPTH_BUFFER_BIT);
  gl.glLoadIdentity();
  gl.glTranslatef(0,0,-4);
  gl.glEnableClientState(GL10.GL_VERTEX_ARRAY);
```

```
    gl.glVertexPointer(3,GL10.GL_FLOAT,0,myVerticesBuffer);
    //启用混合模式
    gl.glEnable(GL10.GL_BLEND);
    //计算图像 Alpha 通道值,实现以透明效果显示 PNG 格式图像
    gl.glBlendFunc(GL10.GL_ONE,GL10.GL_ONE_MINUS_SRC_ALPHA);
    if(myBitmap != null){
     //绑定纹理
     gl.glBindTexture(GL10.GL_TEXTURE_2D,myTextures[0]);
     //将图像加载至绑定的纹理上
     GLUtils.texImage2D(GL10.GL_TEXTURE_2D,0, myBitmap,0);
     //启用纹理坐标
     gl.glEnableClientState(GL10.GL_TEXTURE_COORD_ARRAY);
     //传入纹理坐标
     gl.glTexCoordPointer(2,GL10.GL_FLOAT,0,myTexturesBuffer);
    }
    //在矩形区域内绘制纯色图形
    gl.glDrawArrays(GL10.GL_TRIANGLE_FAN,0,myVerticesCoord.length/3);
 }
```

上面这段代码在 MyCode\MySampleO87\app\src\main\java\com\bin\luo\mysample\MyRenderer.java 文件中。在这段代码中,gl.glBlendFunc(GL10.GL_ONE,GL10.GL_ONE_MINUS_SRC_ALPHA)用于以透明效果显示 PNG 格式图像,glBlendFunc()方法的语法声明如下:

```
public static native void glBlendFunc(int sfactor, int dfactor)
```

其中,参数 int sfactor 表示如何计算源混合因子;参数 int dfactor 表示如何计算目标混合因子。

常用的因子如下。

(1) GL_ZERO,表示使用 0.0 作为因子,相当于不使用这种颜色参与混合运算。

(2) GL_ONE,表示使用 1.0 作为因子,相当于完全使用了这种颜色参与混合运算。

(3) GL_SRC_ALPHA,表示使用源颜色的 Alpha 值作为因子。

(4) GL_DST_ALPHA,表示使用目标颜色的 Alpha 值作为因子。

(5) GL_ONE_MINUS_SRC_ALPHA,表示用 1.0 减去源颜色的 Alpha 值作为因子。

(6) GL_ONE_MINUS_DST_ALPHA,表示用 1.0 减去目标颜色的 Alpha 值作为因子。

(7) GL_SRC_COLOR,表示把源颜色的四个分量分别作为因子的四个分量。

关于 MyRenderer 类和 MainActivity 类的其他内容请参考此实例的对应源代码。此实例的完整代码在 MyCode\MySampleO87 文件夹中。

143　为立方体各面设置图像

此实例主要通过使用 GLSurfaceView 控件加载自定义 OpenGL 渲染器 Renderer,并在该 Renderer 中调用 texImage2D()、glDrawArrays()方法等,实现为立方体六个面设置不同的图像。当实例运行之后,使用手指在立方体上朝不同方向滑动,即可展示立方体六个面的不同图像,效果分别如图 143-1(a)和图 143-1(b)所示。

主要代码如下:

```
public class MyRenderer implements GLSurfaceView.Renderer {
    float[] myVerticesCoord = { };          //此处数值被省略,具体数值可参考源代码
    float[] myTexturesCoord = { };          //此处数值被省略,具体数值可参考源代码
    Context myContext;
```

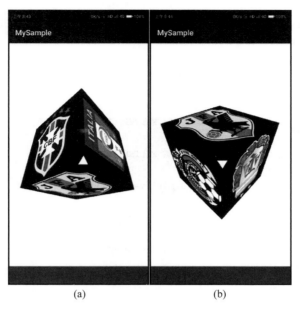

(a)　　　　　　　(b)

图　143-1

```
FloatBuffer myVerticesBuffer,myTexturesBuffer;
ArrayList < Bitmap > myBitmaps = new ArrayList <>();
int[] myTextures = new int[6];
float myRotationX = 0.0f, myRotationY = 0.0f;
public MyRenderer(Context context){
 myContext = context;
 myVerticesBuffer = createFloatBuffer(myVerticesCoord);
 myTexturesBuffer = createFloatBuffer(myTexturesCoord);
 //加载多幅图像资源
 Bitmap myBitmap1 = BitmapFactory.decodeResource(
                    myContext.getResources(),R.mipmap.myimage1);
 Bitmap myBitmap2 = BitmapFactory.decodeResource(
                    myContext.getResources(),R.mipmap.myimage2);
 Bitmap myBitmap3 = BitmapFactory.decodeResource(
                    myContext.getResources(),R.mipmap.myimage3);
 Bitmap myBitmap4 = BitmapFactory.decodeResource(
                    myContext.getResources(),R.mipmap.myimage4);
 Bitmap myBitmap5 = BitmapFactory.decodeResource(
                    myContext.getResources(),R.mipmap.myimage5);
 Bitmap myBitmap6 = BitmapFactory.decodeResource(
                    myContext.getResources(),R.mipmap.myimage6);
 //将多幅图像封装至集合
 myBitmaps.add(myBitmap1);
 myBitmaps.add(myBitmap2);
 myBitmaps.add(myBitmap3);
 myBitmaps.add(myBitmap4);
 myBitmaps.add(myBitmap5);
 myBitmaps.add(myBitmap6);
}
@Override
public void onSurfaceCreated(GL10 gl,EGLConfig config){
 gl.glEnable(GL10.GL_CULL_FACE);
 gl.glEnable(GL10.GL_TEXTURE_2D);
```

```
//生成指定数量的纹理
gl.glGenTextures(myTextures.length,myTextures,0);
for(int i = 0;i < myTextures.length;i ++){
  //绑定至指定纹理
  gl.glBindTexture(GL10.GL_TEXTURE_2D,myTextures[i]);
  //设置纹理过滤模式
  gl.glTexParameterf(GL10.GL_TEXTURE_2D,
                       GL10.GL_TEXTURE_MIN_FILTER,GL10.GL_LINEAR);
  gl.glTexParameterf(GL10.GL_TEXTURE_2D,
                       GL10.GL_TEXTURE_MAG_FILTER,GL10.GL_LINEAR);
  //将指定图像资源加载至对应的纹理
  GLUtils.texImage2D(GL10.GL_TEXTURE_2D,0,myBitmaps.get(i),0);
  }
}
@Override
public void onSurfaceChanged(GL10 gl,int width,int height){
  gl.glViewport(0,0,width,height);
  gl.glMatrixMode(GL10.GL_PROJECTION);
  gl.glLoadIdentity();
  float myRatio = (float)width/height;
  gl.glFrustumf( - myRatio,myRatio, - 1,1,1,10);
}
@Override
public void onDrawFrame(GL10 gl){
  gl.glClearColor(1.0f,1.0f,1.0f,1.0f);
  gl.glClear(GL10.GL_COLOR_BUFFER_BIT);
  gl.glEnableClientState(GL10.GL_VERTEX_ARRAY);
  gl.glEnableClientState(GL10.GL_TEXTURE_COORD_ARRAY);
  gl.glMatrixMode(GL10.GL_MODELVIEW);
  gl.glLoadIdentity();
  gl.glTranslatef(0f,0.0f, - 2.0f);
  gl.glRotatef(myRotationX,1,0,0);
  gl.glRotatef(myRotationY,0,1,0);
  gl.glVertexPointer(3,GL10.GL_FLOAT,0,myVerticesBuffer);
  gl.glTexCoordPointer(2,GL10.GL_FLOAT,0,myTexturesBuffer);
  for(int i = 0;i < myTextures.length;i ++){
   gl.glBindTexture(GL10.GL_TEXTURE_2D,myTextures[i]);      //绑定至指定纹理
   gl.glDrawArrays(GL10.GL_TRIANGLES,i * 6,6);              //绘制指定图像
  }
}
private FloatBuffer createFloatBuffer(float[] floats) {
  FloatBuffer myBuffer = ByteBuffer.allocateDirect(floats.length * 4)
          .order(ByteOrder.nativeOrder())
          .asFloatBuffer();
  myBuffer.put(floats).position(0);
  return myBuffer;
  }
}
```

上面这段代码在 MyCode\MySampleO33\app\src\main\java\com\bin\luo\mysample\ MyRenderer.java 文件中。在 OpenGL 中,有下列三种方式指定纹理:glTexImage1D( )、glTexImage2D( )和 glTexImage3D( ),这三种方式对应于相应维数的纹理。在上面这段代码中,GLUtils.texImage2D(GL10.GL_TEXTURE_2D,0,myBitmaps.get(i),0)使用的是 2D 版本,该方

法的语法声明如下：

```
static void texImage2D(int target, int level, Bitmap bitmap, int border)
```

其中，参数 int target 表示操作的目标类型，设为 GL_TEXTURE_2D 即可；参数 int level 表示纹理的级别，设为 0 即可；参数 Bitmap bitmap 表示图像；参数 int border 表示边框，一般设置为 0。

关于 MyRenderer 类和 MainActivity 类的其他内容请参考此实例的对应源代码。此实例的完整代码在 MyCode\MySampleO33 文件夹中。

144　根据指定系数缩放立方体

此实例主要通过使用 GLSurfaceView 控件加载自定义 OpenGL 渲染器 Renderer，并在该 Renderer 中使用 glScalef()方法，实现在 X、Y 轴方向上同时缩放立方体。当实例运行之后，单击"放大立方体"按钮，立方体同时在 X、Y 轴方向上放大之后的效果如图 144-1(a)所示。单击"缩小立方体"按钮，立方体同时在 X、Y 轴方向上缩小之后的效果如图 144-1(b)所示。

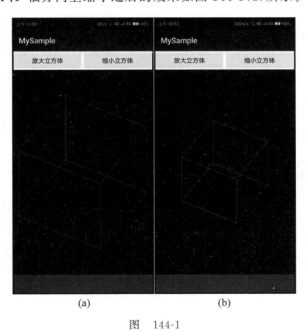

(a)　　　　　　　　　　　(b)

图　　144-1

主要代码如下：

```
public class MyRenderer implements GLSurfaceView.Renderer {
  float[] myVertices = { };                    //此处数值被省略,具体数值可参考源代码
  byte[] myBytes = { };                        //此处数值被省略,具体数值可参考源代码
  Context myContext;
  FloatBuffer myVerticesBuffer,myTexturesBuffer;
  ByteBuffer myBytesBuffer;
  float myScale = 1f;                          //用于记录当前立方体缩放系数
  //用于判断是否执行缩小或放大动画标志
  boolean isScaleUpAnim = false,isScaleDownAnim = false;
  //用于在外部执行或中止动画的接口
  public void startScaleUpAnim(){
    isScaleUpAnim = true;
    isScaleDownAnim = false;
```

```java
}
public void startScaleDownAnim(){
 isScaleUpAnim = false;
 isScaleDownAnim = true;
}
public MyRenderer(Context context) {
 myContext = context;
 myVerticesBuffer = createFloatBuffer(myVertices);
 myBytesBuffer = ByteBuffer.wrap(myBytes);
}
@Override
public void onSurfaceCreated(GL10 gl,EGLConfig config){
 gl.glEnable(GL10.GL_CULL_FACE);
}
@Override
public void onSurfaceChanged(GL10 gl,int width,int height){
 gl.glViewport(0,0,width,height);                      //设置视口大小
 gl.glMatrixMode(GL10.GL_PROJECTION);                  //设置为投影矩阵
 gl.glLoadIdentity();                                  //重置投影矩阵
 float myRatio = (float)width/height;                  //计算控件宽高比
 gl.glFrustumf(-myRatio,myRatio,-1,1,1,10);            //根据宽高比设置视口大小
}
@Override
public void onDrawFrame(GL10 gl){
 gl.glClearColor(.0f,.0f,.0f,1.0f);
 gl.glClear(GL10.GL_COLOR_BUFFER_BIT|GL10.GL_DEPTH_BUFFER_BIT);
 //启用顶点坐标数组
 gl.glEnableClientState(GL10.GL_VERTEX_ARRAY);
 //设置矩阵模式为模型观察矩阵
 gl.glMatrixMode(GL10.GL_MODELVIEW);
 gl.glLoadIdentity();
 gl.glTranslatef(0f,0.0f,-2.0f);
 //设置(立方体)在X轴和Y轴方向上的缩放系数
 gl.glScalef(myScale,myScale,0.0f);
 gl.glRotatef(45f,1,0,0);
 gl.glRotatef(60f,0,1,0);
 //设置顶点数组
 gl.glVertexPointer(3,GL10.GL_FLOAT,0,myVerticesBuffer);
 gl.glDrawElements(GL10.GL_LINE_STRIP,myBytesBuffer.remaining(),
                                 GL10.GL_UNSIGNED_BYTE,myBytesBuffer);
 //根据所选功能设置对应的缩小或放大操作系数
 if(isScaleUpAnim){
  if(myScale>0){
   if(myScale<1.5f) myScale+=0.1f;
   else myScale = 1.5f;
  }else if(myScale<=0) myScale = 0;
 }else if(isScaleDownAnim){
  if(myScale>1) myScale-=0.1f;
  else if(myScale<=0.5f) myScale = 0.5f;
 }
}
private FloatBuffer createFloatBuffer(float[] floats) {
 FloatBuffer myBuffer = ByteBuffer.allocateDirect(floats.length * 4)
        .order(ByteOrder.nativeOrder()).asFloatBuffer();
```

```
    myBuffer.put(floats).position(0);
    return myBuffer;
  }
}
```

上面这段代码在 MyCode\MySampleN10\app\src\main\java\com\bin\luo\mysample\MyRenderer.java 文件中。在这段代码中，gl.glScalef(myScale,myScale,0.0f)用于根据指定的参数值缩放立方体，glScalef()方法的语法声明如下：

```
void glScalef(float x,float y,float z)
```

其中，参数 float x 表示 X 轴上的缩放系数；参数 float y 表示 Y 轴上的缩放系数；参数 float z 表示 Z 轴上的缩放系数。

关于 MyRenderer 类和 MainActivity 类的其他内容请参考此实例的对应源代码。此实例的完整代码在 MyCode\MySampleN10 文件夹中。

145　围绕 X 轴旋转立方体

此实例主要通过使用 GLSurfaceView 控件加载自定义 OpenGL 渲染器 Renderer，并在该 Renderer 中使用 glRotatef()方法，实现立方体围绕 X 轴旋转。当实例运行之后，单击"开始围绕 X 轴旋转"按钮，立方体将围绕 X 轴旋转，效果分别如图 145-1(a)和图 145-1(b)所示。单击"停止围绕 X 轴旋转"按钮，立方体立即停止旋转。

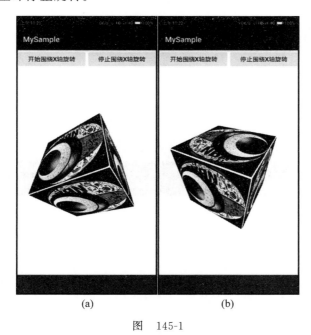

(a)　　　　　　　(b)

图　145-1

主要代码如下：

```
public void onDrawFrame(GL10 gl){
  gl.glClearColor(1.0f,1.0f,1.0f,1.0f);
  gl.glClear(GL10.GL_COLOR_BUFFER_BIT|GL10.GL_DEPTH_BUFFER_BIT);
  gl.glEnableClientState(GL10.GL_VERTEX_ARRAY);
  gl.glEnableClientState(GL10.GL_TEXTURE_COORD_ARRAY);
  gl.glMatrixMode(GL10.GL_MODELVIEW);
```

```
gl.glLoadIdentity();
gl.glTranslatef(0f,0.0f,-2.0f);
gl.glRotatef(myAngle,1,0,0);                    //设置立方体围绕X轴的旋转角度
gl.glRotatef(30f,0,1,0);
gl.glVertexPointer(3,GL10.GL_FLOAT,0,myVerticesBuffer);
gl.glTexCoordPointer(2,GL10.GL_FLOAT,0,myTexturesBuffer);
gl.glBindTexture(GL10.GL_TEXTURE_2D,myTextureID[0]);
gl.glDrawElements(GL10.GL_TRIANGLES,myBytesBuffer.remaining(),
                                  GL10.GL_UNSIGNED_BYTE,myBytesBuffer);
//根据动画标志动态设置当前旋转角度值
if(isRotate) myAngle ++;
}
```

上面这段代码在 MyCode\MySampleN12\app\src\main\java\com\bin\luo\mysample\MyRenderer.java 文件中。在这段代码中，gl.glRotatef(myAngle,1,0,0)用于根据指定的角度围绕X轴旋转立方体，glRotatef()方法的语法声明如下：

```
void glRotatef(float angle, float x, float y, float z )
```

其中，参数 float angle 表示旋转角度；参数 float x 为 1 表示围绕 X 轴旋转；参数 float y 为 1 表示围绕 Y 轴旋转；参数 float z 为 1 表示围绕 Z 轴旋转；x、y、z 组合在一起构成旋转方向，做$(0,0,0)$到(x,y,z)的向量，用右手握住该向量，右手大拇指指向向量的正方向，四指环绕的方向就是旋转的方向。

关于 MyRenderer 类和 MainActivity 类的其他内容请参考此实例的对应源代码。此实例的完整代码在 MyCode\MySampleN12 文件夹中。

146　通过手势控制立方体旋转

此实例主要通过使用 GLSurfaceView 控件加载自定义 OpenGL 渲染器 Renderer，并在该 Renderer 的 glRotatef()方法中根据传入的参数值旋转立方体，实现根据手势的变化旋转立方体。当实例运行之后，使用手指在屏幕上任意滑动，立方体将根据手势的变化进行旋转，效果分别如图 146-1(a)和图 146-1(b)所示。

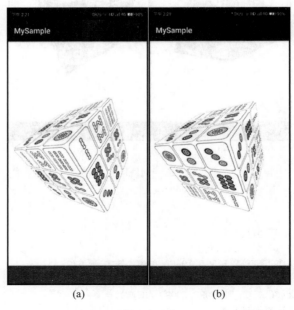

(a)　　　　　　　(b)

图　146-1

主要代码如下：

```
public class MainActivity extends Activity {
 float myLastX,myLastY;                //用于记录上一次触摸点坐标
 float myFactor = 180.0f/320;
 MyRenderer myRenderer;
 GLSurfaceView myGLSurfaceView;
 @Override
 protected void onCreate(Bundle savedInstanceState) {
  super.onCreate(savedInstanceState);
  setContentView(R.layout.activity_main);
  myGLSurfaceView = (GLSurfaceView) findViewById(R.id.myGLSurfaceView);
  myRenderer = new MyRenderer(this);
  myGLSurfaceView.setRenderer(myRenderer);
 }
 @Override
 public boolean onTouchEvent(MotionEvent event){
  //获取当前触摸点坐标
  float myX = event.getX();
  float myY = event.getY();
  switch(event.getAction()){
   case MotionEvent.ACTION_MOVE:
    //计算坐标变化量
    float myDeltaX = myX - myLastX;
    float myDeltaY = myY - myLastY;
    //根据坐标变化值设置立方体旋转角度
    myRenderer.myRotateX += myDeltaX * myFactor;
    myRenderer.myRotateY += myDeltaY * myFactor;
  }
  //记录当前触摸点位置,并拦截默认触摸事件
  myLastX = myX;
  myLastY = myY;
  return true;
 }
}
```

上面这段代码在 MyCode\MySampleN20\app\src\main\java\com\bin\luo\mysample\MainActivity.java 文件中。在上面这段代码中，myRenderer.myRotateX 和 myRenderer.myRotateY 用于通过自定义的 OpenGL 渲染器 MyRenderer 设置立方体的旋转角度，代码如下面所示：

```
public void onDrawFrame(GL10 gl) {
   gl.glClearColor(1.0f, 1.0f, 1.0f,1.0f);
   gl.glClear(GL10.GL_COLOR_BUFFER_BIT);
   gl.glEnableClientState(GL10.GL_VERTEX_ARRAY);
   gl.glEnableClientState(GL10.GL_TEXTURE_COORD_ARRAY);
   gl.glMatrixMode(GL10.GL_MODELVIEW);
   gl.glLoadIdentity();
   gl.glTranslatef(0f, 0.0f, -2.0f);
   gl.glRotatef(myRotateX, 1, 0, 0);          //根据传入的角度围绕 X 轴旋转
   gl.glRotatef(myRotateY, 0, 1, 0);          //根据传入的角度围绕 Y 轴旋转
   gl.glVertexPointer(3, GL10.GL_FLOAT, 0, myVerticesBuffer);
   gl.glTexCoordPointer(2, GL10.GL_FLOAT, 0, myTexturesBuffer);
   gl.glBindTexture(GL10.GL_TEXTURE_2D, myTextureID[0]);
   gl.glDrawElements(GL10.GL_TRIANGLES,myBytesBuffer.remaining(),
```

```
                    GL10.GL_UNSIGNED_BYTE, myBytesBuffer);
}
```

上面这段代码在 MyCode\MySampleN20\app\src\main\java\com\bin\luo\mysample\
MyRenderer.java 文件中。在上面这段代码中,gl.glRotatef()方法用于根据指定的角度旋转立方体,
关于该方法的语法说明请参考实例 145。

关于 MyRenderer 类和 MainActivity 类的其他内容请参考此实例的对应源代码。此实例的完整
代码在 MyCode\MySampleN20 文件夹中。

147 通过传感器控制立方体旋转

此实例主要通过使用 GLSurfaceView 控件加载自定义 OpenGL 渲染器 Renderer,并在该
Renderer 中使用加速度传感器改变 glRotatef()方法的 angle 参数值,实现通过传感器控制立方体旋
转。当实例运行之后,左右倾斜手机,即可发现立方体将根据手机的当前状态以不同的速度围绕 Y 轴
旋转,效果分别如图 147-1(a)和图 147-1(b)所示。

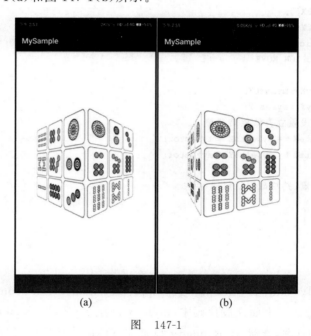

(a)   (b)

图　147-1

主要代码如下:

```
float myAngle = 0f;                                      //用于记录当前立方体的旋转角度
@Override
public void onSurfaceCreated(GL10 gl,EGLConfig config){
  SensorManager mySensorManager = (SensorManager)myContext.
        getSystemService(myContext.SENSOR_SERVICE);      //获取传感器管理器
  Sensor mySensor = mySensorManager.getDefaultSensor(
        Sensor.TYPE_ACCELEROMETER);                      //通过传感器管理器获取加速度传感器
  //在传感器管理器中注册监听器
  mySensorManager.registerListener(new SensorEventListener(){
    @Override
    public void onSensorChanged(SensorEvent event){
      float myDeltaX = event.values[SensorManager.DATA_X];  //获取手机倾斜量
      myAngle += myDeltaX;                                //根据手机倾斜量计算旋转角度
```

```
    }
    @Override
    public void onAccuracyChanged(Sensor sensor, int accuracy){ }
  },mySensor,SensorManager.SENSOR_DELAY_GAME);
}
@Override
public void onDrawFrame(GL10 gl){
  gl.glClearColor(1.0f,1.0f,1.0f,1.0f);
  gl.glClear(GL10.GL_COLOR_BUFFER_BIT);
  gl.glEnable(GL10.GL_CULL_FACE);
  gl.glEnable(GL10.GL_TEXTURE_2D);
  gl.glEnableClientState(GL10.GL_VERTEX_ARRAY);
  gl.glEnableClientState(GL10.GL_TEXTURE_COORD_ARRAY);
  gl.glMatrixMode(GL10.GL_MODELVIEW);
  gl.glLoadIdentity();
  gl.glTranslatef(0f,0.0f,-2.0f);
  // gl.glRotatef(myAngle,1,0,0);            //设置立方体围绕 X 轴的旋转角度
  gl.glRotatef(myAngle,0,1,0);              //设置立方体围绕 Y 轴的旋转角度
  gl.glVertexPointer(3,GL10.GL_FLOAT,0,myVerticesBuffer);
  gl.glTexCoordPointer(2,GL10.GL_FLOAT,0,myTexturesBuffer);
  gl.glBindTexture(GL10.GL_TEXTURE_2D,myTextureID[0]);
  gl.glDrawElements(GL10.GL_TRIANGLES,myBytesBuffer.remaining(),
                    GL10.GL_UNSIGNED_BYTE,myBytesBuffer);
}
```

上面这段代码在 MyCode\MySampleN44\app\src\main\java\com\bin\luo\mysample\MyRenderer.java 文件中。在上面这段代码中，gl.glRotatef()方法用于根据指定的角度旋转立方体，关于该方法的语法说明请参考实例 145。

关于 MyRenderer 类和 MainActivity 类的其他内容请参考此实例的对应源代码。此实例的完整代码在 MyCode\MySampleN44 文件夹中。

148　沿着圆轨迹平移立方体

此实例主要通过使用 GLSurfaceView 控件加载自定义 OpenGL 渲染器 Renderer，并在该 Renderer 中改变 gluLookAt()方法的参数值（坐标位置），实现立方体沿着指定的圆轨迹平移。当实例运行之后，单击"执行平移"按钮，立方体将沿着指定的圆轨迹平移，效果分别如图 148-1（a）和图 148-1（b）所示。

主要代码如下：

```
public void onDrawFrame(GL10 gl){
  gl.glClearColor(1.0f, 1.0f, 1.0f,1.0f);
  gl.glClear(GL10.GL_COLOR_BUFFER_BIT);
  gl.glEnableClientState(GL10.GL_VERTEX_ARRAY);
  gl.glEnableClientState(GL10.GL_TEXTURE_COORD_ARRAY);
  gl.glMatrixMode(GL10.GL_MODELVIEW);
  gl.glLoadIdentity();
  //设置立方体在坐标系的坐标位置
  GLU.gluLookAt(gl,0.0f,0.0f,3.0f,myCubeX,myCubeY,0.0f,0.0f,1.0f,0.0f);
  //根据圆方程动态计算当前立方体的坐标
  if(isMove == 1){
    myAngle += 2;                    //在刷新时改变角度
```

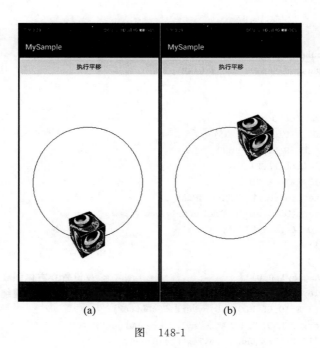

图　　148-1

```
//将角度转换为弧度
double myRadian = Math.toRadians(myAngle);
//根据角度计算立方体的当前坐标
myCubeX = (float)Math.cos(myRadian) * 1.5f;
myCubeY = (float)Math.sin(myRadian) * 1.5f;
}
gl.glTranslatef(0f,0f,-2.5f);
gl.glRotatef(45f,1,0,0);
gl.glRotatef(-60f,0,1,0);
gl.glVertexPointer(3,GL10.GL_FLOAT,0,myVerticesBuffer);
gl.glTexCoordPointer(2,GL10.GL_FLOAT,0,myTexturesBuffer);
gl.glBindTexture(GL10.GL_TEXTURE_2D,myTextureID[0]);
gl.glDrawElements(GL10.GL_TRIANGLES,
        myBytesBuffer.remaining(),GL10.GL_UNSIGNED_BYTE,myBytesBuffer);
}
```

上面这段代码在 MyCode\MySampleN58\app\src\main\java\com\bin\luo\mysample\MyRenderer.java 文件中。在这段代码中，GLU.gluLookAt(gl,0.0f,0.0f,3.0f,myCubeX,myCubeY,0.0f,0.0f,1.0f,0.0f)用于设置相机(观察者)的位置,gluLookAt()方法的语法声明如下：

```
static void gluLookAt(GL10 gl, float eyeX, float eyeY, float eyeZ,
                float centerX, float centerY, float centerZ,
                float upX, float upY, float upZ)
```

gluLookAt()方法共有九个参数,第一组 eyeX、eyeY、eyeZ 表示相机在世界坐标系的位置。第二组 centerX、centerY、centerZ 表示相机镜头对准的物体在世界坐标系的位置。第三组 upX、upY、upZ 表示相机向上的方向在世界坐标系中的方向。如果把相机想象成自己的脑袋,第一组数据就是脑袋的位置,第二组数据就是眼睛看物体的位置,第三组就是头顶朝向的方向(因为可以歪着头看同一个物体)。

关于 MyRenderer 类和 MainActivity 类的其他内容请参考此实例的对应源代码。此实例的完整代码在 MyCode\MySampleN58 文件夹中。

149　启用漫射光照射立方体

此实例主要通过使用 GLSurfaceView 控件加载自定义 OpenGL 渲染器 Renderer，并在该 Renderer 的 glLightfv()方法中设置 GL10.GL_DIFFUSE 参数值，实现使用漫射光照射立方体。当实例运行之后，单击"启用漫射光照射"按钮，立方体经过青色的漫射光照射的效果如图 149-1(a)所示。单击"禁用漫射光照射"按钮，立方体禁用漫射光照射(原始状态)的效果如图 149-1(b)所示。

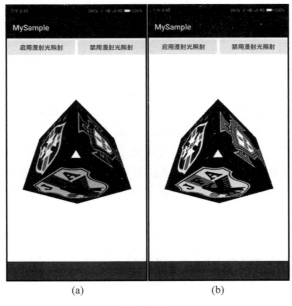

(a)　　　　　(b)

图　149-1

主要代码如下：

```
public void onDrawFrame(GL10 gl){
    gl.glClearColor(1.0f,1.0f,1.0f,1.0f);
    gl.glClear(GL10.GL_COLOR_BUFFER_BIT);
    if(isLight){
        gl.glEnable(GL10.GL_LIGHTING);                    //启用光照效果
        gl.glEnable(GL10.GL_LIGHT1);                      //启用 1 号光源
        //设置使用的光照类型(漫射 GL_DIFFUSE)以及光照颜色(青色)
        gl.glLightfv(GL10.GL_LIGHT1,GL10.GL_DIFFUSE, new float[]{0,4,4,1},0);
        // //设置使用的光照类型以及光照颜色(蓝色)
        // gl.glLightfv(GL10.GL_LIGHT1, GL10.GL_AMBIENT, new float[]{0,0,1,1},0);
    }else{
        gl.glDisable(GL10.GL_LIGHTING);                   //禁用光照效果
    }
    gl.glEnableClientState(GL10.GL_VERTEX_ARRAY);
    gl.glEnableClientState(GL10.GL_TEXTURE_COORD_ARRAY);
    gl.glMatrixMode(GL10.GL_MODELVIEW);
    gl.glLoadIdentity();
    gl.glTranslatef(0f,0.0f,-2.0f);
    gl.glRotatef(myRotationX,1,0,0);
    gl.glRotatef(myRotationY,0,1,0);
    gl.glVertexPointer(3,GL10.GL_FLOAT,0,myVerticesBuffer);
    gl.glTexCoordPointer(2,GL10.GL_FLOAT,0,myTexturesBuffer);
```

```
for(int i = 0;i < myTextures.length;i++){
    gl.glBindTexture(GL10.GL_TEXTURE_2D,myTextures[i]);
    gl.glDrawArrays(GL10.GL_TRIANGLES,i * 6,6);
    }
}
```

上面这段代码在 MyCode\MySampleO31\app\src\main\java\com\bin\luo\mysample\ MyRenderer. java 文件中。在这段代码中,gl. glLightfv(GL10. GL_LIGHT1,GL10. GL_DIFFUSE, new float[]{0,4,4,1},0)用于设置青色漫射光,glLightfv()方法的语法声明如下:

```
void glLightfv(int light, int pname, float[] params, int offset)
```

其中,参数 int light 表示光源序号,OpenGL 至少支持 8 个光源,即从 GL_LIGHT0 到 GL_LIGHT7; 参数 int pname 定义光源的属性名称,支持下列类型:GL_SPOT_EXPONENT(表示聚光程度,为 0 时表示在光照范围内向各方向发射的光线强度相同,为正数时表示光照向中央集中,正对发射方向的 位置受到更多光照,其他位置受到较少光照,数值越大,聚光效果就越明显)、GL_SPOT_CUTOFF(表 示一个角度,它是光源发射光线所覆盖角度的一半,其取值范围为 0~90,也可以取 180 这个特殊值, 取值为 180 时表示光源发射光线覆盖 360°,即不使用聚光灯,向周围发射)、GL_CONSTANT_ ATTENUATION(表示光线按常量衰减)、GL_LINEAR_ATTENUATION(表示光线按距离线性衰 减)、GL_QUADRATIC_ATTENUATION(表示光线按距离以二次函数衰减)、GL_AMBIENT(表示 各种光线照射到该材质上,经过很多次反射后最终遗留在环境中的光线强度)、GL_DIFFUSE(表示光 线照射到该材质上,经过漫反射后形成的光线强度)、GL_SPECULAR(表示光线照射到该材质上,经 过镜面反射后形成的光线强度)、GL_SPOT_DIRECTION(表示一个向量,即光源发射的方向,默认方 向是(0.0,0.0,-1.0))、GL_POSITION(表示光源所在的位置,由四个值(X,Y,Z,W)表示,W 为 0 表示平行光源,表示该光源位于无限远处,类似太阳;W 不为 0 时表示位置性光源,(X/W,Y/W,Z/W) 表示光源的位置,可以设置各种衰减因子,如 GL_AMBIENT 等)。参数 float[] params 表示 pname 属性将要被设置的值。参数 int offset 表示偏移量。

关于 MyRenderer 类和 MainActivity 类的其他内容请参考此实例的对应源代码。此实例的完整 代码在 MyCode\MySampleO31 文件夹中。

150　在立方体上添加雾化特效

此实例主要通过使用 GLSurfaceView 控件加载自定义 OpenGL 渲染器 Renderer,并在该 Renderer 的 glFogfv()方法中设置雾化(气)颜色,实现给立方体添加(红色)雾化效果。当实例运行之 后,单击“显示默认立方体”按钮,立方体的默认效果如图 150-1(a)所示。单击“显示雾化立方体”按 钮,立方体在经过红色雾化之后的效果如图 150-1(b)所示。

主要代码如下:

```
public void onDrawFrame(GL10 gl){
    gl.glClearColor(1.0f,1.0f,1.0f,1.0f);
    gl.glClear(GL10.GL_COLOR_BUFFER_BIT);
    gl.glEnableClientState(GL10.GL_VERTEX_ARRAY);
    gl.glEnableClientState(GL10.GL_TEXTURE_COORD_ARRAY);
    gl.glMatrixMode(GL10.GL_MODELVIEW);
    gl.glLoadIdentity();
    gl.glTranslatef(0f,0.0f, - 2.0f);
    gl.glRotatef(myRotationX,1,0,0);
```

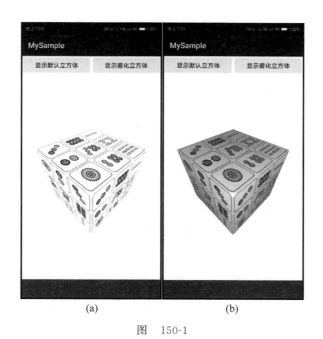

(a)   (b)

图   150-1

```
gl.glRotatef(myRotationY,0,1,0);
if(isFog){
  gl.glEnable(GL10.GL_FOG);                        //启用雾化效果
  gl.glFogfv(GL10.GL_FOG_COLOR,createFloatBuffer(
          new float[]{1.0f,0.0f,0.0f,1f}));        //设置雾的颜色值(红色)
  gl.glFogf(GL10.GL_FOG_MODE,GL10.GL_EXP2);        //设置雾的计算方程式
  gl.glFogf(GL10.GL_FOG_DENSITY,0.5f);             //设置雾的浓密程度,默认值为1.0f
}else{
  gl.glDisable(GL10.GL_FOG);                       //禁用雾化效果
}
gl.glVertexPointer(3,GL10.GL_FLOAT,0,myVerticesBuffer);
gl.glTexCoordPointer(2,GL10.GL_FLOAT,0,myTexturesBuffer);
gl.glBindTexture(GL10.GL_TEXTURE_2D,myTextureID[0]);
gl.glDrawElements(GL10.GL_TRIANGLES,myBytesBuffer.remaining(),
        GL10.GL_UNSIGNED_BYTE,myBytesBuffer);
}
```

上面这段代码在 MyCode\MySampleN31\app\src\main\java\com\bin\luo\mysample\MyRenderer.java 文件中。在这段代码中,gl.glFogfv(GL10.GL_FOG_COLOR,createFloatBuffer(new float[]{1.0f,0.0f,0.0f,1f}))表示使用红色设置雾的颜色,雾化特效通常是在执行了矩阵变换、光照后才会应用,在大型项目中雾化特效可以提高性能,因为通过雾化可以减少不必要的绘制操作。使用雾化特效通常包括下列步骤。

(1) 允许使用雾:glEnable(GL_FOG)。

(2) 设置雾颜色:glFogfv(GL_FOG_COLOR, fogColor)。

(3) 设置雾的模式:glFogi(GL_FOG_MODE, GL_EXP),还可选择 GL_EXP2 或 GL_LINEAR。

(4) 设置雾的密度:glFogf(GL_FOG_DENSITY, 0.35f),此设置在 GL_EXP/GL_EXP2 时有意义。

(5) 设置雾的开始位置:glFogf(GL_FOG_START, 1.0f),此设置在 GL_LINEAR 时有意义。

(6) 设置雾的结束位置:glFogf(GL_FOG_END, 5.0f),此设置在 GL_LINEAR 时有意义。

(7) 设置系统如何计算雾:glHint(GL_FOG_HINT, GL_DONT_CARE)。

关于 MyRenderer 类和 MainActivity 类的其他内容请参考此实例的对应源代码。此实例的完整代码在 MyCode\MySampleN31 文件夹中。

151　在图像上添加黄色遮罩

此实例主要通过使用 GLSurfaceView 控件加载自定义 OpenGL 渲染器 Renderer，并在该 Renderer 中设置 glColorMask()方法的 red 参数值和 green 参数值同时为 true，实现在图像上添加黄色遮罩层产生过滤效果。当实例运行之后，单击"显示原始图像"按钮，原始图像的效果如图 151-1(a) 所示。单击"添加黄色遮罩"按钮，图像在经过黄色遮罩过滤之后的效果如图 151-1(b)所示。

(a)　　　　　　　(b)

图　151-1

主要代码如下：

```
public void onDrawFrame(GL10 gl){
    gl.glLoadIdentity();
    gl.glTranslatef(0.0f, -1.2f, -5.0f);
    gl.glScalef(3.9f,3.8f,0.0f);
    myVerticesBuffer = createIntBuffer(myVerticesData);
    myTexturesBuffer = createIntBuffer(myTexturesData);
    Bitmap myBitmap = BitmapFactory.decodeResource(
                      myContext.getResources(), R.mipmap.myimage1);
    gl.glEnable(GL10.GL_TEXTURE_2D);
    IntBuffer myTextureBuffer = IntBuffer.allocate(1);
    gl.glGenTextures(1,myTextureBuffer);
    int[] myTextureID = myTextureBuffer.array();
    gl.glBindTexture(GL10.GL_TEXTURE_2D,myTextureID[0]);
    GLUtils.texImage2D(GL10.GL_TEXTURE_2D,0,myBitmap,0);
    gl.glTexParameterx(GL10.GL_TEXTURE_2D,
                      GL10.GL_TEXTURE_MAG_FILTER,GL10.GL_NEAREST);
    gl.glTexParameterx(GL10.GL_TEXTURE_2D,
                      GL10.GL_TEXTURE_MIN_FILTER,GL10.GL_NEAREST);
    gl.glVertexPointer(3,GL10.GL_FIXED,0,myVerticesBuffer);
```

```
gl.glTexCoordPointer(2,GL10.GL_FIXED,0,myTexturesBuffer);
gl.glEnableClientState(GL10.GL_VERTEX_ARRAY);
gl.glEnableClientState(GL10.GL_TEXTURE_COORD_ARRAY);
if(isMask){                        //在图像上添加黄色遮罩
 gl.glColorMask(true,true,false,false);
}else{                             //在图像上取消黄色遮罩
 gl.glColorMask(true,true,true,true);
}
gl.glBindTexture(GL10.GL_TEXTURE_2D,myTextureID[0]);
gl.glDrawElements(GL10.GL_TRIANGLE_STRIP,4,GL10.GL_UNSIGNED_BYTE,myIndex);
}
```

上面这段代码在 MyCode\MySampleN40\app\src\main\java\com\bin\luo\mysample\MyRenderer.java 文件中。在这段代码中,gl. glColorMask(true,true,false,false)用于在图像上添加黄色遮罩,glColorMask()方法的语法声明如下:

```
void glColorMask(boolean red, boolean green, boolean blue, boolean alpha )
```

其中,参数 boolean red 表示是否可以将红色写入帧缓冲区,默认值为 true,即红色过滤(其他参数均为 false);参数 boolean green 表示是否可以将绿色写入帧缓冲区,默认值为 true,即绿色过滤(其他参数均为 false);参数 boolean blue 表示是否可以将蓝色写入帧缓冲区,默认值为 true,即蓝色过滤(其他参数均为 false);参数 boolean alpha 表示是否可以将透明度写入帧缓冲区,默认值为 true。

另外需要注意的是,需要采用 GLSurfaceView. RENDERMODE_WHEN_DIRTY 模式刷新 GLSurfaceView 控件,否则两个按钮不能正常切换。

关于 MyRenderer 类和 MainActivity 类的其他内容请参考此实例的对应源代码。此实例的完整代码在 MyCode\MySampleN40 文件夹中。

152 在图像的四周添加边框

此实例主要通过使用 GLSurfaceView 控件加载自定义 OpenGL 渲染器 Renderer,并在该 Renderer 中使用 glClearColor()方法设置背景(底层)颜色、然后使用 glScissor()方法裁剪图像,实现在图像四周添加边框。当实例运行之后,单击“显示原始图像”按钮,原始图像的效果如图 152-1(a)所示。单击“添加绿色边框”按钮,图像在添加绿色边框之后的效果如图 152-1(b)所示。

主要代码如下:

```
public void onDrawFrame(GL10 gl){
  if(myBitmap!= null){
    //获取当前边框颜色的 RGBA 分量
    int myRedColor = Color.red(myBorderColor);
    int myGreenColor = Color.green(myBorderColor);
    int myBlueColor = Color.blue(myBorderColor);
    int myAlphaColor = Color.alpha(myBorderColor);
    //重新绘制底层颜色,即边框层(线)
    gl.glClearColor(myRedColor,myGreenColor,myBlueColor,myAlphaColor);
    gl.glClear(GL10.GL_COLOR_BUFFER_BIT);
    initOpenGL();
    if(isBorder){
      GLES20.glEnable(GLES20.GL_SCISSOR_TEST);              //启用裁剪测试
      //指定裁剪区域,裁剪区域外的部分使用边框颜色填充,以实现边框效果
      GLES20.glScissor(50,60,980,1500);
```

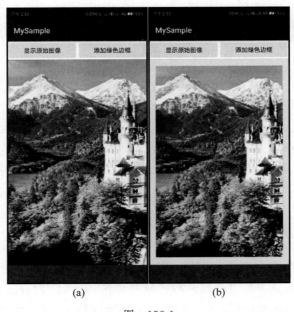

图　152-1

```
}else{
 GLES20.glDisable(GLES20.GL_SCISSOR_TEST);                    //禁用裁剪测试
}
GLUtils.texImage2D(GLES20.GL_TEXTURE_2D,0,GLES20.GL_RGBA,myBitmap,0);
GLES20.glDrawArrays(GLES20.GL_TRIANGLE_STRIP, 0, 4);
}else{
 GLES20.glClearColor(0,0,0,1);
}
}
```

上面这段代码在 MyCode\MySampleN34\app\src\main\java\com\bin\luo\mysample\MyRenderer.java 文件中。在上面这段代码中,gl.glClearColor(myRedColor,myGreenColor,myBlueColor,myAlphaColor)用于设置边框(背景)层颜色,一般情况下,当使用了 glClearColor()方法之后,还应使用 gl.glClear(GL10.GL_COLOR_BUFFER_BIT)才能使 glClearColor()方法产生效果。glClearColor()方法的语法声明如下:

```
void glClearColor(float red, float green, float blue, float alpha)
```

其中,参数 float red 表示颜色 RGBA 的 R 分量;参数 float green 表示颜色 RGBA 的 G 分量;参数 float blue 表示颜色 RGBA 的 B 分量;参数 float alpha 表示颜色 RGBA 的 A 分量。

GLES20.glScissor(50,60,980,1500)用于设置裁剪区域,glScissor()方法的语法声明如下:

```
public static native void glScissor(int x, int y, int width, int height)
```

其中,参数 int x 表示剪裁区域左下角的 x 坐标;参数 int y 表示剪裁区域左下角的 y 坐标;参数 int width 表示剪裁区域的宽度;参数 int height 表示剪裁区域的高度,以上参数值均以像素计量。

关于 MyRenderer 类和 MainActivity 类的其他内容请参考此实例的对应源代码。此实例的完整代码在 MyCode\MySampleN34 文件夹中。

153 创建自定义的怀旧滤镜

此实例主要通过使用 GLSurfaceView 控件加载自定义 OpenGL 渲染器 Renderer，并在该 Renderer 中使用 glShaderSource()方法，根据怀旧滤镜的原生代码设置着色器的源代码，创建自定义的怀旧滤镜。当实例运行之后，单击"显示原始图像"按钮，原始图像的效果如图 153-1(a)所示。单击"使用怀旧滤镜"按钮，图像在使用自定义的怀旧滤镜处理之后的效果如图 153-1(b)所示。

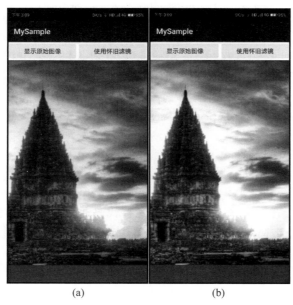

(a)　　　　　　　　(b)

图　153-1

主要代码如下：

```
public class MainActivity extends Activity {
 GLSurfaceView myGLSurfaceView;
 MyRenderer myRenderer;
 @Override
 protected void onCreate(Bundle savedInstanceState) {
  super.onCreate(savedInstanceState);
  setContentView(R.layout.activity_main);
  myGLSurfaceView = (GLSurfaceView)findViewById(R.id.myGLSurfaceView);
  //设置所使用的 OpenGL 版本为 OpenGL ES 2.0
  myGLSurfaceView.setEGLContextClientVersion(2);
  myRenderer = new MyRenderer(this);             //初始化自定义渲染器
  myGLSurfaceView.setRenderer(myRenderer);           //应用自定义渲染器
  myGLSurfaceView.setRenderMode(
            GLSurfaceView.RENDERMODE_WHEN_DIRTY);     //设置渲染模式
 }
 public void onClickButton1(View v) {              //响应单击"显示原始图像"按钮
   String myFragmentShaderString =
        "varying mediump vec2 textureCoordinate;" +
        "uniform sampler2D textureSampler;" +
        "void main(){gl_FragColor = texture2D(textureSampler," +
        "textureCoordinate);}";              //片元着色器代码
   //将片元着色器代码传入渲染器
```

```
    myRenderer.setFragmentShaderString(myFragmentShaderString);
    myGLSurfaceView.requestRender();                          //请求重新绘制图像
}
public void onClickButton2(View v) {                          //响应单击"使用怀旧滤镜"按钮
    //在片元着色器代码中根据怀旧滤镜算法计算像素值
    String myFragmentShaderString = "precision mediump float;" +
            "varying mediump vec2 textureCoordinate;" +
            "uniform sampler2D textureSampler;" +
            "void main(){" +
            " vec4 myColor = texture2D(textureSampler,textureCoordinate);" +
            " float myRed = 0.393 * myColor.r + 0.769 * myColor.g + 0.189 * myColor.b;" +
            " float myGreen = 0.349 * myColor.r + 0.686 * myColor.g + 0.168 * myColor.b;" +
            " float myBlue = 0.272 * myColor.r + 0.534 * myColor.g + 0.131 * myColor.b;" +
            " gl_FragColor = vec4(myRed,myGreen,myBlue,1.0);" +
            "}";
    //将片元着色器代码传入渲染器
    myRenderer.setFragmentShaderString(myFragmentShaderString);
    myGLSurfaceView.requestRender();                          //请求重新绘制图像
}
}
```

上面这段代码在 MyCode\MySampleN74\app\src\main\java\com\bin\luo\mysample\MainActivity.java 文件中。在 OpenGL 中,片元着色器代码通常是以字符串的形式存在,在自定义渲染器 Renderer 中,将解析该字符串形式的片元着色器代码,实现其滤镜功能,代码如下面所示:

```
public class MyRenderer implements GLSurfaceView.Renderer{
    float myVerticesCoord[] = { - 1.0f, - 1.0f, 1.0f, - 1.0f,
                                - 1.0f, 1.0f, 1.0f, 1.0f};         //顶点坐标
    float myTexturesCoord[] = {0.0f, 1.0f, 1.0f, 1.0f,
                               0.0f, 0.0f,1.0f, 0.0f};             //纹理坐标
    String myVertexShaderString = "attribute vec4 position;" +
            "attribute vec4 inputTextureCoordinate;" +
            "varying vec2 textureCoordinate;" +
            "void main(){" +
            " gl_Position = position;" +
            " textureCoordinate = vec2(inputTextureCoordinate.s," +
            "inputTextureCoordinate.t);" +
            "}";                                                   //顶点着色器代码
    String myFragmentShaderString = "varying mediump vec2 textureCoordinate;" +
            "uniform sampler2D textureSampler;" +
            "void main(){" +
            " gl_FragColor = texture2D(textureSampler,textureCoordinate);" +
            "}";                                                   //片元着色器代码
Bitmap myBitmap = null;
public MyRenderer(Context context){
    myBitmap = BitmapFactory.decodeResource(
                        context.getResources(),R.mipmap.myimage1);
}
public void setFragmentShaderString(String fragmentShaderString){
    myFragmentShaderString = fragmentShaderString;
}
@Override
public void onSurfaceCreated(GL10 gl, EGLConfig config){
    int[] myTextureID = new int[1];
```

```
        GLES20.glGenTextures(1,myTextureID,0);
        GLES20.glBindTexture(GLES20.GL_TEXTURE_2D,myTextureID[0]);
        GLES20.glTexParameteri(GLES20.GL_TEXTURE_2D,
                GLES20.GL_TEXTURE_MIN_FILTER, GLES20.GL_NEAREST);
        GLES20.glTexParameteri(GLES20.GL_TEXTURE_2D,
                GLES20.GL_TEXTURE_WRAP_S, GLES20.GL_CLAMP_TO_EDGE);
        GLES20.glTexParameteri(GLES20.GL_TEXTURE_2D,
                GLES20.GL_TEXTURE_WRAP_T, GLES20.GL_CLAMP_TO_EDGE);
    }
    @Override
    public void onSurfaceChanged(GL10 gl,int width,int height){}
    @Override
    public void onDrawFrame(GL10 gl){
        //加载顶点着色器代码和片元着色器代码
        int myVertexShader = loadShader(
                        GLES20.GL_VERTEX_SHADER,myVertexShaderString);
        int myFragmentShader = loadShader(
                        GLES20.GL_FRAGMENT_SHADER,myFragmentShaderString);
        //创建着色器程序
        int myProgram = GLES20.glCreateProgram();
        //将指定着色器附加至程序
        GLES20.glAttachShader(myProgram,myVertexShader);
        GLES20.glAttachShader(myProgram,myFragmentShader);
        //执行着色器代码的超链接操作
        GLES20.glLinkProgram(myProgram);
        int myPosition = GLES20.glGetAttribLocation(myProgram,"position");
        int myTextureSampler = GLES20.glGetUniformLocation(
                                            myProgram, "textureSampler");
        int myInputTextureCoordinate = GLES20.glGetAttribLocation(
                                    myProgram,"inputTextureCoordinate");
        //使用指定的着色器程序
        GLES20.glUseProgram(myProgram);
        //根据顶点坐标和纹理坐标创建对应的缓冲区
        Buffer myTexturesBuffer = createFloatBuffer(myTexturesCoord);
        Buffer myVerticesBuffer = createFloatBuffer(myVerticesCoord);
        GLES20.glVertexAttribPointer(myInputTextureCoordinate,
                        2,GLES20.GL_FLOAT,false,0,myTexturesBuffer);
        GLES20.glEnableVertexAttribArray(myInputTextureCoordinate);
        GLES20.glUniform1i(myTextureSampler,0);
        GLES20.glVertexAttribPointer(myPosition,
                        2,GLES20.GL_FLOAT,false,0,myVerticesBuffer);
        GLES20.glEnableVertexAttribArray(myPosition);
        //加载指定纹理图像
        GLUtils.texImage2D(GLES20.GL_TEXTURE_2D,0,GLES20.GL_RGBA,myBitmap,0);
        //进行图像绘制
        GLES20.glDrawArrays(GLES20.GL_TRIANGLE_STRIP, 0, 4);
    }
    //根据坐标数组创建缓冲区
    private Buffer createFloatBuffer(float[] floats){
     return ByteBuffer.allocateDirect(floats.length * 4)
            .order(ByteOrder.nativeOrder())
            .asFloatBuffer()
            .put(floats)
            .rewind();
```

```
  }
  //根据着色器源代码和类型加载指定着色器
  private int loadShader(int shaderType,String source){
    int myShader = GLES20.glCreateShader(shaderType);              //创建着色器
    GLES20.glShaderSource(myShader,source);                        //设置着色器源代码
    GLES20.glCompileShader(myShader);                              //执行着色器代码编译操作
    return myShader;
  }
}
```

上面这段代码在 MyCode\MySampleN74\app\src\main\java\com\bin\luo\mysample\MyRenderer.java 文件中。在这段代码中，glShaderSource(myShader,source)用于设置着色器的源代码，该方法的语法声明如下：

```
static native void glShaderSource(int shader,String string)
```

其中，参数 int shader 表示着色器；参数 String string 表示以字符串形式存在的实现着色器功能的原生代码。

此实例的完整代码在 MyCode\MySampleN74 文件夹中。

154　创建自定义的曝光滤镜

此实例主要通过使用 GLSurfaceView 控件加载自定义 OpenGL 渲染器 Renderer，并在该 Renderer 中使用 glShaderSource()方法，根据产生曝光效果的原生代码设置着色器的源代码，创建自定义曝光滤镜。当实例运行之后，单击"显示原始图像"按钮，原始图像的效果如图 154-1(a)所示。单击"使用曝光滤镜"按钮，图像在使用自定义曝光滤镜处理之后的效果如图 154-1(b)所示。

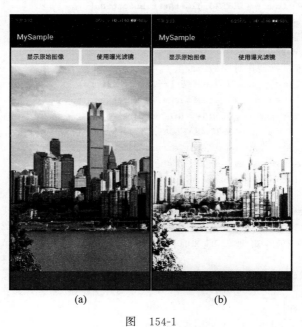

(a)　　　　　　　　　　(b)

图　154-1

主要代码如下：

```
public void onClickButton2(View v) {                    //响应单击"使用曝光滤镜"按钮
  //在片元着色器代码中根据曝光参数重新计算像素值,实现曝光效果
```

```
//其中,参数 myExposure 的取值范围为[-10,10]
String myFragmentShaderString = "precision mediump float;" +
        "varying mediump vec2 textureCoordinate;" +
        "uniform sampler2D textureSampler;" +
        "void main(){" +
        " float myExposure = 1.5;" +
        " vec4 myColor = texture2D(textureSampler,textureCoordinate);" +
        " gl_FragColor.rgb = myColor.rgb * pow(2.0,myExposure);" +
        "}";
//将片元着色器代码传入渲染器
myRenderer.setFragmentShaderString(myFragmentShaderString);
myGLSurfaceView.requestRender();            //请求重新绘制图像
}
```

上面这段代码在 MyCode\MySampleN77\app\src\main\java\com\bin\luo\mysample\MainActivity.java 文件中。关于 MyRenderer 类和 MainActivity 类的其他内容请参考实例 153 或此实例的对应源代码。

此实例的完整代码在 MyCode\MySampleN77 文件夹中。

155　创建自定义的强光滤镜

此实例主要通过使用 GLSurfaceView 控件加载自定义 OpenGL 渲染器 Renderer,并在该 Renderer 中使用 glShaderSource()方法,根据强光滤镜的原生代码设置着色器的源代码,创建自定义的强光滤镜。当实例运行之后,单击"显示原始图像"按钮,原始图像的效果如图 155-1(a)所示。单击"使用强光滤镜"按钮,图像在使用自定义的强光滤镜处理之后的效果如图 155-1(b)所示。

(a)　　　　　　　　(b)

图　155-1

主要代码如下:

```
public void onClickButton2(View v) {                //响应单击"使用强光滤镜"按钮
    //在片元着色器代码中获取图像的原始像素值,并对其进行强光处理.
    //强光算法如下:1.若原始像素值≤0.5,最终像素值 = 原始像素值²/0.5
```

```
//2.若原始像素值>0.5,最终像素值=1.0-(1.0-原始像素值)²/0.5
String myFragmentShaderString = "precision highp float;" +
  "varying mediump vec2 textureCoordinate;" +
  "uniform sampler2D textureSampler;" +
  "void main(){" +
  " vec4 myColor = texture2D(textureSampler,textureCoordinate);" +
  " if(myColor.r <= 0.5 && myColor.g <= 0.5 && myColor.b <= 0.5){" +
  " gl_FragColor = myColor * myColor/0.5;" +
  " }else{" +
  " gl_FragColor = 1.0 - (1.0 - myColor) * (1.0 - myColor)/0.5;" +
  " }" +
  "}";
//将片元着色器代码传入渲染器
myRenderer.setFragmentShaderString(myFragmentShaderString);
myGLSurfaceView.requestRender();                //请求重新绘制图像
}
```

上面这段代码在 MyCode\MySampleN92\app\src\main\java\com\bin\luo\mysample\MainActivity.java 文件中。

此实例的完整代码在 MyCode\MySampleN92 文件夹中。

156　创建自定义的高光滤镜

此实例主要通过使用 GLSurfaceView 控件加载自定义 OpenGL 渲染器 Renderer,并在该 Renderer 中使用 glShaderSource()方法,根据高光滤镜算法的原生代码(提升图像阴影部分的亮度值)设置着色器的源代码,创建自定义的高光滤镜。当实例运行之后,单击"显示原始图像"按钮,原始图像的效果如图 156-1(a)所示。单击"使用高光滤镜"按钮,图像在使用自定义的高光滤镜处理之后的效果如图 156-1(b)所示。

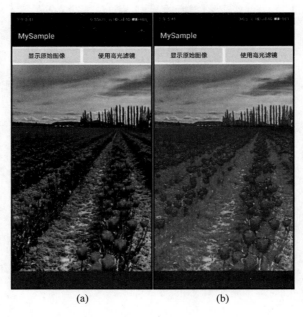

(a)　　　　　　　(b)

图　156-1

主要代码如下：

```
public void onClickButton2(View v) {                         //响应单击"使用高光滤镜"按钮
    //在片元着色器代码中根据算法提升图像阴影部分的亮度,实现高光效果
    String myFragmentShaderString = "precision highp float;" +
     "varying mediump vec2 textureCoordinate;" +
     "uniform sampler2D textureSampler;" +
     "void main(){" +
     "float myShadowLight = 1.0;" +
     "vec4 myColor = texture2D(textureSampler,textureCoordinate);" +
     "float myLuminance = dot(myColor.rgb,vec3(0.3));" +
     "float myShadow = clamp(pow(myLuminance,1.0/(myShadowLight + 1.0)) - " +
     "0.76 * pow(myLuminance,2.0/(myShadowLight + 1.0)) - myLuminance, 0.0, 1.0);" +
     "float myLight = clamp(1.0 - sqrt(1.0 - myLuminance) + 0.8 * (1.0 - myLuminance) - " +
     " myLuminance, - 1.0,0.0);" +
     " gl_FragColor.rgb = (myLuminance + myShadow + myLight) * " +
     " (myColor.rgb/myLuminance);" +
     "}";
    //将片元着色器代码传入渲染器
    myRenderer.setFragmentShaderString(myFragmentShaderString);
    myGLSurfaceView.requestRender();                      //请求重新绘制图像
}
```

上面这段代码在 MyCode\MySampleO89\app\src\main\java\com\bin\luo\mysample\MainActivity. java 文件中。

此实例的完整代码在 MyCode\MySampleO89 文件夹中。

157 创建自定义的点光滤镜

此实例主要通过使用 GLSurfaceView 控件加载自定义 OpenGL 渲染器 Renderer,并在该 Renderer 中使用 glShaderSource()方法,根据点光滤镜的原生代码设置着色器的源代码,创建自定义的点光滤镜。当实例运行之后,单击"显示原始图像"按钮,原始图像的效果如图 157-1(a)所示。单击"使用点光滤镜"按钮,图像在使用自定义的点光滤镜处理之后的效果如图 157-1(b)所示。

(a)   (b)

图   157-1

主要代码如下：

```
public void onClickButton2(View v) {                    //响应单击"使用点光滤镜"按钮
    //在片元着色器代码中获取原始像素值,并进行点光处理,点光算法如下:
    //1. 若原始像素值≤0.5,最终像素值 = 原始像素值
    //2. 若原始像素值>0.5,最终像素值 = 原始像素值与(原始像素值*2-1)的较小值
    String myFragmentShaderString = "precision highp float;" +
        "varying mediump vec2 textureCoordinate;" +
        "uniform sampler2D textureSampler;" +
        "void main(){" +
        " vec4 myColor = texture2D(textureSampler,textureCoordinate);" +
        " if(myColor.r<=0.5 && myColor.g<=0.5 && myColor.b<=0.5){" +
        " gl_FragColor = myColor;" +
        " }else{" +
        " gl_FragColor = min(myColor,2.0 * myColor - 1.0);" +
        " }" +
        "}";
    //将片元着色器代码传入渲染器
    myRenderer.setFragmentShaderString(myFragmentShaderString);
    myGLSurfaceView.requestRender();                    //请求重新绘制图像
}
```

上面这段代码在 MyCode\MySampleN97\app\src\main\java\com\bin\luo\mysample\MainActivity.java 文件中。

此实例的完整代码在 MyCode\MySampleN97 文件夹中。

158 创建自定义的 X 光滤镜

此实例主要通过使用 GLSurfaceView 控件加载自定义 OpenGL 渲染器 Renderer,并在该 Renderer 中使用 glShaderSource()方法,根据 X 光滤镜的原生代码设置着色器的源代码,创建自定义的 X 光滤镜。当实例运行之后,单击"显示原始图像"按钮,原始图像的效果如图 158-1(a)所示。单击"使用 X 光滤镜"按钮,图像在使用自定义的 X 光滤镜处理之后的效果如图 158-1(b)所示。

(a)   (b)

图   158-1

主要代码如下：

```
public void onClickButton2(View v) {                      //响应单击"使用X光滤镜"按钮
    //在片元着色器代码中先根据原始图像像素值计算灰度值,
    //再根据灰度值进行反色处理,并输出经过两次处理的图像(即X光效果)
    String myFragmentShaderString = "precision mediump float;" +
        "varying mediump vec2 textureCoordinate;" +
        "uniform sampler2D textureSampler;" +
        "void main(){" +
        " vec4 myColor = texture2D(textureSampler, textureCoordinate);" +
        " float myGrayColor = (0.3 * myColor.r + 0.59 * myColor.g + 0.11 * myColor.b);" +
        " float myReverseColor = 1.0 - myGrayColor;" +
        " gl_FragColor = vec4(myReverseColor"  +
        ",myReverseColor,myReverseColor,1.0);" +
        "}";
    //将片元着色器代码传入渲染器
    myRenderer.setFragmentShaderString(myFragmentShaderString);
    myGLSurfaceView.requestRender();                      //请求重新绘制图像
}
```

上面这段代码在 MyCode\MySampleN73\app\src\main\java\com\bin\luo\mysample\MainActivity.java 文件中。

此实例的完整代码在 MyCode\MySampleN73 文件夹中。

159 创建自定义的 Gamma 滤镜

此实例主要通过使用 GLSurfaceView 控件加载自定义 OpenGL 渲染器 Renderer，并在该 Renderer 中使用 glShaderSource()方法，根据 Gamma 滤镜的原生代码设置着色器的源代码，创建自定义的 Gamma 滤镜调整图像亮度。Gamma 源于 CRT 的响应曲线，即其亮度与输入电压的非线性关系。当实例运行之后，单击"显示原始图像"按钮，将显示原始图像。单击"增大亮度"按钮，使用 Gamma 滤镜增大图像亮度之后的效果如图 159-1(a)所示。单击"减小亮度"按钮，使用 Gamma 滤镜减小图像亮度之后的效果如图 159-1(b)所示。

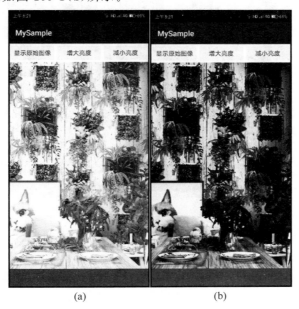

(a)   (b)

图　159-1

主要代码如下：

```
public void onClickButton2(View v) {                    //响应单击"增大亮度"按钮
    //在片元着色器中设置 Gamma 值,并根据该值重新计算调整之后的像素值,然后
    //将其赋值给 gl_FragColor(Gamma 值大于 1 表示增大亮度,小于 1 表示降低亮度)
    String myFragmentShaderString = "precision highp float;" +
        "varying mediump vec2 textureCoordinate;" +
        "uniform sampler2D textureSampler;" +
        "void main(){" +
        " vec4 myColor = texture2D(textureSampler,textureCoordinate);" +
        " float gamma = 1.5;" +
        " gl_FragColor.rgb = pow(myColor.rgb,vec3(1.0/gamma));" +
        "}";
    //将片元着色器代码传入渲染器
    myRenderer.setFragmentShaderString(myFragmentShaderString);
    myGLSurfaceView.requestRender();                    //请求重新绘制图像
}
```

上面这段代码在 MyCode \ MySampleO01 \ app \ src \ main \ java \ com \ bin \ luo \ mysample \ MainActivity.java 文件中。

此实例的完整代码在 MyCode\MySampleO01 文件夹中。

160　创建自定义的 HDR 滤镜

此实例主要通过使用 GLSurfaceView 控件加载自定义 OpenGL 渲染器 Renderer,并在该 Renderer 中使用 glShaderSource()方法,根据 HDR 滤镜的原生代码设置着色器的源代码,创建自定义的 HDR 滤镜。

当实例运行之后,单击"显示原始图像"按钮,原始图像的效果如图 160-1(a)所示。单击"使用 HDR 滤镜"按钮,图像在使用自定义的 HDR 滤镜处理之后的效果如图 160-1(b)所示。

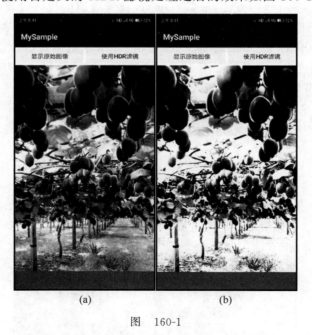

(a)　　　　　　　(b)

图　160-1

说明：HDR 是摄影常用的一种技术,是英文 High-Dynamic Range 的缩写,意为"高动态范围"；HDR 技术可以克服多数相机传感器动态范围有限的缺点,并将图片色调控制在人眼识别范围之内,它能将多张曝光不同的照片叠加成一张精妙绝伦的图像；简单地说就是让照片无论高光还是阴影部

分细节都很清晰。

主要代码如下：

```
public void onClickButton2(View v) {                    //响应单击"使用 HDR 滤镜"按钮
    //在片元着色器代码中根据指定的二次曲线调整图像亮度,模拟 HDR 效果
    String myFragmentShaderString = "precision mediump float;" +
        "varying mediump vec2 textureCoordinate;" +
        "uniform sampler2D textureSampler;" +
        "vec4 HDR(vec4 color,float luminance,float exposure){" +
        "float myNewExposure = (2.0 - 4.0 * exposure)" +
        " * luminance + 4.0 * exposure - 1.0;" +
        "float myNewLuminance = luminance * myNewExposure;" +
        "return myNewLuminance * color;" +
        "}" +
        "void main(){" +
        "vec4 myColor = texture2D(textureSampler," +
        "textureCoordinate);" +
        "float myLuminance = 0.3 * myColor.x + 0.59 * myColor.y;" +
        "float myExposure = 2.0;" +
        "gl_FragColor = HDR(myColor,myLuminance,myExposure);" +
        "}";
    //将片元着色器代码传入渲染器
    myRenderer.setFragmentShaderString(myFragmentShaderString);
    myGLSurfaceView.requestRender();                    //请求重新绘制图像
}
```

上面这段代码在 MyCode\MySampleN90\app\src\main\java\com\bin\luo\mysample\MainActivity.java 文件中。

此实例的完整代码在 MyCode\MySampleN90 文件夹中。

161 创建自定义的色阶调节滤镜

此实例主要通过使用 GLSurfaceView 控件加载自定义 OpenGL 渲染器 Renderer,并在该 Renderer 中使用 glShaderSource()方法,通过动态调整图像亮度的原生代码设置着色器的源代码,创建自定义的色阶调节滤镜。当实例运行之后,如果向左拖动滑块,图像色阶降低,效果如图 161-1(a) 所示。如果向右拖动滑块,图像色阶升高,效果如图 161-1(b)所示。

主要代码如下：

```
public void onProgressChanged(SeekBar seekBar, int progress, boolean fromUser){
    //在片元着色器代码中通过幂运算动态调整图像亮度,实现调整图像色阶
    String myFragmentShaderString = "precision highp float;" +
        "varying mediump vec2 textureCoordinate;" +
        "uniform sampler2D textureSampler;" +
        "void main(){" +
        "vec3 myLevel = vec3(" + (progress * 1.0f / 100 + 0.5f) + ");" +
        "vec4 myColor = texture2D(textureSampler,textureCoordinate);" +
        "gl_FragColor.rgb = pow(myColor.rgb,1.0/myLevel);" +
        "}";
    //将片元着色器代码传入渲染器
    myRenderer.setFragmentShaderString(myFragmentShaderString);
    myGLSurfaceView.requestRender();                    //请求重新绘制图像
}
```

上面这段代码在 MyCode＼MySampleP03＼app＼src＼main＼java＼com＼bin＼luo＼mysample＼MainActivity. java 文件中。

此实例的完整代码在 MyCode＼MySampleP03 文件夹中。

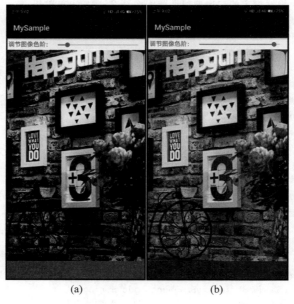

图　161-1

162　创建自定义的水彩画滤镜

此实例主要通过使用 GLSurfaceView 控件加载自定义 OpenGL 渲染器 Renderer,并在该 Renderer 中使用 glShaderSource()方法,根据 Kuwahara 滤波算法重新计算像素值,创建自定义的水彩画滤镜。当实例运行之后,单击"显示原始图像"按钮,原始图像的效果如图 162-1(a)所示。单击"使用水彩画滤镜"按钮,图像在使用自定义的水彩画滤镜处理之后的效果如图 162-1(b)所示。

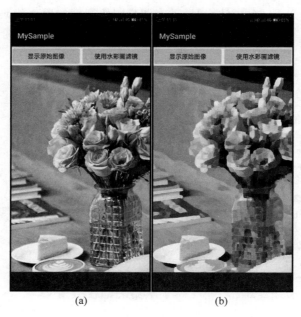

图　162-1

主要代码如下：

```
public void onClickButton2(View v) {                    //响应单击"使用水彩画滤镜"按钮
  //在片元着色器代码中根据 Kuwahara 滤波算法重新计算像素值,实现水彩画效果
  String myFragmentShaderString = "precision highp float;" +
    "varying mediump vec2 textureCoordinate;" +
    "uniform sampler2D textureSampler;" +
    "void main(){" +
    " int myRadius = 12;" +
    " vec2 mySize = vec2(1.0/1080.0,1.0/1533.0);" +
    " vec2 myXY = textureCoordinate;" +
    " float n = float((myRadius + 1) * (myRadius + 1));" +
    " vec3 m0,m1,m2,m3;" +
    " vec3 s0,s1,s2,s3;" +
    " m0 = m1 = m2 = m3 = vec3(0.0);" +
    " s0 = s1 = s2 = s3 = vec3(0.0);" +
    " for(int j = - myRadius; j <= 0; ++j){" +
    "   for(int i = - myRadius; i <= 0; ++i){" +
    "     vec3 myColor = texture2D(textureSampler,myXY + vec2(i,j) * mySize).rgb;" +
    "     m0 += myColor;" +
    "     s0 += myColor * myColor;" +
    "   }" +
    " }" +
    " for(int j = - myRadius; j <= 0; ++j){" +
    "   for(int i = 0; i <= myRadius; ++i){" +
    "     vec3 myColor = texture2D(textureSampler,myXY + vec2(i,j) * mySize).rgb;" +
    "     m1 += myColor;" +
    "     s1 += myColor * myColor;" +
    "   }" +
    " }" +
    " for(int j = 0; j <= myRadius; ++j){" +
    "   for(int i = 0; i <= myRadius; ++i){" +
    "     vec3 myColor = texture2D(textureSampler,myXY + vec2(i,j) * mySize).rgb;" +
    "     m2 += myColor;" +
    "     s2 += myColor * myColor;" +
    "   }" +
    " }" +
    " for(int j = 0; j <= myRadius; ++j){" +
    "   for(int i = - myRadius; i <= 0; ++i){" +
    "     vec3 myColor = texture2D(textureSampler,myXY + vec2(i,j) * mySize).rgb;" +
    "     m3 += myColor;" +
    "     s3 += myColor * myColor;" +
    "   }" +
    " }" +
    " float myMinSigma = 1e + 2;" +
    " m0/ = n;" +
    " s0 = abs(s0/n - m0 * m0);" +
    " float mySigma = s0.r + s0.g + s0.b;" +
    " if(mySigma < myMinSigma){" +
    "   myMinSigma = mySigma;" +
    "   gl_FragColor.rgb = m0;" +
    " }" +
    " m1/ = n;" +
    "   s1 = abs(s1/n - m1 * m1);" +
```

```
"    mySigma = s1.r + s1.g + s1.b;" +
"    if(mySigma < myMinSigma){" +
"      myMinSigma = mySigma;" +
"      gl_FragColor.rgb = m1;" +
"    }" +
"    m2 / = n;" +
"    s2 = abs(s2/n - m2 * m2);" +
"    mySigma = s2.r + s2.g + s2.b;" +
"    if(mySigma < myMinSigma){" +
"      myMinSigma = mySigma;" +
"      gl_FragColor.rgb = m2;" +
"    }" +
"    m3 / = n;" +
"    s3 = abs(s3/n - m3 * m3);" +
"    mySigma = s3.r + s3.g + s3.b;" +
"    if(mySigma < myMinSigma){" +
"      myMinSigma = mySigma;" +
"      gl_FragColor.rgb = m3;" +
"    }" +
"}";
//将片元着色器代码传入渲染器
myRenderer.setFragmentShaderString(myFragmentShaderString);
myGLSurfaceView.requestRender();                 //请求重新绘制图像
}
```

上面这段代码在 MyCode \ MySampleO92 \ app \ src \ main \ java \ com \ bin \ luo \ mysample \ MainActivity.java 文件中。

此实例的完整代码在 MyCode\MySampleO92 文件夹中。

163　创建自定义的双边滤波滤镜

此实例主要通过使用 GLSurfaceView 控件加载自定义 OpenGL 渲染器 Renderer，并在该 Renderer 中使用 glShaderSource()方法，根据双边滤波（对原始像素进行加权平均）的原生代码设置着色器的源代码，创建自定义的滤镜对图像进行双边滤波模糊。当实例运行之后，单击"显示原始图像"按钮，原始图像的效果如图 163-1(a)所示。单击"使用双边滤波滤镜"按钮，原始图像在使用自定义的双边滤波滤镜处理之后的效果如图 163-1(b)所示。

主要代码如下：

```
public void onClickButton2(View v) {                 //响应单击"使用双边滤波滤镜"按钮
    //在片元着色器代码中对原始像素进行加权平均,实现双边滤波模糊
    String myFragmentShaderString = "precision highp float;" +
    "const int myBlur = 25;" +
    "varying vec2 textureCoordinate;" +
    "uniform sampler2D textureSampler;" +
    "void main(){" +
    "  vec2 myBlurXY[myBlur];" +
    "  float myWeights[myBlur];" +
    "  vec2 myStepOffset = vec2(1.0/1080.0,1.0/1533.0);" +
    "  for(int i = 0;i < myBlur;i ++){" +
    "    int myMultiplier = i - ((myBlur - 1)/2);" +
    "    vec2 myBlurStep = float(myMultiplier) * myStepOffset;" +
```

```
"     myBlurXY[i] = textureCoordinate.xy + myBlurStep;" +
" }" +
" for(int i = 0;i < myBlur;i ++){" +
"   if(i < myBlur/2){" +
"   myWeights[i] = 0.05 + 0.04 * float(i);" +
"   }else{" +
"     myWeights[i] = 0.17 - 0.04 * float(myBlur - i);" +
"   }" +
" }" +
" vec4 myCentralColor = texture2D(textureSampler," +
"myBlurXY[(myBlur - 1)/2]);" +
" float mySumWeight = 0.18;" +
" vec4 mySumColor = myCentralColor * 0.18;" +
" for(int i = 0;i < myBlur/2;i ++){" +
"   vec4 myColor = texture2D(textureSampler, myBlurXY[i]);" +
"   mySumWeight += myWeights[i];" +
"   mySumColor += myColor * myWeights[i];" +
" }" +
" gl_FragColor = mySumColor/mySumWeight;" +
"}";
//将片元着色器代码传入渲染器
myRenderer.setFragmentShaderString(myFragmentShaderString);
myGLSurfaceView.requestRender();              //请求重新绘制图像
}
```

上面这段代码在 MyCode＼MySampleP01＼app＼src＼main＼java＼com＼bin＼luo＼mysample＼MainActivity.java 文件中。

此实例的完整代码在 MyCode＼MySampleP01 文件夹中。

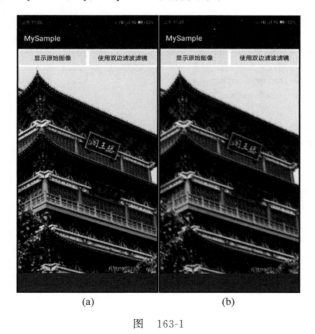

(a)　　　　　　　　　(b)

图　163-1

164　创建自定义的均值模糊滤镜

此实例主要通过使用 GLSurfaceView 控件加载自定义 OpenGL 渲染器 Renderer，并在该

Renderer 中使用 glShaderSource()方法,根据均值模糊图像的原生代码设置着色器的源代码,创建自定义的均值模糊滤镜。当实例运行之后,单击"显示原始图像"按钮,原始图像的效果如图 164-1(a)所示。单击"使用均值模糊滤镜"按钮,图像在使用自定义的均值模糊滤镜处理之后的效果如图 164-1(b)所示。

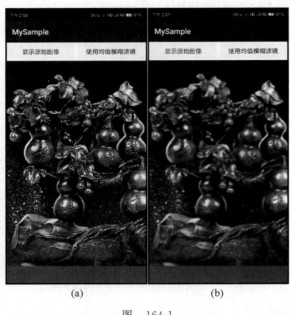

(a)   (b)

图   164-1

主要代码如下:

```
public void onClickButton2(View v) {                    //响应单击"使用均值模糊滤镜"按钮
    //在片元着色器代码中动态生成指定大小的卷积算子
    //根据该算子对图像进行卷积操作,实现均值模糊
    String myFragmentShaderString = "precision highp float;" +
        "varying mediump vec2 textureCoordinate;" +
        "uniform sampler2D textureSampler;" +
        "void main(){" +
        " float myX = textureCoordinate.x;" +
        " float myY = textureCoordinate.y;" +
        " vec4 myTotalColor = vec4(0.0);" +
        " int myCoreSize = 6;" +
        " vec2 myTextureSize = vec2(480.0,800.0);" +
        " float myKernel[10 * 10];" +
        " for(int i = 0; i < myCoreSize * myCoreSize; i ++){" +
        "   myKernel[i] = 1.0/float(myCoreSize * myCoreSize);" +
        " }" +
        " int myIndex = 0;" +
        " for(int y = 0; y < myCoreSize; y ++){" +
        "   for(int x = 0; x < myCoreSize; x ++){" +
        "    float myNewX = myX + float((x - 1)) * 1.0/myTextureSize.x;" +
        "     float myNewY = myY + float((y - 1)) * 1.0/myTextureSize.y;" +
        "    vec4 myColor = texture2D(textureSampler," +
        "vec2(myNewX,myNewY));" +
        "    myTotalColor += myColor * myKernel[myIndex ++];" +
        "   }" +
        " }" +
        " gl_FragColor = myTotalColor;" +
```

```
        "}";
        //将片元着色器代码传入渲染器
        myRenderer.setFragmentShaderString(myFragmentShaderString);
        myGLSurfaceView.requestRender();              //请求重新绘制图像
    }
```

上面这段代码在 MyCode\MySampleN83\app\src\main\java\com\bin\luo\mysample\MainActivity.java 文件中。

此实例的完整代码在 MyCode\MySampleN83 文件夹中。

165 创建自定义的羽化滤镜

此实例主要通过使用 GLSurfaceView 控件加载自定义 OpenGL 渲染器 Renderer，并在该 Renderer 中使用 glShaderSource()方法，根据羽化图像（计算当前位置与中心点的距离，并根据该距离计算颜色渐变变化量）的原生代码设置着色器的源代码，创建自定义的羽化滤镜。当实例运行之后，单击"显示原始图像"按钮，原始图像的效果如图 165-1(a)所示。单击"使用羽化滤镜"按钮，图像在使用自定义的羽化滤镜处理之后的效果如图 165-1(b)所示。

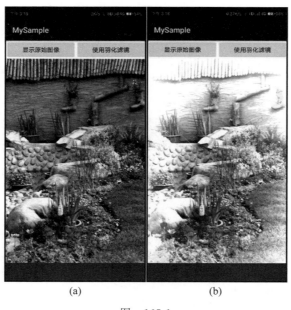

(a)   (b)

图   165-1

主要代码如下：

```
public void onClickButton2(View v) {                //响应单击"使用羽化滤镜"按钮
    //在片元着色器代码中根据算法计算当前位置与中心点的距离，
    //并根据距离值计算颜色渐变变化量，实现边缘羽化效果
    String myFragmentShaderString = "precision highp float;" +
        "varying mediump vec2 textureCoordinate;" +
        "uniform sampler2D textureSampler;" +
        "void main(){" +
        " float myCenterX = 0.5;" +
        " float myCenterY = 0.65;" +
        " vec2 myCenter = vec2(myCenterX,myCenterY);" +
        " float myX = textureCoordinate.x;" +
```

```
" float myY = textureCoordinate.y;" +
" float myDifference = dot(myCenter,myCenter);" +
" vec4 myColor = texture2D(textureSampler,textureCoordinate);" +
" float myDeltaX = myCenterX - myX;" +
" float myDeltaY = myCenterY - myY;" +
" float myDistanceSquare = myDeltaX * myDeltaX + myDeltaY * myDeltaY;" +
" gl_FragColor.rgb = myColor.rgb + myDistanceSquare * 1.2/myDifference;" +
"}";
//将片元着色器代码传入渲染器
myRenderer.setFragmentShaderString(myFragmentShaderString);
myGLSurfaceView.requestRender();                //请求重新绘制图像
}
```

上面这段代码在 MyCode \ MySampleO88 \ app \ src \ main \ java \ com \ bin \ luo \ mysample \ MainActivity.java 文件中。

此实例的完整代码在 MyCode\MySampleO88 文件夹中。

166　创建自定义的暗纹滤镜

此实例主要通过使用 GLSurfaceView 控件加载自定义 OpenGL 渲染器 Renderer，并在该 Renderer 中使用 glShaderSource()方法，根据生成暗纹（将原始像素逐个分解为彩色圆点，然后进行灰度处理）的原生代码设置着色器的源代码，创建自定义的暗纹滤镜。当实例运行之后，单击"显示原始图像"按钮，原始图像的效果如图 166-1(a)所示。单击"使用暗纹滤镜"按钮，图像在使用自定义的暗纹滤镜处理之后的效果如图 166-1(b)所示。

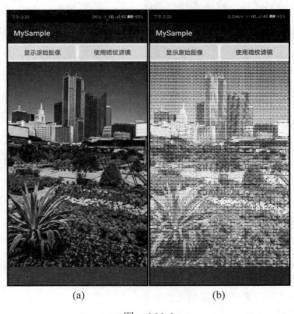

(a)　　　　　　　　　(b)

图　166-1

主要代码如下：

```
public void onClickButton2(View v) {                //响应单击"使用暗纹滤镜"按钮
    //在片元着色器代码中根据算法将原始像素逐个分解为
    //彩色圆点,然后进行灰度处理,实现暗纹效果
    String myFragmentShaderString = "precision highp float;" +
```

```
"varying mediump vec2 textureCoordinate;" +
"uniform sampler2D textureSampler;" +
"void main(){" +
" float myPixelSize = 0.01;" +
" float myRatio = 1533.0/1080.0;" +
" vec2 myXY = textureCoordinate;" +
" vec3 myGrayScaleFactor = vec3(0.2125,0.7154,0.0721);" +
" vec2 mySampleFactor = vec2(myPixelSize,myPixelSize/myRatio);" +
" vec2 mySampleXY = myXY - mod(myXY," +
" mySampleFactor) + 0.5 * mySampleFactor;" +
" vec2 myNewXY = vec2(myXY.x,myXY.y * myRatio + 0.5 - 0.5 * myRatio);" +
" float myNewSampleY = mySampleXY.y * myRatio + 0.5 - 0.5 * myRatio;" +
" vec2 myNewSampleXY = vec2(mySampleXY.x,myNewSampleY);" +
" float myDistance = distance(myNewSampleXY,myNewXY);" +
" vec3 mySampleColor = " +
" texture2D(textureSampler,mySampleXY).rgb;" +
" float myDotColor = 1.0 - dot(mySampleColor,myGrayScaleFactor);" +
" gl_FragColor.rgb = vec3(1.0 - step(myDistance," +
" myPixelSize * 0.5 * myDotColor));" +
"}";
//将片元着色器代码传入渲染器
myRenderer.setFragmentShaderString(myFragmentShaderString);
myGLSurfaceView.requestRender();          //请求重新绘制图像
}
```

上面这段代码在 MyCode \ MySampleO94 \ app \ src \ main \ java \ com \ bin \ luo \ mysample \ MainActivity. java 文件中。

此实例的完整代码在 MyCode\MySampleO94 文件夹中。

167　创建自定义的二值化滤镜

此实例主要通过使用 GLSurfaceView 控件加载自定义 OpenGL 渲染器 Renderer,并在该 Renderer 中使用 glShaderSource()方法,根据二值化图像的原生代码设置着色器的源代码,创建自定义的二值化滤镜。当实例运行之后,单击"显示原始图像"按钮,原始图像的效果如图 167-1(a)所示。单击"使用二值化滤镜"按钮,图像在使用自定义二值化滤镜处理之后的效果如图 167-1(b)所示。

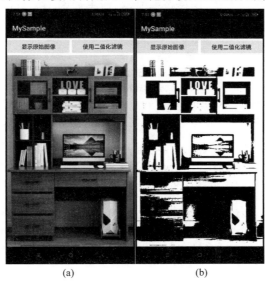

(a)　　　　　　　　(b)

图　167-1

主要代码如下：

```
public void onClickButton2(View v) {                    //响应单击"使用二值化滤镜"按钮
    //在片元着色器代码中自定义阈值,然后计算原始图像的灰度值
    //使用该灰度值与自定义阈值进行比较,小于阈值输出黑色
    //(0.0,0.0,0.0,1.0),大于或等于阈值输出白色(1.0,1.0,1.0,1.0)
    String myFragmentShaderString = "precision mediump float;" +
      "varying mediump vec2 textureCoordinate;" +
      "uniform sampler2D textureSampler;" +
      "void main(){" +
      "  float myThreshold = 100.0;" +
      "  vec4 myColor = texture2D(textureSampler," +
      "textureCoordinate);" +
      "  float myGrayColor = (0.3 * myColor.r" +
      " + 0.59 * myColor.g + 0.11 * myColor.b);" +
      " if(myGrayColor < myThreshold/255.0){" +
      "  gl_FragColor = vec4(0.0,0.0,0.0,1.0);" +
      " }else{" +
      "  gl_FragColor = vec4(1.0,1.0,1.0,1.0);" +
      " }" +
      "}";
    //将片元着色器代码传入渲染器
    myRenderer.setFragmentShaderString(myFragmentShaderString);
    myGLSurfaceView.requestRender();                    //请求重新绘制图像
}
```

上面这段代码在 MyCode\MySampleN82\app\src\main\java\com\bin\luo\mysample\MainActivity.java 文件中。

此实例的完整代码在 MyCode\MySampleN82 文件夹中。

168 创建自定义的色温调节滤镜

此实例主要通过使用 GLSurfaceView 控件加载自定义 OpenGL 渲染器 Renderer,并在该 Renderer 中使用 glShaderSource()方法,根据算法将图像转换为 YIQ 格式,并在该格式下调节图像色温值,创建自定义的色温调节滤镜。当实例运行之后,如果向左拖动滑块,图像色温降低,效果如图 168-1(a)所示。如果向右拖动滑块,图像色温升高,效果如图 168-1(b)所示。

主要代码如下：

```
public void onProgressChanged(SeekBar seekBar, int progress, boolean fromUser) {
    //在片元着色器代码中将原始图像转换为 YIQ 格式,并在该格式下调节图像色温
    String myFragmentShaderString = "precision highp float;" +
      "varying mediump vec2 textureCoordinate;" +
      "uniform sampler2D textureSampler;" +
      "void main(){" +
      " float myTemperature = " + (progress * 5.0f / 100 - 2.5f) + ";" +
      " vec3 myWarmFilter = vec3(0.93, 0.54, 0.0);" +
      " mat3 RGBtoYIQ = mat3(0.299, 0.587, 0.114," +
      "                      0.596, - 0.274, - 0.322," +
      "                      0.212, - 0.523, 0.311);" +
      " mat3 YIQtoRGB = mat3(1.0, 0.956, 0.621," +
      "                      1.0, - 0.272, - 0.647," +
      "                      1.0, - 1.105, 1.702);" +
```

```
" vec4 myColor = texture2D(textureSampler,textureCoordinate);" +
" vec3 myYIQ = RGBtoYIQ * myColor.rgb;" +
" myYIQ.b = clamp(myYIQ.b, - 0.5226,0.5226);" +
" vec3 myRGB = YIQtoRGB * myYIQ;" +
" vec3 myResult;" +
" if(myRGB.r < 0.5 && myRGB.g < 0.5 && myRGB.b < 0.5){" +
"   myResult = 2.0 * myRGB * myWarmFilter;" +
" }else{" +
"   myResult = 1.0 - 2.0 * (1.0 - myRGB) * (1.0 - myWarmFilter);" +
" }" +
" gl_FragColor.rgb = mix(myRGB,myResult,myTemperature);" +
"}";
//将片元着色器代码传入渲染器
myRenderer.setFragmentShaderString(myFragmentShaderString);
myGLSurfaceView.requestRender();                //请求重新绘制图像
}
```

上面这段代码在 MyCode ＼ MySampleP02 ＼ app ＼ src ＼ main ＼ java ＼ com ＼ bin ＼ luo ＼ mysample ＼ MainActivity.java 文件中。

此实例的完整代码在 MyCode＼MySampleP02 文件夹中。

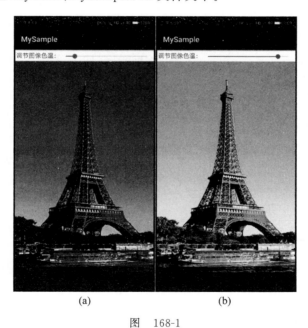

(a)　　　　　　(b)

图　168-1

169　创建自定义的刺猬特效滤镜

此实例主要通过使用 GLSurfaceView 控件加载自定义 OpenGL 渲染器 Renderer，并在该 Renderer 中使用 glShaderSource()方法，根据产生刺猬特效的算法的原生代码设置着色器的源代码，创建自定义的滤镜为图像添加刺猬特效。当实例运行之后，单击"显示原始图像"按钮，原始图像的效果如图 169-1(a)所示。单击"使用刺猬特效滤镜"按钮，图像在使用自定义的刺猬特效滤镜处理之后的效果如图 169-1(b)所示。

(a)   (b)

图 169-1

主要代码如下：

```
public void onClickButton2(View v) {              //响应单击"使用刺猬特效滤镜"按钮
    //在片元着色器代码中根据算法重新计算图像坐标,实现刺猬特效
    String myFragmentShaderString = "precision highp float;" +
        "varying mediump vec2 textureCoordinate;" +
        "uniform sampler2D textureSampler;" +
        "void main(){" +
        " vec3 myColor = vec3(0.0);" +
        " float myX = textureCoordinate.x;" +
        " float myY = textureCoordinate.y;" +
        " float myBlur = 40.0;" +
        " for(float i = 1.0; i <= myBlur; i += 1.0){" +
        "  float myNewX, myNewY;" +
        "  if(myX == 0.5){" +
        "   myNewX = myX;" +
        "   myNewY = myY + (0.5 - myY) * i/(6.0 * myBlur);" +
        "  }else{" +
        "   float myTan = (0.5 - myY)/(0.5 - myX);" +
        "   myNewX = myX + (0.5 - myX) * i/200.0;" +
        "   if((0.5 - myX) * (0.5 - myNewX) < 0.0) myNewX = 0.5;" +
        "   myNewY = 0.5 - 0.5 * myTan + myTan * myNewX;" +
        "  }" +
        "  myColor += texture2D(textureSampler," +
        "vec2(myNewX, myNewY)).rgb;" +
        " }" +
        " gl_FragColor.rgb = myColor/myBlur;" +
        "}";
    //将片元着色器代码传入渲染器
    myRenderer.setFragmentShaderString(myFragmentShaderString);
    myGLSurfaceView.requestRender();                //请求重新绘制图像
}
```

上面这段代码在 MyCode \ MySampleO11 \ app \ src \ main \ java \ com \ bin \ luo \ mysample \ MainActivity. java 文件中。

此实例的完整代码在 MyCode\MySampleO11 文件夹中。

170 创建自定义的雕刻特效滤镜

此实例主要通过使用 GLSurfaceView 控件加载自定义 OpenGL 渲染器 Renderer，并在该 Renderer 中使用 glShaderSource()方法，根据雕刻滤镜的原生代码设置着色器的源代码，创建自定义 的雕刻滤镜。当实例运行之后，单击"显示原始图像"按钮，原始图像的效果如图 170-1(a)所示。单击 "使用雕刻滤镜"按钮，图像在使用自定义的雕刻滤镜处理之后的效果如图 170-1(b)所示。

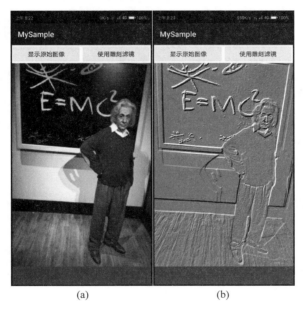

(a)   (b)

图　170-1

主要代码如下：

```
public void onClickButton2(View v) {                    //响应单击"使用雕刻滤镜"按钮
    //在片元着色器代码中根据指定算子对图像进行卷积操作,实现雕刻特效
    String myFragmentShaderString = "precision mediump float;" +
        "varying mediump vec2 textureCoordinate;" +
        "uniform sampler2D textureSampler;" +
        "vec4 filter(mat3 matrix,sampler2D sampler," +
        "vec2 xy,vec2 textureSize){" +
        " mat3 myPositionDeltaX = mat3(vec3( - 1.0,0.0,1.0)," +
        "                         vec3( 0.0,0.0,1.0)," +
        "                         vec3( 1.0,0.0,1.0));" +
        " mat3 myPositionDeltaY = mat3(vec3(0.0, - 1.0,1.0)," +
        "                         vec3(0.0, 0.0,1.0)," +
        "                         vec3(0.0, 1.0,1.0));" +
        " vec4 myFilteredColor = vec4(0.0,0.0,0.0,0.0);" +
        " for(int i = 0;i < 3;i ++){" +
        " for(int j = 0;j < 3;j ++){" +
        "   float myNewX = xy.x + myPositionDeltaX[i][j];" +
        "   float myNewY = xy.y + myPositionDeltaY[i][j];" +
```

```
"    vec2 myNewXY = vec2(myNewX/textureSize.x," +
"            myNewY/textureSize.y);" +
"    myFilteredColor += texture2D(sampler," +
"            myNewXY) * matrix[i][j];" +
"    }" +
" }" +
" return myFilteredColor;" +
"}" +
"void main(){" +
" vec2 myTextureSize = vec2(480.0,800.0);" +
" float myX = textureCoordinate.x;" +
" float myY = textureCoordinate.y;" +
" vec2 myXY = vec2(myX * myTextureSize.x,myY * myTextureSize.y);" +
" mat3 myMatrix = mat3( - 1.0, - 1.0,0.0," +
"                      - 1.0, 0.0,1.0," +
"                        0.0, 1.0,1.0);" +
" vec4 myFilterColor = filter(myMatrix," +
"textureSampler,myXY,myTextureSize);" +
" gl_FragColor = myFilterColor + 0.5;" +
"}";
//将片元着色器代码传入渲染器
myRenderer.setFragmentShaderString(myFragmentShaderString);
myGLSurfaceView.requestRender();              //请求重新绘制图像
}
```

上面这段代码在 MyCode\MySampleN79\app\src\main\java\com\bin\luo\mysample\MainActivity.java 文件中。

此实例的完整代码在 MyCode\MySampleN79 文件夹中。

171 创建自定义的素描特效滤镜

此实例主要通过使用 GLSurfaceView 控件加载自定义 OpenGL 渲染器 Renderer，并在该 Renderer 中使用 glShaderSource()方法，根据素描滤镜的原生代码设置着色器的源代码，创建自定义的素描滤镜。当实例运行之后，单击"显示原始图像"按钮，原始图像的效果如图 171-1(a)所示。单击"使用素描滤镜"按钮，图像在使用自定义的素描滤镜处理之后的效果如图 171-1(b)所示。

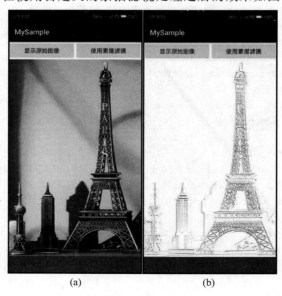

(a)   (b)

图   171-1

主要代码如下：

```
public void onClickButton2(View v) {                    //响应单击"使用素描滤镜"按钮
    //在片元着色器代码中根据拉普拉斯算子对图像进行卷积操作,实现素描特效
    String myFragmentShaderString = "precision mediump float;" +
        "varying mediump vec2 textureCoordinate;" +
        "uniform sampler2D textureSampler;" +
        "void main(){" +
        " vec2 myTextureSize = vec2(480.0,800.0);" +
        " float myX = textureCoordinate.x;" +
        " float myY = textureCoordinate.y;" +
        " vec2 myXY = vec2(myX * myTextureSize.x,myY * myTextureSize.y);" +
        " mat3 myMatrix = mat3( 0.0, - 1.0, 0.0," +
        "                      - 1.0, 4.0, - 1.0," +
        "                       0.0, - 1.0, 0.0);" +
        " mat3 myPositionDeltaX = mat3(vec3( - 1.0,0.0,1.0)," +
        "                              vec3( 0.0,0.0,1.0)," +
        "                              vec3( 1.0,0.0,1.0));" +
        " mat3 myPositionDeltaY = mat3(vec3( - 1.0, - 1.0, - 1.0)," +
        "                              vec3( - 1.0, 0.0, 0.0)," +
        "                              vec3( - 1.0, 1.0, 1.0));" +
        " vec4 myColor = vec4(0.0,0.0,0.0,0.0);" +
        " for(int i = 0;i < 3;i ++){" +
        "   for(int j = 0;j < 3;j ++){" +
        "     float myNewX = myXY.x + myPositionDeltaX[i][j];" +
        "     float myNewY = myXY.y + myPositionDeltaY[i][j];" +
        "     vec2 myNewXY = vec2(myNewX/myTextureSize.x," +
        "                         myNewY/myTextureSize.y);" +
        "     myColor += texture2D(textureSampler," +
        "                          myNewXY) * myMatrix[i][j];" +
        "   }" +
        " }" +
        " float myGrayColor = 0.3 * myColor.x" +
        " + 0.59 * myColor.y + 0.11 * myColor.z;" +
        " float mySketchedColor = 1.0 - myGrayColor; " +
        " gl_FragColor = vec4(mySketchedColor," +
        "                     mySketchedColor,mySketchedColor,1.0);" +
        "}";
    //将片元着色器代码传入渲染器
    myRenderer.setFragmentShaderString(myFragmentShaderString);
    myGLSurfaceView.requestRender();                    //请求重新绘制图像
}
```

上面这段代码在 MyCode \ MySampleN85 \ app \ src \ main \ java \ com \ bin \ luo \ mysample \ MainActivity. java 文件中。

此实例的完整代码在 MyCode\MySampleN85 文件夹中。

172　创建自定义的内部梯度滤镜

此实例主要通过使用 GLSurfaceView 控件加载自定义 OpenGL 渲染器 Renderer,并在该 Renderer 中使用 glShaderSource()方法,根据形态学内部梯度算法的原生代码设置着色器的源代码, 创建自定义的形态学内部梯度滤镜。当实例运行之后,单击"显示原始图像"按钮,原始图像的效果如

图 172-1(a)所示。单击"使用内部梯度滤镜"按钮,图像在使用自定义的内部梯度滤镜处理之后的效果如图 172-1(b)所示。

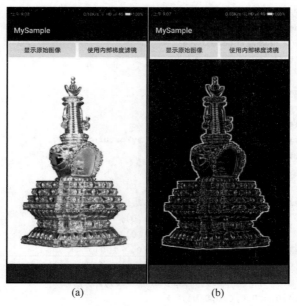

(a)   (b)

图　172-1

说明:形态学梯度通常由膨胀和腐蚀通过适当的组合形成,可以计算的梯度常见有四种:基本梯度、内部梯度、外部梯度和方向梯度。基本梯度是用膨胀之后的图像减去腐蚀之后的图像得到的差值图像,也被称为梯度图像;内部梯度是用原始图像减去腐蚀之后的图像得到的差值图像;外部梯度是图像膨胀之后再减去原来的图像得到的差值图像;方向梯度是使用 X 方向与 Y 方向的直线作为结构元素之后得到的图像梯度。

主要代码如下:

```
public void onClickButton2(View v) {                    //响应单击"使用内部梯度滤镜"按钮
    //在片元着色器代码中首先获取原始图像的像素值,然后对原始图像进行腐蚀
    //最后计算差值,并将结果赋值给 gl_FragColor,实现形态学内部梯度特效
    String myFragmentShaderString = "precision highp float;" +
      "varying mediump vec2 textureCoordinate;" +
      "uniform sampler2D textureSampler;" +
      "vec4 erode(){" +
      " float s = textureCoordinate.s;" +
      " float t = textureCoordinate.t;" +
      " vec4 minColor = vec4(1.0);" +
      " vec2 textureSize = vec2(480.0,800.0);" +
      " int coreSize = 9;" +
      " for(int y = 0; y < coreSize; y ++){" +
      "   for(int x = 0; x < coreSize; x ++){" +
      "     float newX = s + (float(x) - float(coreSize/2)) * 1.0/textureSize.x;" +
      "     float newY = t + (float(y) - float(coreSize/2)) * 1.0/textureSize.y;" +
      "     vec4 color = texture2D(textureSampler, vec2(newX, newY));" +
      "     minColor = min(minColor, color);" +
      "   }" +
      " }" +
      " return minColor;" +
      "}" +
```

```
"void main(){" +
" vec4 myColor = texture2D(textureSampler,textureCoordinate);" +
"gl_FragColor = myColor - erode();}";
```
//将片元着色器代码传入渲染器
```
myRenderer.setFragmentShaderString(myFragmentShaderString);
myGLSurfaceView.requestRender();                        //请求重新绘制图像
}
```

上面这段代码在 MyCode\MySampleO25\app\src\main\java\com\bin\luo\mysample\MainActivity.java 文件中。

此实例的完整代码在 MyCode\MySampleO25 文件夹中。

173 创建自定义的外部梯度滤镜

此实例主要通过使用 GLSurfaceView 控件加载自定义 OpenGL 渲染器 Renderer,并在该 Renderer 中使用 glShaderSource()方法,根据形态学外部梯度算法的原生代码设置着色器的源代码,创建自定义的形态学外部梯度滤镜。当实例运行之后,单击"显示原始图像"按钮,原始图像的效果如图 173-1(a)所示。单击"使用外部梯度滤镜"按钮,图像在使用自定义的外部梯度滤镜处理之后的效果如图 173-1(b)所示。

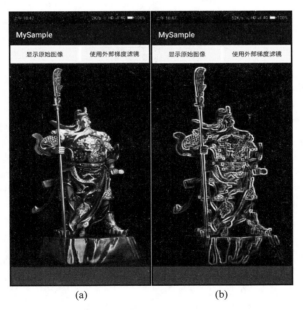

(a)   (b)

图   173-1

主要代码如下:

```
public void onClickButton2(View v) {                    //响应单击"使用外部梯度滤镜"按钮
    //在片元着色器代码中先对原始图像进行膨胀,然后获取原始图像的像素值
    //最后计算差值,并将结果赋值给 gl_FragColor,实现形态学外部梯度特效
    String myFragmentShaderString = "precision highp float;" +
        "varying mediump vec2 textureCoordinate;" +
        "uniform sampler2D textureSampler;" +
        "vec4 dilate(){" +
        " float s = textureCoordinate.s;" +
        " float t = textureCoordinate.t;" +
        " vec4 maxColor = vec4(0.0);" +
```

```
" vec2 textureSize = vec2(480.0,800.0);" +
" int coreSize = 9;" +
" for(int y = 0;y < coreSize;y ++){" +
"   for(int x = 0;x < coreSize;x ++){" +
"     float newX = s + (float(x) - float(coreSize/2)) * 1.0/textureSize.x;" +
"     float newY = t + (float(y) - float(coreSize/2)) * 1.0/textureSize.y;" +
"     vec4 color = texture2D(textureSampler,vec2(newX,newY));" +
"     maxColor = max(maxColor,color);" +
"   }" +
" }" +
" return maxColor;" +
"}" +
"void main(){" +
" vec4 myColor = texture2D(textureSampler,textureCoordinate);" +
"gl_FragColor = dilate() - myColor;}";
//将片元着色器代码传入渲染器
myRenderer.setFragmentShaderString(myFragmentShaderString);
myGLSurfaceView.requestRender();              //请求重新绘制图像
}
```

上面这段代码在 MyCode \ MySampleO24 \ app \ src \ main \ java \ com \ bin \ luo \ mysample \ MainActivity.java 文件中。

此实例的完整代码在 MyCode\MySampleO24 文件夹中。

174　创建自定义的纵向拉伸滤镜

此实例主要通过使用 GLSurfaceView 控件加载自定义 OpenGL 渲染器 Renderer,并在该 Renderer 中使用 glShaderSource()方法,根据纵向拉伸图像的原生代码设置着色器的源代码,创建自定义的纵向拉伸图像滤镜。当实例运行之后,单击"显示原始图像"按钮,原始图像的效果如图 174-1(a)所示。单击"使用拉伸滤镜"按钮,图像在使用自定义的纵向拉伸图像滤镜处理之后的效果如图 174-1(b)所示。

(a)　　　　　　　　　　　(b)

图　174-1

主要代码如下：

```
public void onClickButton2(View v) {                //响应单击"使用拉伸滤镜"按钮
    String myFragmentShaderString = "precision mediump float;" +
        "varying mediump vec2 textureCoordinate;" +
        "uniform sampler2D textureSampler;" +
        "void main() {" +
        "vec2 uv = textureCoordinate.xy;" +
        //设置拉伸系数 myScale = 1.5,区间为[1-2]
        "float myScale = 1.5;" +
        "vec2 scaleCoordinate = vec2(uv.x ," +
        " (myScale - 1.0) * 0.5 + uv.y / myScale);" +
        "vec4 smoothColor = texture2D(textureSampler, scaleCoordinate );" +
        "gl_FragColor = smoothColor;" +
        "}";
    //将片元着色器代码传入渲染器
    myRenderer.setFragmentShaderString(myFragmentShaderString);
    myGLSurfaceView.requestRender();                //请求重新绘制图像
}
```

上面这段代码在 MyCode\MySampleM91\app\src\main\java\com\bin\luo\mysample\MainActivity.java 文件中。

此实例的完整代码在 MyCode\MySampleM91 文件夹中。

175　创建自定义的色相调节滤镜

此实例主要通过使用 GLSurfaceView 控件加载自定义 OpenGL 渲染器 Renderer，并在该 Renderer 中使用 glShaderSource()方法，根据色相调节(通过将原始图像转换为 YIQ 格式，并在该格式下动态调节色相)的原生代码设置着色器的源代码，创建自定义的色相调节滤镜。当实例运行之后，如果向左拖动滑块，图像在经过色相调节滤镜处理之后的效果如图 175-1(a)所示。如果向右拖动滑块，图像在经过色相调节滤镜处理之后的效果如图 175-1(b)所示。

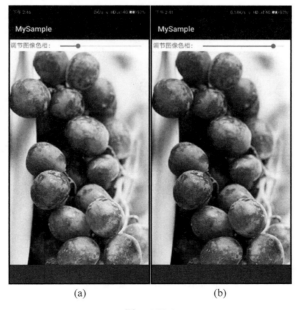

(a)　　　　　　　　(b)

图　175-1

主要代码如下：

```
public void onProgressChanged(SeekBar seekBar, int progress, boolean fromUser) {
    //在片元着色器代码中将原始图像转换为 YIQ 格式,并在该格式下动态调节色相
    String myFragmentShaderString = "precision highp float;" +
        "varying mediump vec2 textureCoordinate;" +
        "uniform sampler2D textureSampler;" +
        "void main(){" +
        " float myDeltaHue = " + Math.toRadians(progress * 360.0f / 100) + ";" +
        " vec3 RGBToY = vec3(0.299,        0.587,        0.114);" +
        " vec3 RGBToI = vec3(0.595716, - 0.274453, - 0.321263);" +
        " vec3 RGBToQ = vec3(0.211456, - 0.522591,   0.31135);" +
        " vec3 YIQToR = vec3(1.0,          0.9563,       0.6210);" +
        " vec3 YIQToG = vec3(1.0,        - 0.2721,    - 0.6474);" +
        " vec3 YIQToB = vec3(1.0,                   - 1.1070, 1.7046);" +
        " vec3 myRGBColor = texture2D(textureSampler, textureCoordinate).rgb;" +
        " float Y = dot(myRGBColor, RGBToY);" +
        " float I = dot(myRGBColor, RGBToI);" +
        " float Q = dot(myRGBColor, RGBToQ);" +
        " float myHue = atan(Q, I);" +
        " float myChroma = sqrt(I * I + Q * Q);" +
        " myHue -= myDeltaHue;" +
        " Q = myChroma * sin(myHue);" +
        " I = myChroma * cos(myHue);" +
        " vec3 YIQ = vec3(Y, I, Q);" +
        " myRGBColor.r = dot(YIQ, YIQToR);" +
        " myRGBColor.g = dot(YIQ, YIQToG);" +
        " myRGBColor.b = dot(YIQ, YIQToB);" +
        " gl_FragColor.rgb = myRGBColor;" +
        "}";
    //将片元着色器代码传入渲染器
    myRenderer.setFragmentShaderString(myFragmentShaderString);
    myGLSurfaceView.requestRender();          //请求重新绘制图像
}
```

上面这段代码在 MyCode\MySampleP04\app\src\main\java\com\bin\luo\mysample\MainActivity.java 文件中。

此实例的完整代码在 MyCode\MySampleP04 文件夹中。

176　创建自定义的马赛克滤镜

此实例主要通过使用 GLSurfaceView 控件加载自定义 OpenGL 渲染器 Renderer,并在该 Renderer 中使用 glShaderSource()方法,根据取模操作的原生代码设置着色器的源代码,创建自定义的滤镜为图像添加马赛克效果。当实例运行之后,单击"显示原始图像"按钮,原始图像的效果如图 176-1(a)所示。单击"使用马赛克滤镜"按钮,图像在使用自定义的马赛克滤镜处理之后的效果如图 176-1(b)所示。

主要代码如下：

```
public void onClickButton2(View v) {               //响应单击"使用马赛克滤镜"按钮
    //在片元着色器代码中通过取模操作实现马赛克特效
    String myFragmentShaderString = "precision highp float;" +
        "varying mediump vec2 textureCoordinate;" +
        "uniform sampler2D textureSampler;" +
        "void main(){" +
```

```
" float myX = textureCoordinate.x;" +
" float myY = textureCoordinate.y;" +
" float myMosaicSize = 0.05;" +
" float myRatio = 800.0/480.0;" +
" vec2 myDivisor = vec2(myMosaicSize,myMosaicSize/myRatio);" +
" vec2 myPosition = vec2(myX,myY) - mod(vec2(myX," +
"myY),myDivisor) + 0.5 * myDivisor;" +
" gl_FragColor = texture2D(textureSampler,myPosition);" +
"}";
//将片元着色器代码传入渲染器
myRenderer.setFragmentShaderString(myFragmentShaderString);
myGLSurfaceView.requestRender();                //请求重新绘制图像
}
```

上面这段代码在 MyCode\MySampleO19\app\src\main\java\com\bin\luo\mysample\MainActivity.java 文件中。

此实例的完整代码在 MyCode\MySampleO19 文件夹中。

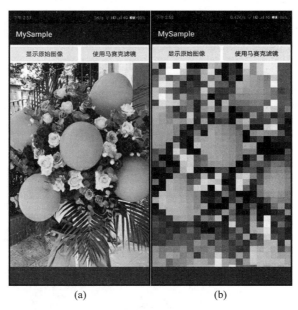

(a)　　　　　　　　(b)

图　　176-1

177　创建自定义的同心圆滤镜

此实例主要通过使用 GLSurfaceView 控件加载自定义 OpenGL 渲染器 Renderer,并在该 Renderer 中使用 glShaderSource()方法,根据将纹理坐标转换为极坐标,然后对其进行像素化处理的原生代码设置着色器的源代码,创建自定义的滤镜实现同心圆风格的马赛克效果。当实例运行之后,单击“显示原始图像”按钮,原始图像的效果如图 177-1(a)所示。单击“使用同心圆滤镜”按钮,图像在使用自定义的同心圆滤镜处理之后的效果如图 177-1(b)所示。

主要代码如下:

```
public void onClickButton2(View v) {                //响应单击"使用同心圆滤镜"按钮
    //在片元着色器代码中根据算法将纹理坐标转换为极坐标
    //然后对其进行像素化处理,实现同心圆马赛克特效
```

```
String myFragmentShaderString = "precision highp float;" +
  "varying mediump vec2 textureCoordinate;" +
  "uniform sampler2D textureSampler;" +
  "void main(){" +
  " vec2 myCenter = vec2(0.5,0.5);" +
  " vec2 myPixelSize = vec2(0.08,0.08);" +
  " vec2 myXY = textureCoordinate;" +
  " vec2 myNewXY = 2.0 * myXY - 1.0;" +
  " vec2 myNewCenter = 2.0 * myCenter - 1.0;" +
  " myNewXY -= myNewCenter;" +
  " float myRadius = length(myNewXY);" +
    " float myAngle = atan(myNewXY.y,myNewXY.x);" +
    " myRadius -= mod(myRadius,myPixelSize.x) + 0.03;" +
    " myAngle -= mod(myAngle,myPixelSize.y);" +
    " myNewXY.x = myRadius * cos(myAngle);" +
    " myNewXY.y = myRadius * sin(myAngle);" +
    " myNewXY += myNewCenter;" +
    " gl_FragColor = texture2D(textureSampler,myNewXY/2.0 + 0.5);" +
    "}";
//将片元着色器代码传入渲染器
myRenderer.setFragmentShaderString(myFragmentShaderString);
myGLSurfaceView.requestRender();                //请求重新绘制图像
}
```

上面这段代码在 MyCode\MySampleO97\app\src\main\java\com\bin\luo\mysample\MainActivity.java 文件中。

此实例的完整代码在 MyCode\MySampleO97 文件夹中。

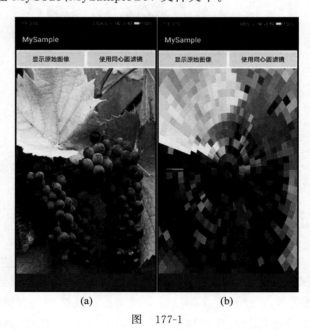

图　177-1

178　创建自定义的边框滤镜

此实例主要通过使用 GLSurfaceView 控件加载自定义 OpenGL 渲染器 Renderer,并在该 Renderer 中使用 glShaderSource()方法,根据在图像上添加边框的原生代码设置着色器的源代码,创建自定义的图像边框滤镜。当实例运行之后,单击"显示原始图像"按钮,原始图像的效果如图 178-1(a)所示。单击"使用边框滤镜"按钮,图像在使用自定义的边框滤镜处理之后的效果如图 178-1(b)所示。

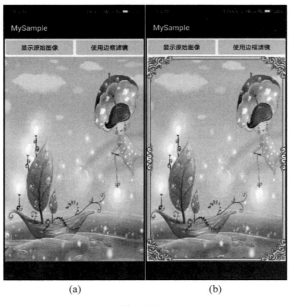

(a)   (b)

图   178-1

主要代码如下:

```
public class MainActivity extends Activity {
  GLSurfaceView myGLSurfaceView;
  MyRenderer myRenderer;
  Bitmap myBitmap;
  @Override
  protected void onCreate(Bundle savedInstanceState) {
    super.onCreate(savedInstanceState);
    setContentView(R.layout.activity_main);
    myGLSurfaceView = (GLSurfaceView)findViewById(R.id.myGLSurfaceView);
    //设置所使用的 OpenGL 版本为 OpenGL ES 2.0
    myGLSurfaceView.setEGLContextClientVersion(2);
    myRenderer = new MyRenderer();                          //初始化自定义渲染器
    myBitmap = BitmapFactory.decodeResource(getResources(),
                               R.mipmap.myimage1);   //加载指定图像资源
    myRenderer.setBitmap(myBitmap);
    myGLSurfaceView.setRenderer(myRenderer);               //应用自定义渲染器
    myGLSurfaceView.setRenderMode(
                  GLSurfaceView.RENDERMODE_WHEN_DIRTY); //设置渲染模式
  }
  public void onClickButton1(View v) {                     //响应单击"显示原始图像"按钮
    myRenderer.addBorderToImage(false,myBitmap,null);
    myGLSurfaceView.requestRender();
  }
  public void onClickButton2(View v) {                     //响应单击"使用边框滤镜"按钮
    Bitmap myBorderBitmap = BitmapFactory.decodeResource(
                            getResources(),R.mipmap.myborder);
    //将边框叠加在图像上层,实现边框显示特效
    myRenderer.addBorderToImage(true,myBitmap,myBorderBitmap);
```

```
    myGLSurfaceView.requestRender();                        //请求重新绘制
  }
}
```

上面这段代码在 MyCode \ MySampleN60 \ app \ src \ main \ java \ com \ bin \ luo \ mysample \ MainActivity. java 文件中。在这段代码中，myRenderer. addBorderToImage（true，myBitmap，myBorderBitmap）用于通过自定义的边框滤镜在图像上添加边框，自定义边框滤镜的主要代码如下：

```
public class MyRenderer implements GLSurfaceView. Renderer{
 float myVertices[] = { - 1.0f, - 1.0f,1.0f, - 1.0f,
                        - 1.0f, 1.0f,1.0f, 1.0f};              //顶点坐标
 float myTextures[] = { 0.0f, 1.0f,1.0f, 1.0f,
                        0.0f, 0.0f,1.0f, 0.0f};               //纹理坐标
 String myVertexShaderString = "attribute vec4 position;" +
   "attribute vec4 inputTextureCoordinate;" +
   "varying vec2 textureCoordinate;" +
   "void main(){" +
   " gl_Position = position;" +
   " textureCoordinate = vec2(inputTextureCoordinate.s," +
   "inputTextureCoordinate.t);" +
   "}";                                                       //顶点着色器代码
//在片元着色器代码中,通过获取并判断当前像素的 alpha 通道值是否在范围内
//然后使用 discard 关键字舍弃该像素值,绘制图像边框
String myFragmentShaderString = "precision mediump float;" +
   "varying mediump vec2 textureCoordinate;" +
   "uniform sampler2D textureSampler;" +
   "void main() {" +
   " vec4 myColor = texture2D(textureSampler,textureCoordinate);" +
   " if(myColor.a < 0.1) discard;" +
   " gl_FragColor = vec4(myColor.r,myColor.g,myColor.b,myColor.a);" +
   "}";
Bitmap myBitmap = null;
public void setBitmap(Bitmap bitmap){myBitmap = bitmap;}
boolean isBordered = false;                                  //是否绘制边框的标志
Bitmap myBorderBitmap;
 @Override
public void onDrawFrame(GL10 gl){
 if(!isBordered){
  if(myBitmap!= null){
   int myBitmapTextureID = loadTexture(myBitmap);
   loadTextureCoord(myTextures);
   GLES20.glBindTexture(GLES20.GL_TEXTURE_2D,myBitmapTextureID);
   GLES20.glDrawArrays(GLES20.GL_TRIANGLE_STRIP,0,4);
  }else{ GLES20.glClearColor(0,0,0,1); }
 }else{
  gl.glClear(GL10.GL_COLOR_BUFFER_BIT);
  //分别加载纹理图像和边框图像,并生成各自的纹理 ID 值
  int myBitmapTextureID = loadTexture(myBitmap);
  int myBorderTextureID = loadTexture(myBorderBitmap);
  //将纹理图像的坐标传入着色器
  loadTextureCoord(myTextures);
  //绑定纹理图像至当前纹理
  gl.glBindTexture(GLES20.GL_TEXTURE_2D,myBitmapTextureID);
  //绘制纹理图像
```

```
    gl.glDrawArrays(GLES20.GL_TRIANGLE_STRIP,0,4);
    //同时绑定边框图像至当前纹理
    gl.glBindTexture(GLES20.GL_TEXTURE_2D,myBorderTextureID);
    //绘制边框图像
    gl.glDrawArrays(GLES20.GL_TRIANGLE_STRIP,0,4);
} } }
```

上面这段代码在 MyCode \ MySampleN60 \ app \ src \ main \ java \ com \ bin \ luo \ mysample \ MyRenderer. java 文件中。

此实例的完整代码在 MyCode\MySampleN60 文件夹中。

179　创建自定义的凸面镜滤镜

此实例主要通过使用 GLSurfaceView 控件加载自定义 OpenGL 渲染器 Renderer，并在该 Renderer 中使用 glShaderSource()方法，根据凸面镜的原生代码设置着色器的源代码，创建自定义的凸面镜滤镜扭曲图像。当实例运行之后，单击"显示原始图像"按钮，原始图像的效果如图 179-1(a)所示。单击"使用凸面镜滤镜"按钮，图像在使用自定义的凸面镜滤镜扭曲之后的效果如图 179-1(b)所示。

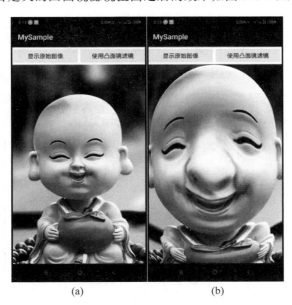

(a)　　　　　(b)

图　　179-1

主要代码如下：

```
public void onClickButton2(View v) {                //响应单击"使用凸面镜滤镜"按钮
    //在片元着色器代码中根据当前坐标位置重新计算经过
    //凸面镜变换之后的坐标位置,实现凸面镜扭曲效果
    String myFragmentShaderString = "precision highp float;" +
        "varying mediump vec2 textureCoordinate;" +
        "uniform sampler2D textureSampler;" +
        "void main(){" +
        "float myX = textureCoordinate.x;" +
        "float myY = textureCoordinate.y;" +
        "float myRadius = sqrt(1.0 + 1.0)/2.0;" +
        "float myDistance = sqrt((myX - 0.5)" +
        " * (myX - 0.5) + (myY - 0.5) * (myY - 0.5));" +
```

```
    "if(myDistance < myRadius){" +
    " float myNewX = (myX - 0.5) * myDistance/myRadius + 0.5;" +
    "float myNewY = (myY - 0.5) * myDistance/myRadius + 0.5;" +
    "gl_FragColor = texture2D(textureSampler," +
    "vec2(myNewX,myNewY));" +
    " }" +
    "}";
    //将片元着色器代码传入渲染器
    myRenderer.setFragmentShaderString(myFragmentShaderString);
    myGLSurfaceView.requestRender();                    //请求重新绘制图像
}
```

上面这段代码在 MyCode\MySampleN98\app\src\main\java\com\bin\luo\mysample\MainActivity.java 文件中。

此实例的完整代码在 MyCode\MySampleN98 文件夹中。

180　创建自定义的哈哈镜滤镜

此实例主要通过使用 GLSurfaceView 控件加载自定义 OpenGL 渲染器 Renderer,并在该 Renderer 中使用 glShaderSource()方法,根据对纹理坐标进行拉伸的原生代码设置着色器的源代码,创建自定义的滤镜,实现哈哈镜特效。当实例运行之后,单击"显示原始图像"按钮,原始图像的效果如图 180-1(a)所示。单击"使用哈哈镜滤镜"按钮,图像在使用自定义的哈哈镜滤镜处理之后的效果如图 180-1(b)所示。

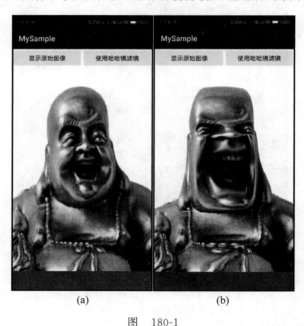

(a)　　　　　　　(b)

图　180-1

主要代码如下:

```
public void onClickButton2(View v) {                    //响应单击"使用哈哈镜滤镜"按钮
    //在片元着色器代码中对纹理坐标进行拉伸处理,实现哈哈镜效果
    String myFragmentShaderString = "precision highp float;" +
        "varying mediump vec2 textureCoordinate;" +
        "uniform sampler2D textureSampler;" +
        "void main(){" +
        " vec2 myCenter = vec2(0.5,0.5);" +
```

```
" vec2 myNewXY = 2.0 * textureCoordinate - 1.0;" +
" vec2 myNewCenter = 2.0 * myCenter - 1.0;" +
" myNewXY -= myNewCenter;" +
" vec2 mySignXY = sign(myNewXY);" +
" myNewXY = abs(myNewXY);" +
" myNewXY = 0.5 * myNewXY * (1.0 + smoothstep(0.25, 0.5, myNewXY));" +
" myNewXY *= mySignXY;" +
" myNewXY += myNewCenter;" +
" gl_FragColor = texture2D(textureSampler, myNewXY/2.0 + 0.5);" +
"}";
//将片元着色器代码传入渲染器
myRenderer.setFragmentShaderString(myFragmentShaderString);
myGLSurfaceView.requestRender();              //请求重新绘制图像
}
```

上面这段代码在 MyCode\MySampleO91\app\src\main\java\com\bin\luo\mysample\MainActivity.java 文件中。

此实例的完整代码在 MyCode\MySampleO91 文件夹中。

181　创建自定义的漩涡滤镜

此实例主要通过使用 GLSurfaceView 控件加载自定义 OpenGL 渲染器 Renderer，并在该 Renderer 中使用 glShaderSource()方法，根据漩涡滤镜的原生代码设置着色器的源代码，创建自定义的漩涡滤镜。当实例运行之后，单击"显示原始图像"按钮，原始图像的效果如图 181-1(a)所示。单击"使用漩涡滤镜"按钮，图像在使用自定义的漩涡滤镜处理之后的效果如图 181-1(b)所示。

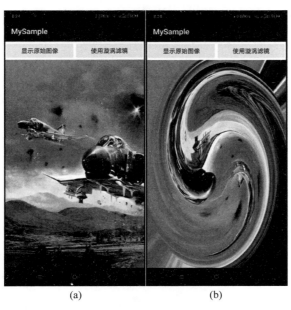

(a)　　　　　　　　(b)

图　181-1

主要代码如下：

```
public void onClickButton2(View v) {              //响应单击"使用漩涡滤镜"按钮
    //在片元着色器代码中根据漩涡算法重新计算当前坐标,实现漩涡效果
    String myFragmentShaderString = "precision mediump float;" +
      "varying mediump vec2 textureCoordinate;" +
      "uniform sampler2D textureSampler;" +
```

```
"const float PI = 3.1415926;" +
"const float myDegree = 120.0;" +
"const float myRotateRadius = 0.6;" +
"void main(){" +
" vec2 myTextureSize = vec2(480.0,800.0);" +
" vec2 myTextureCoord = textureCoordinate;" +
" float myRadius = myTextureSize.s * myRotateRadius;" +
" vec2 myXY = myTextureSize.s * myTextureCoord;" +
" vec2 myDistanceXY = myXY - vec2(myTextureSize.s/2.," +
"myTextureSize.s/2.);" +
" float myDistance = length(myDistanceXY);" +
" float myAngle = atan(myDistanceXY.y,myDistanceXY.x)" +
" + radians(myDegree) * 2.0 * ( - (myDistance/myRadius)" +
" * (myDistance/myRadius) + 1.0);" +
" myXY = myTextureSize.s/2. + myDistance" +
" * vec2(cos(myAngle),sin(myAngle));" +
" myTextureCoord = myXY/myTextureSize.s;" +
" gl_FragColor = texture2D(textureSampler,myTextureCoord);" +
"}";
//将片元着色器代码传入渲染器
myRenderer.setFragmentShaderString(myFragmentShaderString);
myGLSurfaceView.requestRender();                //请求重新绘制图像
}
```

上面这段代码在 MyCode\MySampleN76\app\src\main\java\com\bin\luo\mysample\MainActivity.java 文件中。

此实例的完整代码在 MyCode\MySampleN76 文件夹中。

182　创建自定义的裁剪椭圆滤镜

此实例主要通过使用 GLSurfaceView 控件加载自定义 OpenGL 渲染器 Renderer,并在该 Renderer 中使用 glShaderSource()方法,根据裁剪椭圆图像的原生代码设置着色器的源代码,创建自定义的裁剪椭圆滤镜。当实例运行之后,单击"显示原始图像"按钮,原始图像的效果如图 182-1(a)所示。单击"使用裁剪椭圆滤镜"按钮,图像在使用自定义的裁剪椭圆滤镜处理之后的效果如图 182-1(b)所示。

(a)　　　　　(b)

图　182-1

主要代码如下：

```
public void onClickButton2(View v) {              //响应单击"使用裁剪椭圆滤镜"按钮
    //在片元着色器代码中,直接使用 texture2D()方法即可获取原始图像内容
    //然后判断当前纹理像素点是否在指定的区域内,实现裁剪椭圆图像
    String myFragmentShaderString = "precision mediump float;" +
        "varying mediump vec2 textureCoordinate;" +
        "uniform sampler2D textureSampler;" +
        "void main(){" +
        "if((0.5 - textureCoordinate.s) * (0.5 - textureCoordinate.s) + " +
        "(0.5 - textureCoordinate.t) * (0.5 - textureCoordinate.t)<= 0.4 * 0.4){" +
        "gl_FragColor = texture2D(textureSampler,textureCoordinate);" +
        "}" +
        "}";
    //将片元着色器代码传入渲染器
    myRenderer.setFragmentShaderString(myFragmentShaderString);
    myGLSurfaceView.requestRender();              //请求重新绘制图像
}
```

上面这段代码在 MyCode \ MySampleN43 \ app \ src \ main \ java \ com \ bin \ luo \ mysample \ MainActivity. java 文件中。

此实例的完整代码在 MyCode\MySampleN43 文件夹中。

183　创建自定义的异形裁剪滤镜

此实例主要通过使用 GLSurfaceView 控件加载自定义 OpenGL 渲染器 Renderer，并在该 Renderer 中使用 glShaderSource()方法，根据遮罩图像的 alpha 通道值对图像进行裁剪混合的原生代码设置着色器的源代码，创建自定义的异形裁剪滤镜。当实例运行之后，单击"显示原始图像"按钮，原始图像的效果如图 183-1(a)所示。单击"使用异形裁剪滤镜"按钮，图像在使用自定义的异形裁剪滤镜处理之后的效果如图 183-1(b)所示。

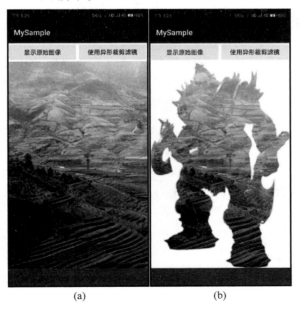

(a)　　　　　　　　　　(b)

图　183-1

主要代码如下：

```
//顶点着色器代码,用于获取两幅图像的纹理坐标
 String myVertexShaderString =
   "attribute vec4 position;" +
   "attribute vec2 inputTextureCoord;" +
   "varying vec2 textureCoord;" +
   "void main(){" +
   "gl_Position = position;" +
   "textureCoord = inputTextureCoord;" +
   "}";
/* 在片元着色器代码中获取两幅图像的像素值,并根据遮罩
   图像的 alpha 通道值对位图图像进行裁剪混合操作 */
 String myFragmentShaderString =
   "precision mediump float;" +
   "varying vec2 textureCoord;" +
   "uniform sampler2D textureSampler1;" +
   "uniform sampler2D textureSampler2;" +
   "void main(){" +
   "vec4 myColor1 = texture2D(textureSampler1,textureCoord);" +
   "vec4 myColor2 = texture2D(textureSampler2,textureCoord);" +
   "if(myColor2 == vec4(1.0)){" +
   "gl_FragColor = myColor1;" +
   "}else{" +
   "gl_FragColor = vec4(mix(myColor1.rgb," +
   "myColor2.rgb,myColor1.a),myColor1.a);" +
   "}" +
   "}";
```

上面这段代码在 MyCode＼MySampleP15＼app＼src＼main＼java＼com＼bin＼luo＼mysample＼MyRenderer.java 文件中。

此实例的完整代码在 MyCode\MySampleP15 文件夹中。

184　创建自定义的异形抠图滤镜

此实例主要通过使用 GLSurfaceView 控件加载自定义 OpenGL 渲染器 Renderer，并在该 Renderer 中使用 glShaderSource()方法，根据遮罩图像的 alpha 通道值对位图图像进行挖空混合操作的原生代码设置着色器的源代码，创建自定义的异形抠图滤镜。当实例运行之后，单击"显示原始图像"按钮，原始图像的效果如图 184-1(a)所示。单击"使用异形抠图滤镜"按钮，图像在使用自定义异形抠图滤镜处理之后的效果如图 184-1(b)所示。

主要代码如下：

```
//顶点着色器代码,用于获取两幅图像的纹理坐标
String myVertexShaderString =
  "attribute vec4 position;" +
  "attribute vec2 inputTextureCoord;" +
  "varying vec2 textureCoord;" +
  "void main(){" +
  " gl_Position = position;" +
  " textureCoord = inputTextureCoord;" +
  "}";
/* 在片元着色器代码中获取两幅图像像素值,并根据
```

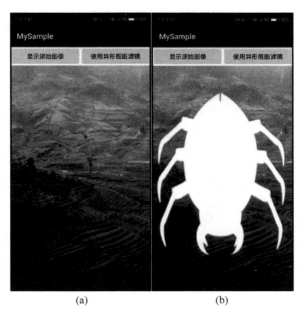

图 184-1

遮罩图像的 **alpha** 通道值对位图进行挖空混合操作 * /
```
String myFragmentShaderString =
  "precision mediump float;" +
  "varying vec2 textureCoord;" +
  "uniform sampler2D textureSampler1;" +
  "uniform sampler2D textureSampler2;" +
  "void main(){" +
  "vec4 myColor1 = texture2D(textureSampler1,textureCoord);" +
  "vec4 myColor2 = texture2D(textureSampler2,textureCoord);" +
  "if(myColor2 == vec4(1.0)){" +
  "   gl_FragColor = myColor1;" +
  "}else{" +
  "   gl_FragColor = vec4(mix(myColor1.rgb," +
  "myColor2.rgb,1.0 - myColor1.a),1.0 - myColor1.a);" +
  "}" +
  "}";
```

上面这段代码在 MyCode \ MySampleP16 \ app \ src \ main \ java \ com \ bin \ luo \ mysample \ MyRenderer. java 文件中。

此实例的完整代码在 MyCode\MySampleP16 文件夹中。

185　创建自定义的圆角滤镜

此实例主要通过使用 GLSurfaceView 控件加载自定义 OpenGL 渲染器 Renderer,并在该 Renderer 中使用 glShaderSource()方法,根据对图像进行圆角处理的原生代码设置着色器的源代码, 创建自定义的圆角滤镜。当实例运行之后,单击"显示原始图像"按钮,原始图像的效果如图 185-1(a) 所示。单击"使用圆角滤镜"按钮,图像在使用自定义的圆角滤镜处理之后的效果如图 185-1(b)所示。

主要代码如下:

```
public void onClickButton2(View v) {            //响应单击"使用圆角滤镜"按钮
    String myFragmentShaderString = "precision mediump float;" +
```

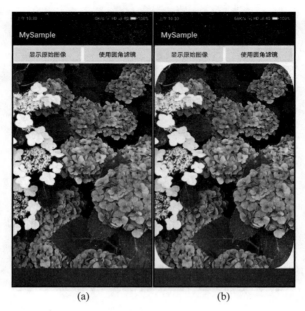

(a)   (b)

图   185-1

```
"varying mediump vec2 textureCoordinate;" +
"uniform sampler2D textureSampler;" +
"void main(){" +
"if(textureCoordinate.s <= 0.15 && textureCoordinate.t <= 0.15){" +
"  if((0.15 - textureCoordinate.s) * (0.15 - textureCoordinate.s) + " +
"(0.15 - textureCoordinate.t) * (0.15 - textureCoordinate.t)<= 0.15 * 0.15){" +
"  gl_FragColor = texture2D(textureSampler,textureCoordinate);" +
" }else{" +
"  gl_FragColor = vec4(1,1,1,1);" +
"}" +
"}else if(textureCoordinate.s > 0.85 && textureCoordinate.t > 0.85){" +
"  if((0.85 - textureCoordinate.s) * (0.85 - textureCoordinate.s) + " +
"(0.85 - textureCoordinate.t) * (0.85 - textureCoordinate.t)<= 0.15 * 0.15){" +
"  gl_FragColor = texture2D(textureSampler,textureCoordinate);" +
"}else{" +
"  gl_FragColor = vec4(1,1,1,1);" +
"}" +
"}else if(textureCoordinate.s > 0.85 && textureCoordinate.t <= 0.15){" +
"if((0.85 - textureCoordinate.s) * (0.85 - textureCoordinate.s) + " +
"(0.15 - textureCoordinate.t) * (0.15 - textureCoordinate.t)<= 0.15 * 0.15){" +
"  gl_FragColor = texture2D(textureSampler,textureCoordinate);" +
"}else{" +
"  gl_FragColor = vec4(1,1,1,1);" +
"}" +
"}else if(textureCoordinate.s <= 0.15 && textureCoordinate.t > 0.85){" +
"  if((0.15 - textureCoordinate.s) * (0.15 - textureCoordinate.s) + " +
"(0.85 - textureCoordinate.t) * (0.85 - textureCoordinate.t)<= 0.15 * 0.15){" +
"  gl_FragColor = texture2D(textureSampler,textureCoordinate);" +
"}else{" +
"  gl_FragColor = vec4(1,1,1,1);" +
"}" +
"}else{" +
"  gl_FragColor = texture2D(textureSampler,textureCoordinate);" +
```

```
    " }" +
    "}";
//将片元着色器代码传入渲染器
myRenderer.setFragmentShaderString(myFragmentShaderString);
myGLSurfaceView.requestRender();                    //请求重新绘制图像
}
```

上面这段代码在 MyCode \ MySampleN50 \ app \ src \ main \ java \ com \ bin \ luo \ mysample \ MainActivity. java 文件中。

此实例的完整代码在 MyCode\MySampleN50 文件夹中。

186　创建自定义的切角滤镜

此实例主要通过使用 GLSurfaceView 控件加载自定义 OpenGL 渲染器 Renderer,并在该 Renderer 中使用 glShaderSource()方法,根据图像切角的原生代码设置着色器的源代码,创建自定义 的切角滤镜。当实例运行之后,单击"显示原始图像"按钮,原始图像的效果如图 186-1(a)所示。单击 "使用切角滤镜"按钮,图像在使用自定义的切角滤镜处理之后的效果如图 186-1(b)所示。

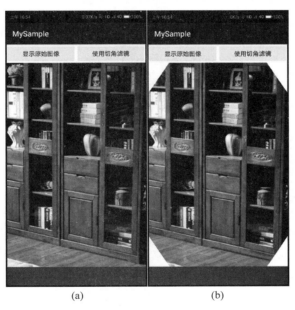

(a)　　　　　　(b)

图　186-1

主要代码如下:

```
public void onClickButton2(View v) {                    //响应单击"使用切角滤镜"按钮
    /* 在片元着色器代码中先判断像素是否在指定三角形外围的矩形区域,再判断是否在该矩形内的三角形区
       域,并填充原始图像,然后按照上述步骤对四个角进行处理,实现切角 */
    String myFragmentShaderString = "precision mediump float;" +
        "varying mediump vec2 textureCoordinate;" +
        "uniform sampler2D textureSampler;" +
        "void main(){" +
        "if(textureCoordinate.s <= 0.15 && textureCoordinate.t <= 0.15){" +
        "if(textureCoordinate.s > 0.15 - textureCoordinate.t){" +
        "gl_FragColor = texture2D(textureSampler,textureCoordinate);" +
        "}else{" +
        "gl_FragColor = vec4(1,1,1,1);" +
```

```
        "}" +
        "}else if(textureCoordinate.s > 0.85 && textureCoordinate.t <= 0.15){" +
        "if(1.0 - textureCoordinate.s > 0.15 - textureCoordinate.t){" +
        "gl_FragColor = texture2D(textureSampler,textureCoordinate);" +
        "}else{" +
        "gl_FragColor = vec4(1,1,1,1);" +
        "}" +
        "}else if(textureCoordinate.s <= 0.15 && textureCoordinate.t > 0.85){" +
        "if(0.15 - textureCoordinate.s < 1.0 - textureCoordinate.t){" +
        "gl_FragColor = texture2D(textureSampler,textureCoordinate);" +
        "}else{" +
        "gl_FragColor = vec4(1,1,1,1);" +
        "}" +
        "}else if(textureCoordinate.s > 0.85 && textureCoordinate.t > 0.85){" +
        "if(1.0 - textureCoordinate.s > 0.15 - (1.0 - textureCoordinate.t)){" +
        "gl_FragColor = texture2D(textureSampler,textureCoordinate);" +
        "}else{" +
        "gl_FragColor = vec4(1,1,1,1);" +
        "}" +
        "}else{" +
        "gl_FragColor = texture2D(textureSampler,textureCoordinate);" +
        "}" +
        "}";
    //将片元着色器代码传入渲染器
    myRenderer.setFragmentShaderString(myFragmentShaderString);
    myGLSurfaceView.requestRender();                //请求重新绘制图像
}
```

上面这段代码在 MyCode\MySampleN52\app\src\main\java\com\bin\luo\mysample\MainActivity.java 文件中。

此实例的完整代码在 MyCode\MySampleN52 文件夹中。

187 创建自定义的左右分镜滤镜

此实例主要通过使用 GLSurfaceView 控件加载自定义 OpenGL 渲染器 Renderer，并在该 Renderer 中使用 glShaderSource()方法，根据图像左右分镜的原生代码设置着色器的源代码，创建自定义的左右分镜滤镜。当实例运行之后，单击"显示原始图像"按钮，原始图像的效果如图 187-1(a)所示。单击"使用左右分镜滤镜"按钮，图像在使用自定义的左右分镜滤镜处理之后的效果如图 187-1(b)所示。

主要代码如下：

```
public void onClickButton2(View v) {                    //响应单击"使用左右分镜滤镜"按钮
    String myFragmentShaderString = "precision mediump float;" +
        "varying mediump vec2 textureCoordinate;" +
        "uniform sampler2D textureSampler;" +
        "void main() {" +
        "vec2 uv = textureCoordinate;" +
        "if (uv.x > 0.5) {" +
        " uv.x = 1.0 - uv.x;" +
        " }" +
        "gl_FragColor = texture2D(textureSampler, fract(uv));" +
        "}";
    //将片元着色器代码传入渲染器
    myRenderer.setFragmentShaderString(myFragmentShaderString);
    myGLSurfaceView.requestRender();                    //请求重新绘制图像
}
```

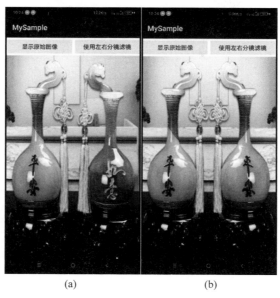

图　187-1

上面这段代码在 MyCode\MySampleM88\app\src\main\java\com\bin\luo\mysample\MainActivity.java 文件中。

此实例的完整代码在 MyCode\MySampleM88 文件夹中。

188　创建自定义的上下分镜滤镜

此实例主要通过使用 GLSurfaceView 控件加载自定义 OpenGL 渲染器 Renderer，并在该 Renderer 中使用 glShaderSource()方法，根据上下分镜的原生代码设置着色器的源代码，创建自定义的上下分镜滤镜。当实例运行之后，单击"显示原始图像"按钮，原始图像的效果如图 188-1(a)所示。单击"使用上下分镜滤镜"按钮，图像在使用自定义的上下分镜滤镜处理之后的效果如图 188-1(b)所示。

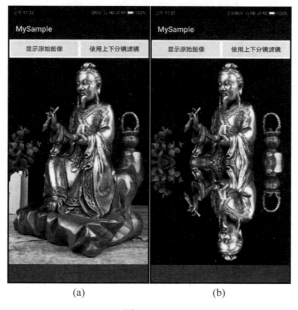

图　188-1

主要代码如下：

```
public void onClickButton2(View v) {                    //响应单击"使用上下分镜滤镜"按钮
    String myFragmentShaderString = "precision mediump float;" +
        "varying mediump vec2 textureCoordinate;" +
        "uniform sampler2D textureSampler;" +
        "void main() {" +
        "vec2 uv = textureCoordinate;" +
        "if (uv.y > 0.5) {" +
        " uv.y = 1.0 - uv.y;" +
        " }" +
        "gl_FragColor = texture2D(textureSampler, fract(uv));" +
        "}";
    //将片元着色器代码传入渲染器
    myRenderer.setFragmentShaderString(myFragmentShaderString);
    myGLSurfaceView.requestRender();                    //请求重新绘制图像
}
```

上面这段代码在 MyCode\MySampleM87\app\src\main\java\com\bin\luo\mysample\MainActivity.java 文件中。

此实例的完整代码在 MyCode\MySampleM87 文件夹中。

189　创建自定义的三层分镜滤镜

此实例主要通过使用 GLSurfaceView 控件加载自定义 OpenGL 渲染器 Renderer，并在该 Renderer 中使用 glShaderSource()方法，根据三层分镜的原生代码设置着色器的源代码，创建自定义的三层分镜滤镜。当实例运行之后，单击"显示原始图像"按钮，原始图像的效果如图 189-1(a)所示。单击"使用三层分镜滤镜"按钮，图像在使用自定义的三层分镜滤镜处理之后的效果如图 189-1(b)所示。

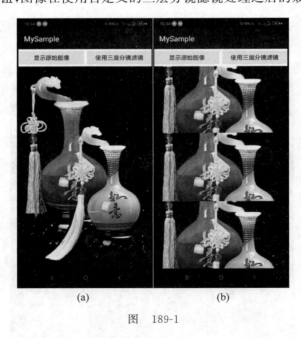

(a)　　　　　　　　　(b)

图　189-1

主要代码如下：

```
public void onClickButton2(View v) {                    //响应单击"使用三层分镜滤镜"按钮
    String myFragmentShaderString = "precision mediump float;" +
```

```
"varying highp vec2 textureCoordinate;" +
"uniform sampler2D inputImageTexture;" +
"void main(){" +
"highp vec2 uv = textureCoordinate;" +
"vec4 color;" +
"if (uv.y >= 0.0 && uv.y <= 0.33) { " +          //上层
"vec2 coordinate = vec2(uv.x, uv.y + 0.33);" +
" color = texture2D(inputImageTexture, coordinate);" +
"} else if (uv.y > 0.33 && uv.y <= 0.67) { " +   //中层
" color = texture2D(inputImageTexture, uv);" +
"} else {" +                                     //下层
"vec2 coordinate = vec2(uv.x, uv.y - 0.33);" +
"color = texture2D(inputImageTexture, coordinate);" +
"}" +
"gl_FragColor = color;" +
"}";
//将片元着色器代码传入渲染器
myRenderer.setFragmentShaderString(myFragmentShaderString);
myGLSurfaceView.requestRender();                 //请求重新绘制图像
}
```

上面这段代码在 MyCode\MySampleM84\app\src\main\java\com\bin\luo\mysample\MainActivity.java 文件中。

此实例的完整代码在 MyCode\MySampleM84 文件夹中。

190　创建自定义的四分镜滤镜

此实例主要通过使用 GLSurfaceView 控件加载自定义 OpenGL 渲染器 Renderer，并在该 Renderer 中使用 glShaderSource() 方法，根据四分镜滤镜的原生代码设置着色器的源代码，创建自定义的四分镜滤镜（所谓四分镜，就是把整幅图像缩小成四份，然后分别放在左上角、右上角、左下角、右下角）。当实例运行之后，单击"显示原始图像"按钮，原始图像的效果如图 190-1(a) 所示。单击"使用四分镜滤镜"按钮，图像在使用自定义的四分镜滤镜处理之后的效果如图 190-1(b) 所示。

(a)　　　　　　　(b)

图　190-1

主要代码如下：

```
public void onClickButton2(View v) {                    //响应单击"使用四分镜滤镜"按钮
    String myFragmentShaderString = "precision mediump float;" +
        "varying highp vec2 textureCoordinate;" +
        "uniform sampler2D inputImageTexture;" +
        "void main() {" +
        "vec2 uv = textureCoordinate;" +
        "if (uv.x <= 0.5) {" +
        "uv.x = uv.x * 2.0;" +
        "} else {" +
        "uv.x = (uv.x - 0.5) * 2.0;" +
        "}" +
        " if (uv.y <= 0.5) {" +
        " uv.y = uv.y * 2.0;" +
        " } else {" +
        " uv.y = (uv.y - 0.5) * 2.0;" +
        " }" +
        "gl_FragColor = texture2D(inputImageTexture, fract(uv));" +
        "}";
    //将片元着色器代码传入渲染器
    myRenderer.setFragmentShaderString(myFragmentShaderString);
    myGLSurfaceView.requestRender();                    //请求重新绘制图像
}
```

上面这段代码在 MyCode\MySampleM86\app\src\main\java\com\bin\luo\mysample\MainActivity.java 文件中。

此实例的完整代码在 MyCode\MySampleM86 文件夹中。

191 创建自定义的水平镜像滤镜

此实例主要通过使用 GLSurfaceView 控件加载自定义 OpenGL 渲染器 Renderer，并在该 Renderer 中使用 glShaderSource()方法，根据水平镜像图像的原生代码设置着色器的源代码，创建自定义的水平镜像滤镜。当实例运行之后，单击"显示原始图像"按钮，原始图像的效果如图 191-1(a)所示。单击"使用水平镜像滤镜"按钮，图像在使用自定义的水平镜像滤镜处理之后的效果如图 191-1(b)所示。

主要代码如下：

```
public void onClickButton2(View v) {                    //响应单击"使用水平镜像滤镜"按钮
    //根据水平镜像算法重新计算像素水平坐标，然后将处理结果赋值给 gl_FragColor
    String myFragmentShaderString = "precision mediump float;" +
        "varying mediump vec2 textureCoordinate;" +
        "uniform sampler2D textureSampler;" +
        "void main(){" +
        " float myX = textureCoordinate.x;" +
        " float myY = textureCoordinate.y;" +
        " vec4 myColor = texture2D(textureSampler, vec2(1.0 - myX, myY));" +
        " gl_FragColor = myColor;" +
        "}";
    //将片元着色器代码传入渲染器
    myRenderer.setFragmentShaderString(myFragmentShaderString);
    myGLSurfaceView.requestRender();                    //请求重新绘制图像
}
```

上面这段代码在 MyCode＼MySampleM82＼app＼src＼main＼java＼com＼bin＼luo＼mysample＼MainActivity.java 文件中。

此实例的完整代码在 MyCode\MySampleM82 文件夹中。

(a)　　　　　　　　　　(b)

图　191-1

192　创建自定义的正片叠加滤镜

此实例主要通过使用 GLSurfaceView 控件加载自定义 OpenGL 渲染器 Renderer，并在该 Renderer 的片元着色器代码中对两幅图像的颜色进行乘法运算，创建自定义的滤镜以正片叠底的方式叠加两幅图像。在 Adobe Photoshop 帮助文件中这样描述正片叠底：查看对应像素的颜色信息，并将基色与混合色复合，结果色总是较暗的颜色，任何颜色与黑色复合产生黑色，任何颜色与白色复合保持不变；当用黑色或白色以外的颜色绘画时，绘画工具绘制的连续描边产生逐渐变暗的颜色；正片就是常见的幻灯片，正片叠底的效果就是把基色和混合色的图像制作成幻灯片，把它们叠放在一起，拿起来凑到亮处看的效果，由于两张幻灯片都有内容，所以重叠起来的图像比单幅图像要暗。当实例运行之后，单击"第一幅图像"按钮，将显示第一幅图像，效果如图 192-1(a)所示。单击"第二幅图像"按钮，将显示第二幅图像。单击"使用叠加滤镜"按钮，第一幅图像和第二幅图像在使用正片叠加滤镜处理之后的效果如图 192-1(b)所示。

主要代码如下：

```
//顶点着色器代码,用于获取两幅图像的纹理坐标
String myVertexShaderString =
    "attribute vec4 position;" +
    "attribute vec2 inputTextureCoord;" +
    "varying vec2 textureCoord;" +
    "void main(){" +
    " gl_Position = position;" +
    " textureCoord = inputTextureCoord;" +
    "}";
//片元着色器代码,用于获取两幅图像的像素,实现正片叠底
```

```
String myFragmentShaderString =
    "precision mediump float;" +
    "varying vec2 textureCoord;" +
    "uniform sampler2D textureSampler1;" +
    "uniform sampler2D textureSampler2;" +
    "void main(){" +
    " vec4 myColor1 = texture2D(textureSampler1,textureCoord);" +
    " vec4 myColor2 = texture2D(textureSampler2,textureCoord);" +
    " if(myColor2 == vec4(1.0)){" +
    " gl_FragColor = myColor1;" +
    " }else{" +
    " gl_FragColor = myColor1 * myColor2;" +
    " }" +
    "}";
```

上面这段代码在 MyCode\MySampleO37\app\src\main\java\com\bin\luo\mysample\MyRenderer.java 文件中。

此实例的完整代码在 MyCode\MySampleO37 文件夹中。

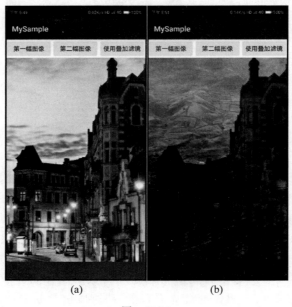

图　192-1

193　创建自定义的差值叠加滤镜

此实例主要通过使用 GLSurfaceView 控件加载自定义 OpenGL 渲染器 Renderer，并在该 Renderer 的片元着色器代码中采集两幅图像同一位置像素的差值（绝对值）作为结果图像的像素，创建自定义的差值叠加滤镜，叠加两幅图像。当实例运行之后，单击"第一幅图像"按钮，将显示第一幅图像，效果如图 193-1(a)所示。单击"第二幅图像"按钮，将显示第二幅图像。单击"使用叠加滤镜"按钮，第一幅图像和第二幅图像在使用差值叠加滤镜处理之后的效果如图 193-1(b)所示。

主要代码如下：

```
//顶点着色器代码,用于获取两幅图像的纹理坐标
String myVertexShaderString =
```

```
"attribute vec4 position;" +
"attribute vec2 inputTextureCoord;" +
"varying vec2 textureCoord;" +
"void main(){" +
"gl_Position = position;" +
"textureCoord = inputTextureCoord;" +
"}";
```

//片元着色器代码,计算两幅图像相同位置的像素差值(绝对值),实现差值叠加

```
String myFragmentShaderString =
"precision mediump float;" +
"varying vec2 textureCoord;" +
"uniform sampler2D textureSampler1;" +
"uniform sampler2D textureSampler2;" +
"void main(){" +
" vec4 myColor1 = texture2D(textureSampler1,textureCoord);" +
" vec4 myColor2 = texture2D(textureSampler2,textureCoord);" +
" if(myColor2 == vec4(1.0)){" +
" gl_FragColor = myColor1;" +
" }else{" +
" gl_FragColor = abs(myColor1 - myColor2);" +
" }" +
"}";
```

上面这段代码在 MyCode\MySampleO40\app\src\main\java\com\bin\luo\mysample\MyRenderer.java 文件中。

此实例的完整代码在 MyCode\MySampleO40 文件夹中。

(a)　　　　　　　　(b)

图　193-1

194　创建自定义的排他叠加滤镜

此实例主要通过使用 GLSurfaceView 控件加载自定义 OpenGL 渲染器 Renderer,并在该 Renderer 中使用 glShaderSource()方法,根据排他叠加两幅图像算法的原生代码设置着色器的源代

码,创建自定义的排他叠加滤镜,叠加两幅图像。当实例运行之后,单击"第一幅图像"按钮,将显示第一幅图像。单击"第二幅图像"按钮,将显示第二幅图像,效果如图194-1(a)所示。单击"使用叠加滤镜"按钮,第一幅图像和第二幅图像使用排他叠加滤镜处理之后的效果如图194-1(b)所示。

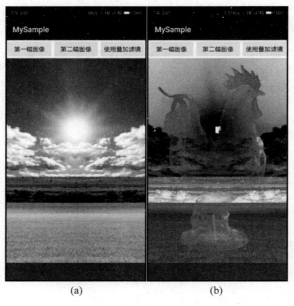

(a)   (b)

图 194-1

主要代码如下:

```
//顶点着色器代码,用于获取两幅图像的纹理坐标
String myVertexShaderString =
  "attribute vec4 position;" +
  "attribute vec2 inputTextureCoord;" +
  "varying vec2 textureCoord;" +
  "void main(){" +
  "gl_Position = position;" +
  "textureCoord = inputTextureCoord;" +
  "}";
//在片元着色器代码中获取两幅图像的像素值,并对其进行排他叠加处理
//即最终像素值 = A 图像像素 + B 图像像素 - [(A 图像像素 * B 图像像素)/0.5]
String myFragmentShaderString =
  "precision mediump float;" +
  "varying vec2 textureCoord;" +
  "uniform sampler2D textureSampler1;" +
  "uniform sampler2D textureSampler2;" +
  "void main(){" +
  "vec4 myColor1 = texture2D(textureSampler1,textureCoord);" +
  "vec4 myColor2 = texture2D(textureSampler2,textureCoord);" +
  "if(myColor2 == vec4(1.0)){" +
  "  gl_FragColor = myColor1;" +
  "}else{" +
  "  gl_FragColor = myColor1 + myColor2 - (myColor1 * myColor2/0.5);" +
  "}" +
  "}";
```

上面这段代码在 MyCode \ MySampleO43 \ app \ src \ main \ java \ com \ bin \ luo \ mysample \

MyRenderer.java 文件中。

此实例的完整代码在 MyCode\MySampleO43 文件夹中。

195 创建自定义的滤色叠加滤镜

此实例主要通过使用 GLSurfaceView 控件加载自定义 OpenGL 渲染器 Renderer,并在该 Renderer 中使用 glShaderSource()方法,根据以滤色方式叠加两幅图像的原生代码设置着色器的源代码,创建自定义的滤镜以滤色方式叠加两幅图像。当实例运行之后,单击"第一幅图像"按钮,将显示第一幅图像,效果如图 195-1(a)所示。单击"第二幅图像"按钮,将显示第二幅图像。单击"使用叠加滤镜"按钮,在使用滤色叠加滤镜处理之后的效果如图 195-1(b)所示。

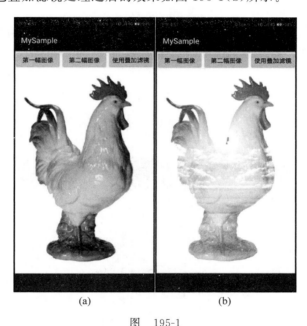

(a)   (b)

图　195-1

主要代码如下:

```
//顶点着色器代码,用于获取两幅图像的纹理坐标
String myVertexShaderString =
  "attribute vec4 position;" +
  "attribute vec2 inputTextureCoord;" +
  "varying vec2 textureCoord;" +
  "void main(){" +
  " gl_Position = position;" +
  " textureCoord = inputTextureCoord;" +
  "}";
//片元着色器代码,用于对两幅图像进行滤色叠加
//即最终像素值 = 1 - [(1 - A图像像素值) * (1 - B图像像素值)]
String myFragmentShaderString =
  "precision mediump float;" +
  "varying vec2 textureCoord;" +
  "uniform sampler2D textureSampler1;" +
  "uniform sampler2D textureSampler2;" +
  "void main(){" +
  " vec4 myColor1 = texture2D(textureSampler1,textureCoord);" +
```

```
" vec4 myColor2 = texture2D(textureSampler2,textureCoord);" +
" if(myColor2 == vec4(1.0)){" +
"   gl_FragColor = myColor1;" +
" }else{" +
"   gl_FragColor = 1.0 - (1.0 - myColor1) * (1.0 - myColor2);" +
" }" +
"}";
```

上面这段代码在 MyCode\MySampleO42\app\src\main\java\com\bin\luo\mysample\MyRenderer.java 文件中。

此实例的完整代码在 MyCode\MySampleO42 文件夹中。

196 创建自定义的雪花飘舞滤镜

此实例主要通过使用 GLSurfaceView 控件加载自定义 OpenGL 渲染器 Renderer，并在该 Renderer 中使用 glShaderSource()方法，根据动态生成雪花（通过伪随机数）的原生代码设置着色器的源代码，创建自定义的滤镜，模拟雪花飘舞效果。当实例运行之后，单击"显示原始图像"按钮，显示无雪花的原始图像。单击"使用雪花飘舞滤镜"按钮，图像在使用自定义的滤镜添加雪花飘舞的动态效果分别如图 196-1(a)和图 196-1(b)所示。

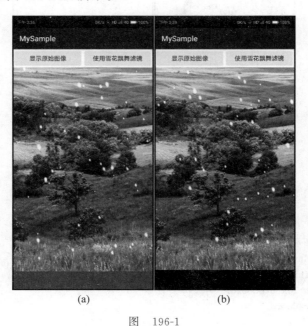

(a)   (b)

图   196-1

主要代码如下：

```
public void onClickButton1(View v) {                    //响应单击"显示原始图像"按钮
    if (myTimer != null) {
    myTimer.cancel();
    myTime = 0.0f;
    }
    String myFragmentShaderString = "precision highp float;" +
            "varying mediump vec2 textureCoordinate;" +
            "uniform sampler2D textureSampler;" +
            "void main(){" +
```

```
            " gl_FragColor = texture2D(textureSampler, textureCoordinate);" +
            "}";                              //重置片元着色器代码
    //将片元着色器代码传入渲染器
    myRenderer.setFragmentShaderString(myFragmentShaderString);
    myGLSurfaceView.requestRender();          //请求重新渲染图像
}
public void onClickButton2(View v) {          //响应单击"使用雪花飘舞滤镜"按钮
    //如果当前定时器正在运行,停止定时器任务,并重置时间
    if (myTimer != null) {
        myTimer.cancel();
        myTime = 0.0f;
    }
    myTimer = new Timer();                    //重新初始化定时器
    myTimer.schedule(new TimerTask() {
        @Override
        public void run() {
            //在片元着色器代码中生成伪随机数,并利用该伪随机数模拟雪花飘舞效果
            String myFragmentShaderString = "precision highp float;" +
                "varying mediump vec2 textureCoordinate;" +
                "uniform sampler2D textureSampler;" +
                "float myTime = " + (myTime += 1.0f) + ";" +
                "float random(float x){" +
                " return fract(sin(dot(vec2(x + 47.49, 38.2467/(x + 2.3))," +
                "vec2(12.9898, 78.233))) * (43758.5453));" +
                "}" +
                "float drawCircle(vec2 uv, vec2 center, float radius){" +
                " return 1.0 - smoothstep(0.0, radius, length(uv - center));" +
                "}" +
                "void main(){" +
                " vec2 myXY = textureCoordinate.xy;" +
                " gl_FragColor = texture2D(textureSampler, myXY);" +
                " for (int i = 0; i < 50; i ++){" +
                " float j = float(i);" +
                " float mySpeed = 0.3 + random(cos(j)) * (0.7 + 0.5 * cos(j/25.0));" +
                " float myCenterX = ( - 0.25 + myXY.y) * 0.25 + random(j) + 0.1 * cos(myTime + sin(j));" +
                " float myCenterY = mod(random(j) - mySpeed * (myTime * 1.5 * (0.1 + 0.25)), 0.95);" +
                " vec2 myCenter = vec2(myCenterX, myCenterY);" +
                " gl_FragColor += vec4(drawCircle(myXY, myCenter, 0.001 + mySpeed * 0.012));" +
                " }" +
                "}";
            //将片元着色器代码传入渲染器
            myRenderer.setFragmentShaderString(myFragmentShaderString);
            myGLSurfaceView.requestRender();      //请求重新绘制图像
        }
    }, 0, 1000);
}
```

上面这段代码在 MyCode\MySampleP05\app\src\main\java\com\bin\luo\mysample\MainActivity.java 文件中。

此实例的完整代码在 MyCode\MySampleP05 文件夹中。

197 创建自定义的图像渐变滤镜

此实例主要通过使用 GLSurfaceView 控件加载自定义 OpenGL 渲染器 Renderer,并在该

Renderer 中使用 glShaderSource()方法,根据对两幅图像进行线性混合处理(调用 mix()函数)的原生代码设置着色器的源代码,创建自定义的滤镜,实现两幅图像相互渐变过渡。当实例运行之后,单击"渐变过渡第一幅图像"按钮,将从第二幅图像渐变过渡到第一幅图像。单击"渐变过渡第二幅图像"按钮,将从第一幅图像渐变过渡到第二幅图像,效果分别如图 197-1(a)和图 197-1(b)所示。

(a)   (b)

图 197-1

主要代码如下:

```java
public void onClickButton2(View v) {                    //响应单击"渐变过渡第二幅图像"按钮
    ValueAnimator myValueAnimator = ValueAnimator.ofFloat(0, 1);
    myValueAnimator.addUpdateListener(
                        new ValueAnimator.AnimatorUpdateListener() {
        @Override
        public void onAnimationUpdate(ValueAnimator animation) {
        /* 在片元着色器代码中调用 mix()函数对多个颜色值进行线性混合处理,实现渐变过渡 */
        String myFragmentShaderString =
            "precision highp float;" +
            "varying mediump vec2 textureCoord;" +
            "uniform sampler2D textureSampler1;" +
            "uniform sampler2D textureSampler2;" +
            "void main(){" +
            " vec4 myColor1 = texture2D(textureSampler1," +
            "textureCoord);" +
            " vec4 myColor2 = texture2D(textureSampler2," +
            "textureCoord);" +
            " gl_FragColor = vec4(mix(myColor1,myColor2," +
            + animation.getAnimatedValue() + "));" +
            "}";
        myRenderer.setFragmentShaderString(myFragmentShaderString);
        myGLSurfaceView.requestRender();
        }
    });
    myValueAnimator.setInterpolator(new LinearInterpolator());
    myValueAnimator.setDuration(2500);
    myValueAnimator.start();
}
```

上面这段代码在 MyCode\MySampleO45\app\src\main\java\com\bin\luo\mysample\MainActivity.java 文件中。

此实例的完整代码在 MyCode\MySampleO45 文件夹中。

198 创建自定义的点乘运算滤镜

此实例主要通过使用 GLSurfaceView 控件加载自定义 OpenGL 渲染器 Renderer,并在该 Renderer 中使用 glShaderSource()方法,根据点乘运算使图像产生灰度效果的原生代码设置着色器的源代码,创建自定义的点乘运算滤镜。当实例运行之后,单击"显示原始图像"按钮,原始图像的效果如图 198-1(a)所示。单击"使用点乘运算滤镜"按钮,图像在使用自定义的点乘运算滤镜处理之后的效果如图 198-1(b)所示。

(a)   (b)

图   198-1

主要代码如下:

```
public void onClickButton2(View v) {                 //响应单击"使用点乘运算滤镜"按钮
    String myFragmentShaderString = "precision mediump float;" +
    "varying highp vec2 textureCoordinate;" +
    "uniform sampler2D inputImageTexture;" +
    //三个值相加为 1,各个值代表 RGB 的权重
    "const mediump vec3 luminanceWeighting = vec3(0.2125, 0.7154, 0.0721);" +
    "void main(){" +
    //根据坐标取样图像颜色
    "lowp vec4 textureColor = texture2D(inputImageTexture, textureCoordinate);" +
    //GLSL 中的点乘运算,用于将纹理颜色 RGB 和相对应的权重相乘
    "lowp float luminance = dot(textureColor.rgb, luminanceWeighting);" +
    "lowp vec3 greyScaleColor = vec3(luminance);" +
    "gl_FragColor = vec4(greyScaleColor, textureColor.w);" +
    "}";
    //将片元着色器代码传入渲染器
    myRenderer.setFragmentShaderString(myFragmentShaderString);
    myGLSurfaceView.requestRender();                 //请求重新绘制图像
}
```

上面这段代码在 MyCode \ MySampleM85 \ app \ src \ main \ java \ com \ bin \ luo \ mysample \ MainActivity. java 文件中。

此实例的完整代码在 MyCode\MySampleM85 文件夹中。

199　创建自定义的黑帽运算滤镜

此实例主要通过使用 GLSurfaceView 控件加载自定义 OpenGL 渲染器 Renderer,并在该 Renderer 中使用 glShaderSource()方法,根据腐蚀和膨胀算法组合的原生代码设置着色器的源代码,创建自定义黑帽运算滤镜。当实例运行之后,单击"显示原始图像"按钮,原始图像的效果如图 199-1(a)所示。单击"使用黑帽运算滤镜"按钮,图像在使用自定义黑帽运算滤镜处理之后的效果如图 199-1(b)所示。

(a)　　　　　　　　(b)

图　　199-1

说明:黑帽(Black Hat)运算是闭运算(闭运算在图形学中是指对原图先进行膨胀,然后对膨胀结果进行腐蚀)的结果图与原图之差;黑帽运算的结果突出了比原图轮廓周围更暗的区域,且该操作和选择核的大小相关,所以黑帽运算用来分离比邻近点暗一些的斑块。

主要代码如下:

```
public void onClickButton2(View v) {                   //响应单击"使用黑帽运算滤镜"按钮
 //myFragmentShaderString1 片元着色器代码用于实现膨胀效果
 String myFragmentShaderString1 = "precision highp float;" +
   "varying mediump vec2 textureCoord;" +
   "uniform sampler2D textureSampler1;" +
   "void main(){" +
   "vec4 myMaxColor = vec4(0.0);" +
   "float myX = textureCoord.x;" +
   "float myY = textureCoord.y;" +
   "int myCoreSize = 9;" +
   "vec2 myTextureSize = vec2(480.0,800.0);" +
   " for(int y = 0; y < myCoreSize; y ++){" +
   "  for(int x = 0; x < myCoreSize; x ++){" +
   "    float myNewX = myX + (float(x) - " +
```

```
"float(myCoreSize/2)) * 1.0/myTextureSize.x;" +
"   float myNewY = myY + (float(y) - " +
"float(myCoreSize/2)) * 1.0/myTextureSize.y;" +
"   vec4 myColor = texture2D(textureSampler1," +
"vec2(myNewX,myNewY));" +
"   myMaxColor = max(myMaxColor,myColor);" +
"   }" +
" }" +
" gl_FragColor = myMaxColor;" +
"}";
```

//myFragmentShaderString2 片元着色器代码用于实现腐蚀效果

```
String myFragmentShaderString2 = "precision highp float;" +
"varying mediump vec2 textureCoord;" +
"uniform sampler2D textureSampler1;" +
"void main(){" +
" vec4 myMinColor = vec4(1.0);" +
" float myX = textureCoord.x;" +
" float myY = textureCoord.y;" +
" int myCoreSize = 9;" +
" vec2 myTextureSize = vec2(480.0,800.0);" +
" for(int y = 0; y < myCoreSize; y ++){" +
"  for(int x = 0; x < myCoreSize; x ++){" +
"    float myNewX = myX + (float(x) - " +
"float(myCoreSize/2)) * 1.0/myTextureSize.x;" +
"    float myNewY = myY + (float(y) - " +
"float(myCoreSize/2)) * 1.0/myTextureSize.y;" +
"    vec4 myColor = texture2D(textureSampler1," +
"vec2(myNewX,myNewY));" +
"    myMinColor = min(myMinColor,myColor);" +
"   }" +
" }" +
" gl_FragColor = myMinColor;" +
"}";
```

//myFragmentShaderString3 片元着色器代码用于获取两次处理图像的颜色差值

```
String myFragmentShaderString3 =
"precision mediump float;" +
"varying vec2 textureCoord;" +
"uniform sampler2D textureSampler1;" +
"uniform sampler2D textureSampler2;" +
"void main(){" +
" vec4 myColor1 = texture2D(textureSampler1,textureCoord);" +
" vec4 myColor2 = texture2D(textureSampler2,textureCoord);" +
" gl_FragColor = myColor2 - myColor1;" +
"}";
```

//将片元着色器代码传入渲染器

```
myRenderer.setFragmentShaderStrings(myFragmentShaderString1,
                myFragmentShaderString2, myFragmentShaderString3);
//  myRenderer.setFragmentShaderStrings(myFragmentShaderString1,
//          "", myFragmentShaderString3);
//  myRenderer.setFragmentShaderStrings(myFragmentShaderString1,"", "");
//  myRenderer.setFragmentShaderStrings("",myFragmentShaderString2, "");
myGLSurfaceView.requestRender();                  //请求重新渲染
}
```

上面这段代码在 MyCode＼MySampleO27＼app＼src＼main＼java＼com＼bin＼luo＼mysample＼

MainActivity.java 文件中。

此实例的完整代码在 MyCode\MySampleO27 文件夹中。

200　创建自定义的顶帽运算滤镜

此实例主要通过使用 GLSurfaceView 控件加载自定义 OpenGL 渲染器 Renderer,并在该 Renderer 中使用 glShaderSource()方法,根据腐蚀和膨胀算法组合的原生代码设置着色器的源代码,创建自定义顶帽运算滤镜。当实例运行之后,单击"显示原始图像"按钮,原始图像的效果如图 200-1(a)所示。单击"使用顶帽运算滤镜"按钮,图像在使用自定义顶帽运算滤镜处理之后的效果如图 200-1(b)所示。

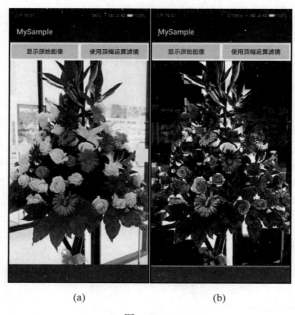

(a)　　　　　　　　　　　(b)

图　200-1

说明:顶帽运算(Top Hat)又常常被译为礼帽运算,它是指原始图像与开运算(开运算在图形学中是指对原始图像先进行腐蚀,然后对腐蚀结果进行膨胀)的结果图之差,因为开运算的结果是放大了裂缝或者局部低亮度的区域,因此从原图中减去开运算图,得到的效果图突出了比原图轮廓周围更明亮的区域,且该操作和选择核的大小相关;顶帽运算往往用来分离比邻近点亮一些的斑块,当一幅图像具有大幅背景且微小物品比较有规律时,可以使用顶帽运算进行背景提取。

主要代码如下:

```
public void onClickButton2(View v) {                    //响应单击"使用顶帽运算滤镜"按钮
    //myFragmentShaderString1 片元着色器代码用于实现腐蚀效果
    String myFragmentShaderString1 = "precision highp float;" +
        "varying mediump vec2 textureCoord;" +
        "uniform sampler2D textureSampler1;" +
        "void main(){" +
        "vec4 myMinColor = vec4(1.0);" +
        "float myX = textureCoord.x;" +
        "float myY = textureCoord.y;" +
        "int myCoreSize = 25;" +
        "vec2 myTextureSize = vec2(480.0,800.0);" +
        "for(int y = 0;y < myCoreSize;y ++){" +
```

```
"    for(int x = 0;x < myCoreSize;x ++){" +
"      float myNewX = myX + (float(x) - " +
"float(myCoreSize/2)) * 1.0/myTextureSize.x;" +
"      float myNewY = myY + (float(y) - " +
"float(myCoreSize/2)) * 1.0/myTextureSize.y;" +
"      vec4 myColor = texture2D(textureSampler1," +
"vec2(myNewX,myNewY));" +
"      myMinColor = min(myMinColor,myColor);" +
"    }" +
"  }" +
"  gl_FragColor = myMinColor;" +
"}";
```
//myFragmentShaderString2 片元着色器代码用于实现膨胀效果
```
String myFragmentShaderString2 = "precision highp float;" +
  "varying mediump vec2 textureCoord;" +
  "uniform sampler2D textureSampler1;" +
  "void main(){" +
  " vec4 myMaxColor = vec4(0.0);" +
  " float myX = textureCoord.x;" +
  " float myY = textureCoord.y;" +
  " int myCoreSize = 25;" +
  " vec2 myTextureSize = vec2(480.0,800.0);" +
  " for(int y = 0;y < myCoreSize;y ++){" +
  "    for(int x = 0;x < myCoreSize;x ++){" +
  "      float myNewX = myX + (float(x) - " +
  "float(myCoreSize/2)) * 1.0/myTextureSize.x;" +
  "      float myNewY = myY + (float(y) - " +
  "float(myCoreSize/2)) * 1.0/myTextureSize.y;" +
  "      vec4 myColor = texture2D(textureSampler1," +
  "vec2(myNewX,myNewY));" +
  "      myMaxColor = max(myMaxColor,myColor);" +
  "    }" +
  "  }" +
  " gl_FragColor = myMaxColor;" +
  "}";
```
//myFragmentShaderString3 片元着色器代码用于获取两次处理图像的颜色差值
```
String myFragmentShaderString3 =
  "precision mediump float;" +
  "varying vec2 textureCoord;" +
  "uniform sampler2D textureSampler1;" +
  "uniform sampler2D textureSampler2;" +
  "void main(){" +
  " vec4 myColor1 = texture2D(textureSampler1,textureCoord);" +
  " vec4 myColor2 = texture2D(textureSampler2,textureCoord);" +
  " gl_FragColor = myColor1 - myColor2;" +
  "}";
```
//将片元着色器代码传入渲染器
```
myRenderer.setFragmentShaderStrings(myFragmentShaderString1,
                    myFragmentShaderString2, myFragmentShaderString3);
//   myRenderer.setFragmentShaderStrings(myFragmentShaderString1,
//          "", myFragmentShaderString3);
//myRenderer.setFragmentShaderStrings(myFragmentShaderString1,"", "");
//myRenderer.setFragmentShaderStrings("",myFragmentShaderString2, "");
myGLSurfaceView.requestRender();                    //请求重新渲染
}
```

上面这段代码在 MyCode＼MySampleO26＼app＼src＼main＼java＼com＼bin＼luo＼mysample＼MainActivity. java 文件中。

此实例的完整代码在 MyCode\MySampleO26 文件夹中。

201 创建自定义的 LoG 算子滤镜

此实例主要通过使用 GLSurfaceView 控件加载自定义 OpenGL 渲染器 Renderer,并在该 Renderer 中使用 glShaderSource()方法,根据 LoG 算子检测图像边缘的原生代码设置着色器的源代码,创建自定义的滤镜,通过 LoG 算子检测图像边缘。当实例运行之后,单击"显示原始图像"按钮,原始图像的效果如图 201-1(a)所示。单击"使用 LoG 算子滤镜"按钮,图像在使用 LoG 算子滤镜处理之后的效果如图 201-1(b)所示。

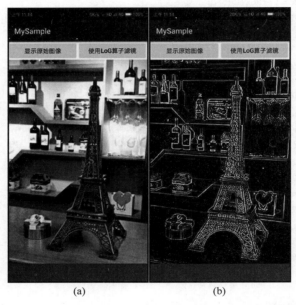

(a)   (b)

图　201-1

说明:由于在使用 Laplace 算子对图像进行边缘检测时,对离散点和噪声比较敏感;于是首先对图像进行高斯卷积滤波降噪,再采用 Laplace 算子进行边缘检测,以提高算子对噪声和离散点的稳健性,在该过程中,Laplacian of Gaussian(LoG)算子就诞生了。

主要代码如下:

```
public void onClickButton2(View v) {                    //响应单击"使用 LoG 算子滤镜"按钮
    //在片元着色器代码中根据 LoG 算子对图像进行卷积操作,实现边缘检测
    String myFragmentShaderString = "precision highp float;" +
        "varying mediump vec2 textureCoordinate;" +
        "uniform sampler2D textureSampler;" +
        "void main(){" +
        " float myX = textureCoordinate.x;" +
        " float myY = textureCoordinate.y;" +
        " vec4 myTotalColor = vec4(0.0);" +
        " int myCoreSize = 5;" +
        " vec2 myTextureSize = vec2(480.0,800.0);" +
        " float myKernel[25];" +
        " myKernel[0] = 0.0;    myKernel[1] = 0.0; " +
```

```
" myKernel[2] = 1.0; myKernel[3] = 0.0;" +
" myKernel[4] = 0.0;    myKernel[5] = 0.0; " +
" myKernel[6] = 1.0; myKernel[7] = 2.0;" +
" myKernel[8] = 1.0;    myKernel[9] = 0.0; " +
" myKernel[10] = 1.0; myKernel[11] = 2.0;" +
" myKernel[12] = - 16.0; myKernel[13] = 2.0;" +
" myKernel[14] = 1.0; myKernel[15] = 0.0;" +
" myKernel[16] = 1.0;    myKernel[17] = 2.0;" +
" myKernel[18] = 1.0; myKernel[19] = 0.0;" +
" myKernel[20] = 0.0;    myKernel[21] = 0.0;" +
" myKernel[22] = 1.0; myKernel[23] = 0.0;" +
" myKernel[24] = 0.0;" +
" int myIndex = 0;" +
" for( int y = 0; y < myCoreSize; y ++){" +
"   for( int x = 0; x < myCoreSize; x ++){" +
"     float myNewX = myX + float((x - 1)) * 1.0/myTextureSize.x;" +
"     float myNewY = myY + float((y - 1)) * 1.0/myTextureSize.y;" +
"     vec4 myColor = texture2D(textureSampler," +
" vec2(myNewX, myNewY));" +
"     myTotalColor += myColor * myKernel[myIndex++];" +
"   }" +
" }" +
" gl_FragColor = myTotalColor;" +
"}";
//将片元着色器代码传入渲染器
myRenderer. setFragmentShaderString(myFragmentShaderString);
myGLSurfaceView. requestRender();              //请求重新绘制图像
}
```

上面这段代码在 MyCode \ MySampleN95 \ app \ src \ main \ java \ com \ bin \ luo \ mysample \ MainActivity. java 文件中。

此实例的完整代码在 MyCode\MySampleN95 文件夹中。

202 将图像保存在手机存储卡上

此实例主要通过使用 GLSurfaceView 控件加载自定义 OpenGL 渲染器 Renderer,并在该 Renderer 中使用 glReadPixels()方法读取图像像素,然后以文件输出流的形式实现将图像保存在手机存储卡上。当实例运行之后,单击"显示图像"按钮,将显示原始图像。单击"保存图像"按钮,该图像将被保存到存储卡的根文件夹,文件名为"mySaveImage.jpg",效果分别如图 202-1(a)和图 202-1(b)所示。

主要代码如下:

```
public void onDrawFrame(GL10 gl) {
    int myVertexShader = loadShader(
            GLES20.GL_VERTEX_SHADER, myVertexShaderString);
    int myFragmentShader = loadShader(
            GLES20.GL_FRAGMENT_SHADER, myFragmentShaderString);
    int myProgram = GLES20.glCreateProgram();
    GLES20.glAttachShader(myProgram, myVertexShader);
    GLES20.glAttachShader(myProgram, myFragmentShader);
    GLES20.glLinkProgram(myProgram);
    int myPosition = GLES20.glGetAttribLocation(myProgram, "position");
    int myTextureSampler = GLES20.glGetUniformLocation(
```

(a)   (b)

图   202-1

```
        myProgram,"textureSampler");
int myInputTextureCoordinate = GLES20.glGetAttribLocation(
        myProgram,"inputTextureCoordinate");
GLES20.glUseProgram(myProgram);
Buffer myTexturesBuffer = createFloatBuffer(myTexturesCoord);
Buffer myVerticesBuffer = createFloatBuffer(myVerticesCoord);
GLES20.glVertexAttribPointer(myInputTextureCoordinate,
        2, GLES20.GL_FLOAT,false, 0, myTexturesBuffer);
GLES20.glEnableVertexAttribArray(myInputTextureCoordinate);
GLES20.glUniform1i(myTextureSampler, 0);
GLES20.glVertexAttribPointer(myPosition,
        2, GLES20.GL_FLOAT,false, 0, myVerticesBuffer);
GLES20.glEnableVertexAttribArray(myPosition);
GLUtils.texImage2D(GLES20.GL_TEXTURE_2D,
        0, GLES20.GL_RGBA, myBitmap, 0);
GLES20.glDrawArrays(GLES20.GL_TRIANGLE_STRIP, 0, 4);
if (isSave && myPath != null) {                //实现"保存图像"按钮的功能
 isSave = false;
 //初始化数组,用于保存缓冲区的像素
 int myIntBufferArray[] = new int[myWidth * myHeight];
 int myBitmapBufferArray[] = new int[myWidth * myHeight];
 //初始化缓冲区,用于保存图像像素
 IntBuffer myIntBuffer = IntBuffer.wrap(myIntBufferArray);
 myIntBuffer.position(0);
 //读取图像像素,并将读取结果保存至指定缓冲区
 GLES20.glReadPixels(0, 0, myWidth, myHeight,
        GLES20.GL_RGBA,GLES20.GL_UNSIGNED_BYTE, myIntBuffer);
 //对像素进行转换操作,若去掉这段代码,会出现图像颠倒、反色的情况
 for (int i = 0; i < myHeight; i ++) {
  for (int j = 0; j < myWidth; j ++) {
   int myBufferPixel = myIntBufferArray[i * myWidth + j];
   int myBluePixel = (myBufferPixel >> 16) & 0xff;
   int myRedPixel = (myBufferPixel << 16) & 0x00ff0000;
```

```
    int myPixel = (myBufferPixel & 0xff00ff00) | myRedPixel | myBluePixel;
    myBitmapBufferArray[(myHeight - i - 1) * myWidth + j] = myPixel;
   }
  }
  Bitmap mySaveBitmap = Bitmap.createBitmap(myBitmapBufferArray,
                          myWidth, myHeight, Bitmap.Config.ARGB_8888);
  try {
   FileOutputStream myImageStream = new FileOutputStream(myPath);
   mySaveBitmap.compress(Bitmap.CompressFormat.JPEG, 90, myImageStream);
   myImageStream.flush();
   myImageStream.close();
  } catch (Exception e) { e.printStackTrace(); }
 }
}
```

上面这段代码在 MyCode＼MySampleO36＼app＼src＼main＼java＼com＼bin＼luo＼mysample＼
MyRenderer. java 文件中。在这段代码中,GLES20. glReadPixels(0, 0, myWidth, myHeight,
GLES20. GL_RGBA,GLES20. GL_UNSIGNED_BYTE,myIntBuffer)表示把已经绘制好的像素存
储到内存,glReadPixels()方法的语法声明如下:

```
static native void glReadPixels( int x, int y, int width, int height,
                      int format, int type, java.nio.Buffer pixels)
```

其中,参数 int x, int y, int width, int height 这四个参数代表一个矩形,该矩形所包括的像素都会被
此方法读取出来。int x 参数表示矩形的左下角横坐标,int y 参数表示矩形的左下角纵坐标,坐标以
窗口最左下角为 0,最右上角为最大值;int width 参数表示矩形的宽度;int height 参数表示矩形的高
度;int format 参数表示读取的内容,例如:GL_RGB 就会依次读取像素的红、绿、蓝三种数据,GL_
RGBA 会依次读取像素的红、绿、蓝、alpha 四种数据,GL_RED 只读取像素的红色数据(类似的还有
GL_GREEN,GL_BLUE 以及 GL_ALPHA);如果采用的不是 RGBA 颜色模式,而是采用颜色索引
模式,也可以使用 GL_COLOR_INDEX 读取像素的颜色索引;实际上还可以读取其他内容,例如深
度缓冲区的深度数据等;int type 参数表示读取的内容保存到内存时所使用的格式,例如:GL_
UNSIGNED_BYTE 会把各种数据保存为 GLubyte,GL_FLOAT 会把各种数据保存为 GLfloat 等;
java. nio. Buffer pixels 参数表示像素数据被读取后,将被保存到这里。

注意:需要保证该对象有足够的可以使用的空间,以容纳读取的像素数据。

此外,在手机存储卡上执行写操作需要在 AndroidManifest. xml 文件中添加权限＜uses-
permission android:name="android. permission. WRITE_EXTERNAL_STORAGE"/＞。

此实例的完整代码在 MyCode\MySampleO36 文件夹中。

203　通过手指滑动浏览全景图

此实例主要通过使用 GLSurfaceView 控件加载自定义 OpenGL 渲染器 Renderer,然后在该
Renderer 中加载全景图像,实现通过手指滑动浏览全景图。当实例运行之后,在屏幕上任意滑动手
指,即可浏览全景图的各个部分,效果分别如图 203-1(a)和图 203-1(b)所示。

主要代码如下:

```
public class MainActivity extends Activity {
 GLSurfaceView myGLSurfaceView;
 float myRawX, myRawY;                        //记录手指触摸点位置坐标
```

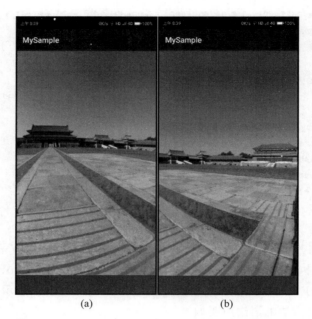

(a)   (b)

图　203-1

```java
double myFlingX, myFlingY;                //记录手指最终滑动位置坐标
double myDeltaX, myDeltaY;                //记录手指单次滑动位置坐标
MyRenderer myRenderer;
@Override
protected void onCreate(Bundle savedInstanceState) {
 super.onCreate(savedInstanceState);
 myGLSurfaceView = new GLSurfaceView(this);
 myGLSurfaceView.setLayoutParams(new ViewGroup.LayoutParams(-1, -1));
 myGLSurfaceView.setEGLContextClientVersion(2);
 //对图像资源进行压缩处理,防止异常
 BitmapFactory.Options myOptions = new BitmapFactory.Options();
 //inSampleSize可调整,值过大可能会造成图像严重失真
 myOptions.inSampleSize = 3;
 //加载指定全景图,建议调整原始全景图像的宽高比为2∶1
 Bitmap myBitmap = BitmapFactory.decodeResource(
                          getResources(),R.mipmap.myimage1, myOptions);
 myRenderer = new MyRenderer(myBitmap);
 myGLSurfaceView.setRenderer(myRenderer);
 myGLSurfaceView.setRenderMode(GLSurfaceView.RENDERMODE_WHEN_DIRTY);
 setContentView(myGLSurfaceView);
}
@Override
public boolean onTouchEvent(MotionEvent event){
 //处理手指滑动事件
 if(event.getAction() == MotionEvent.ACTION_DOWN){
  myRawX = event.getRawX();
  myRawY = event.getRawY();
 }else if(event.getAction() == MotionEvent.ACTION_MOVE){
  float myDistanceX = myRawX - event.getRawX();
  float myDistanceY = myRawY - event.getRawY();
  //防止摄像机视角移动过快
  myDistanceX = 0.1f * (-myDistanceX)/
          getWindowManager().getDefaultDisplay().getWidth();
```

```
myDistanceY = 0.1f * myDistanceY/
        getWindowManager().getDefaultDisplay().getHeight();
//根据滑动长度计算三维空间对应方向的夹角
myDeltaY = myDistanceY * 180/(Math.PI * 3);
if(myDeltaY + myFlingY > Math.PI/2){
 myDeltaY = Math.PI/2 - myFlingY;
}
if(myDeltaY + myFlingY < - Math.PI/2){
 myDeltaY = - Math.PI/2 - myFlingY;
}
myDeltaX = myDistanceX * 180/(Math.PI * 3);
//调整摄像机视角
myRenderer.myX = (float)(3 * Math.cos(myFlingY + myDeltaY)
        * Math.sin(myFlingX + myDeltaX));
myRenderer.myY = (float)(3 * Math.sin(myFlingY + myDeltaY));
myRenderer.myZ = (float)(3 * Math.cos(
        myFlingY + myDeltaY) * Math.cos(myFlingX + myDeltaX));
myGLSurfaceView.requestRender();
}else if (event.getAction() == MotionEvent.ACTION_UP){
 myFlingX += myDeltaX;
 myFlingY += myDeltaY;
}
return true;
}
}
```

上面这段代码在 MyCode＼MySampleN61＼app＼src＼main＼java＼com＼bin＼luo＼mysample＼MainActivity.java 文件中。

此实例的完整代码在 MyCode\MySampleN61 文件夹中。

204　播放手机存储卡上的视频文件

此实例主要通过使用 GLSurfaceView 控件加载自定义 OpenGL 渲染器 Renderer，并在该 Renderer 中根据 SurfaceTexture 生成 Surface，以显示视频画面，实现播放手机存储卡上的视频文件。当实例运行之后，单击"选择文件"按钮，然后在弹出的"所有视频"窗口中选择一个视频文件返回，如图 204-1(a)所示。此时单击"播放视频"按钮，将立即播放刚才选择的视频文件，如图 204-1(b)所示。

主要代码如下：

```
public void onSurfaceChanged(GL10 gl, int width, int height) {
  myWidth = width;
  myHeight = height;
  if(MainActivity.myMediaPlayer == null){
   try{
   MainActivity.myMediaPlayer = new MediaPlayer();
    //根据 SurfaceTexture 生成 Surface,并用于显示视频画面
   MainActivity.myMediaPlayer.setSurface(new Surface(mySurfaceTexture));
    //设置视频文件路径
   MainActivity.myMediaPlayer.setDataSource(myVideoPath);
    //加载视频文件资源
   MainActivity.myMediaPlayer.prepare();
   }catch(IOException e){ e.printStackTrace(); }
  }
```

```
    MainActivity.myMediaPlayer.start();                    //开始播放视频
}
```

上面这段代码在 MyCode＼MySampleN55＼app＼src＼main＼java＼com＼bin＼luo＼mysample＼MyRenderer.java 文件中。关于 MyRenderer 类和 MainActivity 类的其他内容请参考此实例的对应源代码。此外，读取视频文件需要在 AndroidManifest.xml 文件中添加权限＜uses-permission android:name＝"android.permission.READ_EXTERNAL_STORAGE"/＞。

此实例的完整代码在 MyCode\MySampleN55 文件夹中。

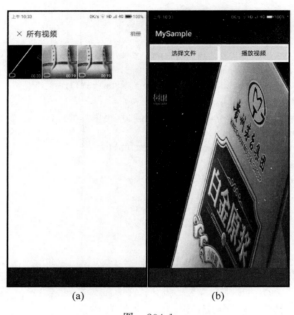

(a)   (b)

图   204-1

205   以全景模式播放全景视频

此实例主要通过使用 GLSurfaceView 控件加载自定义 OpenGL 渲染器 Renderer，并在该 Renderer 中定制（摄像机或称为观察者）位置坐标，实现以手指滑动的方式控制在 GLSurfaceView 控件的视频画面以全景模式显示。当实例运行之后，单击"播放全景视频"按钮，同时手指在视频画面上滑动，将出现全景效果，效果分别如图 205-1(a)和图 205-1(b)所示。

主要代码如下：

```
public class MainActivity extends Activity {
  GLSurfaceView myGLSurfaceView;
  MediaPlayer myMediaPlayer;
  MyRenderer myRenderer;
  float myStartRawX, myStartRawY;                    //记录手指起始位置坐标
  //分别记录摄像头在 X 和 Y 方向上单次和累计滑动位置坐标
  double myFlingAngleX, myAngleX;
  double myFlingAngleY, myAngleY;
  @Override
  protected void onCreate(Bundle savedInstanceState){
    super.onCreate(savedInstanceState);
    setContentView(R.layout.activity_main);
    myGLSurfaceView = (GLSurfaceView)findViewById(R.id.myGLSurfaceView);
```

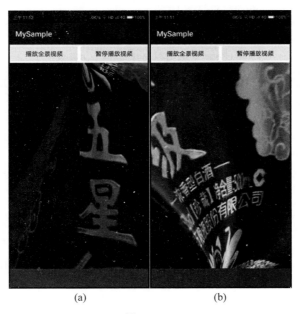

(a)　　　　　　　　(b)

图　205-1

```
myGLSurfaceView.setEGLContextClientVersion(2);
myRenderer = new MyRenderer(myGLSurfaceView);
myGLSurfaceView.setRenderer(myRenderer);
myGLSurfaceView.setRenderMode(GLSurfaceView.RENDERMODE_WHEN_DIRTY);
myMediaPlayer = new MediaPlayer();
//将视频画面显示在 GLSurfaceView 控件上
myMediaPlayer.setSurface(myRenderer.getSurface());
//设置视频来源,并进行预加载操作
try{myMediaPlayer.setDataSource(this,Uri.parse("android.resource://"
                    + this.getPackageName() + "/" + R.raw.myvideo));
  myMediaPlayer.prepareAsync();
}catch(IOException e){ e.printStackTrace(); }
}
//允许用户通过手势操作查看全景视频
@Override
public boolean onTouchEvent(MotionEvent event){
 if(event.getAction() == MotionEvent.ACTION_DOWN){
  myStartRawX = event.getRawX();
  myStartRawY = event.getRawY();
 }else if(event.getAction() == MotionEvent.ACTION_MOVE){
  float myDistanceX = myStartRawX - event.getRawX();
  float myDistanceY = myStartRawY - event.getRawY();
  myDistanceX = - 0.1f * myDistanceX/
         getWindowManager().getDefaultDisplay().getWidth();
  myDistanceY = 0.1f * myDistanceY/
         getWindowManager().getDefaultDisplay().getHeight();
  myAngleY = myDistanceY * 180/(Math.PI * 3);
  if(myAngleY + myFlingAngleY > Math.PI/2){
   myAngleY = Math.PI/2 - myFlingAngleY;
  }
  if(myAngleY + myFlingAngleY < - Math.PI/2){
   myAngleY = - Math.PI/2 - myFlingAngleY;
  }
```

```
    myAngleX = myDistanceX * 180/(Math.PI * 3);
    myRenderer.myAngleX = (float)(Math.cos(myFlingAngleY
            + myAngleY) * Math.sin(myFlingAngleX + myAngleX));
    myRenderer.myAngleY = -(float)(Math.sin(myFlingAngleY + myAngleY));
    myRenderer.myAngleZ = (float)(Math.cos(myFlingAngleY
            + myAngleY) * Math.cos(myFlingAngleX + myAngleX));
    myGLSurfaceView.requestRender();
   }else if(event.getAction() == MotionEvent.ACTION_UP){
    myFlingAngleX += myAngleX;
    myFlingAngleY += myAngleY;
   }
  return true;
 }
 public void onClickButton1(View v) {              //响应单击"播放全景视频"按钮
  myMediaPlayer.start();
 }
 public void onClickButton2(View v) {              //响应单击"暂停播放视频"按钮
  myMediaPlayer.pause();
 }
}
```

上面这段代码在 MyCode＼MySampleN63＼app＼src＼main＼java＼com＼bin＼luo＼mysample＼MainActivity.java 文件中。

此实例的完整代码在 MyCode＼MySampleN63 文件夹中。

206　使用滤镜调节视频的亮度

此实例主要通过使用 GLSurfaceView 控件加载自定义 OpenGL 渲染器 Renderer，并在该 Renderer 中使用 glShaderSource()方法，根据预设亮度生成自定义颜色矩阵，并通过该矩阵与视频帧图像颜色进行乘法运算，创建自定义的滤镜动态调节视频亮度。当实例运行之后，将自动播放一段视频，如果向左拖动滑块，视频的亮度降低，效果如图 206-1(a)所示。如果向右拖动滑块，视频的亮度提高，效果如图 206-1(b)所示。

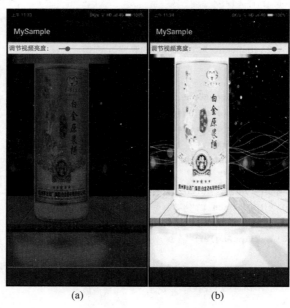

(a)　　　　　　　　(b)

图　206-1

主要代码如下：

```
public void onProgressChanged(SeekBar seekBar,
                              int progress, boolean fromUser) {
    /* 在片元着色器代码中根据预设亮度生成自定义颜色矩阵,并通过该矩阵
       与视频帧图像像素颜色进行乘法运算,实现动态调整视频亮度 */
    String myFragmentShaderString =
        " # extension GL_OES_EGL_image_external : require\n" +
        "precision mediump float;" +
        "uniform samplerExternalOES textureSampler;" +
        "varying vec2 textureCoordinate;" +
        "void main(){" +
        " float myLuminance = " + progress * 2.0f / 100 + ";" +
        " vec4 myColor = texture2D(textureSampler,textureCoordinate);" +
        " mat4 myColorMatrix = mat4(myLuminance,0.0,0.0,0.0," +
        "                           0.0,myLuminance,0.0,0.0," +
        "                           0.0,0.0,myLuminance,0.0," +
        "                           0.0,0.0,0.0,1.0);" +
        " gl_FragColor = myColor * myColorMatrix;" +
        "}";
    myRenderer.setFragmentShaderString(myFragmentShaderString);
}
```

上面这段代码在 MyCode\MySampleP18\app\src\main\java\com\bin\luo\mysample\MainActivity.java 文件中。

此实例的完整代码在 MyCode\MySampleP18 文件夹中。

207　使用滤镜调整摄像头对比度

此实例主要通过使用 GLSurfaceView 控件加载自定义 OpenGL 渲染器 Renderer,并在该 Renderer 中使用 glShaderSource()方法,根据调整对比度的原生代码设置着色器的源代码,实现使用自定义的滤镜调整摄像头预览画面的对比度。当实例运行之后,将自动打开摄像头并显示预览画面,单击"降低对比度"按钮,将降低摄像头预览画面的对比度,如图 207-1(a)所示。单击"增大对比度"按钮,将增大摄像头预览画面的对比度,如图 207-1(b)所示。

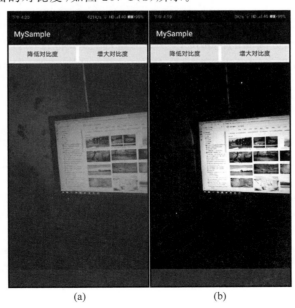

(a) 　　　　　　　　　(b)

图　207-1

主要代码如下：

```
//在片元着色器代码中根据算法重置像素值,实现降低对比度
String myFragmentShaderString =
  "#extension GL_OES_EGL_image_external:require\n" +
  "precision mediump float;" +
  "uniform samplerExternalOES textureSampler;" +
  "varying vec2 textureCoordinate;" +
  "void main(){" +
  " float myContrast = 0.5;" +
  " vec4 myColor = texture2D(textureSampler,textureCoordinate);" +
  " gl_FragColor.rgb = vec3((myColor.rgb - " +
  "vec3(0.5)) * myContrast + vec3(0.5));" +
  "}";
//在片元着色器代码中根据算法重置像素值,实现增大对比度
String myFragmentShaderString =
  "#extension GL_OES_EGL_image_external:require\n" +
  "precision mediump float;" +
  "uniform samplerExternalOES textureSampler;" +
  "varying vec2 textureCoordinate;" +
  "void main(){" +
  " float myContrast = 1.5;" +
  " vec4 myColor = texture2D(textureSampler,textureCoordinate);" +
  " gl_FragColor.rgb = vec3((myColor.rgb - " +
  "vec3(0.5)) * myContrast + vec3(0.5));" +
  "}";
```

上面这段代码在 MyCode\MySampleO50\app\src\main\java\com\bin\luo\mysample\MainActivity.java 文件中。此外,操作摄像头需要在 AndroidManifest.xml 文件中添加<uses-permission android:name="android.permission.CAMERA"/>权限。

此实例的完整代码在 MyCode\MySampleO50 文件夹中。

208　使用滤镜调整摄像头饱和度

此实例主要通过使用 GLSurfaceView 控件加载自定义 OpenGL 渲染器 Renderer,并在该 Renderer 中使用 glShaderSource()方法,根据调整饱和度的原生代码设置着色器的源代码,实现通过自定义的滤镜调整摄像头预览画面的饱和度。当实例运行之后,将自动打开摄像头并显示预览画面,单击"降低饱和度"按钮,将降低摄像头预览画面的饱和度,如图 208-1(a)所示。单击"增大饱和度"按钮,将增大摄像头预览画面的饱和度,如图 208-1(b)所示。

主要代码如下：

```
//在片元着色器代码中根据算法重置画面像素值,降低饱和度
String myFragmentShaderString =
  "#extension GL_OES_EGL_image_external:require\n" +
  "precision mediump float;" +
  "uniform samplerExternalOES textureSampler;" +
  "varying vec2 textureCoordinate;" +
  "void main(){" +
  " vec4 myColor = texture2D(textureSampler,textureCoordinate);" +
  " vec3 myFactor = vec3(0.2125,0.7154,0.0721);" +
  " float mySaturation = 0.3;" +
```

```
" float myLuminance = dot(myColor.rgb,myFactor);" +
" vec3 myResult = (1.0 - mySaturation) * vec3(myLuminance)" +
" + mySaturation * myColor.rgb;" +
" gl_FragColor.rgb = myResult;" +
"}";
```

//在片元着色器代码中根据算法重置画面像素值,增大饱和度

```
String myFragmentShaderString =
    " #extension GL_OES_EGL_image_external:require\n" +
    "precision mediump float;" +
    "uniform samplerExternalOES textureSampler;" +
    "varying vec2 textureCoordinate;" +
    "void main(){" +
    " vec4 myColor = texture2D(textureSampler,textureCoordinate);" +
    " vec3 myFactor = vec3(0.2125,0.7154,0.0721);" +
    " float mySaturation = 2.5;" +
    " float myLuminance = dot(myColor.rgb,myFactor);" +
    " vec3 myResult = (1.0 - mySaturation) * vec3(myLuminance)" +
    " + mySaturation * myColor.rgb;" +
    " gl_FragColor.rgb = myResult;" +
    "}";
```

上面这段代码在 MyCode\MySampleO51\app\src\main\java\com\bin\luo\mysample\MainActivity.java 文件中。此外,操作摄像头需要在 AndroidManifest.xml 文件中添加< uses-permission android:name="android.permission.CAMERA"/>权限。

此实例的完整代码在 MyCode\MySampleO51 文件夹中。

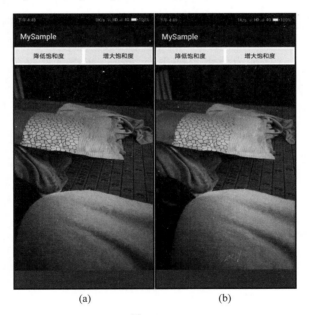

(a)　　　　　　　　　　(b)

图　208-1

第 4 章

腾讯地图实例

209　设置腾讯地图的中心地点

此实例主要通过使用腾讯地图 SDK 的 setCenter()方法,实现根据指定的纬度和经度值设置腾讯地图的中心地点。腾讯地图 Android SDK 是一套基于 Android 设备的应用程序接口,通过该接口,可以轻松访问腾讯地图服务和数据,构建功能丰富、交互性强的地图应用程序。腾讯地图 Android SDK 不仅包含构建地图的基本接口,还提供了诸如地图定位、地址编码、地址反编码、实时路况、POI 搜索、周边搜索、公交线路搜索、驾车线路搜索等数据服务。

当实例运行之后,如果在"纬度经度值:"输入框中输入重庆的纬度和经度值"29.563748,106.550545",然后单击"设置该地为腾讯地图中心"按钮,将设置重庆为腾讯地图的中心,效果如图 209-1(a)所示。如果在"纬度经度值:"输入框中输入武汉的纬度和经度值"30.593310,114.304692",然后单击"设置该地为腾讯地图中心"按钮,将设置武汉为腾讯地图的中心,效果如图 209-1(b)所示。

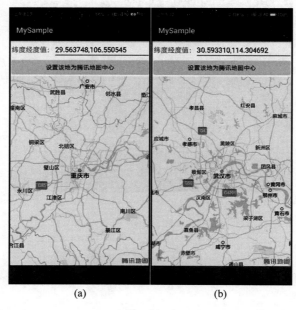

(a)　　　　　　　　　(b)

图　209-1

主要代码如下：

```
public class MainActivity extends Activity {
 MapView myMapView;
 @Override
 protected void onCreate(Bundle savedInstanceState) {
   super.onCreate(savedInstanceState);
   setContentView(R.layout.activity_main);
   myMapView = (MapView)findViewById(R.id.myMapView);
 }
 public void onClickButton1(View v) {                    //响应单击"设置该地为腾讯地图的中心"按钮
   EditText myEditLatlng = (EditText) findViewById(R.id.myEditLatlng);
   String myLatlng = myEditLatlng.getText().toString();
   double myLat = Double.parseDouble(
                           myLatlng.substring(0, myLatlng.indexOf(',')));
   double myLng = Double.parseDouble(
                           myLatlng.substring(myLatlng.indexOf(',') + 1));
   TencentMap myTencentMap = myMapView.getMap();
   myTencentMap.setZoom(9);                              //设置地图缩放级别为9
   myTencentMap.setCenter(new LatLng(myLat,myLng));      //设置该地为腾讯地图的中心
 }
}
```

上面这段代码在 MyCode\MySampleH44\app\src\main\java\com\bin\luo\mysample\MainActivity.java 文件中。在这段代码中，TencentMap myTencentMap＝myMapView.getMap()用于根据腾讯地图的显示控件 MapView 获取 TencentMap，TencentMap 是操作腾讯地图最主要、最基本的类。在布局文件中，MapView 控件的主要代码如下面的粗体字所示：

```
<?xml version = "1.0" encoding = "UTF-8"?>
<LinearLayout xmlns:android = "http://schemas.android.com/apk/res/android"
    xmlns:tools = "http://schemas.android.com/tools"
    android:id = "@+id/activity_main"
    android:layout_width = "match_parent"
    android:layout_height = "match_parent"
    android:orientation = "vertical"
    tools:context = "com.bin.luo.mysample.MainActivity">
    <LinearLayout
        android:layout_width = "match_parent"
        android:layout_height = "wrap_content"
        android:orientation = "horizontal">
        <TextView
            android:textSize = "18dp"
            android:layout_width = "wrap_content"
            android:layout_height = "wrap_content"
            android:text = " 纬度经度值:"/>
        <EditText
            android:textSize = "18dp"
            android:layout_width = "match_parent"
            android:layout_height = "wrap_content"
            android:id = "@+id/myEditLatlng"
            android:text = "30.593310,114.304692"/>
    </LinearLayout>
    <LinearLayout
        android:layout_width = "match_parent"
```

```
                android:layout_height = "wrap_content"
                android:orientation = "horizontal">
                < Button
                    android:layout_width = "match_parent"
                    android:layout_height = "wrap_content"
                    android:layout_weight = "1"
                    android:onClick = "onClickButton1"
                    android:text = "设置该地为腾讯地图中心"
                    android:textAllCaps = "false"
                    android:textSize = "16dp" />
            </LinearLayout>
            < com.tencent.tencentmap.mapsdk.map.MapView
                android:id = "@ + id/myMapView"
                android:layout_width = "match_parent"
                android:layout_height = "match_parent"/>
        </LinearLayout>
```

上面这段代码在 MyCode\MySampleH44\app\src\main\res\layout\activity_main.xml 文件中。需要说明的是,此实例需要引入腾讯地图 SDK 的开发文件,即 MyCode\ MySampleH44\app\libs 文件夹中的 TencentMapSDK_Raster_v_1.2.8.1.c02ec64.jar 文件(实际测试表明:不添加下面这行粗体字代码,也能正常编译执行,即正常导入文件 TencentMapSDK_Raster_v_1.2.8.1.c02ec64.jar 的内容),当在工程项目中添加了该文件之后,还需要按照下面的粗体字修改 MyCode\MySampleH44\ app\build.gradle 文件:

```
apply plugin: 'com.android.application'
android {
    compileSdkVersion 29
    buildToolsVersion "29.0.2"
    defaultConfig {
        applicationId "com.bin.luo.mysample"
        minSdkVersion 27
        targetSdkVersion 29
        versionCode 1
        versionName "1.0"
        testInstrumentationRunner "androidx.test.runner.AndroidJUnitRunner"
    }
    buildTypes {
        release {
            minifyEnabled false
            proguardFiles getDefaultProguardFile('proguard - android - optimize.txt'), 'proguard - rules.pro'
        }
    }
}
dependencies {
    implementation fileTree(dir: 'libs', include: [' * .jar'])
    implementation 'androidx.appcompat:appcompat:1.0.2'
    implementation 'androidx.constraintlayout:constraintlayout:1.1.3'
    testImplementation 'junit:junit:4.12'
    androidTestImplementation 'androidx.test:runner:1.2.0'
    androidTestImplementation 'androidx.test.espresso:espresso - core:3.2.0'
    implementation files('libs/TencentMapSDK_Raster_v_1.2.8.1.c02ec64.jar')
}
```

此外,还要按照下面粗体字所示的内容修改 MyCode \ MySampleH44 \ app \ src \ main \
AndroidManifest. xml 文件:

```xml
<?xml version = "1.0" encoding = "UTF - 8"?>
< manifest xmlns:android = "http://schemas.android.com/apk/res/android"
           package = "com.bin.luo.mysample">
    < application
        android:allowBackup = "true"
        android:icon = "@mipmap/ic_launcher"
        android:label = "@string/app_name"
        android:roundIcon = "@mipmap/ic_launcher_round"
        android:supportsRtl = "true"
        android:theme = "@style/AppTheme">
        < meta - data android:name = "TencentMapSDK"
            android:value = "2NQBZ - W3FWS - SZ6O7 - 6AMQN - ZCWAE - NOBVQ" />
        < activity android:name = ".MainActivity">
            < intent - filter >
                < action android:name = "android.intent.action.MAIN" />
                < category android:name = "android.intent.category.LAUNCHER" />
            </ intent - filter >
        </ activity >
    </ application >
    < uses - permission android:name = "android.permission.INTERNET" />
</ manifest >
```

在这段代码中,2NQBZ-W3FWS-SZ6O7-6AMQN-ZCWAE-NOBVQ 是腾讯地图的开发者 Key,
需要到腾讯位置服务(http://lbs.qq.com/console/mykey.html)申请。

此实例的完整代码在 MyCode\MySampleH44 文件夹中。

210 在腾讯地图上绘制实心圆

此实例主要通过使用腾讯地图 SDK 的 addCircle()方法,实现在腾讯地图的指定地点上绘制指定
半径的半透明实心圆。当实例运行之后,单击"以重庆为中心绘制实心圆"按钮,将设置重庆为地图的
中心,并以重庆为圆心绘制一个半径为 60 000m 的半透明的红色实心圆,如图 210-1(a)所示。单击
"以武汉为中心绘制实心圆"按钮,将设置武汉为地图的中心,并以武汉为圆心绘制一个半径为
60 000m 的半透明的红色实心圆,如图 210-1(b)所示。

主要代码如下:

```java
public void onClickButton1(View v) {                    //响应单击"以重庆为中心绘制实心圆"按钮
    //重庆市的纬度和经度值
    LatLng myLatLng =  new LatLng(29.563748,106.550545);
    myTencentMap.setCenter(myLatLng);                   //设置重庆为腾讯地图中心
    myTencentMap.addCircle(new CircleOptions()
            .center(myLatLng)                           //设置重庆为圆心
            .radius(60000)                              //设置半径为 60 000m
            .fillColor(0x99ff0000)                      //设置填充颜色为红色
            .strokeColor(Color.BLACK)                   //设置边线颜色为黑色
            .strokeWidth(3));                           //设置边线宽度为 3px
}
```

上面这段代码在 MyCode \ MySampleH51 \ app \ src \ main \ java \ com \ bin \ luo \ mysample \

MainActivity.java 文件中。关于如何在工程项目中添加腾讯地图 SDK 的库文件及开发者权限请参考实例 209。

此实例的完整代码在 MyCode\MySampleH51 文件夹中。

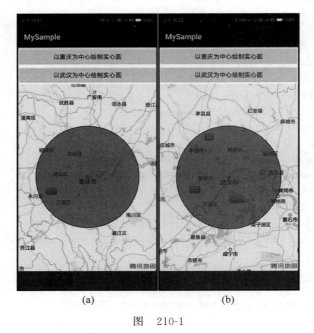

图　210-1

211　在腾讯地图上绘制多边形

此实例主要通过使用腾讯地图 SDK 的 addPolygon()方法,实现根据指定的多个顶点(纬度和经度值)在腾讯地图上绘制半透明的实心多边形。当实例运行之后,单击"设置腾讯地图中心"按钮,将设置北京南站为腾讯地图的中心,如图 211-1(a)所示。单击"在腾讯地图上绘制多边形"按钮,将在北京站、北京南站、北京西站、北京南苑机场所围成的区域内绘制一个半透明的实心多边形,如图 211-1(b)所示。

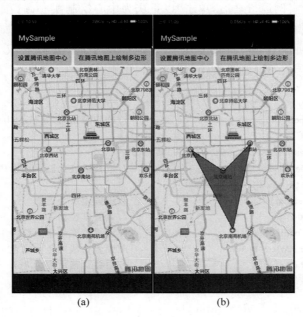

图　211-1

主要代码如下：

```
public void onClickButton2(View v) {              //响应单击"在腾讯地图上绘制多边形"按钮
    //指定围成封闭多边形的顶点(纬度和经度值)集合
    LatLng[] myLatLngs = {
            new LatLng(39.902362,116.428299),     //北京站的纬度和经度值
            new LatLng(39.864952,116.380234),     //北京南站的纬度和经度值
            new LatLng(39.893407,116.323242),     //北京西站的纬度和经度值
            new LatLng(39.784796,116.396713),     //北京南苑机场的纬度和经度值
            new LatLng(39.902362,116.428299) };   //北京站的纬度和经度值
    //根据顶点集合在地图上绘制多边形区域
    myTencentMap.addPolygon(new PolygonOptions().
            add(myLatLngs).                        //多边形顶点集合
            fillColor(0x99ff0000).                 //多边形填充颜色
            strokeColor(Color.BLACK).              //多边形边线颜色
            strokeWidth(3));                       //多边形边线宽度
}
```

上面这段代码在 MyCode\MySampleH50\app\src\main\java\com\bin\luo\mysample\MainActivity.java 文件中。

此实例的完整代码在 MyCode\MySampleH50 文件夹中。

212　在腾讯地图上添加文本标记

此实例主要通过使用腾讯地图 SDK 的 addMarker()方法，实现在指定位置上添加文本标记。当实例运行之后，单击"添加文本标记"按钮，将在重庆中央公园的上方添加文本标记"重庆市中央公园"，如图 212-1(a)所示。单击"移除文本标记"按钮，将移除刚才添加的文本标记，如图 212-1(b)所示。

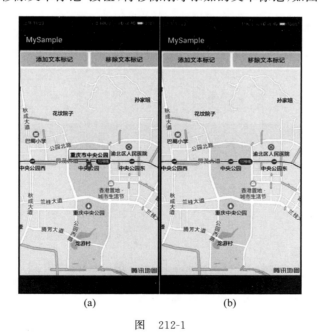

(a)　　　　　　　　　(b)

图　212-1

主要代码如下：

```
public void onClickButton1(View v) {              //响应单击"添加文本标记"按钮
    myMarker = myMapView.addMarker(new MarkerOptions().position(myLatLng)
```

```
        .title("重庆市中央公园"));                        //通过 Marker 实现在指定位置添加标记
    myMarker.showInfoWindow();
}
public void onClickButton2(View v) {                   //响应单击"移除文本标记"按钮
    myMarker.remove();
}
```

上面这段代码在 MyCode \ MySampleH47 \ app \ src \ main \ java \ com \ bin \ luo \ mysample \ MainActivity.java 文件中。

此实例的完整代码在 MyCode\MySampleH47 文件夹中。

213 在腾讯地图上添加图像标记

此实例主要通过在腾讯地图 SDK 的 getInfoWindow()方法中自定义 ImageView，实现在腾讯地图的指定位置上添加自定义图像标记。当实例运行之后，将自动设置重庆中央公园为腾讯地图的中心；单击"添加图像标记"按钮，将在重庆中央公园上方添加自定义的灯泡图像标记，如图 213-1(a)所示；单击"移除图像标记"按钮，将移除刚才添加的自定义灯泡图像标记，如图 213-1(b)所示。

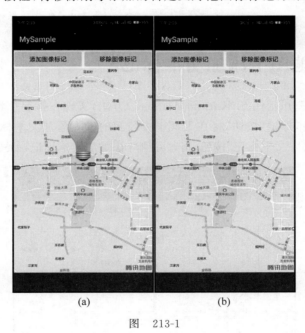

(a)   (b)

图   213-1

主要代码如下：

```
public void onClickButton1(View v) {                   //响应单击"添加图像标记"按钮
    //设置自定义标记适配器
    myTencentMap.setInfoWindowAdapter(new TencentMap.InfoWindowAdapter() {
        @Override
        public void onInfoWindowDettached(Marker arg0, View arg1) { }
        @Override
        public View getInfoWindow(Marker arg0) {
            arg0.setAlpha(0);                          //隐藏 Marker 自带的图像
            //使用 ImageView 显示自定义图像
            ImageView myImageView = new ImageView(MainActivity.this);
            myImageView.setLayoutParams(new ViewGroup.LayoutParams(200, 200));
```

```
    myImageView.setScaleType(ImageView.ScaleType.FIT_XY);
    myImageView.setImageResource(R.mipmap.myimage1);
    return myImageView;
  }
});
//添加自定义图像标记
myMarker = myMapView.addMarker(new MarkerOptions().position(myLatLng));
myMarker.showInfoWindow();                    //显示自定义图像标记
}
public void onClickButton2(View v) {          //响应单击"移除图像标记"按钮
  myMarker.hideInfoWindow();
  myMarker.remove();
}
```

上面这段代码在 MyCode \ MySampleH48 \ app \ src \ main \ java \ com \ bin \ luo \ mysample \ MainActivity.java 文件中。

此实例的完整代码在 MyCode\MySampleH48 文件夹中。

214 在腾讯地图上添加平移动画

此实例主要通过使用腾讯地图 SDK 的 setInfoWindowShowAnimation()方法等,实现在腾讯地图的指定位置上添加的自定义图像标记以平移动画的方式滑入滑出。当实例运行之后,将自动设置北京动物园为腾讯地图的中心,单击"启动滑入动画"按钮,熊猫图像标记将在屏幕外从左向右平移到北京动物园的上方;单击"启动滑出动画"按钮,熊猫图像标记将从北京动物园上方位置从左向右滑出屏幕,效果分别如图 214-1(a)和图 214-1(b)所示。

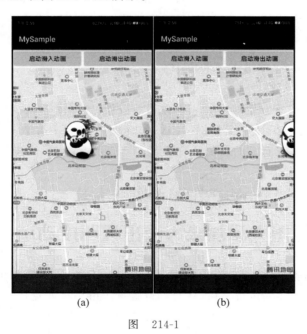

(a)   (b)

图 214-1

主要代码如下:

```
public void onClickButton1(View v) {          //响应单击"启动滑入动画"按钮
  myTencentMap.setInfoWindowAdapter(new TencentMap.InfoWindowAdapter(){
    @Override
```

```
public void onInfoWindowDettached(Marker arg0,View arg1){ }
@Override
public View getInfoWindow(Marker arg0){
    arg0.setAlpha(0);                                    //隐藏 Marker 自带的图像标记
    ImageView myImageView = new ImageView(MainActivity.this);
    myImageView.setLayoutParams(new ViewGroup.LayoutParams(200,200));
    myImageView.setScaleType(ImageView.ScaleType.FIT_XY);
    myImageView.setImageResource(R.mipmap.myimage1);
    return myImageView;
} });
//在指定位置显示自定义图像标记
myLatLng = new LatLng(39.942282,116.336638);
myMarker = myMapView.addMarker(new MarkerOptions().position(myLatLng));
TranslateAnimation myAnimation = new TranslateAnimation(-1000,0,0,0);
myAnimation.setDuration(2000);
myMarker.setInfoWindowShowAnimation(myAnimation);   //设置自定义滑入动画
myMarker.showInfoWindow();                           //显示自定义标记
}
public void onClickButton2(View v) {                 //响应单击"启动滑出动画"按钮
    TranslateAnimation myAnimation = new TranslateAnimation(0,1000,0,0);
    myAnimation.setDuration(2000);
    myMarker.setInfoWindowHideAnimation(myAnimation);   //设置自定义滑出动画
    myMarker.hideInfoWindow();                          //隐藏并移除标记
    myMarker.remove();
}
```

上面这段代码在 MyCode\MySampleH52\app\src\main\java\com\bin\luo\mysample\MainActivity.java 文件中。在这段代码中,myAnimation＝new TranslateAnimation(－1000,0,0,0)用于创建从左向右的滑入动画,myAnimation＝new TranslateAnimation(0,1000,0,0)用于创建从左向右的滑出动画。TranslateAnimation 构造函数的语法声明如下:

```
TranslateAnimation(float fromXDelta, float toXDelta,
                   float fromYDelta, float toYDelta)
```

其中,参数 float fromXDelta 表示动画开始点距离当前控件(如图像标记)在水平方向上的差值;参数 float toXDelta 表示动画结束点距离当前控件在水平方向上的差值;参数 float fromYDelta 表示动画开始点距离当前控件在垂直方向上的差值;参数 float toYDelta 表示动画结束点距离当前控件在垂直方向上的差值。

此实例的完整代码在 MyCode\MySampleH52 文件夹中。

215　在腾讯地图上添加淡入淡出透明度动画

此实例主要通过使用腾讯地图 SDK 的 setAnimation()方法,实现在腾讯地图的指定位置上添加淡入淡出的透明度动画。当实例运行之后,将自动设置重庆市奥林匹克体育中心为腾讯地图中心,单击"启动淡入透明度动画"按钮,将在该位置以淡入的透明度动画显示一个足球,效果分别如图 215-1(a)和图 215-1(b)所示。单击"启动淡出透明度动画"按钮,将以淡出的透明度动画使足球完全消失。

主要代码如下:

```
public void onClickButton1(View v){                 //响应单击"启动淡入透明度动画"按钮
    myMarker = myTencentMap.addMarker(new MarkerOptions());
    myMarker.setAlpha(0);
```

```
    myMarker.setPosition(myTencentMap
                        .getCameraPosition().target);    //设置显示位置
    Bitmap myBitmap = BitmapFactory
                        .decodeResource(getResources(),R.mipmap.myimage1);
    myBitmap = Bitmap.createScaledBitmap(myBitmap,200,200,false);
    myMarker.setIcon(BitmapDescriptorFactory.fromBitmap(myBitmap));
    AlphaAnimation myAnimation = new AlphaAnimation(0,1);        //创建淡入的透明度动画
    myAnimation.setDuration(5000);                              //设置动画持续时间为 5 秒
    myMarker.setAnimation(myAnimation);                        //设置动画
    myMarker.startAnimation();                                //执行动画
}
public void onClickButton2(View v){                          //响应单击"启动淡出透明度动画"按钮
    AlphaAnimation myAnimation = new AlphaAnimation(1,0);     //创建淡出的透明度动画
    myAnimation.setDuration(5000);                          //设置动画持续时间为 5 秒
    myMarker.setAnimation(myAnimation);                    //设置动画
    myMarker.startAnimation();                            //执行动画
}
```

上面这段代码在 MyCode\MySampleH61\app\src\main\java\com\bin\luo\mysample\MainActivity.java 文件中。在这段代码中,myAnimation＝new AlphaAnimation(0,1)用于创建淡入的透明度动画,0 表示在动画开始时完全透明,1 表示在动画结束时完全不透明。

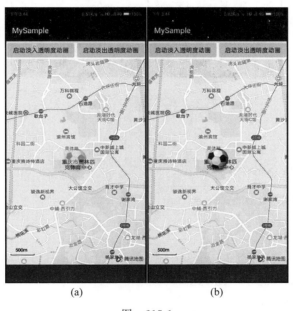

(a)   (b)

图   215-1

需要说明的是,此实例需要在 MyCode\MySampleH61\app 文件夹的 build.gradle 文件中添加依赖项 implementation 'com.tencent.map:tencent-map-vector-sdk:4.1.1',并执行同步(Sync Now)操作;在此情况下,就不再需要在 MyCode\MySampleH61\app\libs 文件夹下添加腾讯地图 SDK 的本地库文件,如果存在,必须先删除。另外,还需要在 AndroidManifest.xml 文件中添加开发者 Key 和有关权限,如:< meta-data android:name ＝"TencentMapSDK" android:value＝"VTEBZ-2GIKU-JRAVU-BGXEQ-JMDO3-IOFDG" />,具体修改内容请参考 MyCode\MySampleH61\app\src\main\AndroidManifest.xml 文件。

此实例的完整代码在 MyCode\MySampleH61 文件夹中。

216 在腾讯地图上添加旋转动画

此实例主要通过使用腾讯地图 SDK 的 setRotation()方法,实现按照一定的角度旋转在腾讯地图上添加的图像标记。当实例运行之后,在腾讯地图上将显示一个动物图像标记,单击"启动旋转动画"按钮,动物图像将沿着顺时针方向进行旋转,效果分别如图 216-1(a)和图 216-1(b)所示。单击"停止旋转动画"按钮,动物图像停止旋转。

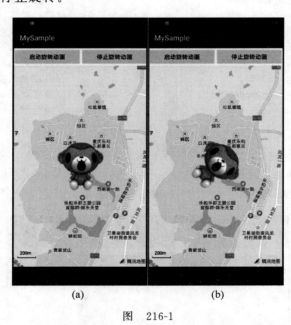

(a)   (b)

图　216-1

主要代码如下:

```
public class MainActivity extends Activity{
  MapView myMapView;
  TencentMap myTencentMap;
  float myDegree = 0;
  Marker myMarker;
  Timer myTimer;
  @Override
  protected void onCreate(Bundle savedInstanceState){
    super.onCreate(savedInstanceState);
    setContentView(R.layout.activity_main);
    myMapView = (MapView)findViewById(R.id.myMapView);
    myMapView.onResume();
    myTencentMap = myMapView.getMap();
    myTencentMap.moveCamera(CameraUpdateFactory.zoomTo(15));
    myTencentMap.moveCamera(CameraUpdateFactory.newLatLng(
                        new LatLng(29.291785,105.908214)));
    //初始化 MarkerOptions,自定义图像标记所在位置的纬度和经度值、图像资源
    MarkerOptions myMarkerOptions = new MarkerOptions();
    myMarkerOptions.position(new LatLng(29.291785,105.908214));
    myMarkerOptions.icon(BitmapDescriptorFactory
                        .fromResource(R.mipmap.myimage1));
    //将自定义图像标记添加至腾讯地图
```

```
  myMarker = myTencentMap.addMarker(myMarkerOptions);
  }
  public void onClickButton1(View v){            //响应单击"启动旋转动画"按钮
   if(myTimer == null){
    myTimer = new Timer();                     //初始化 Timer,并设定定时任务
    myTimer.schedule(new TimerTask(){
     @Override
     public void run(){
      myDegree++;                              //递增旋转角度,并将该值作为图像的当前旋转角度
      myMarker.setRotation(myDegree);
     } },0,25);
    }
   }
  public void onClickButton2(View v){            //响应单击"停止旋转动画"按钮
   myTimer.cancel();                            //取消定时任务,并销毁 Timer
   myTimer = null;
   }
  }
```

上面这段代码在 MyCode\MySampleJ88\app\src\main\java\com\bin\luo\mysample\MainActivity.java 文件中。

需要说明的是,此实例需要在 MyCode\MySampleJ88\app 文件夹的 build.gradle 文件中添加依赖项 implementation 'com.tencent.map:tencent-map-vector-sdk:4.1.1',并执行同步(Sync Now)操作;在此情况下,就不再需要在 MyCode\MySampleJ88\app\libs 文件夹下添加腾讯地图 SDK 的本地库文件,如果存在,必须先删除。另外,还需要在 AndroidManifest.xml 文件中添加开发者 Key 和有关权限,如: < meta-data android:name = " TencentMapSDK" android:value = " VTEBZ-2GIKU-JRAVU-BGXEQ-JMDO3-IOFDG"/>,具体修改内容请参考 MyCode\MySampleJ88\app\src\main\AndroidManifest.xml 文件。

此实例的完整代码在 MyCode\MySampleJ88 文件夹中。

217 在腾讯地图上添加缩放动画

此实例主要通过使用腾讯地图 SDK 的 setInfoWindowShowAnimation()方法等设置自定义 ScaleAnimation 动画,实现在腾讯地图的指定位置使用放大动画或缩小动画添加或移除自定义图像标记。当实例运行之后,将自动设置北京动物园为腾讯地图的中心,单击"启动放大动画"按钮,在北京动物园的上方位置将显示一只从小变大的熊猫图像标记。单击"启动缩小动画"按钮,北京动物园上方位置的熊猫图像标记将从大变小,直到完全消失,效果分别如图 217-1(a)和图 217-1(b)所示。

主要代码如下:

```
public void onClickButton1(View v) {                    //响应单击"启动放大动画"按钮
  myTencentMap.setInfoWindowAdapter(new TencentMap.InfoWindowAdapter(){
   @Override
   public void onInfoWindowDettached(Marker arg0,View arg1){}
   @Override
   public View getInfoWindow(Marker arg0){
    arg0.setAlpha(0);                                   //隐藏 Marker 自带的图像标记
    ImageView myImageView = new ImageView(MainActivity.this);
    myImageView.setLayoutParams(new ViewGroup.LayoutParams(200,200));
    myImageView.setScaleType(ImageView.ScaleType.FIT_XY);
```

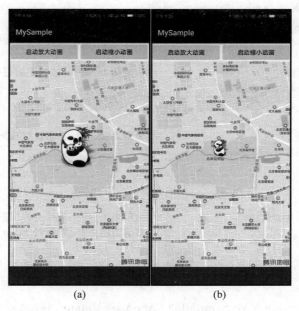

(a)   (b)

图　217-1

```
    myImageView.setImageResource(R.mipmap.myimage1);
    return myImageView;
} });
//在指定位置显示自定义图像标记
myLatLng = new LatLng(39.940282,116.336638);
myMarker = myMapView.addMarker(new MarkerOptions().position(myLatLng));
ScaleAnimation myAnimation = new ScaleAnimation(0.0f, 1.0f, 0.0f, 1.0f,
        Animation.RELATIVE_TO_SELF, 0.5f, Animation.RELATIVE_TO_SELF, 0.5f);
myAnimation.setDuration(3000);
myMarker.setInfoWindowShowAnimation(myAnimation);  //设置放大动画
myMarker.showInfoWindow();                         //显示放大动画
}
public void onClickButton2(View v) {               //响应单击"启动缩小动画"按钮
    ScaleAnimation myAnimation = new ScaleAnimation(1.0f, 0.0f, 1.0f, 0.0f,
        Animation.RELATIVE_TO_SELF, 0.5f, Animation.RELATIVE_TO_SELF, 0.5f);
    myAnimation.setDuration(3000);
    myMarker.setInfoWindowHideAnimation(myAnimation);  //设置缩小动画
    myMarker.hideInfoWindow();
    myMarker.remove();
}
```

上面这段代码在 MyCode\MySampleH54\app\src\main\java\com\bin\luo\mysample\MainActivity.java 文件中。在这段代码中,myAnimation＝new ScaleAnimation(0.0f, 1.0f, 0.0f, 1.0f, Animation.RELATIVE_TO_SELF, 0.5f, Animation.RELATIVE_TO_SELF, 0.5f)用于在图像标记窗口创建自定义放大动画,myAnimation＝new ScaleAnimation(1.0f, 0.0f, 1.0f, 0.0f, Animation.RELATIVE_TO_SELF, 0.5f, Animation.RELATIVE_TO_SELF, 0.5f)用于在图像标记窗口创建自定义缩小动画。ScaleAnimation 构造函数的语法声明如下:

```
ScaleAnimation(float fromX, float toX, float fromY, float toY,
    int pivotXType, float pivotXValue, int pivotYType, float pivotYValue)
```

其中,参数 float fromX 表示在动画开始前的水平方向的缩放因子(系数);参数 float toX 表示在动画

结束后的水平方向的缩放因子(系数);参数 float fromY 表示在动画开始前的垂直方向的缩放因子
(系数);参数 float toY 表示在动画结束后的垂直方向的缩放因子(系数);int pivotXType 表示缩放
中心点的 X 坐标类型,此参数可以取值为:ABSOLUTE、RELATIVE_TO_SELF、RELATIVE_TO_
PARENT;参数 float pivotXValue 表示缩放中心点的 X 坐标值,当 pivotXType 参数为 ABSOLUTE
时,表示绝对位置,否则表示相对位置,1.0 表示 100%。参数 int pivotYType 表示缩放中心点的 Y 坐
标类型;参数 float pivotYValue 表示缩放中心点的 Y 坐标。

此实例的完整代码在 MyCode\MySampleH54 文件夹中。

218 在腾讯地图上添加降落动画

此实例主要通过使用腾讯地图 SDK 的屏幕坐标和经纬度的转换方法 Projection.
toScreenLocation()和 Projection.fromScreenLocation()改变图像标记在垂直方向的坐标,实现以降
落动画的效果显示图像标记。当实例运行之后,单击"启动降落动画"按钮,热气球图像标记将从上到
下在 5 秒内从屏幕外降落到重庆中央公园上方,效果分别如图 218-1(a)和图 218-1(b)所示。

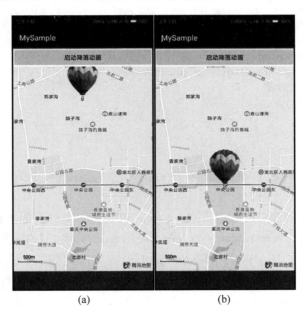

(a)　　　　　　　(b)

图　218-1

主要代码如下:

```
public void onClickButton1(View v){                          //响应单击"启动降落动画"按钮
    myTencentMap.clear();
    //初始化 MarkerOptions,设置图像标记的纬度和经度值、图像资源等
    MarkerOptions myMarkerOptions = new MarkerOptions();
    myMarkerOptions.position(new LatLng(29.726930,106.583626));
    myMarkerOptions.icon(BitmapDescriptorFactory
                                .fromResource(R.mipmap.myimage1));
    //将自定义图像标记添加到腾讯地图
    final Marker myMarker = myTencentMap.addMarker(myMarkerOptions);
    //记录当前时间,作为动画起始时间
    final long myStartTime = SystemClock.uptimeMillis();
    //获取图像标记的当前纬度和经度值
    final LatLng myLatLng = myMarker.getPosition();
```

```
//获取 Projection 实例
Projection myProjection = myTencentMap.getProjection();
//将图像标记的经纬度坐标转换为屏幕坐标
Point myScreenLocation = myProjection.toScreenLocation(myLatLng);
//自定义动画起始位置
Point myStartPoint = new Point(myScreenLocation.x,0);
//将动画起始位置转换为经纬度坐标
final LatLng myStartLatLng = myProjection.fromScreenLocation(myStartPoint);
//设置动画时长 5 秒
final long myDuration = 5000;
//初始化 AccelerateInterpolator,并计算在动画过程中图像标记的纬度和经度值
final Interpolator myInterpolator = new AccelerateInterpolator();
new Timer().schedule(new TimerTask(){
 @Override
 public void run(){
  //获取当前时刻与动画起始时间的差值
  long myElapsedTime = SystemClock.uptimeMillis() - myStartTime;
  //根据动画进度百分比计算动画插值
  float t = myInterpolator.getInterpolation((float)myElapsedTime/myDuration);
  //根据动画插值计算图像标记的纬度和经度值
  double myLng = t * myLatLng.longitude + (1 - t) * myStartLatLng.longitude;
  double myLat = t * myLatLng.latitude + (1 - t) * myStartLatLng.latitude;
  myMarker.setPosition(new LatLng(myLat,myLng));
  //若完成动画,停止定时器
  if(t >= 1.0) cancel();
 }
},0,16);
}
```

上面这段代码在 MyCode\MySampleJ94\app\src\main\java\com\bin\luo\mysample\MainActivity.java 文件中。

需要说明的是,此实例需要在 MyCode\MySampleJ94\app 文件夹的 build.gradle 文件中添加依赖项 implementation 'com.tencent.map:tencent-map-vector-sdk:4.1.1',并执行同步(Sync Now)操作;在此情况下,就不再需要在 MyCode\MySampleJ94\app\libs 文件夹下添加腾讯地图 SDK 的本地库文件,如果存在,必须先删除。另外,还需要在 AndroidManifest.xml 文件中添加开发者 Key 和有关权限,如:< meta-data android:name = "TencentMapSDK" android:value = "VTEBZ-2GIKU-JRAVU-BGXEQ-JMDO3-IOFDG"/>,具体修改内容请参考 MyCode\MySampleJ94\app\src\main\AndroidManifest.xml 文件。

此实例的完整代码在 MyCode\MySampleJ94 文件夹中。

219　在腾讯地图上叠加多种动画

此实例主要通过使用腾讯地图 SDK 的 setInfoWindowShowAnimation()方法等设置自定义组合动画 ScaleAnimation 和 RotateAnimation,实现在腾讯地图的指定位置上添加多种动画组合。当实例运行之后,将自动设置北京动物园为腾讯地图的中心,单击"启动旋转放大动画"按钮,在北京动物园上方位置的熊猫图像标记将在旋转时从小变大,直到完全显示;单击"启动旋转缩小动画"按钮,在北京动物园上方位置的熊猫图像标记将在旋转时从大变小,直到完全消失,效果分别如图 219-1(a)和图 219-1(b)所示。

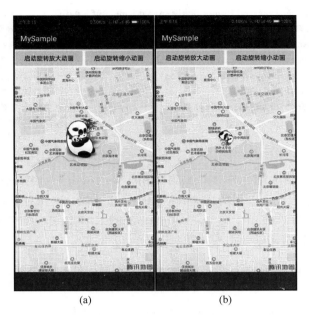

(a)   (b)

图 219-1

主要代码如下：

```
public void onClickButton1(View v) {                              //响应单击"启动旋转放大动画"按钮
    myTencentMap.setInfoWindowAdapter(new TencentMap.InfoWindowAdapter() {
      @Override
      public void onInfoWindowDettached(Marker arg0, View arg1) { }
      @Override
      public View getInfoWindow(Marker arg0) {
        arg0.setAlpha(0);                                         //隐藏 Marker 自带的图像标记
        ImageView myImageView = new ImageView(MainActivity.this);
        myImageView.setLayoutParams(new ViewGroup.LayoutParams(200, 200));
        myImageView.setScaleType(ImageView.ScaleType.FIT_XY);
        myImageView.setImageResource(R.mipmap.myimage1);
        return myImageView;
      }
    });
    //在指定位置显示自定义图像标记
    myLatLng = new LatLng(39.942282, 116.336638);
    myMarker = myMapView.addMarker(new MarkerOptions().position(myLatLng));
    RotateAnimation myRotateAnimation = new RotateAnimation(0f, 360f,
            Animation.RELATIVE_TO_SELF, 0.5f, Animation.RELATIVE_TO_SELF, 0.5f);
    ScaleAnimation myScaleAnimation = new ScaleAnimation(0.0f, 1.0f, 0.0f, 1.0f,
            Animation.RELATIVE_TO_SELF, 0.5f, Animation.RELATIVE_TO_SELF, 0.5f);
    AnimationSet myAnimationSet = new AnimationSet(true);           //创建动画集合
    myAnimationSet.addAnimation(myRotateAnimation);                //在动画集合中添加旋转动画
    myAnimationSet.addAnimation(myScaleAnimation);                 //在动画集合中添加放大动画
    myAnimationSet.setDuration(3000);                             //设置动画持续时间为 3 秒
    myMarker.setInfoWindowShowAnimation(myAnimationSet);          //设置自定义旋转放大动画
    myMarker.showInfoWindow();                                    //显示自定义图像标记
}
public void onClickButton2(View v) {                              //响应单击"启动旋转缩小动画"按钮
    RotateAnimation myRotateAnimation = new RotateAnimation(360f, 0f,
            Animation.RELATIVE_TO_SELF, 0.5f, Animation.RELATIVE_TO_SELF, 0.5f);
```

```
ScaleAnimation myScaleAnimation = new ScaleAnimation(1.0f, 0.0f, 1.0f, 0.0f,
        Animation.RELATIVE_TO_SELF, 0.5f, Animation.RELATIVE_TO_SELF, 0.5f);
AnimationSet myAnimationSet = new AnimationSet(true);          //创建动画集合
myAnimationSet.addAnimation(myRotateAnimation);               //在动画集合中添加旋转动画
myAnimationSet.addAnimation(myScaleAnimation);                //在动画集合中添加缩小动画
myAnimationSet.setDuration(3000);                             //设置动画持续时间为3秒
myMarker.setInfoWindowHideAnimation(myAnimationSet);          //设置自定义旋转缩小动画
myMarker.hideInfoWindow();                                    //隐藏并移除图像标记
myMarker.remove();
}
```

上面这段代码在 MyCode\MySampleH55\app\src\main\java\com\bin\luo\mysample\MainActivity.java 文件中。在这段代码中,myRotateAnimation = new RotateAnimation(360f, 0f, Animation.RELATIVE_TO_SELF, 0.5f, Animation.RELATIVE_TO_SELF, 0.5f)用于创建旋转动画。RotateAnimation 构造函数的语法声明如下:

```
RotateAnimation(float fromDegrees, float toDegrees, int pivotXType, float pivotXValue, int pivotYType,
float pivotYValue)
```

其中,参数 float fromDegrees 表示旋转动画的起始角度;参数 float toDegrees 表示旋转动画的终止角度;参数 int pivotXType 表示旋转动画在 X 轴上的位置类型;参数 float pivotXValue 表示旋转动画相对于 X 轴的开始位置;参数 int pivotYType 表示旋转动画在 Y 轴上的位置类型;参数 float pivotYValue 表示旋转动画相对于 Y 轴上的开始位置。

myScaleAnimation = new ScaleAnimation(1.0f, 0.0f, 1.0f, 0.0f, Animation.RELATIVE_TO_SELF, 0.5f, Animation.RELATIVE_TO_SELF, 0.5f)用于创建缩小动画。关于 ScaleAnimation 构造函数的语法声明请参考实例 217。

此实例的完整代码在 MyCode\MySampleH55 文件夹中。

220 根据起点和终点查询步行线路

此实例主要通过使用腾讯地图 SDK 的 TencentSearch 和 WalkingParam,实现根据起点和终点的纬度和经度值查询两地之间的步行线路。当实例运行之后,如果在"起点纬度经度值:"输入框中输入重庆华新街的纬度和经度值"29.568380,106.535550",在"终点纬度经度值:"输入框中输入重庆花卉园的纬度和经度值"29.583219,106.512953",然后单击"获取两地步行线路"按钮,将使用粗红线在腾讯地图上绘制重庆华新街到重庆花卉园之间的步行线路,如图 220-1(a)所示。如果在"起点纬度经度值:"输入框中输入重庆华新街的纬度和经度值"29.568380,106.535550",在"终点纬度经度值:"输入框中输入重庆黄泥磅的纬度和经度值"29.588420,106.538020",然后单击"获取两地步行线路"按钮,将使用粗红线在腾讯地图上绘制重庆华新街到重庆黄泥磅之间的步行线路,如图 220-1(b)所示。

主要代码如下:

```
public void onClickButton1(View v) {                    //响应单击"获取两地步行线路"按钮
    if (myPolyline != null) {
        myPolyline.remove();                            //清空之前绘制的步行线路
    }
    EditText myEditFrom = (EditText) findViewById(R.id.myEditFrom);
    EditText myEditTo = (EditText) findViewById(R.id.myEditTo);
    String myFrom = myEditFrom.getText().toString();
    String myTo = myEditTo.getText().toString();
    double myFromLat = Double.parseDouble(
```

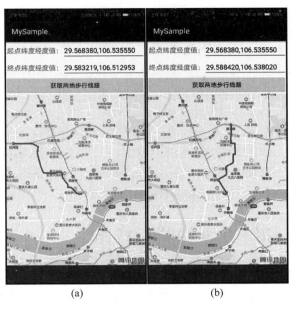

(a)

(b)

图　220-1

```
                        myFrom.substring(0, myFrom.indexOf(',')));
double myFromLng = Double.parseDouble(
                        myFrom.substring(myFrom.indexOf(',') + 1));
double myToLat = Double.parseDouble(
                        myTo.substring(0, myTo.indexOf(',')));
double myToLng = Double.parseDouble(
                        myTo.substring(myTo.indexOf(',') + 1));
TencentSearch myTencentSearch = new TencentSearch(this);
WalkingParam myWalkingParam = new WalkingParam();
//指定步行线路的起点和终点
myWalkingParam.from(new Location((float) myFromLat, (float) myFromLng));
myWalkingParam.to(new Location((float) myToLat, (float) myToLng));
//搜索步行线路,并将该线路绘制在腾讯地图上
myTencentSearch.getDirection(myWalkingParam, new HttpResponseListener(){
  @Override
  public void onSuccess(int i, BaseObject baseObject) {
    //获取线路检索结果
    WalkingResultObject myResultObject = (WalkingResultObject) baseObject;
    List < WalkingResultObject.Route > myRoutes = myResultObject.result.routes;
    //创建列表集合,用于临时存储该线路上的纬度和经度值
    List < LatLng > myLatLngs = new ArrayList < LatLng >();
    for (Location location : myRoutes.get(0).polyline) {
      myLatLngs.add(new LatLng(location.lat, location.lng));
    }
    //将步行线路绘制在腾讯地图上
    myPolyline = myTencentMap.addPolyline(
            new PolylineOptions().addAll(myLatLngs).color(Color.RED));
  }
  @Override
  public void onFailure(int i, String s, Throwable throwable) { }
  });
}
```

上面这段代码在 MyCode\MySampleH94\app\src\main\java\com\bin\luo\mysample\MainActivity.java 文件中。

需要说明的是,此实例需要引入腾讯地图 SDK 的开发文件,即 MyCode\MySampleH94\app\libs 文件夹中的 TencentMapSDK_Raster_v_1.2.8.1.c02ec64.jar 文件和 TencentMapSearch_v1.1.7.1.3e04ee1.jar 文件;然后在 MyCode\MySampleH94\app 文件夹的 build.gradle 文件中添加依赖项 implementation files('libs/TencentMapSDK_Raster_v_1.2.8.1.c02ec64.jar')和 implementation files('libs/TencentMapSearch_v1.1.7.1.3e04ee1.jar');并且需要在 MyCode\MySampleH94\app\src\main\AndroidManifest.xml 文件中添加开发者 Key 和相关权限,具体内容请查看该文件。腾讯地图的开发者 Key,需要到腾讯位置服务(http://lbs.qq.com/console/mykey.html)申请。

此实例的完整代码在 MyCode\MySampleH94 文件夹中。

221 根据起点和终点查询骑行线路

此实例主要通过使用腾讯地图 SDK 的 TencentSearch 和 BicyclingParam,实现根据起点和终点的纬度和经度值查询两地之间的骑行(自行车)线路。当实例运行之后,如果在"起点纬度经度值:"输入框中输入重庆华新街的纬度和经度值"29.568380,106.535550",在"终点纬度经度值:"输入框中输入重庆花卉园的纬度和经度值"29.583219,106.512953",然后单击"获取两地骑行线路"按钮,将使用粗红线在腾讯地图上绘制重庆华新街到重庆花卉园之间的骑行线路,如图 221-1(a)所示。如果在"起点纬度经度值:"输入框中输入重庆华新街的纬度值和经度值"29.568380,106.535550",在"终点纬度经度值:"输入框中输入重庆黄泥磅的纬度经度值"29.588420,106.538020",然后单击"获取两地骑行线路"按钮,将使用粗红线在腾讯地图上绘制重庆华新街到重庆黄泥磅之间的骑行线路,如图 221-1(b)所示。

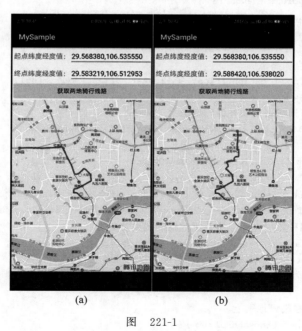

图　221-1

主要代码如下:

```
public void onClickButton1(View v) {            //响应单击"获取两地骑行线路"按钮
    if (myPolyline != null) {
        myPolyline.remove();                    //清空之前绘制的骑行线路
```

```
    }
    EditText myEditFrom = (EditText) findViewById(R.id.myEditFrom);
    EditText myEditTo = (EditText) findViewById(R.id.myEditTo);
    String myFrom = myEditFrom.getText().toString();
    String myTo = myEditTo.getText().toString();
    double myFromLat = Double.parseDouble(
                    myFrom.substring(0, myFrom.indexOf(',')));
    double myFromLng = Double.parseDouble(
                    myFrom.substring(myFrom.indexOf(',') + 1));
    double myToLat = Double.parseDouble(
                    myTo.substring(0, myTo.indexOf(',')));
    double myToLng = Double.parseDouble(
                    myTo.substring(myTo.indexOf(',') + 1));
    TencentSearch mySearch = new TencentSearch(this);
    BicyclingParam myParam = new BicyclingParam();
    //指定骑行线路的起点和终点
    myParam.from(new Location((float)myFromLat,(float)myFromLng));
    myParam.to(new Location((float)myToLat,(float)myToLng));
    //获取最佳骑行线路,并将该线路绘制在地图上
    mySearch.getDirection(myParam,new HttpResponseListener(){
     @Override
     public void onSuccess(int i,BaseObject baseObject){
       //获取线路检索结果
       BicyclingResultObject myResultObject = (BicyclingResultObject)baseObject;
       List < BicyclingResultObject.Route > myRoutes = myResultObject.result.routes;
       //创建列表集合,存储该线路上的纬度和经度值
       List < LatLng > myLatLngs = new ArrayList < LatLng >();
       for(Location location:myRoutes.get(0).polyline){
         myLatLngs.add(new LatLng(location.lat,location.lng));
       }
       //将骑行线路绘制在腾讯地图上
       myPolyline = myTencentMap.addPolyline(
               new PolylineOptions().addAll(myLatLngs).color(Color.RED));
     }
     @Override
     public void onFailure(int i,String s,Throwable throwable){}
    });
   }
```

上面这段代码在 MyCode\MySampleJ28\app\src\main\java\com\bin\luo\mysample\MainActivity.java 文件中。

需要说明的是,此实例需要引入腾讯地图 SDK 的开发文件,即 MyCode\MySampleJ28\app\libs 文件夹中的 TencentMapSDK_Raster_v_1.2.8.1.c02ec64.jar 文件和 TencentMapSearch_v1.1.7.1.3e04ee1.jar 文件;然后在 MyCode\MySampleJ28\app 文件夹的 build.gradle 文件中添加依赖项 implementation files('libs/TencentMapSDK_ Raster_v_1.2.8.1.c02ec64.jar') 和 implementation files('libs/TencentMapSearch_ v1.1.7.1.3e04ee1.jar');并且需要在 MyCode\MySampleJ28\app\src\main\ AndroidManifest.xml 文件中添加开发者 Key 和相关权限,具体内容请查看该文件。腾讯地图的开发者 Key,需要到腾讯位置服务(http://lbs.qq.com/console/mykey.html)申请。

此实例的完整代码在 MyCode\MySampleJ28 文件夹中。

222　根据起点和终点查询公交线路

此实例主要通过使用腾讯地图 SDK 的 TencentSearch 和 TransitParam,实现根据起点和终点的

纬度和经度值查询两地的公交换乘线路。当实例运行之后,如果在"起点纬度经度值:"输入框中输入重庆华新街的纬度经度值"29.563979,106.537145",在"终点纬度经度值:"输入框中输入重庆花卉园的纬度经度值"29.583219,106.512953",然后单击"获取两地公交线路"按钮,将使用粗红线在腾讯地图上绘制重庆华新街到重庆花卉园之间的公交换乘线路,如图 222-1(a)所示。如果在"起点纬度经度值:"输入框中输入重庆华新街的纬度和经度值"29.563979,106.537145",在"终点纬度经度值:"输入框中输入重庆黄泥磅的纬度和经度值"29.588420,106.538020",然后单击"获取两地公交线路"按钮,将使用粗红线在腾讯地图上绘制重庆华新街到重庆黄泥磅之间的公交换乘线路,如图 222-1(b)所示。多次测试表明,在不同的时间段,得到的公交换乘线路有可能不同,这或许表明,腾讯地图获取的所有数据是实时数据,与当时的路况(例如拥堵、维修等因素)有关。

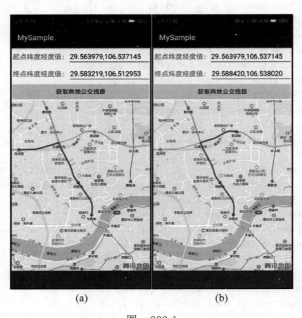

(a)　　　　　　　　　(b)

图　222-1

主要代码如下:

```
public void onClickButton1(View v) {                    //响应单击"获取两地公交线路"按钮
    if (myPolyline != null) {
        myPolyline.remove();                            //清空之前绘制的公交线路
    }
    EditText myEditFrom = (EditText) findViewById(R.id.myEditFrom);
    EditText myEditTo = (EditText) findViewById(R.id.myEditTo);
    String myFrom = myEditFrom.getText().toString();
    String myTo = myEditTo.getText().toString();
    double myFromLat = Double.parseDouble(
                        myFrom.substring(0, myFrom.indexOf(',')));
    double myFromLng = Double.parseDouble(
                        myFrom.substring(myFrom.indexOf(',') + 1));
    double myToLat = Double.parseDouble(
                        myTo.substring(0, myTo.indexOf(',')));
    double myToLng = Double.parseDouble(
                        myTo.substring(myTo.indexOf(',') + 1));
    TencentSearch myTencentSearch = new TencentSearch(this);
    TransitParam myTransitParam = new TransitParam();
    //指定起点和终点
```

```
myTransitParam.from(new Location((float)myFromLat,(float)myFromLng));
myTransitParam.to(new Location((float)myToLat,(float)myToLng));
//设置线路优先策略
myTransitParam.policy(RoutePlanningParam.TransitPolicy.LEAST_TIME);
//搜索最佳公交换乘线路,并将该线路绘制在地图上
myTencentSearch.getDirection(myTransitParam,new HttpResponseListener(){
  @Override
  public void onSuccess(int i,BaseObject baseObject){
    //获取线路检索结果
    TransitResultObject myResult = (TransitResultObject)baseObject;
    //获取所有的线路
    List < TransitResultObject.Route > myRoutes = myResult.result.routes;
    //获取指定线路的具体步骤(换乘节点)
    List < TransitResultObject.Segment > mySteps = myRoutes.get(0).steps;
    List < LatLng > myLatLngs = new ArrayList < LatLng >();
    for(int j = 0;j < mySteps.size();j ++){
      //判断当前步骤是步行还是公交
      if(mySteps.get(j) instanceof TransitResultObject.Transit){
        //获取公交步骤相关信息,并将该段线路绘制在地图上
        TransitResultObject.Transit myTransit =
                          (TransitResultObject.Transit) mySteps.get(j);
        for(Location location:myTransit.lines.get(0).polyline){
          myLatLngs.add(new LatLng(location.lat,location.lng));
        }
      }else if(mySteps.get(j) instanceof TransitResultObject.Walking){
        //获取步行步骤相关信息,并将该段线路绘制在地图上
        TransitResultObject.Walking myWalking =
                          (TransitResultObject.Walking) mySteps.get(j);
        if(myWalking.polyline!= null){
          for(Location location:myWalking.polyline){
            myLatLngs.add(new LatLng(location.lat,location.lng));
          } } } }
    //将公交线路绘制在腾讯地图上
    myPolyline = myTencentMap.addPolyline(
            new PolylineOptions().addAll(myLatLngs).color(Color.RED));
  }
  @Override
  public void onFailure(int i,String s,Throwable throwable){}
  });
}
```

上面这段代码在 MyCode\MySampleH96\app\src\main\java\com\bin\luo\mysample\MainActivity.java 文件中。

需要说明的是,此实例需要引入腾讯地图 SDK 的开发文件,即 MyCode\MySampleH96\app\libs 文件夹中的 TencentMapSDK_Raster_v_1.2.8.1.c02ec64.jar 文件和 TencentMapSearch_v1.1.7.1.3e04ee1.jar 文件;然后在 MyCode\MySampleH96\app 文件夹的 build.gradle 文件中添加依赖项 implementation files('libs/TencentMapSDK_Raster _v_1.2.8.1.c02ec64.jar')和 implementation files('libs/TencentMapSearch_v1.1.7.1.3e04ee1.jar');并且需要在 MyCode\MySampleH96\app\src\main\AndroidManifest.xml 文件中添加开发者 Key 和相关权限,具体内容请查看该文件。

此实例的完整代码在 MyCode\MySampleH96 文件夹中。

223　根据起点和终点查询驾车线路

此实例主要通过使用腾讯地图 SDK 的 TencentSearch 和 DrivingParam，实现根据起点和终点的纬度和经度值查询两地之间的驾车线路。当实例运行之后，如果在"起点纬度经度值："输入框中输入重庆华新街的纬度和经度值"29.563979,106.537145"，在"终点纬度经度值："输入框中输入重庆花卉园的纬度和经度值"29.583219,106.512953"，然后单击"获取两地驾车线路"按钮，将使用粗红线在腾讯地图上绘制重庆华新街到重庆花卉园之间的驾车线路，如图 223-1(a)所示。如果在"起点纬度经度值："输入框中输入重庆华新街的纬度和经度值"29.563979,106.537145"，在"终点纬度经度值："输入框中输入重庆黄泥磅的纬度和经度值"29.588420,106.538020"，然后单击"获取两地驾车线路"按钮，将使用粗红线在腾讯地图上绘制重庆华新街到重庆黄泥磅之间的驾车线路，如图 223-1(b)所示。

(a)　　　　　　　(b)

图　223-1

主要代码如下：

```
public void onClickButton1(View v) {                 //响应单击"获取两地驾车线路"按钮
    if (myPolyline != null) {
        myPolyline.remove();                         //清空之前绘制的驾车线路
    }
    EditText myEditFrom = (EditText) findViewById(R.id.myEditFrom);
    EditText myEditTo = (EditText) findViewById(R.id.myEditTo);
    String myFrom = myEditFrom.getText().toString();
    String myTo = myEditTo.getText().toString();
    double myFromLat = Double.parseDouble(
                        myFrom.substring(0, myFrom.indexOf(',')));
    double myFromLng = Double.parseDouble(
                        myFrom.substring(myFrom.indexOf(',') + 1));
    double myToLat = Double.parseDouble(
                        myTo.substring(0, myTo.indexOf(',')));
    double myToLng = Double.parseDouble(
                        myTo.substring(myTo.indexOf(',') + 1));
    TencentSearch myTencentSearch = new TencentSearch(this);
```

```
DrivingParam myDrivingParam = new DrivingParam();
//指定驾车线路的起点和终点
myDrivingParam.from(new Location((float)myFromLat,(float)myFromLng));
myDrivingParam.to(new Location((float)myToLat,(float)myToLng));
//搜索最佳驾车线路,并将该线路绘制在地图上
myTencentSearch.getDirection(myDrivingParam,new HttpResponseListener(){
  @Override
  public void onSuccess(int i,BaseObject baseObject){
    //获取线路检索结果
    DrivingResultObject myResultObject = (DrivingResultObject)baseObject;
    List<DrivingResultObject.Route> myRoutes = myResultObject.result.routes;
    //创建经纬度列表,用于临时存储该线路上的坐标
    List<LatLng> myLatLngs = new ArrayList<LatLng>();
    for(Location location:myRoutes.get(0).polyline){
      myLatLngs.add(new LatLng(location.lat,location.lng));
    }
    //将驾车线路绘制在腾讯地图上
    myPolyline = myTencentMap.addPolyline(
            new PolylineOptions().addAll(myLatLngs).color(Color.RED));
  }
  @Override
  public void onFailure(int i,String s,Throwable throwable){}
});
}
```

上面这段代码在 MyCode\MySampleH95\app\src\main\java\com\bin\luo\mysample\MainActivity.java 文件中。

需要说明的是,此实例需要引入腾讯地图 SDK 的开发文件,即 MyCode\MySampleH95\app\libs 文件夹中的 TencentMapSDK_Raster_v_1.2.8.1.c02ec64.jar 文件和 TencentMapSearch_v1.1.7.1.3e04ee1.jar 文件;然后在 MyCode\MySampleH95\app 文件夹的 build.gradle 文件中添加依赖项 implementation files('libs/TencentMapSDK_Raster _v_1.2.8.1.c02ec64.jar')和 implementation files('libs/TencentMapSearch_v1.1.7.1. 3e04ee1.jar');并且需要在 MyCode\MySampleH95\app\src\main\AndroidManifest.xml 文件中添加开发者 Key 和相关权限,具体内容请查看该文件。

此实例的完整代码在 MyCode\MySampleH95 文件夹中。

224 模拟小车在驾车线路上行驶

此实例主要通过使用腾讯地图 SDK 的 TencentSearch 和 TranslateAnimation,实现根据起点和终点的纬度和经度值查询两地之间的驾车线路并以动画的形式模拟小车在驾车线路上行驶。当实例运行之后,如果在"起点纬度经度值:"输入框中输入重庆红土地的纬度和经度值"29.583907,106.551332",在"终点纬度经度值:"输入框中输入重庆弹子石的纬度和经度值"29.585997,106.593304",然后单击"获取两地驾车线路"按钮,将使用粗红线在腾讯地图上绘制重庆红土地到重庆弹子石之间的驾车线路。单击"启动小车行驶动画"按钮,小车将沿着粗红色代表的驾车线路从起点行驶到终点,效果分别如图 224-1(a)和图 224-1(b)所示。

主要代码如下:

```
public class MainActivity extends Activity {
  TencentMap myTencentMap;
  Polyline myPolyline;
```

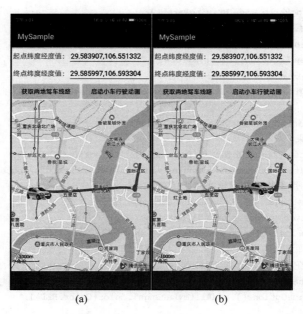

(a)　　　　　　　(b)

图　224-1

```
List < LatLng > myLatLngs; int myIndex;
Marker myMarker;
@Override
protected void onCreate(Bundle savedInstanceState) {
  super.onCreate(savedInstanceState);
  setContentView(R.layout.activity_main);
  MapView myMapView = (MapView) findViewById(R.id.myMapView);
  myMapView.onResume();
  myTencentMap = myMapView.getMap();
  myTencentMap.moveCamera(CameraUpdateFactory.newLatLngZoom(
          new LatLng(29.585997,106.593304), 13));       //设置腾讯地图中心
}
public void onClickButton1(View v) {                        //响应单击"获取两地驾车线路"按钮
  //清空之前绘制的驾车线路和图像标记
  if(myPolyline!= null) myPolyline.remove();
  if(myMarker!= null) myMarker.remove();
  EditText myEditFrom = (EditText)findViewById(R.id.myEditFrom);
  EditText myEditTo = (EditText)findViewById(R.id.myEditTo);
  String myFromText = myEditFrom.getText().toString();
  String myToText = myEditTo.getText().toString();
  double myFromLat = Double.parseDouble(
                  myFromText.substring(0,myFromText.indexOf(',')));
  double myFromLng = Double.parseDouble(
                  myFromText.substring(myFromText.indexOf(',') + 1));
  double myToLat = Double.parseDouble(
      myToText.substring(0,myToText.indexOf(',')));
  double myToLng = Double.parseDouble(
                  myToText.substring(myToText.indexOf(',') + 1));
  //设置起点为腾讯地图中心
  myTencentMap.moveCamera(CameraUpdateFactory.newLatLngZoom(
                          new LatLng(myFromLat,myFromLng),13));
  TencentSearch myTencentSearch = new TencentSearch(this);
  DrivingParam myDrivingParam = new DrivingParam();
```

```
//设置驾车线路的起点和终点
myDrivingParam.from(new Location((float)myFromLat,(float)myFromLng));
myDrivingParam.to(new Location((float)myToLat,(float)myToLng));
//通过腾讯检索服务搜索最佳驾车线路,并将该线路绘制在腾讯地图上
myTencentSearch.getDirection(myDrivingParam,new HttpResponseListener(){
 @Override
 public void onSuccess(int i,BaseObject baseObject){
  //获取驾车线路检索结果
  DrivingResultObject myResultObject = (DrivingResultObject)baseObject;
  List<DrivingResultObject.Route> myRoutes = myResultObject.result.routes;
  //创建纬度和经度值列表集合,用于存储该驾车线路上的纬度和经度值
  myLatLngs = new ArrayList<LatLng>();
  for(Location location:myRoutes.get(0).polyline){
   myLatLngs.add(new LatLng(location.lat,location.lng));
  }
  //将驾车线路绘制在腾讯地图上
  myPolyline = myTencentMap.addPolyline(
          new PolylineOptions().addAll(myLatLngs).color(Color.RED));
  myPolyline.setWidth(18);
  myIndex = 0;
  //初始化 MarkerOptions 对象,用于设置自定义标记的相关参数
  MarkerOptions myMarkerOptions = new MarkerOptions();
  myMarkerOptions.position(myLatLngs.get(0));
  myMarkerOptions.icon(
          BitmapDescriptorFactory.fromResource(R.mipmap.myimage1));
  //在腾讯地图的指定位置绘制小车图像标记
  myMarker = myTencentMap.addMarker(myMarkerOptions);
 }
 @Override
 public void onFailure(int i,String s,Throwable throwable){ }
});
}
public void onClickButton2(View v) {                        //响应单击"启动小车行驶动画"按钮
 MyAnimation();
}
public void MyAnimation() {
 TranslateAnimation myAnimation =
         new TranslateAnimation(myLatLngs.get(myIndex ++ % myLatLngs.size()));
 myAnimation.setDuration(500);
 myAnimation.setAnimationListener(new AnimationListener(){
  @Override
  public void onAnimationStart(){}
  @Override
  public void onAnimationEnd(){
   MyAnimation();                                         //递归调用函数,实现小车沿指定驾车线路行驶
  }
 });
 myMarker.setAnimation(myAnimation);
 myMarker.startAnimation();                               //开始启动小车行驶动画
 }
}
```

上面这段代码在 MyCode\MySampleJ90\app\src\main\java\com\bin\luo\mysample\
MainActivity.java 文件中。

需要说明的是,此实例需要引入腾讯地图 SDK 的开发文件,即 MyCode\MySampleJ90\ app\libs 文件夹中的 TencentMapSearch_v1.1.7.1.3e04ee1.jar 文件;然后在 MyCode\MySampleJ90\app 文件夹的 build.gradle 文件中添加依赖项 implementation files('libs/TencentMapSearch_v1.1.7.1.3e04ee1.jar')和 implementation 'com.tencent.map:tencent-map-vector-sdk:4.1.1',并执行同步(Sync Now)操作;且需要在 MyCode\MySampleJ90\app\src\main\AndroidManifest.xml 文件中添加开发者 Key 和相关权限,具体内容请查看该文件。

此实例的完整代码在 MyCode\MySampleJ90 文件夹中。

225 在腾讯地图上显示实时路况

此实例主要通过设置腾讯地图 SDK 的 setTrafficEnabled()方法的参数为 true 或 false,实现在腾讯地图上允许或禁止显示实时路况。当实例运行之后,单击"允许显示实时路况"按钮,将在腾讯地图上使用红、黄、绿等颜色线条指示所在位置当前路况是畅通、拥堵、缓行等状态;单击"禁止显示实时路况"按钮,指示所在位置当前路况的红、黄、绿等颜色线条自动消失,效果分别如图 225-1(a)和图 225-1(b)所示。

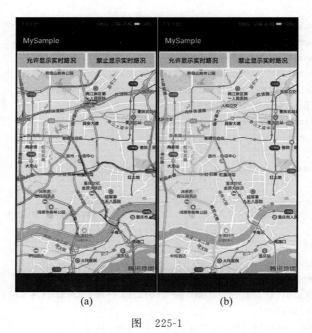

(a)   (b)

图　225-1

主要代码如下:

```
public void onClickButton1(View v) {           //响应单击"允许显示实时路况"按钮
  myTencentMap.setTrafficEnabled(true);
 }
 public void onClickButton2(View v) {          //响应单击"禁止显示实时路况"按钮
  myTencentMap.setTrafficEnabled(false);
 }
```

上面这段代码在 MyCode\MySampleJ29\app\src\main\java\com\bin\luo\mysample\MainActivity.java 文件中。

此实例的完整代码在 MyCode\MySampleJ29 文件夹中。

226 在指定矩形范围中查询 POI

此实例主要通过使用腾讯地图 SDK 的 TencentSearch 和 SearchParam,实现在指定的矩形范围中根据关键词搜索 POI(兴趣点)。当实例运行之后,如果在"关键词:"输入框中输入"洗手间",在"纬度经度值:"输入框中输入重庆观音桥的纬度和经度值"29.572520,106.533550",然后单击"在指定的矩形范围中搜索相关的兴趣点"按钮,将在腾讯地图上显示重庆观音桥附近(在指定矩形范围中)的洗手间,如图 226-1(a)所示。如果在"关键词:"输入框中输入"银行",在"纬度经度值:"输入框中输入重庆人民解放纪念碑的纬度和经度值"29.557300,106.577150",然后单击"在指定的矩形范围中搜索相关的兴趣点"按钮,将在腾讯地图上显示重庆人民解放纪念碑附近(在指定矩形范围中)的银行,如图 226-1(b)所示。

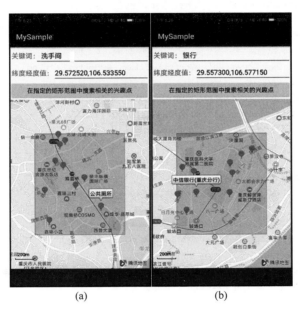

(a)　　　　　　　　　(b)

图　226-1

主要代码如下:

```
//响应单击"在指定的矩形范围中搜索相关的兴趣点"按钮
public void onClickButton1(View v) {
    myTencentMap.clear();                  //重置腾讯地图至初始状态
    EditText myEditLatlng = (EditText) findViewById(R.id.myEditLatlng);
    EditText myEditKeyword = (EditText) findViewById(R.id.myEditKeyword);
    String myLatLng = myEditLatlng.getText().toString();
    String myKeyword = myEditKeyword.getText().toString();
    float myLat = Float.parseFloat(myLatLng.substring(0, myLatLng.indexOf(',')));
    float myLng = Float.parseFloat(myLatLng.substring(myLatLng.indexOf(',') + 1));
    float myDiff = 0.005f;
    //分别计算矩形左下角及右上角的纬度和经度值
    float myBottomLeftLat = (float) (myLat - myDiff);
    float myBottomLeftLng = (float) (myLng - myDiff);
    float myTopRightLat = (float) (myLat + myDiff);
    float myTopRightLng = (float) (myLng + myDiff);
    //初始化 ArrayList,用于保存矩形四个顶点的纬度和经度值
    final ArrayList < LatLng > myRectLatLngs = new ArrayList <>();
```

```
myRectLatLngs.add(new LatLng(myLat - myDiff, myLng + myDiff));
myRectLatLngs.add(new LatLng(myLat + myDiff, myLng + myDiff));
myRectLatLngs.add(new LatLng(myLat + myDiff, myLng - myDiff));
myRectLatLngs.add(new LatLng(myLat - myDiff, myLng - myDiff));
//再次添加左上角顶点,实现绘制封闭矩形
myRectLatLngs.add(new LatLng(myLat - myDiff, myLng + myDiff));
myTencentMap.moveCamera(CameraUpdateFactory
                .newLatLngZoom(new LatLng(myLat, myLng), 15));
//在腾讯地图上绘制矩形搜索区域
myTencentMap.addPolygon(new PolygonOptions()
        .add(myRectLatLngs)
        .fillColor(0x33ff0000)
        .strokeColor(Color.GRAY));
TencentSearch myTencentSearch = new TencentSearch(this);
//初始化 SearchParam.Rectangle 对象,用于构造矩形搜索区域
SearchParam.Rectangle myRectangle = new SearchParam.Rectangle();
//使用 Location 封装矩形左下角和右上角的经纬度
Location myBottomLeftLocation =
                new Location(myBottomLeftLat, myBottomLeftLng);
Location myTopRightLocation =
                new Location(myTopRightLat, myTopRightLng);
myRectangle.point(myBottomLeftLocation, myTopRightLocation);
//根据搜索关键词和矩形区域初始化 SearchParam
SearchParam mySearchParam =
        new SearchParam().keyword(myKeyword).boundary(myRectangle);
//在指定矩形区域中搜索兴趣点
myTencentSearch.search(mySearchParam, new HttpResponseListener() {
 @Override
 public void onSuccess(int i, BaseObject baseObject) {
  SearchResultObject myObject = (SearchResultObject) baseObject;
   //获取符合条件的兴趣点
  List < SearchResultObject.SearchResultData > myDataList = myObject.data;
  for (int j = 0; j < myDataList.size(); j++) {
    //获取兴趣点标题及纬度和经度值
   String myTitle = myDataList.get(j).title;
   Location myLocation = myDataList.get(j).location;
    //在腾讯地图上绘制该兴趣点,并显示标题
   myTencentMap.addMarker(new MarkerOptions().position(
        new LatLng(myLocation.lat, myLocation.lng)).title(myTitle));
  }
 }
 @Override
 public void onFailure(int i, String s, Throwable throwable) { }
});
}
```

上面这段代码在 MyCode\MySampleJ84\app\src\main\java\com\bin\luo\mysample\MainActivity.java 文件中。

需要说明的是,此实例需要引入腾讯地图 SDK 的开发文件,即 MyCode\MySampleJ84\app\libs 文件夹中的 TencentMapSearch_v1.1.7.1.3e04ee1.jar 文件;然后在 MyCode\MySampleJ84\app 文件夹的 build.gradle 文件中添加依赖项 implementation files('libs/TencentMapSearch_v1.1.7.1.3e04ee1.jar')和 implementation 'com.tencent.map:tencent-map-vector-sdk:4.1.1',并执行同步(Sync Now)操作;且需要在 MyCode\MySampleJ84\app\src\main\AndroidManifest.xml 文件中添

加开发者 Key 和相关权限,具体内容请查看该文件。

此实例的完整代码在 MyCode\MySampleJ84 文件夹中。

227 在指定圆形范围中查询 POI

此实例主要通过使用腾讯地图 SDK 的 TencentSearch 和 SearchParam. Nearby,实现在指定的圆形范围中根据指定的关键词搜索 POI(兴趣点)。当实例运行之后,如果在"关键词:"输入框中输入"公交站",在"圆心的纬度经度值:"输入框中输入重庆观音桥的纬度和经度值为"29.572520,106.533550",在"半径:"输入框中输入"300",将在腾讯地图上显示以重庆观音桥为中心、半径为300 米的圆形范围中的公交站分布图,如图 227-1(a)所示。如果在"关键词:"输入框中输入"公交站",在"圆心的纬度经度值:"输入框中输入重庆观音桥的纬度和经度值为"29.572520,106.533550",在"半径:"输入框中输入"500",将在腾讯地图上显示以重庆观音桥为中心、半径为 500 米的圆形范围中的公交站分布图,如图 227-1(b)所示。

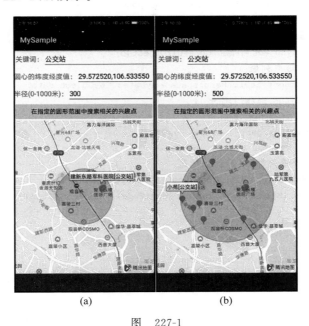

(a)   (b)

图　227-1

主要代码如下:

```
//响应单击"在指定的圆形范围中搜索相关的兴趣点"按钮
public void onClickButton1(View v) {
    myTencentMap.clear();
    EditText myEditLatlng = (EditText)findViewById(R.id.myEditLatlng);
    EditText myEditKeyword = (EditText)findViewById(R.id.myEditKeyword);
    EditText myEditRadius = (EditText)findViewById(R.id.myEditRadius);
    String myLatLng = myEditLatlng.getText().toString();
    String myKeyword = myEditKeyword.getText().toString();
    final String myRadius = myEditRadius.getText().toString();
    final double myLat = Double.parseDouble(
                    myLatLng.substring(0,myLatLng.indexOf(',')));
    final double myLng = Double.parseDouble(
                    myLatLng.substring(myLatLng.indexOf(',') + 1));
    myTencentMap.moveCamera(CameraUpdateFactory.newLatLngZoom(
```

```
                                        new LatLng(myLat,myLng),15));
//在腾讯地图上绘制指定圆形区域
myTencentMap.addCircle(new CircleOptions()
        .center(new LatLng(myLat,myLng))
        .radius(Integer.parseInt(myRadius))
        .strokeColor(Color.GRAY)
        .fillColor(0x33ff0000));
TencentSearch myTencentSearch = new TencentSearch(this);
//根据圆心初始化 SearchParam.Nearby
SearchParam.Nearby myNearby = new SearchParam.Nearby().point(
                new LatLng((float)myLat,(float)myLng)).autoExtend(false);
//设置圆形区域半径
myNearby.r(Integer.parseInt(myRadius));
//根据搜索关键词和圆形区域初始化 SearchParam
SearchParam mySearchParam =
                new SearchParam().keyword(myKeyword).boundary(myNearby);
myTencentSearch.search(mySearchParam,new HttpResponseListener(){
 @Override
 public void onSuccess(int i, Object o) {
  SearchResultObject myObject = (SearchResultObject)o;
  //获取符合条件的兴趣点列表
  List < SearchResultObject.SearchResultData > myDatas = myObject.data;
  for(int j = 0;j < myDatas.size();j ++){
   //获取兴趣点标题及纬度和经度值
   String myTitle = myDatas.get(j).title;
   LatLng myLocation = myDatas.get(j).latLng;
   //在腾讯地图上绘制该兴趣点,并显示标题
   myTencentMap.addMarker(new MarkerOptions().position(new LatLng(
           myLocation.latitude,myLocation.longitude)).title(myTitle));
  }
 }
 @Override
 public void onFailure(int i,String s,Throwable throwable){ }
});
}
```

上面这段代码在 MyCode\MySampleJ91\app\src\main\java\com\bin\luo\mysample\MainActivity.java 文件中。

需要说明的是,此实例需要在 MyCode\MySampleJ91\app 文件夹的 build.gradle 文件中添加依赖项 implementation 'com.tencent.map:tencent-map-vector-sdk:4.2.7',并执行同步(Sync Now)操作;且需要在 MyCode\MySampleJ91\app\src\main\AndroidManifest.xml 文件中添加开发者 Key 和相关权限,具体内容请查看该文件。

此实例的完整代码在 MyCode\MySampleJ91 文件夹中。

228 在指定行政区中查询 POI

此实例主要通过使用腾讯地图 SDK 的 TencentSearch 和 SearchParam,实现根据指定的关键词和行政区搜索 POI(兴趣点)。当实例运行之后,如果在“关键词:”输入框中输入“大学”,在“区县名称:”输入框中输入“重庆市渝北区”,然后单击“在腾讯地图中搜索指定的兴趣点”按钮,将在下面的腾讯地图中显示在重庆市渝北区范围内的大学,如图 228-1(a)所示。如果在“关键词:”输入框中输入

"大学",在"区县名称："输入框中输入"重庆市南岸区",然后单击"在腾讯地图中搜索指定的兴趣点"按钮,将在下面的腾讯地图中显示在重庆市南岸区范围内的大学,如图228-1(b)所示。

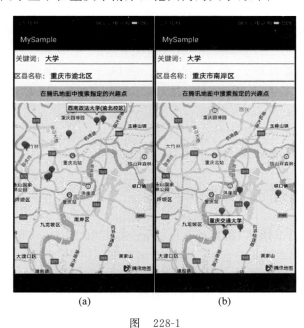

                    (a)   (b)

图　228-1

主要代码如下：

```
//响应单击"在腾讯地图中搜索指定的兴趣点"按钮
public void onClickButton1(View v) {
    myTencentMap.clear();                                    //清除之前添加的兴趣点
    EditText myEditKeyword = (EditText)findViewById(R.id.myEditKeyword);
    EditText myEditRegion = (EditText)findViewById(R.id.myEditRegion);
    TencentSearch myTencentSearch = new TencentSearch(this);
    SearchParam.Region myRegion = new SearchParam.Region()
                                    .poi(myEditRegion.getText().toString());
    SearchParam mySearchParam = new SearchParam()
        .keyword(myEditKeyword.getText().toString())         //指定兴趣点的搜索关键字
        .boundary(myRegion);                                 //指定兴趣点的搜索范围
    //通过腾讯检索服务搜索符合条件的兴趣点
    myTencentSearch.search(mySearchParam, new HttpResponseListener(){
      @Override
      public void onSuccess(int i, Object o) {
       SearchResultObject myObject = (SearchResultObject)o;  //获取搜索结果
       if(myObject.data!= null){
        //将每个兴趣点绘制在腾讯地图上
        for(SearchResultObject.SearchResultData data:myObject.data){
          LatLng myLocation = data.latLng;
          myTencentMap.addMarker(new MarkerOptions()
              .position(new LatLng(myLocation.latitude,myLocation.longitude))
              .icon(BitmapDescriptorFactory
                        .defaultMarker(BitmapDescriptorFactory.HUE_RED))
              .title(data.title));
        } }
      }
      @Override
```

```
    public void onFailure(int i,String s,Throwable throwable){}
    });
}
```

上面这段代码在 MyCode\MySampleH97\app\src\main\java\com\bin\luo\mysample\MainActivity.java 文件中。

需要说明的是,此实例需要在 MyCode\MySampleH97\app 文件夹的 build.gradle 文件中添加依赖项 implementation 'com.tencent.map:tencent-map-vector-sdk:4.2.7',并执行同步(Sync Now)操作;且需要在 MyCode\MySampleH97\app\src\main\AndroidManifest.xml 文件中添加开发者 Key 和相关权限,具体内容请查看该文件。

此实例的完整代码在 MyCode\MySampleH97 文件夹中。

229　根据省名查询该省的省会

此实例主要通过使用腾讯地图 SDK 的 TencentSearch 和 DistrictChildrenParam,实现查找并显示指定省市的行政中心。当实例运行之后,如果在"省市名称:"输入框中输入"四川",然后单击"在腾讯地图中显示指定省市行政中心"按钮,将设置成都为腾讯地图的中心,如图 229-1(a)所示。如果在"省市名称:"输入框中输入"陕西",然后单击"在腾讯地图中显示指定省市行政中心"按钮,将设置西安为腾讯地图的中心,如图 229-1(b)所示。

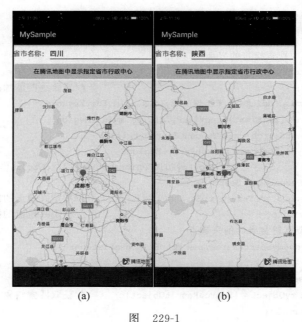

(a)　　　　　　(b)

图　229-1

主要代码如下:

```
//响应单击"在腾讯地图中显示指定省市行政中心"按钮
public void onClickButton1(View v) {
    myTencentMap.clear();
    EditText myEditName = (EditText)findViewById(R.id.myEditProvince);
    final String myName = myEditName.getText().toString();
    TencentSearch mySearch = new TencentSearch(this);
    //初始化 DistrictChildrenParam,用于获取中国标准行政区划数据
    DistrictChildrenParam myParam = new DistrictChildrenParam();
```

```
mySearch.getDistrictChildren(myParam,new HttpResponseListener(){
 @Override
 public void onSuccess(int i, Object o) {
  DistrictResultObject myObject = (DistrictResultObject)o;
  //获取国内全部行政区划数据
  List < DistrictResultObject.DistrictResult > myDistricts
                                             = myObject.result.get(0);
  //通过判断名称内容获取匹配的 DistrictResultObject
  //将当前腾讯地图中心定位至匹配省市的行政中心
  for(DistrictResultObject.DistrictResult r:myDistricts){
   if(r.fullname.contains(myName)){
    myTencentMap.moveCamera(CameraUpdateFactory.newLatLng(r.latLng));
    myTencentMap.addMarker(new MarkerOptions()
            .position(r.latLng)
            .icon(BitmapDescriptorFactory
                    .defaultMarker(BitmapDescriptorFactory.HUE_RED))
            .title(""));
 } } }
 @Override
 public void onFailure(int i,String s,Throwable throwable){}
 });
}
```

上面这段代码在 MyCode\MySampleJ78\app\src\main\java\com\bin\luo\mysample\MainActivity.java 文件中。

需要说明的是,此实例需要在 MyCode\MySampleJ78\app 文件夹的 build.gradle 文件中添加依赖项 implementation 'com.tencent.map:tencent-map-vector-sdk:4.2.7',并执行同步(Sync Now)操作;且需要在 MyCode\MySampleJ78\app\src\main\AndroidManifest.xml 文件中添加开发者 Key 和相关权限,具体内容请查看该文件。

此实例的完整代码在 MyCode\MySampleJ78 文件夹中。

230 查询手机所在位置经纬度

此实例主要通过使用腾讯地图 SDK 的 TencentLocationManager,实现获取手机当前位置的纬度和经度值及地址信息。当实例运行之后,单击"获取手机当前位置信息"按钮,将在下面显示手机当前位置的纬度和经度值及地址信息,效果分别如图 230-1(a)和图 230-1(b)所示。

主要代码如下:

```
//响应单击"获取手机当前位置信息"按钮
public void onClickButton1(View v) {
  requestPermissions(
          new String[]{Manifest.permission.ACCESS_COARSE_LOCATION}, 0);
}
@Override
public void onRequestPermissionsResult(int requestCode,
                          String[] permissions, int[] grantResults) {
  if(grantResults[0] == PackageManager.PERMISSION_GRANTED){
  TencentLocationRequest myTencentLocationRequest =
                                  TencentLocationRequest.create();
  //获取腾讯地图定位服务管理器
  TencentLocationManager myTencentLocationManager =
```

```
                                        TencentLocationManager.getInstance(this);
    //发出定位请求,并监听
myTencentLocationManager.requestLocationUpdates(
        myTencentLocationRequest,new TencentLocationListener() {
  @Override
  public void onLocationChanged(
                  TencentLocation tencentLocation,int i, String s){
    //检查错误码,若无任何错误,获取位置,并将结果显示在 TextView 控件上
    if (TencentLocation.ERROR_OK == i) {
      StringBuilder myBuilder = new StringBuilder();
      myBuilder.append("纬度:" + tencentLocation.getLatitude() + "\n");
      myBuilder.append("经度:" + tencentLocation.getLongitude() + "\n");
      myBuilder.append("地址:" + tencentLocation.getAddress());
      myTextView.setText(myBuilder);
    }
  }
  @Override
  public void onStatusUpdate(String s, int i, String s1) { }
});
  }
}
```

上面这段代码在 MyCode\MySampleH40\app\src\main\java\com\bin\luo\mysample\MainActivity.java 文件中。

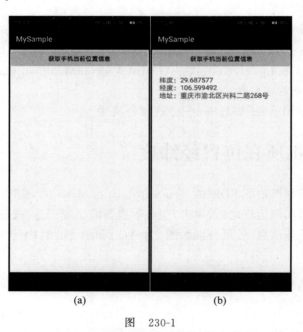

图 230-1

需要说明的是,此实例需要引入腾讯地图 SDK 的开发文件,即 MyCode\MySampleH40\app\libs 文件夹中的 TencentLocationSdk_v6.2.5.3_r15b3b3cc_20171103_115903.jar 文件和子文件夹中的所有文件;然后在 MyCode\MySampleH40\app 文件夹的 build.gradle 文件中添加依赖项 implementation files('libs/TencentLocationSdk_v6.2.5.3_r15b3b3cc_20171103_115903.jar');并且需要在 MyCode\MySampleH40\app\src\main\AndroidManifest.xml 文件中添加权限 < uses-permission android:name = "android.permission.ACCESS_COARSE_LOCATION"/>和开发者 Key,具体内容请查看该文件。

此实例的完整代码在 MyCode\MySampleH40 文件夹中。

231 在腾讯地图上查询经纬度

此实例主要通过使用腾讯地图 SDK 的 setOnMarkerDragListener()方法自定义拖动监听器,在腾讯地图上实现以拖动定位操作的方式查询纬度和经度值。当实例运行之后,将自动设置重庆人民解放纪念碑为腾讯地图中心,并在重庆人民解放纪念碑的上方显示一个可拖动蓝色气泡,长按此蓝色气泡,直到弹出"开始拖动操作!"的 Toast,即可拖动此蓝色气泡到此腾讯地图的任意位置,然后松开,将在弹出的 Toast 中显示目标(拖动)位置的纬度和经度值,效果分别如图 231-1(a)和图 231-1(b)所示。

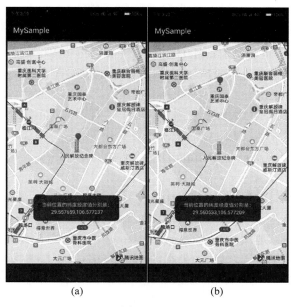

(a)   (b)

图   231-1

主要代码如下:

```
public class MainActivity extends Activity{
  TencentMap myTencentMap;
  Marker myMarker;
  @Override
  protected void onCreate(Bundle savedInstanceState){
    super.onCreate(savedInstanceState);
    setContentView(R.layout.activity_main);
    MapView myMapView = (MapView)findViewById(R.id.myMapView);
    myMapView.onResume();
    myTencentMap = myMapView.getMap();
    //设置重庆人民解放纪念碑为腾讯地图中心
    myTencentMap.moveCamera(CameraUpdateFactory.newLatLngZoom(
                            new LatLng(29.557300,106.577150),16));
    myMarker = myTencentMap.addMarker(new MarkerOptions());
    myMarker.setPosition(myTencentMap.getCameraPosition().target);
    myMarker.setDraggable(true);                //允许手势拖动操作
    //添加拖动监听器,并获取拖动地点所对应的纬度和经度值
    myTencentMap.setOnMarkerDragListener(
```

```
                              new TencentMap.OnMarkerDragListener(){
@Override
public void onMarkerDragStart(Marker marker) {
 Toast.makeText(MainActivity.this,
                   "开始拖动操作!",Toast.LENGTH_LONG).show();
}
@Override
public void onMarkerDrag(Marker marker){}
@Override
public void onMarkerDragEnd(Marker marker){
 Toast.makeText(MainActivity.this,"当前位置的纬度和经度值分别是:\n"
           + marker.getPosition().latitude + ","
           + marker.getPosition().longitude,Toast.LENGTH_LONG).show();
} });
} }
```

上面这段代码在 MyCode\MySampleH62\app\src\main\java\com\bin\luo\mysample\MainActivity.java 文件中。需要说明的是,此实例需要在 MyCode\MySampleH62\app 文件夹的 build.gradle 文件中添加依赖项 implementation 'com.tencent.map:tencent-map-vector-sdk:4.2.7';并且需要在 AndroidManifest.xml 文件中添加开发者 Key 和有关权限,具体修改内容请参考 MyCode\MySampleH62\app\src\main\AndroidManifest.xml 文件。

此实例的完整代码在 MyCode\MySampleH62 文件夹中。

232　根据纬度和经度值查询城市

此实例主要通过使用腾讯地图 SDK 的 getCityName()方法,实现根据指定的纬度和经度值查询某地所在的城市名称。当实例运行之后,如果在"纬度经度值:"输入框中输入武汉市政府的纬度和经度值"30.593310,114.304692",然后单击"获取该地所在的城市名称"按钮,将在弹出的 Toast 中显示"武汉市",如图 232-1(a)所示。如果在"纬度经度值:"输入框中输入陕西省政府的纬度和经度值"34.265215,108.954229",然后单击"获取该地所在的城市名称"按钮,将在弹出的 Toast 中显示"西安市",如图 232-1(b)所示。

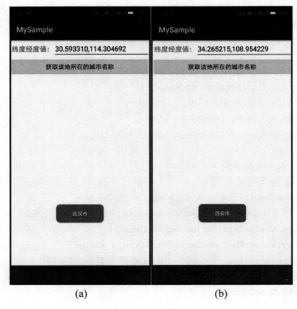

(a)　　　　　　　　(b)

图　232-1

主要代码如下：

```
public void onClickButton1(View v) {          //响应单击"获取该地所在的城市名称"按钮
    MapView myMapView = new MapView(this);
    myMapView.onResume();
    TencentMap myTencentMap = myMapView.getMap();
    EditText myEditLatlng = (EditText) findViewById(R.id.myEditLatlng);
    String myLatlng = myEditLatlng.getText().toString();
    double myLat = Double.parseDouble(myLatlng.substring(0,
                                      myLatlng.indexOf(',')));
    double myLng =
            Double.parseDouble(myLatlng.substring(myLatlng.indexOf(',') + 1));
    String myName = myTencentMap.getCityName(new LatLng( myLat, myLng) );
    Toast.makeText(getApplicationContext(), myName, Toast.LENGTH_SHORT).show();
}
```

上面这段代码在 MyCode\MySampleH60\app\src\main\java\com\bin\luo\mysample\MainActivity.java 文件中。需要说明的是，此实例需要在 MyCode\MySampleH60\app 文件夹的 build.gradle 文件中添加依赖项 implementation 'com.tencent.map:tencent-map-vector-sdk:4.2.7'；并且需要在 AndroidManifest.xml 文件中添加开发者 Key 和有关权限，具体修改内容请参考 MyCode\MySampleH60\app\src\main\AndroidManifest.xml 文件。

此实例的完整代码在 MyCode\MySampleH60 文件夹中。

233　根据纬度和经度值查询街景

此实例主要通过使用腾讯地图 SDK 的街景控件 StreetViewPanoramaView，实现根据指定的纬度和经度值查询街景。当实例运行之后，如果在"纬度经度值："输入框中输入重庆人民解放纪念碑的纬度和经度值"29.557300，106.577150"，然后单击"显示该地的街景"按钮，将在街景控件中显示重庆人民解放纪念碑附近的街景，如图 233-1(a)所示。如果在"纬度经度值："输入框中输入重庆国际博览中心的纬度和经度值"29.718230，106.542330"，然后单击"显示该地的街景"按钮，将在街景控件中显示重庆国际博览中心附近的街景，如图 233-1(b)所示。

(a)　　　　　　(b)

图　233-1

主要代码如下：

```
public class MainActivity extends Activity {
 @Override
 protected void onCreate(Bundle savedInstanceState) {
   super. onCreate(savedInstanceState);
   requestPermissions(new String[]{Manifest. permission. READ_PHONE_STATE,
           Manifest. permission. ACCESS_NETWORK_STATE},0);
 }
 @Override
 public void onRequestPermissionsResult(int requestCode,
                         String[] permissions, int[] grantResults){
   if (grantResults. length > 0&&
             grantResults[0] == PackageManager. PERMISSION_GRANTED) {
     setContentView(R. layout. activity_main);
   }
 }
public void onClickButton1(View v) {                  //响应单击"显示该地的街景"按钮
   EditText myEditLatlng = (EditText)findViewById(R. id. myEditLatlng);
   String myLatlng = myEditLatlng. getText(). toString();
   double myLat = Double. parseDouble(
                         myLatlng. substring(0,myLatlng. indexOf(',')));
   double myLng = Double. parseDouble(
                         myLatlng. substring(myLatlng. indexOf(',') + 1));
   StreetViewPanoramaView myPanoramaView =
             (StreetViewPanoramaView)findViewById(R. id. myStreetView);
   StreetViewPanorama myPanorama = myPanoramaView. getStreetViewPanorama();
   //根据指定纬度和经度值显示该位置附近的街景
   myPanorama. setPosition(myLat,myLng);
 }
}
```

上面这段代码在 MyCode\MySampleH93\app\src\main\java\com\bin\luo\mysample\MainActivity. java 文件中。

需要说明的是,此实例需要引入腾讯地图 SDK 的开发文件,即 MyCode\MySampleH93\ app\libs 文件夹中的 TencentStreetSDK_v. 1. 2. 1_16735. jar 文件；然后在 MyCode\MySampleH93\app 文件夹的 build. gradle 文件中添加依赖项 implementation files('libs/TencentStreetSDK_v. 1. 2. 1_16735. jar')；并且需要在 MyCode\MySampleH93\app\src\main\AndroidManifest. xml 文件中添加开发者 Key 和相关权限,具体内容请查看该文件。

此实例的完整代码在 MyCode\MySampleH93 文件夹中。

234 在输入框中实现地名匹配

此实例主要通过使用腾讯地图 SDK 的 TencentSearch 和 SuggestionParam,实现在输入框中输入地址时,在下拉列表中显示与输入地址相匹配的地名建议列表。当实例运行之后,如果在"搜索地点:"输入框中输入"重庆",将显示与重庆匹配的建议列表,单击其中任一列表项(地址),将设置该地址为腾讯地图的中心,效果分别如图 234-1(a)和图 234-1(b)所示。

主要代码如下：

```
public void onTextChanged(CharSequence s,
```

```
                              int start, int before, int count) {
TencentSearch myTencentSearch = new TencentSearch(MainActivity.this);
//初始化 SuggestionParam 参数(指定在哪个城市搜索)
SuggestionParam myParam =
            new SuggestionParam().keyword(s.toString()).region("重庆");
//设置搜索关键词,并返回搜索结果
myTencentSearch.suggestion(myParam, new HttpResponseListener() {
 @Override
 public void onSuccess(int i, Object o) {
  SuggestionResultObject mySuggestionResult =
                              (SuggestionResultObject) o;
  myLocations = new MyLocation[mySuggestionResult.data.size()];
  for (int j = 0; j < mySuggestionResult.data.size(); j++) {
   MyLocation myLocation = new MyLocation();
   SuggestionResultObject.SuggestionData mySuggestionData =
                              mySuggestionResult.data.get(j);
   myLocation.myTitle = mySuggestionData.title;
   myLocation.myLatLng = mySuggestionData.latLng;
   myLocations[j] = myLocation;
  }
  //为自动完成文本框设置适配器
  myAutoComplete.setAdapter(new ArrayAdapter(MainActivity.this,
                 android.R.layout.simple_list_item_1, myLocations));
  myAutoComplete.showDropDown();           //显示建议列表
 }
 @Override
 public void onFailure(int i, String s, Throwable throwable) { }
 });
}
```

上面这段代码在 MyCode\MySampleH89\app\src\main\java\com\bin\luo\mysample\MainActivity.java 文件中。

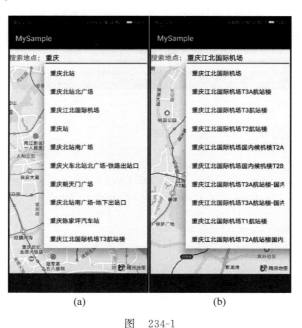

(a)   (b)

图 234-1

需要说明的是,此实例需要在 MyCode\MySampleH89\app 文件夹的 build.gradle 文件中添加依赖项 implementation 'com. tencent. map:tencent-map-vector-sdk:4.2.7',并执行同步(Sync Now)操作;且需要在 MyCode\MySampleH89\app\src\main\AndroidManifest. xml 文件中添加开发者 Key 和相关权限,具体内容请查看该文件。

此实例的完整代码在 MyCode\MySampleH89 文件夹中。

235 计算两地之间的直线距离

此实例主要通过使用腾讯地图 SDK 的 distanceBetween()方法,实现根据起点和终点的纬度和经度值计算两地之间的直线距离。当实例运行之后,在"起点的纬度经度值:"输入框中输入西安的纬度和经度值"34.325292,108.962402",在"终点的纬度经度值:"输入框中输入重庆的纬度和经度值"29.563748,106.550545",然后单击"计算两地之间的直线距离"按钮,将在弹出的 Toast 中显示西安和重庆之间的直线距离是 576.24 千米,并在腾讯地图上使用一条红线将两地连接起来。在"起点的纬度经度值:"和"终点的纬度经度值:"输入框中输入其他值进行测试,将实现类似的功能,效果分别如图 235-1(a)和图 235-1(b)所示。

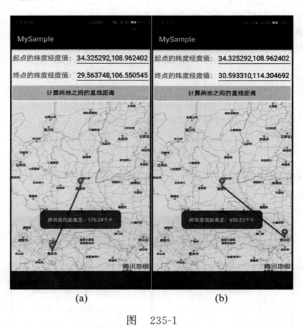

(a)   (b)

图   235-1

主要代码如下:

```
public void onClickButton1(View v) {              //响应单击"计算两地之间的直线距离"按钮
    EditText myFromLatlng = (EditText)findViewById(R. id. myFromLatlng);
    EditText myToLatlng = (EditText)findViewById(R. id. myToLatlng);
    String myFrom = myFromLatlng. getText(). toString();
    String myTo = myToLatlng. getText(). toString();
    double myFromLat = Double. parseDouble(
                        myFrom. substring(0,myFrom. indexOf(',')));
    double myFromLng = Double. parseDouble(
                        myFrom. substring(myFrom. indexOf(',') + 1));
    double myToLat = Double. parseDouble(
                        myTo. substring(0,myTo. indexOf(',')));
    double myToLng = Double. parseDouble(
                        myTo. substring(myTo. indexOf(',') + 1));
```

```
LatLng myFromLatLng = new LatLng(myFromLat,myFromLng);
LatLng myToLatLng = new LatLng(myToLat,myToLng);
myTencentMap.setZoom(7);                        //设置腾讯地图缩放级别为7
myTencentMap.setCenter(new LatLng(myFromLat,
                                myFromLng));    //设置该地为腾讯地图中心
//将起点和终点绘制在腾讯地图上
myTencentMap.addMarker(new MarkerOptions().position(myFromLatLng));
myTencentMap.addMarker(new MarkerOptions().position(myToLatLng));
//使用红色线条连接起点和终点
myTencentMap.addPolyline(new PolylineOptions().add(myFromLatLng,
                                myToLatLng).color(Color.RED));
//获取 Projection,并使用 distanceBetween()方法计算直线距离
Projection myProjection = myMapView.getProjection();
double myDistance = myProjection.distanceBetween(myFromLatLng,
                                myToLatLng)/1000;
Toast.makeText(this,"两地直线距离是:"
    + (double)Math.round(myDistance * 100)/100 + "千米",Toast.LENGTH_LONG).show();
}
```

上面这段代码在 MyCode\MySampleH90\app\src\main\java\com\bin\luo\mysample\MainActivity.java 文件中。

此实例的完整代码在 MyCode\MySampleH90 文件夹中。

236　以指定角度旋转腾讯地图

此实例主要通过使用腾讯地图 SDK 的 rotateTo()方法,实现按照指定的角度旋转腾讯地图。当实例运行之后,将自动设置重庆人民解放纪念碑为腾讯地图中心,如果在"旋转角度:"输入框中输入"60",然后单击"按照指定的角度旋转腾讯地图"按钮,下面的腾讯地图将沿着顺时针方向旋转60°,效果分别如图 236-1(a)和图 236-1(b)所示。在"旋转角度:"输入框中输入其他值进行测试将取得类似的效果。

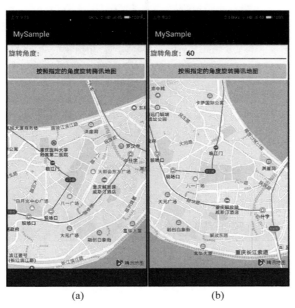

(a)　　　　　(b)

图　236-1

主要代码如下：

```
//响应单击"按照指定的角度旋转腾讯地图"按钮
public void onClickButton1(View v) {
    EditText myEditDegrees = (EditText)findViewById(R.id.myEditDegrees);
    int myDegrees = Integer.parseInt(myEditDegrees.getText().toString());
    //根据指定角度以动画形式旋转腾讯地图
    myTencentMap.animateCamera(CameraUpdateFactory.rotateTo(myDegrees,0));
    //myTencentMap.moveCamera(CameraUpdateFactory.rotateTo(myDegrees,0));
}
```

上面这段代码在 MyCode\MySampleJ86\app\src\main\java\com\bin\luo\mysample\MainActivity.java 文件中。

需要说明的是，此实例需要在 MyCode\MySampleJ86\app 文件夹的 build.gradle 文件中添加依赖项 implementation 'com.tencent.map:tencent-map-vector-sdk:4.2.7'，并执行同步（Sync Now）操作；且需要在 MyCode\MySampleJ86\app\src\main\AndroidManifest.xml 文件中添加开发者 Key 和相关权限，具体内容请查看该文件。

此实例的完整代码在 MyCode\MySampleJ86 文件夹中。

237 以卫星模式浏览腾讯地图

此实例主要通过使用 TencentMap.MAP_TYPE_SATELLITE 设置腾讯地图 SDK 的 setMapType()方法的参数，实现以卫星地图的风格在腾讯地图上显示指定地点。当实例运行之后，将以普通方式显示重庆人民解放纪念碑的周边地图，单击"显示卫星地图"按钮，显示重庆人民解放纪念碑周边的卫星地图，效果如图 237-1(b)所示。单击"显示普通地图"按钮，以普通方式显示重庆人民解放纪念碑的周边地图，效果如图 237-1(a)所示。

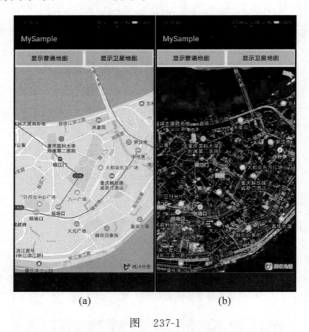

(a)   (b)

图　237-1

主要代码如下：

```
public void onClickButton1(View v) {                  //响应单击"显示普通地图"按钮
```

```
    myTencentMap.setMapType(TencentMap.MAP_TYPE_NORMAL);
}
public void onClickButton2(View v) {                    //响应单击"显示卫星地图"按钮
    myTencentMap.setMapType(TencentMap.MAP_TYPE_SATELLITE);
}
```

上面这段代码在 MyCode\MySampleH92\app\src\main\java\com\bin\luo\mysample\MainActivity.java 文件中。

需要说明的是,此实例需要在 MyCode\MySampleH92\app 文件夹的 build.gradle 文件中添加依赖项 implementation 'com.tencent.map:tencent-map-vector-sdk:4.2.7',并执行同步(Sync Now)操作;且需要在 MyCode\MySampleH92\app\src\main\AndroidManifest.xml 文件中添加开发者 Key 和相关权限,具体内容请查看该文件。

此实例的完整代码在 MyCode\MySampleH92 文件夹中。

238　以 3D 视角浏览腾讯地图

此实例主要通过使用腾讯地图 SDK 的 animateCamera()方法设置浏览腾讯地图的角度,实现以 3D 视角浏览腾讯地图。当实例运行之后,将自动设置重庆人民解放纪念碑为腾讯地图中心,单击"显示普通地图"按钮,以普通俯视角度显示腾讯地图。单击"显示 3D 地图"按钮,将以 45°倾角的 3D 效果显示腾讯地图,效果分别如图 238-1(a)和图 238-1(b)所示。

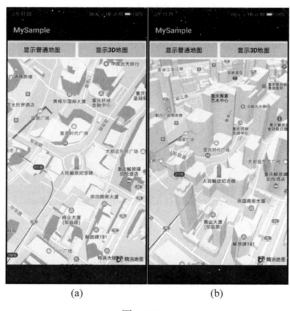

(a)　　　　　　　　　(b)

图　238-1

主要代码如下:

```
public void onClickButton1(View v) {                    //响应单击"显示普通地图"按钮
    //以俯视效果浏览
    myTencentMap.animateCamera(CameraUpdateFactory.rotateTo(0,0));
}
public void onClickButton2(View v) {                    //响应单击"显示 3D 地图"按钮
    //以 45 度倾角浏览
    myTencentMap.animateCamera(CameraUpdateFactory.rotateTo(0,45));
}
```

上面这段代码在 MyCode\MySampleH57\app\src\main\java\com\bin\luo\mysample\MainActivity.java 文件中。

需要说明的是,此实例需要在 MyCode\MySampleH57\app 文件夹的 build.gradle 文件中添加依赖项 implementation 'com.tencent.map:tencent-map-vector-sdk:4.2.7',并执行同步(Sync Now)操作;且需要在 MyCode\MySampleH57\app\src\main\AndroidManifest.xml 文件中添加开发者 Key 和相关权限,具体内容请查看该文件。

此实例的完整代码在 MyCode\MySampleH57 文件夹中。

239　在腾讯地图上自定义热力图

此实例主要通过使用腾讯地图 SDK 的 HeatOverlay 和 HeatOverlayOptions,实现在普通的腾讯地图上添加和移除自定义热力图层。当实例运行之后,单击"添加热力图"按钮,腾讯地图在添加自定义热力图之后的效果如图 239-1(a)所示。单击"移除热力图"按钮,腾讯地图在移除自定义热力图之后的效果如图 239-1(b)所示。

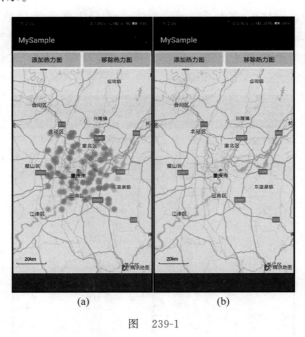

(a)　　　　　　　　　(b)

图　239-1

主要代码如下:

```
public void onClickButton1(View v) {                     //响应单击"添加热力图"按钮
  //初始化 ArrayList,用于存储多个指定位置的热力数据
  ArrayList < HeatDataNode > myNodes = new ArrayList < HeatDataNode >();
  for(int i = 0;i < 100;i ++){
   myNodes.add(new HeatDataNode(new LatLng(29.557305 + Math.random() * 0.5
        - 0.25,106.577031 + Math.random() * 0.5 - 0.25),Math.random() * 100));
  }
  //初始化 HeatOverlayOptions,用于自定义热力图层相关参数
  HeatOverlayOptions myOptions = new HeatOverlayOptions();
  myOptions.nodes(myNodes).colorMapper(new ColorMapper());
  myHeatOverlay = myTencentMap.addHeatOverlay(myOptions);
}
public void onClickButton2(View v) {                     //响应单击"移除热力图"按钮
```

```
        myHeatOverlay.remove();
    }
//自定义热力图层的颜色值与热力程度的映射关系
class ColorMapper implements HeatOverlayOptions.IColorMapper{
    @Override
    public int colorForValue(double arg0){
        int myAlpha,myRed,myGreen,myBlue;
        if(arg0 > 1) arg0 = 1;
        arg0 = Math.sqrt(arg0);
        float a = 20000;
        myRed = 255;
        myGreen = 119;
        myBlue = 3;
        if(arg0 > 0.7){
            myGreen = 78;
            myBlue = 1;
        }
        if(arg0 > 0.6){ myAlpha = (int)(a * Math.pow(arg0 - 0.7,3) + 240);}
        else if(arg0 > 0.4){ myAlpha = (int)(a * Math.pow(arg0 - 0.5,3) + 200); }
        else if(arg0 > 0.2) {myAlpha = (int)(a * Math.pow(arg0 - 0.3,3) + 160); }
        else{ myAlpha = (int)(700 * arg0); }
        if(myAlpha > 255){ myAlpha = 255; }
        return Color.argb(myAlpha,myRed,myGreen,myBlue);
    }
}
```

上面这段代码在 MyCode\MySampleJ81\app\src\main\java\com\bin\luo\mysample\MainActivity.java 文件中。

需要说明的是,此实例需要在 MyCode\MySampleJ81\app 文件夹的 build.gradle 文件中添加依赖项 implementation 'com.tencent.map:tencent-map-vector-sdk:4.1.1',并执行同步(Sync Now)操作;且需要在 MyCode\MySampleJ81\app\src\main\AndroidManifest.xml 文件中添加开发者 Key 和相关权限,具体内容请查看该文件。

此实例的完整代码在 MyCode\MySampleJ81 文件夹中。

240 将腾讯地图保存为图像文件

此实例主要通过使用腾讯地图 SDK 的 snapshot()方法,实现将当前腾讯地图以快照的形式保存为图像文件。当实例运行之后,将设置重庆人民解放纪念碑为腾讯地图的中心,单击"将当前地图快照保存为图像文件"按钮,当前在屏幕上显示的腾讯地图将以图像文件的形式保存在存储卡的根文件夹,效果分别如图 240-1(a)和图 240-1(b)所示。

主要代码如下:

```
public void onClickButton1(View v) {          //响应单击"将当前地图快照保存为图像文件"按钮
    //对当前地图执行快照操作,并在回调函数中获取快照图像
    myTencentMap.snapshot(new TencentMap.SnapshotReadyCallback(){
        @Override
        public void onSnapshotReady(Bitmap bitmap){
            try{
                int min = 1000;
                int max = 9999;
                Random random = new Random();
```

```
        int myRandom = random.nextInt(max) % (max - min + 1) + min;
        String myFileName = Environment.getExternalStorageDirectory()
                                    + "/mytencentmap" + myRandom + ".jpg";
        FileOutputStream myStream = new FileOutputStream(myFileName);
        bitmap.compress(Bitmap.CompressFormat.JPEG,100,myStream);
        myStream.flush();
        myStream.close();
        Toast.makeText(MainActivity.this,"成功将当前地图保存为图像文件"
                                    + myFileName,Toast.LENGTH_LONG).show();
      }catch (Exception e){ e.printStackTrace(); }
    } });
}
```

上面这段代码在 MyCode\MySampleH98\app\src\main\java\com\bin\luo\mysample\MainActivity.java 文件中。

(a)   (b)

图　240-1

需要说明的是,此实例需要在 MyCode\MySampleH98\app 文件夹的 build.gradle 文件中添加依赖项 implementation 'com.tencent.map:tencent-map-vector-sdk:4.2.7',并执行同步(Sync Now)操作;且需要在 MyCode\MySampleH98\app\src\main\AndroidManifest.xml 文件中添加开发者 Key 和相关权限,具体内容请查看该文件。

此实例的完整代码在 MyCode\MySampleH98 文件夹中。

5

第 章

高德地图实例

241 在高德地图上绘制箭头线

此实例主要通过使用高德地图 SDK 的 addNavigateArrow()方法,实现在两地之间绘制带指示箭头的连线。高德地图 Android SDK 是一套地图开发调用接口,开发者可以轻松地在自己的 Android 应用中加入高德地图相关的功能,包括:地图显示(含室内、室外地图)、与地图交互、在地图上绘制、兴趣点搜索、地理编码、离线地图等功能。

当实例运行之后,单击"绘制重庆到成都的指示箭头"按钮,将绘制重庆到成都的箭头连线,单击前后效果分别如图 241-1(a)和图 241-1(b)所示。

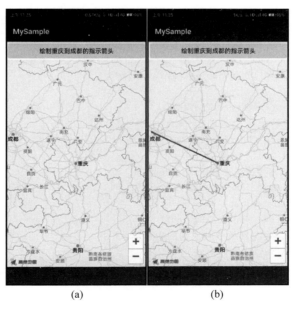

(a)   (b)

图　241-1

主要代码如下:

```
public class MainActivity extends Activity {
  AMap myAMap;
  @Override
  protected void onCreate(Bundle savedInstanceState) {
    super.onCreate(savedInstanceState);
```

```
    setContentView(R.layout.activity_main);
    MapView myMapView = (MapView)findViewById(R.id.myMapView);
    myMapView.onCreate(savedInstanceState);
    myAMap  = myMapView.getMap();
    myAMap.moveCamera(CameraUpdateFactory.changeLatLng(
            new LatLng(29.557300,106.577150)));          //设置重庆为高德地图中心
    myAMap.moveCamera(CameraUpdateFactory.zoomTo(7));     //设置高德地图缩放级别7
}
public void onClickButton1(View v){                      //响应单击"绘制重庆到成都的指示箭头"按钮
    NavigateArrowOptions myNavigateArrowOptions = new NavigateArrowOptions();
    myNavigateArrowOptions.add(
            new LatLng(29.557300,106.577150))            //重庆的纬度和经度值
            .add(new LatLng(30.63586, 103.956134))       //成都的纬度和经度值
            .topColor(Color.RED);                        //设置线条颜色为红色
    myAMap.addNavigateArrow(myNavigateArrowOptions);     //绘制重庆到成都的指示箭头
 }
}
```

上面这段代码在 MyCode\MySampleI90\app\src\main\java\com\bin\luo\mysample\MainActivity.java 文件中。在这段代码中，myAMap ＝ myMapView.getMap()用于根据高德地图的显示控件 MapView 获取 AMap，AMap 是操作高德地图最主要、最基本的类。在布局文件中，MapView 控件的主要代码如下面的粗体字所示：

```
<?xml version = "1.0" encoding = "UTF - 8"?>
< LinearLayout xmlns:android = "http://schemas.android.com/apk/res/android"
    xmlns:tools = "http://schemas.android.com/tools"
    android:id = "@ + id/activity_main"
    android:layout_width = "match_parent"
    android:layout_height = "match_parent"
    android:orientation = "vertical"
    tools:context = "com.bin.luo.mysample.MainActivity">
    < LinearLayout
        android:layout_width = "match_parent"
        android:layout_height = "wrap_content"
        android:orientation = "horizontal">
        < Button
            android:layout_width = "match_parent"
            android:layout_height = "wrap_content"
            android:layout_weight = "1"
            android:onClick = "onClickButton1"
            android:text = "绘制重庆到成都的指示箭头"
            android:textAllCaps = "false"
            android:textSize = "16dp" />
    </LinearLayout >
    < com.amap.api.maps.MapView
        android:id = "@ + id/myMapView"
        android:layout_width = "match_parent"
        android:layout_height = "match_parent"/>
</LinearLayout >
```

上面这段代码在 MyCode\MySampleI90\app\src\main\res\layout\activity_main.xml 文件中。需要说明的是，此实例需要在 MyCode\MySampleI90\app\build.gradle 文件中添加开发高德地图的依赖项(implementation 'com.amap.api:3dmap:latest.integration')，并执行同步(Sync Now)操作。

如下面的粗体字所示：

```
apply plugin: 'com.android.application'
android {
    compileSdkVersion 29
    buildToolsVersion "29.0.2"
    defaultConfig {
        applicationId "com.bin.luo.mysample"
        minSdkVersion 27
        targetSdkVersion 29
        versionCode 1
        versionName "1.0"
        testInstrumentationRunner "androidx.test.runner.AndroidJUnitRunner"
    }
    buildTypes {
        release {
            minifyEnabled false
            proguardFiles getDefaultProguardFile('proguard-android-optimize.txt'), 'proguard-rules.pro'
        }
    }
}
dependencies {
    implementation fileTree(dir: 'libs', include: ['*.jar'])
    implementation 'androidx.appcompat:appcompat:1.0.2'
    implementation 'androidx.constraintlayout:constraintlayout:1.1.3'
    testImplementation 'junit:junit:4.12'
    androidTestImplementation 'androidx.test:runner:1.2.0'
    androidTestImplementation 'androidx.test.espresso:espresso-core:3.2.0'
    implementation 'com.amap.api:3dmap:latest.integration'
}
```

此外，还要按照下面粗体字所示的内容修改 MyCode \ MySampleI90 \ app \ src \ main \ AndroidManifest.xml 文件：

```
<?xml version="1.0" encoding="UTF-8"?>
<manifest xmlns:android="http://schemas.android.com/apk/res/android"
    package="com.bin.luo.mysample">
    <application
        android:allowBackup="true"
        android:icon="@mipmap/ic_launcher"
        android:label="@string/app_name"
        android:roundIcon="@mipmap/ic_launcher_round"
        android:supportsRtl="true"
        android:theme="@style/AppTheme">
        <meta-data android:name="com.amap.api.v2.apikey"
                android:value="f1a5d4dd4c6cf3ecf69c892fe3301fd8"/>
        <activity android:name=".MainActivity">
            <intent-filter>
                <action android:name="android.intent.action.MAIN" />
                <category android:name="android.intent.category.LAUNCHER" />
            </intent-filter>
        </activity>
    </application>
    <uses-permission android:name="android.permission.INTERNET"/>
</manifest>
```

在 AndroidManifest. xml 文件中，f1a5d4dd4c6cf3ecf69c892fe3301fd8 是高德地图的开发者 Key，需要到高德开放平台（https：//lbs. amap. com/dev/id/choose）申请。另外，使用高德地图的不同功能可能需要不同的依赖项及权限，甚至开发者 Key，因此具体内容请参考每个实例源代码的 AndroidManifest. xml 文件和 build. gradle 文件。< uses-permission android：name = " android. permission. INTERNET"/>是网络权限，因为使用高德地图通常需要联网。

此实例的完整代码在 MyCode\MySampleI90 文件夹中。

242　在高德地图上绘制圆弧线

此实例主要通过使用高德地图 SDK 的 addArc()方法，实现在高德地图上将指定的三个地点连成弧线。当实例运行之后，单击"在高德地图指定位置添加弧线"按钮，将把成都、重庆、贵阳三个地点连在一条弧线上，单击前后效果分别如图 242-1(a)和图 242-1(b)所示。

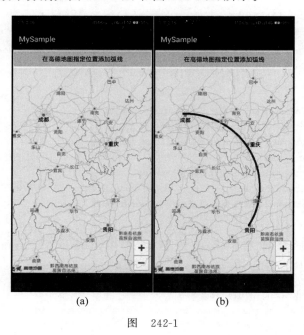

(a)　　　　　　　　(b)

图　　242-1

主要代码如下：

```
//响应单击"在高德地图指定位置添加弧线"按钮
public void onClickButton1(View v) {
    ArcOptions myArcOptions = new ArcOptions();
    myArcOptions.strokeWidth(16);                    //设置弧线线条宽度
    myArcOptions.strokeColor(Color.BLUE);            //设置弧线线条颜色
    //设置弧线的起点、途经点和终点
    myArcOptions.point(
            new LatLng(30.63586, 103.956134),        //成都的纬度和经度值
            new LatLng(29.571383, 106.461017),       //重庆的纬度和经度值
            new LatLng(26.664965, 106.592853));      //贵阳的纬度和经度值
    myAMap.addArc(myArcOptions);                     //绘制弧线
}
```

上面这段代码在 MyCode \ MySampleI27 \ app \ src \ main \ java \ com \ bin \ luo \ mysample \ MainActivity. java 文件中。此外，有关依赖项问题、权限问题和开发者 Key 问题请参考实例 241 修改

此实例的 AndroidManifest. xml 文件和 build. gradle 文件,或者直接在源代码中查看此实例对应的同名文件。

此实例的完整代码在 MyCode\MySampleI27 文件夹中。

243　在高德地图上绘制实心多边形

此实例主要通过使用高德地图 SDK 的 addPolygon()方法,实现在高德地图的指定范围绘制半透明的实心多边形。当实例运行之后,单击"在高德地图上绘制实心多边形"按钮,将在重庆、长沙、武汉、郑州、西安所围成的区域中绘制一个半透明的实心多边形,单击前后效果分别如图 243-1(a)和图 243-1(b)所示。

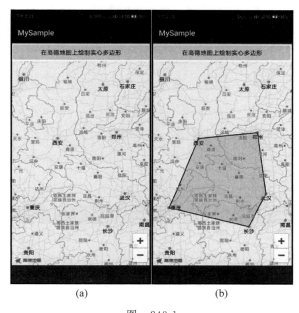

(a)　　　　　　　　(b)

图　243-1

主要代码如下:

```
//响应单击"在高德地图上绘制实心多边形"按钮
public void onClickButton1(View v) {
    PolygonOptions myPolygonOptions = new PolygonOptions();
    myPolygonOptions.strokeWidth(6);                            //设置线条宽度
    myPolygonOptions.strokeColor(Color.BLUE);                   //设置线条颜色
    myPolygonOptions.fillColor(Color.argb(90, 224, 171, 10));   //设置填充颜色
    myPolygonOptions.add(new LatLng(29.557300, 106.577150));    //重庆的纬度和经度值
    myPolygonOptions.add(new LatLng(28.228304, 112.938882));    //长沙的纬度和经度值
    myPolygonOptions.add(new LatLng(30.592935, 114.305215));    //武汉的纬度和经度值
    myPolygonOptions.add(new LatLng(34.746354, 113.62533));     //郑州的纬度和经度值
    myPolygonOptions.add(new LatLng(34.343147, 108.939621));    //西安的纬度和经度值
    myAMap.addPolygon(myPolygonOptions);                        //绘制实心多边形
}
```

上面这段代码在 MyCode \ MySampleI28 \ app \ src \ main \ java \ com \ bin \ luo \ mysample \ MainActivity. java 文件中。

此实例的完整代码在 MyCode\MySampleI28 文件夹中。

244　在高德地图上绘制空心多边形

此实例主要通过使用高德地图 SDK 的 addPolyline()方法,实现在高德地图的指定位置绘制空心多边形(矩形)。当实例运行之后,将设置重庆人民解放纪念碑为高德地图中心,单击"在高德地图上绘制空心多边形"按钮,将在重庆人民解放纪念碑周边使用虚线绘制一个空心多边形(矩形),单击前后效果分别如图 244-1(a)和图 244-1(b)所示。

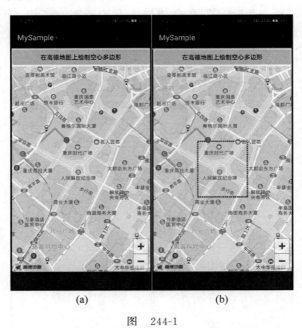

(a)   (b)

图　244-1

主要代码如下:

```java
//响应单击"在高德地图上绘制空心多边形"按钮
public void onClickButton1(View v) {
    //使用 LatLng 数组封装矩形顶点坐标
    LatLng[] myLatLngs = new LatLng[5];
    //指定矩形左上角的纬度和经度值
    myLatLngs[0] = new LatLng(29.557300 - 0.001,106.577150 + 0.001);
    //指定矩形右上角的纬度和经度值
    myLatLngs[1] = new LatLng(29.557300 + 0.001,106.577150 + 0.001);
    //指定矩形右下角的纬度和经度值
    myLatLngs[2] = new LatLng(29.557300 + 0.001,106.577150 - 0.001);
    //指定矩形左下角的纬度和经度值度
    myLatLngs[3] = new LatLng(29.557300 - 0.001,106.577150 - 0.001);
    //将最后一个点指向矩形左上角,使其连接成封闭矩形
    myLatLngs[4] = myLatLngs[0];
    PolylineOptions myPolylineOptions = new PolylineOptions();
    //通过 PolylineOptions 设置矩形边框线样式、颜色、宽度等参数
    myPolylineOptions.add(myLatLngs)                    //设置多边形的顶点
        .setDottedLine(true)                           //设置线条类型(虚线)
        .color(Color.RED)                              //设置线条颜色
        .width(15);                                    //设置线条宽度
    myAMap.addPolyline(myPolylineOptions);             //绘制矩形
}
```

上面这段代码在 MyCode\MySampleI24\app\src\main\java\com\bin\luo\mysample\MainActivity.java 文件中。

此实例的完整代码在 MyCode\MySampleI24 文件夹中。

245 自定义纹理设置多边形的边线

此实例主要通过使用高德地图 SDK 的 setCustomTextureList()方法,实现在高德地图上使用不同的纹理绘制多边形的多条边。当实例运行之后,单击"在高德地图上使用自定义纹理绘制多边形"按钮,将在重庆、武汉、郑州、西安之间使用 4 种纹理绘制四边形的 4 条边,效果分别如图 245-1(a)和图 245-1(b)所示。

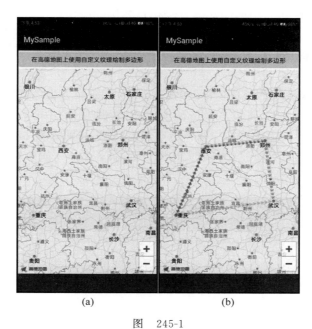

(a)　　　　　　　　(b)

图　245-1

主要代码如下:

```
//响应单击"在高德地图上使用自定义纹理绘制多边形"按钮
public void onClickButton1(View v) {
    LatLng[] myLatLngs = new LatLng[5];                                    //使用 LatLng 数组封装多边形顶点
    myLatLngs[0] = new LatLng(29.557300,106.577150);                       //重庆的纬度和经度值
    myLatLngs[1] = new LatLng(30.592935,114.305215);                       //武汉的纬度和经度值
    myLatLngs[2] = new LatLng(34.746354,113.62533);                        //郑州的纬度和经度值
    myLatLngs[3] = new LatLng(34.343147,108.939621);                       //西安的纬度和经度值
    myLatLngs[4] = new LatLng(29.557300,106.577150);                       //重庆的纬度和经度值
    PolylineOptions myPolylineOptions = new PolylineOptions();
    //使用 List 存放纹理(图像)
    List<BitmapDescriptor> myImageList = new ArrayList<>();
    myImageList.add(BitmapDescriptorFactory.fromResource(R.mipmap.myimage1));
    myImageList.add(BitmapDescriptorFactory.fromResource(R.mipmap.myimage2));
    myImageList.add(BitmapDescriptorFactory.fromResource(R.mipmap.myimage3));
    myImageList.add(BitmapDescriptorFactory.fromResource(R.mipmap.myimage4));
    //指定多边形的某条边使用某个纹理,4 条边对应 4 种纹理
```

```
List < Integer > myIndexList = new ArrayList <>();
myIndexList.add(0);                                      //对应上面的第 1 个纹理
myIndexList.add(1);                                      //对应上面的第 2 个纹理
myIndexList.add(2);                                      //对应上面的第 3 个纹理
myIndexList.add(3);                                      //对应上面的第 4 个纹理
myPolylineOptions.add(myLatLngs).width(30);              //设置顶点和边线宽度等参数
myPolylineOptions.setCustomTextureList(myImageList);     //设置纹理集合
myPolylineOptions.setCustomTextureIndex(myIndexList);    //设置纹理对应 Index
myAMap.addPolyline(myPolylineOptions);                   //在地图的指定位置绘制多边形
}
```

上面这段代码在 MyCode\MySampleI89\app\src\main\java\com\bin\luo\mysample\MainActivity.java 文件中。

此实例的完整代码在 MyCode\MySampleI89 文件夹中。

246　在高德地图上添加覆盖层

此实例主要通过使用高德地图 SDK 的 addGroundOverlay()方法,实现在高德地图的指定地点添加图像覆盖层。当实例运行之后,将设置重庆园博园为高德地图的中心,单击"在高德地图上添加覆盖层"按钮,将在重庆园博园的上方添加一幅半透明图像,效果分别如图 246-1(a)和图 246-1(b)所示。如果单击高德地图右下角的放大按钮(＋)放大地图,图像同步放大;如果单击高德地图右下角的缩小按钮(－)缩小地图,图像同步缩小。

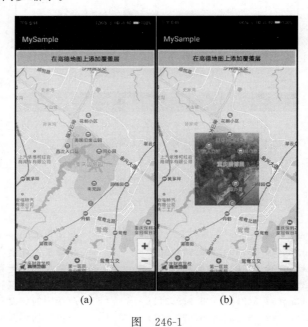

　　　　　(a)　　　　　　　　　　　(b)

图　246-1

主要代码如下:

```
public void onClickButton1(View v) {                     //响应单击"在高德地图上添加覆盖层"按钮
    myAMap.moveCamera(CameraUpdateFactory.newLatLngZoom(
                            new LatLng(29.678873,106.550912), 14));
    //设置图像的覆盖区域
    LatLngBounds myLatLngBounds = new LatLngBounds.Builder()
            //覆盖区域左下角顶点的纬度和经度值
```

```
        .include(new LatLng(29.668873,106.540912))
        //覆盖区域右上角顶点的纬度和经度值
        .include(new LatLng(29.688873,106.560912))
        .build();
myAMap.addGroundOverlay(new GroundOverlayOptions()
        .anchor(0.5f, 0.5f)                               //设置覆盖层锚点
        .transparency(0.5f)                               //设置覆盖层透明度
        .image(BitmapDescriptorFactory.fromResource(
                            R.mipmap.myimage1))           //设置图像
        .positionFromBounds(myLatLngBounds));             //设置覆盖区域
}
```

上面这段代码在 MyCode\MySampleI70\app\src\main\java\com\bin\luo\mysample\MainActivity.java 文件中。

此实例的完整代码在 MyCode\MySampleI70 文件夹中。

247 在高德地图上添加自定义文本

此实例主要通过使用高德地图 SDK 的 addText()方法,实现在高德地图的指定位置添加自定义文本。当实例运行之后,将设置重庆人民解放纪念碑为高德地图的中心,单击"在高德地图的指定位置添加文本"按钮,将在重庆人民解放纪念碑上方绘制红色粗体的文本"重庆解放碑商圈",效果分别如图 247-1(a)和图 247-1(b)所示。

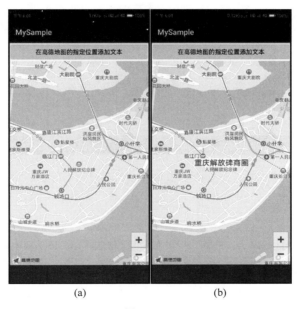

(a)   (b)

图 247-1

主要代码如下:

```
//响应单击"在高德地图的指定位置添加文本"按钮
public void onClickButton1(View v) {
    //初始化 TextOptions,自定义文本大小、内容、位置、颜色等相关参数
    TextOptions myTextOptions = new TextOptions()
            .text("重庆解放碑商圈")                        //设置文本内容
            .fontColor(Color.RED)                        //设置文本颜色
```

```
        .fontSize(60)                              //设置字体大小
        .position(new LatLng(29.5574, 106.577059));   //设置文本位置
    myAMap.addText(myTextOptions);                 //添加文本"重庆解放碑商圈"
}
```

上面这段代码在 MyCode\MySampleJ62\app\src\main\java\com\bin\luo\mysample\MainActivity.java 文件中。

此实例的完整代码在 MyCode\MySampleJ62 文件夹中。

248 清空高德地图上的文字

此实例主要通过使用高德地图 SDK 的 showMapText()方法,实现允许或禁止在高德地图上显示地名标注等文字。当实例运行之后,单击"禁止显示文字"按钮,在高德地图上的文字消失,如图 248-1(a)所示。单击"允许显示文字"按钮,正常显示高德地图,如图 248-1(b)所示。

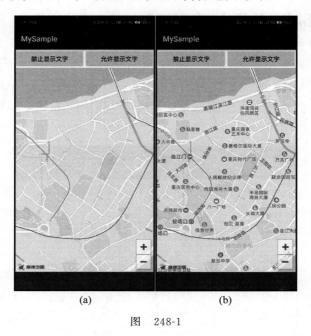

(a)   (b)

图　248-1

主要代码如下:

```
public void onClickButton1(View v) {              //响应单击"禁止显示文字"按钮
    myAMap.showMapText(false);
}
public void onClickButton2(View v) {              //响应单击"允许显示文字"按钮
    myAMap.showMapText(true);
}
```

上面这段代码在 MyCode\MySampleI54\app\src\main\java\com\bin\luo\mysample\MainActivity.java 文件中。

此实例的完整代码在 MyCode\MySampleI54 文件夹中。

249　在高德地图上添加自定义标记

此实例主要通过使用高德地图 SDK 的 MarkerOptions,实现在高德地图的指定位置添加自定义标记。当实例运行之后,单击"在高德地图上添加自定义标记"按钮,将在重庆人民解放纪念碑上方显示一个图文结合的自定义标记,效果分别如图 249-1(a)和图 249-1(b)所示。

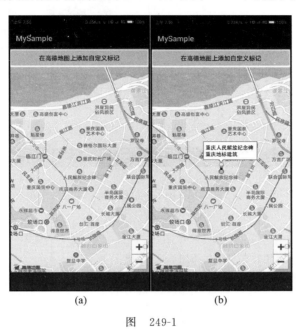

(a)　　　　　　(b)

图　249-1

主要代码如下:

```
//响应单击"在高德地图上添加自定义标记"按钮
public void onClickButton1(View v) {
    MarkerOptions myMarkerOptions = new MarkerOptions();
    myMarkerOptions.position(new LatLng(29.557305,106.577031));        //标记位置
    myMarkerOptions.icon(BitmapDescriptorFactory
                            .fromResource(R.mipmap.myimage1));          //标记图像
    myMarkerOptions.title("重庆人民解放纪念碑").snippet("重庆地标建筑");    //标记文本
    Marker myMarker = myAMap.addMarker(myMarkerOptions);                //添加标记
    myMarker.showInfoWindow();
}
```

上面这段代码在 MyCode \ MySampleI26 \ app \ src \ main \ java \ com \ bin \ luo \ mysample \ MainActivity. java 文件中。

此实例的完整代码在 MyCode\MySampleI26 文件夹中。

250　使用自定义布局文件添加标记

此实例主要通过使用高德地图 SDK 的 MarkerOptions,实现在指定位置的标记上加载自定义布局文件。当实例运行之后,单击"在高德地图上使用自定义布局添加标记"按钮,将在重庆园博园的上方位置显示包含文本和图像的自定义布局,效果分别如图 250-1(a)和图 250-1(b)所示。

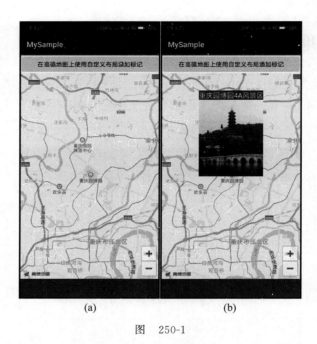

(a)　　　　　　　　(b)

图　250-1

主要代码如下：

```java
//响应单击"在高德地图上使用自定义布局添加标记"按钮
public void onClickButton1(View v) {
    View myView = LayoutInflater.from(this).inflate(
                    R.layout.mylayout,myMapView,false);          //加载自定义布局文件
    MarkerOptions myMarkerOptions = new MarkerOptions();
    myMarkerOptions.position(new LatLng(29.678873,106.550912))
        .icon(BitmapDescriptorFactory.fromView(myView));          //使用布局设置标记
    Marker myMarker = myAMap.addMarker(myMarkerOptions);
    myMarker.showInfoWindow();
}
```

上面这段代码在 MyCode\MySampleJ18\app\src\main\java\com\bin\luo\mysample\ MainActivity. java 文件中。在这段代码中，myView ＝ LayoutInflater. from(this). inflate(R. layout. mylayout，myMapView，false)用于将 mylayout 布局的内容转成 View。BitmapDescriptorFactory. fromView(myView)用于将 View 转成 BitmapDescriptor。mylayout 布局(文件)的主要内容如下：

```xml
<?xml version = "1.0" encoding = "UTF - 8"?>
< LinearLayout
    xmlns:android = "http://schemas.android.com/apk/res/android"
    android:layout_width = "match_parent"
    android:layout_height = "match_parent"
    android:orientation = "vertical">
    < TextView
        android:textSize = "18dp"
        android:layout_width = "match_parent"
        android:layout_height = "wrap_content"
        android:background = " ♯0000ff"
        android:textColor = " ♯ffffff"
        android:text = "重庆园博园 4A 风景区"/>
    < ImageView
```

```
android:src = "@mipmap/myimage1"
android:layout_width = "166dp"
android:layout_height = "200dp"
android:scaleType = "fitXY"
android:id = "@ + id/imageView"/>
</LinearLayout>
```

上面这段代码在 MyCode\MySampleJ18\app\src\main\res\layout\mylayout.xml 文件中。

此实例的完整代码在 MyCode\MySampleJ18 文件夹中。

251 在自定义标记上响应单击事件

此实例主要通过实现高德地图 SDK 的 AMap.OnInfoWindowClickListener 的功能,实现在高德地图的指定位置添加自定义标记,并响应单击标记窗口事件。当实例运行之后,在重庆人民解放纪念碑的上方将显示一个自定义的标记窗口,单击该标记窗口,将在弹出的 Toast 中显示提示内容,效果分别如图 251-1(a)和图 251-1(b)所示。

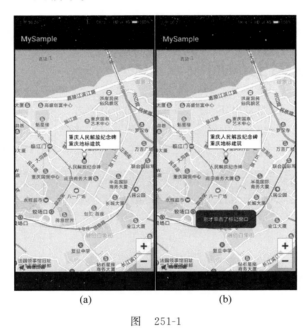

(a)   (b)

图　251-1

主要代码如下:

```
public class MainActivity extends Activity
                    implements AMap.OnInfoWindowClickListener {
AMap myAMap;
@Override
protected void onCreate(Bundle savedInstanceState) {
 super.onCreate(savedInstanceState);
 setContentView(R.layout.activity_main);
 MapView myMapView = (MapView)findViewById(R.id.myMapView);
 myMapView.onCreate(savedInstanceState);
 myAMap = myMapView.getMap();
 myAMap.moveCamera(CameraUpdateFactory.changeLatLng(
    new LatLng(29.557305,106.577031)));        //设置重庆人民解放纪念碑为高德地图的中心
 myAMap.moveCamera(CameraUpdateFactory.zoomTo(16));   //设置高德地图缩放级别16
```

```
    MarkerOptions myMarkerOptions = new MarkerOptions();
    myMarkerOptions.position(new LatLng(29.557305,106.577031));        //设置标记位置
    myMarkerOptions.icon(BitmapDescriptorFactory
                              .fromResource(R.mipmap.myimage1));    //设置标记图像
    myMarkerOptions.title("重庆人民解放纪念碑").snippet("重庆地标建筑");
    Marker myMarker = myAMap.addMarker(myMarkerOptions);           //添加标记
    myMarker.showInfoWindow();
    myAMap.setOnInfoWindowClickListener(this);
  }
  @Override
  //在单击标记窗口时弹出 Toast
  public void onInfoWindowClick(Marker marker) {
    Toast.makeText(MainActivity.this,
                        "刚才单击了标记窗口",Toast.LENGTH_SHORT).show();
   }
  }
```

上面这段代码在 MyCode\MySampleJ19\app\src\main\java\com\bin\luo\mysample\MainActivity.java 文件中。

此实例的完整代码在 MyCode\MySampleJ19 文件夹中。

252   在高德地图上添加放大动画

此实例主要通过使用高德地图 SDK 的 ScaleAnimation()方法,在显示标记时实现动态放大图像的动画效果。当实例运行之后,单击"在高德地图的指定位置添加放大动画"按钮,在重庆动物园上方位置的蜘蛛标记图像将从小变大,效果分别如图 252-1(a)和图 252-1(b)所示。

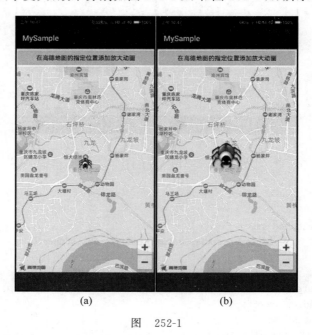

(a)   (b)

图   252-1

主要代码如下:

```
//响应单击"在高德地图的指定位置添加放大动画"按钮
public void onClickButton1(View v) {
```

```
    myAMap.clear();                                          //清除所有标记
    MarkerOptions myMarkerOptions = new MarkerOptions();
    myMarkerOptions.position(new LatLng(29.504051, 106.505736));   //设置标记位置
    myMarkerOptions.icon(BitmapDescriptorFactory
                    .fromResource(R.mipmap.myimage1));       //设置标记图像
    myMarker = myAMap.addMarker(myMarkerOptions);
    Animation myAnimation = new ScaleAnimation(0,1,0,1);     //创建放大动画
    myAnimation.setDuration(2500);                           //设置动画的持续时间 2500 毫秒
    myAnimation.setInterpolator(new LinearInterpolator());
    myMarker.setAnimation(myAnimation);                      //在标记上添加动画
    myMarker.startAnimation();                               //执行放大动画
}
```

上面这段代码在 MyCode\MySampleI36\app\src\main\java\com\bin\luo\mysample\MainActivity.java 文件中。

注意：此实例的 ScaleAnimation 是高德地图 SDK 的缩放动画,不是 Android 原生的同名动画,因此应该导入 import com.amap.api.maps.model.animation.ScaleAnimation；本书实例如无特别说明,遇到类似情况均应以高德(或腾讯)地图的同名(动画)类优先。高德地图 SDK 支持的动画包括：动画集合(AnimationSet)、透明度动画(AlphaAnimation)、旋转动画(RotateAnimation)、缩放动画(ScaleAnimation)、平移动画(TranslateAnimation)。

缩放动画 ScaleAnimation 的构造函数的语法声明如下：

```
ScaleAnimation(float fromX, float toX, float fromY, float toY)
```

其中,参数 float fromX 表示缩放动画在 X 方向上的起始值；参数 float toX 表示缩放动画在 X 方向上的终止值；参数 float fromY 表示缩放动画在 Y 方向上的起始值；参数 float toY 表示缩放动画在 Y 方向上的终止值,如 ScaleAnimation(0,1,0,1)。

此实例的完整代码在 MyCode\MySampleI36 文件夹中。

253 在高德地图上添加淡入动画

此实例主要通过使用高德地图 SDK 的 AlphaAnimation()方法,在显示标记时实现淡入图像的动画效果。当实例运行之后,单击“在高德地图的指定位置添加淡入动画”按钮,在重庆动物园上方位置的魔兽图像标记将逐渐从模糊变清晰,效果分别如图 253-1(a)和图 253-1(b)所示。

主要代码如下：

```
//响应单击"在高德地图的指定位置添加淡入动画"按钮
public void onClickButton1(View v) {
    myAMap.clear();                                          //清除所有标记
    MarkerOptions myMarkerOptions = new MarkerOptions();
    myMarkerOptions.position(new LatLng(29.504051, 106.505736));   //设置标记位置
    myMarkerOptions.icon(BitmapDescriptorFactory
                    .fromResource(R.mipmap.myimage1));       //设置标记图像
    myMarker = myAMap.addMarker(myMarkerOptions);            //添加标记
    Animation myAnimation = new AlphaAnimation(0,1);         //创建淡入动画(从无到有)
    myAnimation.setDuration(2000);                           //设置动画的持续时间 2000 毫秒
    myAnimation.setInterpolator(new LinearInterpolator());
    myMarker.setAnimation(myAnimation);                      //在标记上添加淡入动画
    myMarker.startAnimation();                               //执行淡入动画
}
```

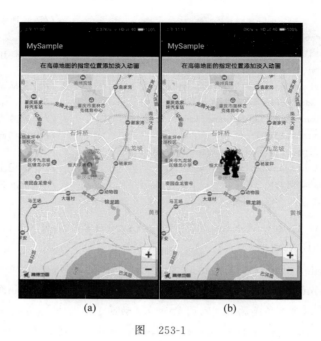

图　253-1

上面这段代码在 MyCode\MySampleI37\app\src\main\java\com\bin\luo\mysample\MainActivity.java 文件中。在这段代码中，myAnimation ＝ new AlphaAnimation(0,1)中的 0 表示完全透明，1 表示完全不透明。

此实例的完整代码在 MyCode\MySampleI37 文件夹中。

254　在高德地图上添加弹跳动画

此实例主要通过使用高德地图 SDK 的 Projection(负责屏幕坐标转换)，并使用动画插值器 BounceInterpolator 动态改变位置，使图像标记产生上下弹跳的动画效果。当实例运行之后，单击"在高德地图的指定位置添加弹跳动画"按钮，篮球图像标记将在指定位置(重庆市奥林匹克体育中心)做上下弹跳运动，效果分别如图 254-1(a)和图 254-1(b)所示。

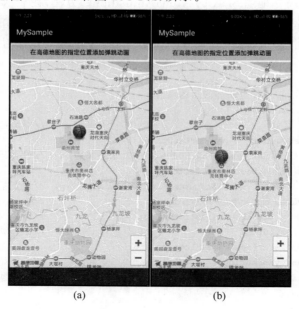

图　254-1

主要代码如下：

```
//响应单击"在高德地图的指定位置添加弹跳动画"按钮
public void onClickButton1(View v) {
    myAMap.clear();                                      //清除所有标记
    MarkerOptions myMarkerOptions = new MarkerOptions();
    myMarkerOptions.position(new LatLng(29.525246, 106.506282));   //设置标记位置
    myMarkerOptions.draggable(true);
    myMarkerOptions.icon(BitmapDescriptorFactory.fromResource(
                         R.mipmap.myimage1));            //设置标记图像
    myMarker = myAMap.addMarker(myMarkerOptions);        //添加标记
    myBounceAnimation(myMarker);                         //执行弹跳动画
}
private void myBounceAnimation(final Marker marker) {
    final Handler myHandler = new Handler();
    final long myStartTime = SystemClock.uptimeMillis();
    Projection myProjection = myAMap.getProjection();
    final LatLng myLatlng = marker.getPosition();
    Point myMarkerPoint = myProjection.toScreenLocation(myLatlng);
    myMarkerPoint.offset(0, -200);
    final LatLng myMarkerLatLng = myProjection.fromScreenLocation(myMarkerPoint);
    final long myDuration = 2000;
    final Interpolator myBounceInterpolator = new BounceInterpolator();
    myHandler.post(new Runnable() {
     @Override
     public void run() {
      long myElapsedTime = SystemClock.uptimeMillis() - myStartTime;
      float t = myBounceInterpolator
                      .getInterpolation((float) myElapsedTime/ myDuration);
      double myLng = t * myLatlng.longitude + (1 - t) * myMarkerLatLng.longitude;
      double myLat = t * myLatlng.latitude + (1 - t) * myMarkerLatLng.latitude;
      marker.setPosition(new LatLng(myLat, myLng));
      if (t < 1.0) {
       myHandler.postDelayed(this, 16);
      } } });
}
```

上面这段代码在 MyCode\MySampleI31\app\src\main\java\com\bin\luo\mysample\MainActivity.java 文件中。

此实例的完整代码在 MyCode\MySampleI31 文件夹中。

255　在高德地图上添加生长动画

此实例主要通过使用高德地图 SDK 的 Marker 改变图像标记的大小，实现生长（由小变大）的动画效果。当实例运行之后，单击"在高德地图的指定位置添加生长动画"按钮，动物图像标记将在重庆动物园的上方位置从小变大，效果分别如图 255-1(a) 和图 255-1(b) 所示。

主要代码如下：

```
//响应单击"在高德地图的指定位置添加生长动画"按钮
public void onClickButton1(View v) {
    myAMap.clear();                                      //清除所有标记
    MarkerOptions myMarkerOptions = new MarkerOptions();
```

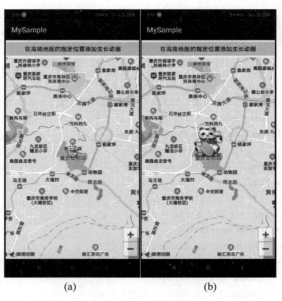

(a)　　　　　　　　　(b)

图　255-1

```
    myMarkerOptions.position(new LatLng(29.504051, 106.505736));
    myMarkerOptions.icon(BitmapDescriptorFactory
                              .fromResource(R.mipmap.myimage1));
    myMarker = myAMap.addMarker(myMarkerOptions);
    myGrowAnimation(myMarker);                        //执行生长动画
}
private void myGrowAnimation(final Marker marker) {
    marker.setVisible(false);
    final Handler myHandler = new Handler();
    final long myStartTime = SystemClock.uptimeMillis();
    final long myDuration = 2500;                     //动画持续时间(2500毫秒)
    final Bitmap myBitmap = marker.getIcons().get(0).getBitmap();
    final int myWidth = myBitmap.getWidth() * 2;
    final int myHeight = myBitmap.getHeight() * 2;
    final Interpolator myInterpolator = new LinearInterpolator();
    myHandler.post(new Runnable() {
     @Override
     public void run() {
       long myElapsedTime = SystemClock.uptimeMillis() - myStartTime;
       float t = myInterpolator
                     .getInterpolation((float) myElapsedTime/ myDuration);
       if (t > 1) { t = 1; }
       //根据动画执行进度计算图像新的宽度和高度
       int myScaleWidth = (int) (t * myWidth);
       int myScaleHeight = (int) (t * myHeight);
       if (myScaleWidth > 0 && myScaleHeight > 0) {
        //根据新的宽度和高度设置图像
        marker.setIcon(BitmapDescriptorFactory.fromBitmap(Bitmap
              .createScaledBitmap(myBitmap, myScaleWidth,myScaleHeight, true)));
        marker.setVisible(true);
       }
       if (t < 1.0) {
        myHandler.postDelayed(this, 16);
```

```
}}});
}
```

上面这段代码在 MyCode＼MySampleI33＼app＼src＼main＼java＼com＼bin＼luo＼mysample＼
MainActivity.java 文件中。

此实例的完整代码在 MyCode\MySampleI33 文件夹中。

256　在高德地图上添加多帧动画

此实例主要通过使用高德地图 SDK 的 MarkerOptions，实现在高德地图的指定位置添加 GIF 风格的多帧动画。当实例运行之后，将设置重庆人民解放纪念碑为高德地图中心，单击"在高德地图的指定位置添加多帧动画"按钮，将在重庆人民解放纪念碑的上方播放多帧动画，效果分别如图 256-1(a)和图 256-1(b)所示。

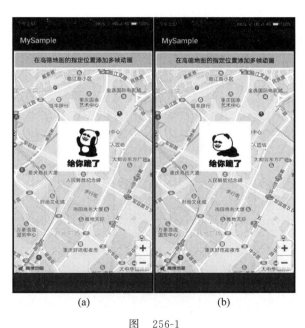

(a)　　　　　　　　(b)

图　256-1

主要代码如下：

```
//响应单击"在高德地图的指定位置添加多帧动画"按钮
public void onClickButton1(View v) {
    ArrayList < BitmapDescriptor > myImages = new ArrayList <>();
    //添加在动画中的每帧图像
    myImages.add(BitmapDescriptorFactory.fromResource(R.mipmap.mygif_layer1));
    myImages.add(BitmapDescriptorFactory.fromResource(R.mipmap.mygif_layer2));
    myImages.add(BitmapDescriptorFactory.fromResource(R.mipmap.mygif_layer3));
    myImages.add(BitmapDescriptorFactory.fromResource(R.mipmap.mygif_layer4));
    myImages.add(BitmapDescriptorFactory.fromResource(R.mipmap.mygif_layer5));
    myImages.add(BitmapDescriptorFactory.fromResource(R.mipmap.mygif_layer6));
    myImages.add(BitmapDescriptorFactory.fromResource(R.mipmap.mygif_layer7));
    myImages.add(BitmapDescriptorFactory.fromResource(R.mipmap.mygif_layer8));
    MarkerOptions myMarkerOptions = new MarkerOptions();
    myMarkerOptions.position(new LatLng(29.557305,106.577031))        //设置动画位置
            .icons(myImages)                                          //设置动画帧图像
```

```
        .period(10);                                    //设置动画持续时间
    myAMap.addMarker(myMarkerOptions);                  //添加动画图像标记
}
```

上面这段代码在 MyCode \ MySampleI29 \ app \ src \ main \ java \ com \ bin \ luo \ mysample \ MainActivity.java 文件中。

此实例的完整代码在 MyCode\MySampleI29 文件夹中。

257 在高德地图上添加多段动画

此实例主要通过使用高德地图 SDK 的 TranslateAnimation,实现在高德地图上添加多段平移动画。当实例运行之后,粗实线围成的多边形是平移动画路径,分别由四段平移动画构成,单击"在高德地图上添加多段平移动画"按钮,蜘蛛图像标记将从该多边形路径的左上角(车公庄)开始,逆时针平移一周,效果分别如图 257-1(a)和图 257-1(b)所示。

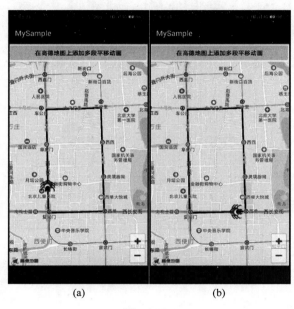

(a)   (b)

图   257-1

主要代码如下:

```java
public class MainActivity extends Activity {
  AMap myAMap;
  Marker myMarker;
  ArrayList < LatLng > myLatLngs;
  int myIndex;
  @Override
  protected void onCreate(Bundle savedInstanceState) {
    super.onCreate(savedInstanceState);
    setContentView(R.layout.activity_main);
    MapView myMapView = (MapView)findViewById(R.id.myMapView);
    myMapView.onCreate(savedInstanceState);
    myAMap = myMapView.getMap();
    myAMap.moveCamera(CameraUpdateFactory.changeLatLng(
            new LatLng(39.918815,116.365832)));        //设置金融街为高德地图的中心
```

```
myAMap.moveCamera(CameraUpdateFactory.zoomTo(14));          //设置高德地图缩放级别14
myLatLngs = new ArrayList<>();
myLatLngs.add(new LatLng(39.932018,116.355919));            //车公庄的纬度和经度值
myLatLngs.add(new LatLng(39.906937,116.356605));            //复兴门的纬度和经度值
myLatLngs.add(new LatLng(39.907332,116.373857));            //西单的纬度和经度值
myLatLngs.add(new LatLng(39.932374,116.37287));             //平安里的纬度和经度值
myLatLngs.add(new LatLng(39.932018,116.355919));            //车公庄的纬度和经度值
myAMap.addPolyline(new PolylineOptions()
        .add(myLatLngs.get(0))
        .add(myLatLngs.get(1))
        .add(myLatLngs.get(2))
        .add(myLatLngs.get(3))
        .add(myLatLngs.get(4))).setWidth(12);               //绘制多边形路径
MarkerOptions myMarkerOptions = new MarkerOptions();
myMarkerOptions.position(myLatLngs.get(0));
myMarkerOptions.icon(BitmapDescriptorFactory
                        .fromResource(R.mipmap.myimage1));
myMarker = myAMap.addMarker(myMarkerOptions);
}
//响应单击"在高德地图上添加多段平移动画"按钮
public void onClickButton1(View v) {
myIndex = 1;
myTranslateAnimation();
}
public void myTranslateAnimation() {
//myLatLngs.get(myIndex++)表示标记(图像)到达的目标位置
Animation myAnimation = new TranslateAnimation(myLatLngs.get(myIndex++));
//改变图像标记旋转角度(蜘蛛朝向)
if(myIndex == 2){
  myMarker.setRotateAngle(360);
}else if(myIndex == 3){
  myMarker.setRotateAngle(90);
}else if(myIndex == 4){
  myMarker.setRotateAngle(190);
}else if(myIndex == 5){
  myMarker.setRotateAngle(270);
}
myAnimation.setDuration(1500);                              //设置动画持续时间1500毫秒
myAnimation.setInterpolator(new LinearInterpolator());
myAnimation.setAnimationListener(new Animation.AnimationListener() {
  @Override
  public void onAnimationStart() { }
  @Override
  public void onAnimationEnd() {
    if(myIndex < myLatLngs.size()){
      myTranslateAnimation();
    } } });
myMarker.setAnimation(myAnimation);
myMarker.startAnimation();                                  //执行平移动画
} }
```

上面这段代码在 MyCode\MySampleI39\app\src\main\java\com\bin\luo\mysample\MainActivity.java 文件中。此外,有关依赖项问题、权限问题和开发者 Key 问题请参考实例 241 修改此实例的 AndroidManifest.xml 文件和 build.gradle 文件,或者直接在源代码中查看此实例对应的同

名文件。

此实例的完整代码在 MyCode\MySampleI39 文件夹中。

258 查询指定地点周边实时路况

此实例主要通过使用高德地图 SDK 的 TrafficSearch 和 CircleTrafficQuery，实现查询指定地点周边的实时路况信息。当实例运行之后，如果在"纬度经度值："输入框中输入重庆红旗河沟的纬度和经度值"29.583554,106.526966"，然后单击"设置高德地图中心"按钮，将设置重庆红旗河沟为高德地图的中心，单击"查询实时路况"按钮，将在弹出的 Toast 中显示重庆红旗河沟周边的实时路况信息，如图 258-1(a)所示。如果在"纬度经度值："输入框中输入重庆回兴立交的纬度和经度值"29.677831，106.608394"，然后单击"设置高德地图中心"按钮，将设置重庆回兴立交为高德地图的中心，单击"查询实时路况"按钮，将在弹出的 Toast 中显示重庆回兴立交周边的实时路况信息，如图 258-1(b)所示。

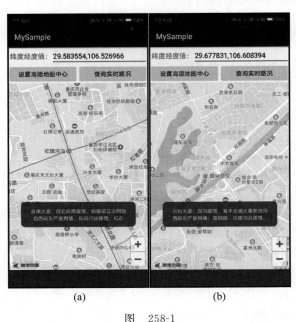

(a)   (b)

图　258-1

主要代码如下：

```
public void onClickButton2(View v) {                    //响应单击"查询实时路况"按钮
    //初始化 TrafficSearch,用于搜索指定位置周边的交通状况详情
    TrafficSearch myTrafficSearch = new TrafficSearch(this);
    myTrafficSearch.setTrafficSearchListener(
            new TrafficSearch.OnTrafficSearchListener() {
            @Override
            public void onRoadTrafficSearched(
                    TrafficStatusResult trafficStatusResult, int i) {
                //在 Toast 中显示指定地点周边的路况信息
                Toast.makeText(MainActivity.this,
                        trafficStatusResult.getDescription(),
                        Toast.LENGTH_LONG).show();
            } });
    //初始化 CircleTrafficQuery,并自定义搜索半径、搜索中心点等参数
    CircleTrafficQuery myCircleTrafficQuery = new CircleTrafficQuery(
```

```
                        new LatLonPoint(myLat, myLng), 1500, 5);
    //根据搜索半径、搜索中心点等参数搜索周边路况详情
    myTrafficSearch.loadTrafficByCircleAsyn(myCircleTrafficQuery);
}
```

上面这段代码在 MyCode\MySampleJ02\app\src\main\java\com\bin\luo\mysample\MainActivity.java 文件中。此外,有关依赖项问题(implementation 'com. amap. api:navi- 3dmap: latest. integration'和 implementation 'com. amap. api:search:latest. integration')、权限问题和开发者 Key 问题请参考实例 241 修改此实例的 AndroidManifest. xml 文件和 build. gradle 文件,或者直接在源代码中查看此实例对应的同名文件。

此实例的完整代码在 MyCode\MySampleJ02 文件夹中。

259 根据道路名称查询实时路况

此实例主要通过使用高德地图 SDK 的 TrafficSearch 和 RoadTrafficQuery,实现查询指定道路的实时路况信息。当实例运行之后,如果在"道路名称:"输入框中输入(在重庆主城范围中)"兴科大道",然后单击"设置高德地图中心"按钮,设置重庆兴科大道为此高德地图的中心,单击"查询实时路况"按钮,将在弹出的 Toast 中显示重庆兴科大道当前的路况信息,如图 259-1(a)所示。如果在"道路名称:"输入框中输入(在重庆主城范围中)"宝桐路",然后单击"设置高德地图中心"按钮,设置重庆宝桐路为此高德地图的中心,单击"查询实时路况"按钮,将在弹出的 Toast 中显示重庆宝桐路当前的路况信息,如图 259-1(b)所示。

(a)   (b)

图　259-1

主要代码如下:

```
public void onClickButton1(View v) {                    //响应单击"设置高德地图中心"按钮
    GeocodeSearch myGeocodeSearch = new GeocodeSearch(this);
    myGeocodeSearch.setOnGeocodeSearchListener(
                        new GeocodeSearch.OnGeocodeSearchListener(){
    @Override
```

```
public void onRegeocodeSearched(RegeocodeResult regeocodeResult, int i){ }
@Override
public void onGeocodeSearched(GeocodeResult geocodeResult, int i) {
    //获取该地址对应的纬度和经度值
    LatLonPoint myLatLonPoint = geocodeResult
                        .getGeocodeAddressList().get(0).getLatLonPoint();
    double myLat, myLng;
    myLat = myLatLonPoint.getLatitude();
    myLng = myLatLonPoint.getLongitude();
    //根据指定的纬度和经度值设置高德地图中心
    myAMap.moveCamera(CameraUpdateFactory.newCameraPosition(
            new CameraPosition(new LatLng(myLat, myLng), 16, 0, 0)));
} });
//通过 GeocodeQuery 封装查询地址,并指定搜索城市
GeocodeQuery myGeocodeQuery =
                new GeocodeQuery(myEditRoad.getText().toString(), "重庆");
//设置查询地址,并将查询结果传入回调接口
myGeocodeSearch.getFromLocationNameAsyn(myGeocodeQuery);
}
public void onClickButton2(View v) {                    //响应单击"查询实时路况"按钮
    TrafficSearch myTrafficSearch = new TrafficSearch(this);
    myTrafficSearch.setTrafficSearchListener(
                        new TrafficSearch.OnTrafficSearchListener(){
        @Override
        public void onRoadTrafficSearched(
                        TrafficStatusResult trafficStatusResult, int i) {
            //通过 Toast 显示指定路段的交通状况详情
            Toast.makeText(MainActivity.this,
                trafficStatusResult.getDescription(), Toast.LENGTH_LONG).show();
    } });
    //初始化 RoadTrafficQuery,并指定路段名称、城市区域编码等参数
    RoadTrafficQuery myQuery =
        new RoadTrafficQuery(myEditRoad.getText().toString(), "500000", 5);
    //根据参数搜索指定路段的交通状况详情
    myTrafficSearch.loadTrafficByRoadAsyn(myQuery);
}
```

上面这段代码在 MyCode\MySampleJ17\app\src\main\java\com\bin\luo\mysample\MainActivity.java 文件中。

此实例的完整代码在 MyCode\MySampleJ17 文件夹中。

260 根据实时路况绘制驾车线路

此实例主要通过使用高德地图 SDK 的 RouteSearch.DriveRouteQuery,实现根据驾车线路的实时路况信息绘制驾车线路。当实例运行之后,如果在"起点纬度经度值:"输入框中输入重庆北站的纬度和经度值为"29.60957,106.551201",在"终点纬度经度值:"输入框中输入重庆人民解放纪念碑的纬度和经度值为"29.557212,106.57665",然后单击"根据路况使用不同颜色绘制驾车线路"按钮,将根据当前路况使用不同颜色(深绿色表示畅通、浅绿色表示缓行、红色表示其他路况)在高德地图上绘制重庆北站到重庆人民解放纪念碑的驾车线路,效果如图 260-1(a)所示。如果在"起点纬度经度值:"输入框中输入重庆北站的纬度和经度值为"29.60957,106.551201",在"终点纬度经度值:"输入框中输入重庆朝天门的纬度和经度值为"29.563361,106.589421",然后单击"根据路况使用不同颜色绘制

驾车线路"按钮,将根据当前路况使用不同颜色(深绿色表示畅通、浅绿色表示缓行、红色表示其他路况)在高德地图上绘制重庆北站到重庆朝天门的驾车线路,效果如图 260-1(b)所示。

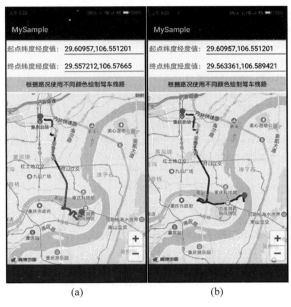

(a)　　　　　　　　　　(b)

图　260-1

主要代码如下:

```java
//响应单击"根据路况使用不同颜色绘制驾车线路"按钮
public void onClickButton1(View v) {
    myAMap.clear();                                    //清除之前在高德地图上绘制的线路标记
    EditText myFromLatlng = (EditText)findViewById(R.id.myFromLatlng);
    EditText myToLatlng = (EditText)findViewById(R.id.myToLatlng);
    String myFrom = myFromLatlng.getText().toString();
    String myTo = myToLatlng.getText().toString();
    //获取起点及终点的纬度和经度值
    double myFromLat =
            Double.parseDouble(myFrom.substring(0, myFrom.indexOf(",")));
    double myFromLng = Double.parseDouble(myFrom.substring(myFrom.indexOf(",") + 1));
    double myEndLat = Double.parseDouble(myTo.substring(0, myTo.indexOf(",")));
    double myEndLng = Double.parseDouble(myTo.substring(myTo.indexOf(",") + 1));
    //使用 LatLonPoint 封装起点及终点的纬度和经度值
    final LatLonPoint myFromPoint = new LatLonPoint(myFromLat,myFromLng);
    final LatLonPoint myToPoint = new LatLonPoint(myEndLat,myEndLng);
    RouteSearch myRouteSearch = new RouteSearch(this);
    //添加线路规划搜索结果回调监听器
    myRouteSearch.setRouteSearchListener(new RouteSearch.OnRouteSearchListener(){
        @Override
        public void onBusRouteSearched(BusRouteResult busRouteResult, int i){ }
        @Override
        public void onDriveRouteSearched(DriveRouteResult driveRouteResult, int i){
            PolylineOptions myPolylineOptions = new PolylineOptions();
            String myText = "";
            myPolylineOptions.width(16);                //设置线路宽度
            //默认获取第一条线路
            DrivePath myDrivePath = driveRouteResult.getPaths().get(0);
```

```java
List<Integer> myColorList = new ArrayList<>();
//获取该条线路的每一步信息
List<DriveStep> mySteps = myDrivePath.getSteps();
for(int j = 0; j < mySteps.size(); j++){
  DriveStep myStep = mySteps.get(j);
  List<TMC> myTMCList = myStep.getTMCs();
  for(TMC myTMC : myTMCList) {
    String myStatus = myTMC.getStatus();
    myText += myStatus + "、";
    if(myStatus.contains("畅通")){                      //在道路畅通时,驾车线路显示深绿色
      myColorList.add(Color.parseColor("#006030"));
    }else if(myStatus.contains("缓行")){                //在道路缓行时,驾车线路显示浅绿色
      myColorList.add(Color.parseColor("#A6FFA6"));
    }else{                                              //在其他路况时,驾车线路显示红色
      myColorList.add(Color.parseColor("#FF0000"));
    } }
  //获取该段驾车线路的关键坐标点
  List<LatLonPoint> myStepPoints = myStep.getPolyline();
  for(LatLonPoint stepPoint:myStepPoints){
    myPolylineOptions.add(new LatLng(stepPoint.getLatitude(),
                                     stepPoint.getLongitude()));
  } }
myPolylineOptions.colorValues(myColorList);
//将驾车线路绘制在高德地图上
myAMap.addPolyline(myPolylineOptions);
myAMap.addMarker(new MarkerOptions().position(
        new LatLng(myFromPoint.getLatitude(),myFromPoint.getLongitude())));
myAMap.addMarker(new MarkerOptions().position(
        new LatLng(myToPoint.getLatitude(),myToPoint.getLongitude())));
//Toast.makeText(MainActivity.this,myText,Toast.LENGTH_SHORT).show();
}
@Override
public void onWalkRouteSearched(WalkRouteResult walkRouteResult, int i){ }
@Override
public void onRideRouteSearched(RideRouteResult rideRouteResult, int i){ }
});
//使用 RouteSearch.FromAndTo 指定线路规划的起点和终点
RouteSearch.FromAndTo myFromAndTo =
                    new RouteSearch.FromAndTo(myFromPoint,myToPoint);
//通过 RouteSearch.DriveRouteQuery 封装线路查询信息,并指定线路起点和终点、
//线路优先使用策略、线路途经点、线路避让区域、线路避让道路等参数
RouteSearch.DriveRouteQuery myDriveRouteQuery =
                        new RouteSearch.DriveRouteQuery(
        myFromAndTo,                                    //线路规划的起点和终点
        RouteSearch.DrivingDefault,                     //驾车模式
        null,                                           //途经点
        null,                                           //避让区域
        ""                                              //避让道路
);
myRouteSearch.calculateDriveRouteAsyn(myDriveRouteQuery);   //搜索最佳驾车线路
}
```

上面这段代码在 MyCode\MySampleJ01\app\src\main\java\com\bin\luo\mysample\MainActivity.java 文件中。

此实例的完整代码在 MyCode\MySampleJ01 文件夹中。

261 查询驾车线路沿途的加油站

此实例主要通过使用高德地图 SDK 的 RoutePOISearchQuery 和 RoutePOISearch. RoutePOISearchType. TypeGasStation,实现根据指定的驾车线路搜索沿途的加油站。当实例运行之后,如果在"起点纬度经度值:"输入框中输入重庆北站的纬度和经度值"29.60957,106.551201",在"终点纬度经度值:"输入框中输入重庆朝天门的纬度和经度值"29.563361,106.589421",然后单击"获取最佳驾车线路"按钮,将用粗红线在高德地图上绘制重庆北站到重庆朝天门的驾车线路;单击"搜索沿途加油站"按钮,将用气泡指示该驾车线路沿途的加油站;单击气泡,显示该加油站的名称,如图 261-1(a)所示。如果在"起点纬度经度值:"输入框中输入重庆人和的纬度和经度值"29.619516,106.527946",在"终点纬度经度值:"输入框中输入重庆南坪的纬度和经度值"29.52599,106.569885",然后单击"获取最佳驾车线路"按钮,将用粗红线在高德地图上绘制重庆人和到重庆南坪的驾车线路;单击"搜索沿途加油站"按钮,将用气泡指示该驾车线路沿途的加油站;单击气泡,显示该加油站的名称,如图 261-1(b)所示。

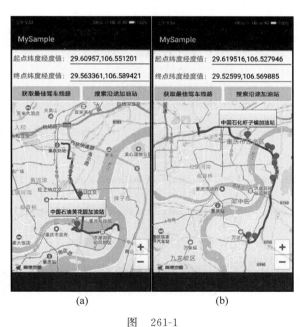

(a)   (b)

图　261-1

主要代码如下:

```
public void onClickButton1(View v) {                      //响应单击"获取最佳驾车线路"按钮
    EditText myFromLatlng = (EditText)findViewById(R.id.myFromLatlng);
    EditText myToLatlng = (EditText)findViewById(R.id.myToLatlng);
    String myFromPoint = myFromLatlng.getText().toString();
    String myToPoint = myToLatlng.getText().toString();
    double myFromLat =
        Double.parseDouble(myFromPoint.substring(0, myFromPoint.indexOf(",")));
    double myFromLng =
        Double.parseDouble(myFromPoint.substring(myFromPoint.indexOf(",") + 1));
    double myToLat =
        Double.parseDouble(myToPoint.substring(0, myToPoint.indexOf(",")));
```

```
double myToLng =
    Double.parseDouble(myToPoint.substring(myToPoint.indexOf(",") + 1));
myFromLatLonPoint = new LatLonPoint(myFromLat,myFromLng);
myToLatLonPoint = new LatLonPoint(myToLat,myToLng);
RouteSearch myRouteSearch = new RouteSearch(this);
//添加线路规划搜索结果回调监听器
myRouteSearch.setRouteSearchListener(
                              new RouteSearch.OnRouteSearchListener(){
 @Override
 public void onBusRouteSearched(BusRouteResult busRouteResult, int i){ }
 @Override
 public void onDriveRouteSearched(DriveRouteResult driveRouteResult, int i){
  PolylineOptions myPolylineOptions = new PolylineOptions();
  //设置线路的颜色和宽度
  myPolylineOptions.color(Color.RED).width(16);
  //默认获取第一条驾车线路
  DrivePath myDrivePath = driveRouteResult.getPaths().get(0);
  //获取该条线路每一步信息
  List < DriveStep > myDriveSteps = myDrivePath.getSteps();
  for(int j = 0; j < myDriveSteps.size(); j++){
   DriveStep myDriveStep = myDriveSteps.get(j);
   //获取该段线路的关键点,并将其逐个绘制在高德地图上
   List < LatLonPoint > myLatLonPoints = myDriveStep.getPolyline();
   for(LatLonPoint stepPoint:myLatLonPoints){
    myPolylineOptions.add(new LatLng(stepPoint.getLatitude(),
                          stepPoint.getLongitude()));
   } }
   myAMap.addPolyline(myPolylineOptions);                //将驾车线路绘制在高德地图上
 }
 @Override
 public void onWalkRouteSearched(WalkRouteResult walkRouteResult, int i){ }
 @Override
 public void onRideRouteSearched(RideRouteResult rideRouteResult, int i){ }
});
//使用 RouteSearch.FromAndTo 指定线路规划的起点和终点
RouteSearch.FromAndTo myFromAndTo =
        new RouteSearch.FromAndTo(myFromLatLonPoint, myToLatLonPoint);
//通过 RouteSearch.DriveRouteQuery 封装线路查询信息,并指定线路起点和终点、
//线路优先使用策略、线路途经点、线路避让区域、线路避让道路等参数
RouteSearch.DriveRouteQuery myDriveRouteQuery =
                    new RouteSearch.DriveRouteQuery(myFromAndTo,
                    PathPlanningStrategy.DRIVING_DEFAULT,null,null,"");
//开始搜索最佳驾车线路
myRouteSearch.calculateDriveRouteAsyn(myDriveRouteQuery);
}
public void onClickButton2(View v) {                //响应单击"搜索沿途加油站"按钮
  RoutePOISearchQuery myRoutePOISearchQuery = new RoutePOISearchQuery(
    myFromLatLonPoint, myToLatLonPoint,
    RouteSearch.DrivingDefault,                 //搜索模式是驾车模式
    RoutePOISearch.RoutePOISearchType.TypeGasStation,    //搜索 POI 类型是加油站
    250);
  RoutePOISearch myRoutePOISearch =
                    new RoutePOISearch(this, myRoutePOISearchQuery);
  myRoutePOISearch.setPoiSearchListener(
```

```
                          new RoutePOISearch.OnRoutePOISearchListener() {
 @Override
  public void onRoutePoiSearched(
                            RoutePOISearchResult routePOISearchResult, int i) {
   List < RoutePOIItem > myRoutePOIItems = routePOISearchResult.getRoutePois();
   for (RoutePOIItem item : myRoutePOIItems) {
     //使用 LatLng 封装经纬度
     LatLng myLatLng = new LatLng(item.getPoint().getLatitude(),
                                 item.getPoint().getLongitude());
     //在高德地图上指定位置添加标记,并设置标记自定义备注
     myAMap.addMarker(new MarkerOptions()
                             .position(myLatLng).snippet(item.getTitle()));
   } }
  });
  myRoutePOISearch.searchRoutePOIAsyn();
}
```

上面这段代码在 MyCode \ MySampleI93 \ app \ src \ main \ java \ com \ bin \ luo \ mysample \ MainActivity. java 文件中。

此实例的完整代码在 MyCode\MySampleI93 文件夹中。

262 查询驾车线路沿途的洗手间

此实例主要通过使用高德地图 SDK 的 RoutePOISearchQuery 和 RoutePOISearch. RoutePOISearchType. TypeToilet,实现根据指定的驾车线路搜索沿途的洗手间。当实例运行之后, 如果在"起点纬度经度值:"输入框中输入重庆长寿区的纬度和经度值"29.837906,107.080089",在 "终点纬度经度值:"输入框中输入重庆北站的纬度和经度值"29.60957,106.551201",然后单击"获 取最佳驾车线路"按钮,将用粗红线在高德地图上绘制重庆长寿区到重庆北站的驾车线路;单击"搜 索沿途洗手间"按钮,将用气泡指示该驾车线路沿途的洗手间;单击气泡,显示该洗手间的名称,如 图 262-1(a)所示。如果在"起点纬度经度值:"输入框中输入重庆永川区的纬度和经度值"29.35645, 105.926786",在"终点纬度经度值:"输入框中输入重庆北站的纬度和经度值"29.60957, 106.551201",然后单击"获取最佳驾车线路"按钮,将用粗红线在高德地图上绘制重庆永川区到重庆 北站的驾车线路;单击"搜索沿途洗手间"按钮,将用气泡指示该驾车线路沿途的洗手间;单击气泡, 显示该洗手间的名称,如图 262-1(b)所示。

主要代码如下:

```
public void onClickButton2(View v) {                  //响应单击"搜索沿途洗手间"按钮
  RoutePOISearchQuery myRoutePOISearchQuery = new RoutePOISearchQuery(
      myFromLatLonPoint, myToLatLonPoint,
      RouteSearch.DrivingDefault,               //搜索模式是驾车模式
      RoutePOISearch.RoutePOISearchType.TypeToilet, //搜索 POI 类型是洗手间
      250);
  RoutePOISearch myRoutePOISearch =
                      new RoutePOISearch(this, myRoutePOISearchQuery);
  myRoutePOISearch.setPoiSearchListener(
                      new RoutePOISearch.OnRoutePOISearchListener(){
  @Override
  public void onRoutePoiSearched(
                  RoutePOISearchResult routePOISearchResult, int i) {
   List < RoutePOIItem > myRoutePOIItems = routePOISearchResult.getRoutePois();
```

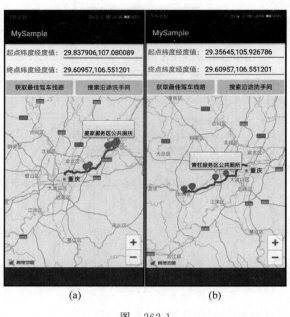

图　262-1

```
for (RoutePOIItem item : myRoutePOIItems) {
  LatLng myLatLng = new LatLng(item.getPoint().getLatitude(),
          item.getPoint().getLongitude());        //使用 LatLng 封装纬度和经度值
  //在高地图上绘制洗手间标记
  myAMap.addMarker(new MarkerOptions()
                  .position(myLatLng).snippet(item.getTitle())));
  } }
});
myRoutePOISearch.searchRoutePOIAsyn();
}
```

上面这段代码在 MyCode \ MySampleI95 \ app \ src \ main \ java \ com \ bin \ luo \ mysample \ MainActivity.java 文件中。

此实例的完整代码在 MyCode\MySampleI95 文件夹中。

263 查询驾车线路沿途的汽修点

此实例主要通过使用高德地图 SDK 的 RoutePOISearchQuery 和 RoutePOISearch. RoutePOISearchType. TypeMaintenanceStation,实现根据指定的驾车线路搜索沿途的汽修点。当实例运行之后,如果在"起点纬度经度值:"输入框中输入重庆长寿区的纬度和经度值"29.837906, 107.080089",在"终点纬度经度值:"输入框中输入重庆北站的纬度和经度值"29.60957,106. 551201",然后单击"获取最佳驾车线路"按钮,将用粗红线在高德地图上绘制重庆长寿区到重庆北站的驾车线路;单击"搜索沿途汽修点"按钮,将用气泡指示该驾车线路沿途的汽修点;单击气泡,将显示该汽修点的名称,如图 263-1(a)所示。如果在"起点纬度经度值:"输入框中输入重庆永川区的纬度和经度值"29.35645,105.926786",在"终点纬度经度值:"输入框中输入重庆北站的纬度和经度值"29.60957,106.551201",然后单击"获取最佳驾车线路"按钮,将用粗红线在高德地图上绘制重庆永川区到重庆北站的驾车线路;单击"搜索沿途汽修点"按钮,将用气泡指示该驾车线路沿途的汽修点;单击气泡,显示该汽修点的名称,如图 263-1(b)所示。

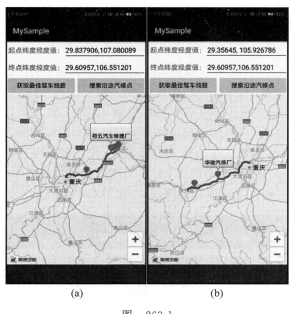

(a)　　　　　　　　　　(b)

图　263-1

主要代码如下：

```
public void onClickButton2(View v) {                    //响应单击"搜索沿途汽修点"按钮
    RoutePOISearchQuery myRoutePOISearchQuery = new RoutePOISearchQuery(
            myFromLatLonPoint, myToLatLonPoint,
            RouteSearch.DrivingDefault,                 //搜索模式是驾车模式
            //搜索 POI 类型是汽修点
            RoutePOISearch.RoutePOISearchType.TypeMaintenanceStation,
            250);
    RoutePOISearch myRoutePOISearch =
                        new RoutePOISearch(this, myRoutePOISearchQuery);
    myRoutePOISearch.setPoiSearchListener(
                        new RoutePOISearch.OnRoutePOISearchListener(){
    @Override
    public void onRoutePoiSearched(
            RoutePOISearchResult routePOISearchResult, int i) {
    List < RoutePOIItem > myRoutePOIItems = routePOISearchResult.getRoutePois();
    for (RoutePOIItem item : myRoutePOIItems) {
    LatLng myLatLng = new LatLng(item.getPoint().getLatitude(),
            item.getPoint().getLongitude());            //使用 LatLng 封装纬度和经度值
    //在高德地图上添加汽修点标记
    myAMap.addMarker(
            new MarkerOptions().position(myLatLng).snippet(item.getTitle()));
    } }
    });
    myRoutePOISearch.searchRoutePOIAsyn();
}
```

上面这段代码在 MyCode \ MySampleI94 \ app \ src \ main \ java \ com \ bin \ luo \ mysample \ MainActivity.java 文件中。

此实例的完整代码在 MyCode\MySampleI94 文件夹中。

264 动态模拟驾车过程及其提示

此实例主要通过使用高德地图 SDK 的 AMapNaviView 控件,实现在动态模拟驾车导航时显示驾车提示。当实例运行之后,在"起点纬度经度值:"输入框中输入重庆市人民大礼堂的纬度和经度值"29.561555,106.553841",在"终点纬度经度值:"输入框中输入重庆较场口的纬度和经度值"29.553575,106.574352",然后单击"动态模拟驾车导航并显示驾车提示"按钮,箭头图标将沿着搜索的驾车线路从重庆市人民大礼堂逐点移动到重庆较场口,并在经过沿途的每个关键路口时以红色文本显示驾车提示,效果分别如图 264-1(a)和图 264-1(b)所示。在"起点纬度经度值:"输入框和"终点纬度经度值:"输入框中分别输入其他值进行测试,将取得类似的效果。

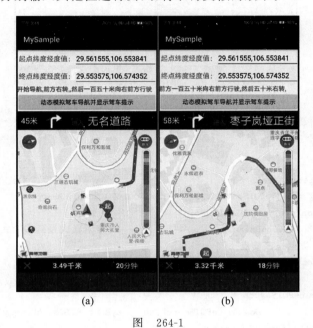

(a)　　　　　　　　　　　(b)

图　264-1

主要代码如下:

```
public class MainActivity extends Activity {
 AMapNavi myAMapNavi;
 LatLonPoint myFromPoint, myToPoint;
 TextView myTextView;
 @Override
 protected void onCreate(Bundle savedInstanceState) {
  super.onCreate(savedInstanceState);
  setContentView(R.layout.activity_main);
  AMapNaviView myNaviView = (AMapNaviView)findViewById(R.id.myAMapNaviView);
  myNaviView.onCreate(savedInstanceState);
  myAMapNavi = AMapNavi.getInstance(this);
  myAMapNavi.addAMapNaviListener(new MyNaviListener());
  myTextView = (TextView)findViewById(R.id.myTextView);
 }
 //响应单击"动态模拟驾车导航并显示驾车提示"按钮
 public void onClickButton1(View v) {
  EditText myFromLatlng = (EditText)findViewById(R.id.myFromLatlng);
  EditText myToLatlng = (EditText)findViewById(R.id.myToLatlng);
```

```
String myFromLatLngString = myFromLatlng.getText().toString();
String myToLatLngString = myToLatlng.getText().toString();
double myFromLat = Double.parseDouble(myFromLatLngString.substring(0,
    myFromLatLngString.indexOf(",")));
double myFromLng = Double.parseDouble(
    myFromLatLngString.substring(myFromLatLngString.indexOf(",") + 1));
double myToLat = Double.parseDouble(myToLatLngString.substring(0,
        myToLatLngString.indexOf(",")));
double myToLng = Double.parseDouble(
        myToLatLngString.substring(myToLatLngString.indexOf(",") + 1));
//使用 LatLonPoint 封装起点和终点的纬度和经度值
myFromPoint = new LatLonPoint(myFromLat,myFromLng);
myToPoint = new LatLonPoint(myToLat,myToLng);
myAMapNavi.pauseNavi();                              //暂停当前导航操作
List < NaviLatLng > myFromPoints = new ArrayList < NaviLatLng >();
List < NaviLatLng > myToPoints = new ArrayList < NaviLatLng >();
myFromPoints.add(new NaviLatLng(myFromLat,myFromLng));
myToPoints.add(new NaviLatLng(myToLat,myToLng));
int myStrategy = myAMapNavi.strategyConvert(true,false,false,false,false);
//根据起点和终点获取驾车导航信息
myAMapNavi.calculateDriveRoute(myFromPoints,myToPoints,null,myStrategy);
//myAMapNavi.setUseInnerVoice(true);                 //启用语音播报功能
}
class MyNaviListener extends MyBaseNaviListener {
    @Override
    public void onCalculateRouteSuccess(int[] ints) {
        //当导航信息获取完成后,自动模拟导航操作
        myAMapNavi.startNavi(NaviType.EMULATOR);
    }
    @Override
    public void onGetNavigationText(int i, String s){
        myTextView.setText(s);                       //显示驾车操作提示
    } }
}
```

上面这段代码在 MyCode\MySampleJ16\app\src\main\java\com\bin\luo\mysample\MainActivity.java 文件中。在这段代码中,MyBaseNaviListener 是自定义类,关于该类的具体内容请参考 MyCode\MySampleJ16\app\src\main\java\com\bin\luo\mysample\ MyBaseNaviListener.java 文件。

此外,有关依赖项问题(implementation 'com. amap. api:search:latest. integration ' 和 implementation 'com. amap. api: navi-3dmap:latest. integration')请参考实例 241 修改此实例的 build. gradle 文件,或者直接在源代码中查看此实例对应的同名文件。有关开发者 Key 和权限问题请参考下面的粗体字修改 MyCode\MySampleJ16\app\src\main\ AndroidManifest. xml 文件:

```
<?xml version = "1.0" encoding = "UTF-8"?>
< manifest xmlns:android = "http://schemas. android. com/apk/res/android"
    package = "com. bin. luo. mysample">
    < application
        android:allowBackup = "true"
        android:icon = "@mipmap/ic_launcher"
        android:label = "@string/app_name"
        android:roundIcon = "@mipmap/ic_launcher_round"
        android:supportsRtl = "true"
```

```
        android:theme = "@style/AppTheme">
    < meta - data android:name = "com.amap.api.v2.apikey"
        android:value = "5fa79db96a83dca145a1511f4329eea8"/>
    < activity android:name = ".MainActivity">
        < intent - filter >
            < action android:name = "android.intent.action.MAIN" />
            < category android:name = "android.intent.category.LAUNCHER" />
        </ intent - filter >
    </ activity >
</ application >
< uses - permission android:name = "android.permission.INTERNET" />
< uses - permission android:name = "android.permission.ACCESS_NETWORK_STATE"/>
< uses - permission android:name = "android.permission.ACCESS_WIFI_STATE"/>
< uses - permission android:name = "android.permission.CHANGE_WIFI_STATE"/>
< uses - permission android:name = "android.permission.WAKE_LOCK"/>
< uses - permission android:name = "android.permission.WRITE_EXTERNAL_STORAGE"/>
</manifest >
```

此实例的完整代码在 MyCode\MySampleJ16 文件夹中。

265 将驾车线路短串分享到微信

此实例主要通过使用高德地图 SDK 的 ShareSearch.ShareDrivingRouteQuery 和 ShareSearch，实现将获取的驾车线路以地址短串的形式分享到微信等第三方应用。当实例运行之后，如果在"起点纬度经度值："输入框中输入重庆人民解放纪念碑的纬度和经度值"29.557212,106.57665"，在"终点纬度经度值："输入框中输入重庆观音桥的纬度和经度值"29.572936,106.532587"，然后单击"获取最佳驾车线路"按钮，将在高德地图上以粗红线绘制重庆人民解放纪念碑到重庆观音桥的驾车线路，单击"分享驾车线路"按钮，将自动生成地址短串，并弹出分享方式窗口，在分享方式窗口中选择"（微信）发送给朋友"，如图 265-1(a)所示，弹出微信的选择窗口；在微信的选择窗口中选择好友，弹出"发送给："窗口，该窗口将添加自动生成的驾车线路地址短串，即超链接（https://surl.amap.com/XSO4gjW32l），其中"驾车线路分享"是备注，然后单击"分享"按钮，如图 265-1(b)所示，弹出"已发送"窗口；在"已发送"窗口中单击"留在微信"按钮，弹出微信的好友聊天窗口，如图 265-2(a)所示，驾车线路地址短串超链接将自动发送给好友；如果好友单击驾车线路地址短串超链接，将在高德地图上显示驾车线路地址短串对应的内容，即此前搜索的重庆人民解放纪念碑到重庆观音桥的驾车线路，如图 265-2(b)所示。

主要代码如下：

```
public void onClickButton2(View v) {                    //响应单击"分享驾车线路"按钮
    ShareSearch myShareSearch = new ShareSearch(this);
    myShareSearch.setOnShareSearchListener(
                            new ShareSearch.OnShareSearchListener(){
        @Override
        public void onPoiShareUrlSearched(String s, int i){ }
        @Override
        public void onLocationShareUrlSearched(String s, int i){ }
        @Override
        public void onNaviShareUrlSearched(String s, int i){ }
        @Override
        public void onBusRouteShareUrlSearched(String s, int i){ }
        @Override
```

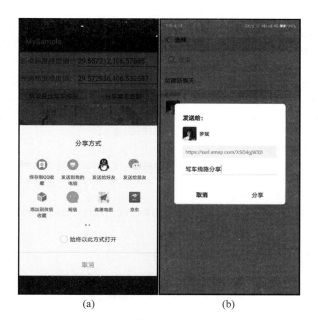

图 265-1

图 265-2

```
public void onWalkRouteShareUrlSearched(String s,int i){ }
@Override
public void onDrivingRouteShareUrlSearched(String s,int i){
  //获取驾车线路对应的地址短串,并调用 Intent 分享至第三方应用
  Intent myIntent = new Intent(Intent.ACTION_SEND);
```

```
        myIntent.setType("text/plain");
        myIntent.putExtra(Intent.EXTRA_TEXT,s);
        startActivity(myIntent);
        } });
    //使用 ShareFromAndTo 封装起点和终点
    ShareSearch.ShareFromAndTo myShareFromAndTo = new ShareSearch.
        ShareFromAndTo(myFromLatLonPoint, myToLatLonPoint);
    //根据起点和终点初始化 ShareSearch.ShareDrivingRouteQuery,
    //用于查询该驾车线路所对应的地址短串
    ShareSearch.ShareDrivingRouteQuery myShareDrivingRouteQuery = new ShareSearch.
        ShareDrivingRouteQuery(myShareFromAndTo,ShareSearch.DrivingDefault);
    //搜索该驾车线路所对应的地址短串
    myShareSearch.searchDrivingRouteShareUrlAsyn(myShareDrivingRouteQuery);
}
```

上面这段代码在 MyCode \ MySampleJ05 \ app \ src \ main \ java \ com \ bin \ luo \ mysample \ MainActivity.java 文件中。

此实例的完整代码在 MyCode\MySampleJ05 文件夹中。

266　根据起点和终点查询驾车距离

此实例主要通过使用高德地图 SDK 的 DrivePath,实现根据指定的起点和终点查询两地之间的驾车距离。当实例运行之后,如果在"起点纬度经度值:"输入框中输入重庆市(主城)的纬度和经度值为"29.561828,106.537921",在"终点纬度经度值:"输入框中输入长寿区的纬度和经度值为"29.857996,107.081283",然后单击"通过高德地图获取两地的驾车距离"按钮,将在弹出的 Toast 中显示重庆市(主城)到长寿区的驾车距离,如图 266-1(a)所示。如果在"起点纬度经度值:"输入框中输入重庆市(主城)的纬度和经度值为"29.561828,106.537921",在"终点纬度经度值:"输入框中输入江津区的纬度和经度值为"29.285517,106.329181",然后单击"通过高德地图获取两地的驾车距离"按钮,将在弹出的 Toast 中显示重庆市(主城)到江津区的驾车距离,如图 266-1(b)所示。

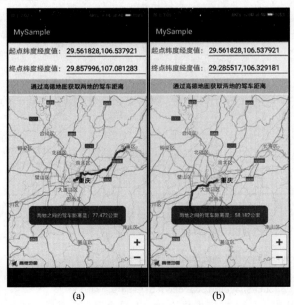

(a)　　　　　　　(b)

图　266-1

主要代码如下：

```
//响应单击"通过高德地图获取两地的驾车距离"按钮
public void onClickButton1(View v) {
    EditText myFromLatlng = (EditText)findViewById(R.id.myFromLatlng);
    EditText myToLatlng = (EditText)findViewById(R.id.myToLatlng);
    String myFromPoint = myFromLatlng.getText().toString();
    String myToPoint = myToLatlng.getText().toString();
    double myFromLat =
        Double.parseDouble(myFromPoint.substring(0, myFromPoint.indexOf(",")));
    double myFromLng =
        Double.parseDouble(myFromPoint.substring(myFromPoint.indexOf(",") + 1));
    double myToLat =
        Double.parseDouble(myToPoint.substring(0, myToPoint.indexOf(",")));
    double myToLng =
        Double.parseDouble(myToPoint.substring(myToPoint.indexOf(",") + 1));
    myFromLatLonPoint = new LatLonPoint(myFromLat,myFromLng);
    myToLatLonPoint = new LatLonPoint(myToLat,myToLng);
    RouteSearch myRouteSearch = new RouteSearch(this);
    //添加线路规划搜索结果回调监听器
    myRouteSearch.setRouteSearchListener(
                            new RouteSearch.OnRouteSearchListener(){
        @Override
        public void onBusRouteSearched(BusRouteResult busRouteResult, int i){ }
        @Override
        public void onDriveRouteSearched(DriveRouteResult driveRouteResult, int i){
            PolylineOptions myPolylineOptions = new PolylineOptions();
            //设置线路的颜色和宽度
            myPolylineOptions.color(Color.RED).width(16);
            //默认获取第一条驾车线路
            DrivePath myDrivePath = driveRouteResult.getPaths().get(0);
            //获取该条线路每一步信息
            List<DriveStep> myDriveSteps = myDrivePath.getSteps();
            for(int j = 0;j < myDriveSteps.size();j ++){
                DriveStep myDriveStep = myDriveSteps.get(j);
                //获取该段线路的关键点,并将其逐个绘制在高德地图上
                List<LatLonPoint> myLatLonPoints = myDriveStep.getPolyline();
                for(LatLonPoint stepPoint:myLatLonPoints){
                    myPolylineOptions.add(new LatLng(stepPoint.getLatitude(),
                            stepPoint.getLongitude()));
            } }
            myAMap.addPolyline(myPolylineOptions);        //将驾车线路绘制在高德地图上
            float myDistance = myDrivePath.getDistance()/1000;    //获取该线路的距离
            Toast.makeText(MainActivity.this,"两地之间的驾车距离是:"
                            + myDistance + "千米",Toast.LENGTH_SHORT).show();
        }
        @Override
        public void onWalkRouteSearched(WalkRouteResult walkRouteResult, int i){}
        @Override
        public void onRideRouteSearched(RideRouteResult rideRouteResult, int i){}
    });
    //使用RouteSearch.FromAndTo指定线路规划的起点和终点
    RouteSearch.FromAndTo myFromAndTo =
            new RouteSearch.FromAndTo(myFromLatLonPoint, myToLatLonPoint);
```

```
//通过 RouteSearch.DriveRouteQuery 封装线路查询信息,并指定线路起点和终点、
//线路优先使用策略、线路途经点、线路避让区域、线路避让道路等参数
RouteSearch.DriveRouteQuery myDriveRouteQuery =
        new RouteSearch.DriveRouteQuery(myFromAndTo,
            PathPlanningStrategy.DRIVING_DEFAULT,null,null,"");
//搜索最佳驾车线路
myRouteSearch.calculateDriveRouteAsyn(myDriveRouteQuery);
}
```

上面这段代码在 MyCode\MySampleI48\app\src\main\java\com\bin\luo\mysample\MainActivity.java 文件中。

此实例的完整代码在 MyCode\MySampleI48 文件夹中。

267 启用高德地图 App 查询线路

此实例主要通过使用高德地图 SDK 的 AMapUtils 的 openAMapDrivingRoute()方法,实现启用高德地图 App 查询起点和终点之间的驾车线路。当实例运行之后,在"起点名称:"输入框中输入"重庆市人民大礼堂",在"起点纬度经度值:"输入框中输入重庆市人民大礼堂的纬度和经度值为"29.561555,106.553841",在"终点名称:"输入框中输入"重庆较场口",在"终点纬度经度值:"输入框中输入重庆较场口的纬度和经度值为"29.553575,106.574352",然后单击"启用高德地图 App 查询两地驾车线路"按钮,将在高德地图上显示重庆市人民大礼堂到重庆较场口的驾车线路,效果分别如图 267-1(a)和图 267-1(b)所示。

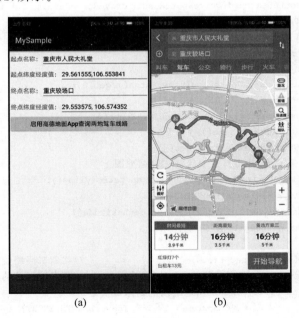

(a)   (b)

图   267-1

注意:在测试之前,手机必须安装高德地图 App。

主要代码如下:

```
//响应单击"启用高德地图 App 查询两地驾车线路"按钮
public void onClickButton1(View v) {
    EditText myFromLatlng = (EditText)findViewById(R.id.myFromLatlng);
    EditText myFromName = (EditText)findViewById(R.id.myFromName);
```

```
EditText myToLatlng = (EditText)findViewById(R.id.myToLatlng);
EditText myToName = (EditText)findViewById(R.id.myToName);
String myFromLatLngString = myFromLatlng.getText().toString();
String myToLatLngString = myToLatlng.getText().toString();
double myFromLat = Double.parseDouble(myFromLatLngString.substring(0,
        myFromLatLngString.indexOf(",")));
double myFromLng = Double.parseDouble(
        myFromLatLngString.substring(myFromLatLngString.indexOf(",") + 1));
double myToLat = Double.parseDouble(myToLatLngString.substring(0,
        myToLatLngString.indexOf(",")));
double myToLng = Double.parseDouble(
        myToLatLngString.substring(myToLatLngString.indexOf(",") + 1));
try{
    RoutePara myRoutePara = new RoutePara();
    myRoutePara.setStartPoint(new LatLng(myFromLat,myFromLng));
    myRoutePara.setStartName(myFromName.getText().toString());
    myRoutePara.setEndPoint(new LatLng(myToLat,myToLng));
    myRoutePara.setEndName(myToName.getText().toString());
    //启用高德地图App获取驾车线路
    AMapUtils.openAMapDrivingRoute(myRoutePara,this);
}catch(Exception e){ e.printStackTrace(); }
}
```

上面这段代码在 MyCode\MySampleJ63\app\src\main\java\com\bin\luo\mysample\MainActivity.java 文件中。

此实例的完整代码在 MyCode\MySampleJ63 文件夹中。

268 启用高德地图 App 执行导航

此实例主要通过使用高德地图 SDK 的 AMapUtils 的 openAMapNavi()方法,实现启用高德地图 App 从当前位置导航到指定的终点。当实例运行之后,在"终点纬度经度值:"输入框中输入重庆中央公园的纬度和经度值为"29.716535,106.583819",然后单击"启用高德地图 App 执行导航"按钮,将启用高德地图 App 的导航功能根据当前位置和终点进行导航,效果分别如图 268-1(a)和图 268-1(b)所示。

(a)   (b)

图 268-1

注意：在测试之前，手机一定要安装高德地图 App。

主要代码如下：

```
//响应单击"启用高德地图 App 执行导航"按钮
 public void onClickButton1(View v) {
   EditText myToLatlng = (EditText) findViewById(R.id.myToLatlng);
   String myTo = myToLatlng.getText().toString();
   double myToLat = Double.parseDouble(myTo.substring(0, myTo.indexOf(",")));
   double myToLng = Double.parseDouble(myTo.substring(myTo.indexOf(",") + 1));
   try {
    NaviPara myNaviPara = new NaviPara();
    myNaviPara.setTargetPoint(new LatLng(myToLat, myToLng));      //设置导航终点
    myNaviPara.setNaviStyle(3);                                   //设置导航策略
    AMapUtils.openAMapNavi(myNaviPara, MainActivity.this);        //执行导航
   } catch (AMapException e) {
    Toast.makeText(this, e.getMessage().toString(), Toast.LENGTH_LONG).show();
   }
 }
```

上面这段代码在 MyCode\MySampleI50\app\src\main\java\com\bin\luo\mysample\MainActivity.java 文件中。

此实例的完整代码在 MyCode\MySampleI50 文件夹中。

269 将步行线路短串分享到微信

此实例主要通过使用高德地图 SDK 的 ShareSearch.ShareWalkRouteQuery 和 ShareSearch，实现将获取的步行线路以地址短串的形式分享到微信等第三方应用。当实例运行之后，在"起点纬度经度值："输入框中输入重庆人民解放纪念碑的纬度和经度值为"29.557212,106.57665"，在"终点纬度经度值："输入框中输入重庆观音桥的纬度和经度值为"29.572936,106.532587"，然后单击"搜索步行线路"按钮，将在高德地图上使用粗红线绘制重庆人民解放纪念碑到重庆观音桥的步行线路。单击"分享步行线路"按钮，将自动生成地址短串，并弹出分享方式窗口，在"分享方式"窗口中选择"发送给朋友"，如图 269-1(a)所示，弹出微信的选择窗口；在微信的选择窗口中选择好友，弹出"发送给："窗口，在该窗口中的超链接（https://surl.amap.com/9xs18jtbmJ）即是步行线路地址短串，其中"步行线路分享"是地址短串备注，然后单击"分享"按钮，如图 269-1(b)所示，弹出"已发送"窗口；在"已发送"窗口中单击"留在微信"按钮，弹出微信的好友聊天窗口，如图 269-2(a)所示，步行线路地址短串将自动发送给好友；如果好友单击步行线路地址短串超链接，将在高德地图上显示步行线路地址短串对应的内容，即此前搜索的重庆人民解放纪念碑到重庆观音桥的步行线路，如图 269-2(b)所示。

主要代码如下：

```
public void onClickButton1(View v) {                    //响应单击"搜索步行线路"按钮
   EditText myFromLatlng = (EditText)findViewById(R.id.myFromLatlng);
   EditText myToLatlng = (EditText)findViewById(R.id.myToLatlng);
   String myFromPoint = myFromLatlng.getText().toString();
   String myToPoint = myToLatlng.getText().toString();
   double myFromLat =
     Double.parseDouble(myFromPoint.substring(0, myFromPoint.indexOf(",")));
   double myFromLng =
     Double.parseDouble(myFromPoint.substring(myFromPoint.indexOf(",") + 1));
   double myToLat =
```

图　269-1

图　269-2

```
    Double.parseDouble(myToPoint.substring(0, myToPoint.indexOf(",")));
double myToLng =
    Double.parseDouble(myToPoint.substring(myToPoint.indexOf(",") + 1));
myFromLatLonPoint = new LatLonPoint(myFromLat,myFromLng);
myToLatLonPoint = new LatLonPoint(myToLat,myToLng);
```

```java
RouteSearch myRouteSearch = new RouteSearch(this);
//添加线路规划搜索结果回调监听器
myRouteSearch.setRouteSearchListener(new RouteSearch.OnRouteSearchListener(){
  @Override
  public void onBusRouteSearched(BusRouteResult busRouteResult, int i){ }
  @Override
  public void onDriveRouteSearched(DriveRouteResult driveRouteResult, int i){}
  @Override
  public void onWalkRouteSearched(WalkRouteResult walkRouteResult, int i){
    PolylineOptions myPolylineOptions = new PolylineOptions();
    //设置步行线路的颜色和宽度
    myPolylineOptions.color(Color.RED).width(16);
    //默认获取第一条步行线路
    WalkPath myWalkPath = walkRouteResult.getPaths().get(0);
    //获取该条线路每一步的线路信息
    List < WalkStep > myWalkSteps = myWalkPath.getSteps();
    for(WalkStep myWalkStep:myWalkSteps){
      //获取该段线路的关键点,并将其逐个绘制在高德地图上
      List < LatLonPoint > myLatLonPoints = myWalkStep.getPolyline();
      for(LatLonPoint myLatLonPoint:myLatLonPoints){
        myPolylineOptions.add(new LatLng(myLatLonPoint.getLatitude(),
                                         myLatLonPoint.getLongitude()));
      } }
    myAMap.addPolyline(myPolylineOptions);                //在高德地图上绘制步行线路
  }
  @Override
  public void onRideRouteSearched(RideRouteResult rideRouteResult, int i){ }
});
//使用 RouteSearch.FromAndTo 指定线路规划的起点和终点
RouteSearch.FromAndTo myFromAndTo =
          new RouteSearch.FromAndTo( myFromLatLonPoint, myToLatLonPoint);
//通过 RouteSearch.WalkRouteQuery 封装线路查询信息,并指定起点和终点参数
RouteSearch.WalkRouteQuery myWalkRouteQuery =
                          new RouteSearch.WalkRouteQuery(myFromAndTo);
myRouteSearch.calculateWalkRouteAsyn(myWalkRouteQuery);    //搜索步行线路
}
public void onClickButton2(View v) {                       //响应单击"分享步行线路"按钮
  ShareSearch myShareSearch = new ShareSearch(this);
  myShareSearch.setOnShareSearchListener(
                          new ShareSearch.OnShareSearchListener(){
    @Override
    public void onPoiShareUrlSearched(String s,int i){ }
    @Override
    public void onLocationShareUrlSearched(String s,int i){ }
    @Override
    public void onNaviShareUrlSearched(String s,int i){ }
    @Override
    public void onBusRouteShareUrlSearched(String s,int i){ }
    @Override
    public void onWalkRouteShareUrlSearched(String s,int i){
      //获取指定步行线路对应的地址短串,并调用 Intent 分享至指定应用
      Intent myIntent = new Intent(Intent.ACTION_SEND);
      myIntent.setType("text/plain");
      myIntent.putExtra(Intent.EXTRA_TEXT,s);
```

```
    startActivity(myIntent);
    }
    @Override
    public void onDrivingRouteShareUrlSearched(String s,int i){ }
  });
//使用 ShareFromAndTo 封装起点和终点
ShareSearch.ShareFromAndTo myShareFromAndTo =
    new ShareSearch.ShareFromAndTo(myFromLatLonPoint,myToLatLonPoint);
//根据起点和终点初始化 ShareWalkRouteQuery
ShareSearch.ShareWalkRouteQuery myShareWalkRouteQuery =
            new ShareSearch.ShareWalkRouteQuery(myShareFromAndTo,0);
//搜索该步行线路对应的地址短串
myShareSearch.searchWalkRouteShareUrlAsyn(myShareWalkRouteQuery);
}
```

上面这段代码在 MyCode \ MySampleJ06 \ app \ src \ main \ java \ com \ bin \ luo \ mysample \ MainActivity. java 文件中。

此实例的完整代码在 MyCode\MySampleJ06 文件夹中。

270　根据起点和终点查询骑行线路和距离

此实例主要通过使用高德地图 SDK 的 RouteSearch. RideRouteQuery 和 RouteSearch,实现根据指定的起点和终点查询两地之间的骑行(自行车)线路和距离。当实例运行之后,如果在"起点纬度经度值:"输入框中输入重庆中央公园的纬度和经度值为"29.716535,106.583819",在"终点纬度经度值:"输入框中输入重庆园博园的纬度和经度值为"29.678873,106.550912",然后单击"通过高德地图获取两地的骑行距离"按钮,将使用粗红线在高德地图上绘制重庆中央公园到重庆园博园的骑行线路,并在弹出的 Toast 中显示两地的骑行距离,如图 270-1(a)所示。如果在"起点纬度经度值:"输入框中输入重庆中央公园的纬度和经度值为"29.716535,106.583819",在"终点纬度经度值:"输入框中输入重庆国际博览中心的纬度和经度值为"29.716516,106.545523",然后单击"通过高德地图获取两地的骑行距离"按钮,将使用粗红线在高德地图上绘制重庆中央公园到重庆国际博览中心的骑行线路,并在弹出的 Toast 中显示两地的骑行距离,如图 270-1(b)所示。

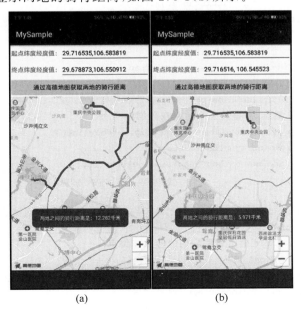

(a)　　　　　　　　(b)

图　270-1

主要代码如下：

```java
//响应单击"通过高德地图获取两地的骑行距离"按钮
public void onClickButton1(View v) {
  EditText myFromLatlng = (EditText)findViewById(R.id.myFromLatlng);
  EditText myToLatlng = (EditText)findViewById(R.id.myToLatlng);
  String myFromPoint = myFromLatlng.getText().toString();
  String myToPoint = myToLatlng.getText().toString();
  double myFromLat =
    Double.parseDouble(myFromPoint.substring(0, myFromPoint.indexOf(",")));
  double myFromLng =
    Double.parseDouble(myFromPoint.substring(myFromPoint.indexOf(",") + 1));
  double myToLat =
    Double.parseDouble(myToPoint.substring(0, myToPoint.indexOf(",")));
  double myToLng =
    Double.parseDouble(myToPoint.substring(myToPoint.indexOf(",") + 1));
  myFromLatLonPoint = new LatLonPoint(myFromLat,myFromLng);
  myToLatLonPoint = new LatLonPoint(myToLat,myToLng);
  RouteSearch myRouteSearch = new RouteSearch(this);
  //添加线路规划搜索结果回调监听器
  myRouteSearch.setRouteSearchListener(new RouteSearch.OnRouteSearchListener(){
    @Override
    public void onBusRouteSearched(BusRouteResult busRouteResult, int i){ }
    @Override
    public void onDriveRouteSearched(DriveRouteResult driveRouteResult, int i){ }
    @Override
    public void onWalkRouteSearched(WalkRouteResult walkRouteResult, int i){ }
    @Override
    public void onRideRouteSearched(RideRouteResult rideRouteResult, int i){
     PolylineOptions myPolylineOptions = new PolylineOptions();
     //设置线路的颜色和宽度值
     myPolylineOptions.color(Color.RED).width(16);
     //默认获取第一条骑行线路
     RidePath myRidePath = rideRouteResult.getPaths().get(0);
     //获取该线路的距离
     float myDistance = myRidePath.getDistance()/1000;
     Toast.makeText(MainActivity.this,"两地之间的骑行距离是:"
                                + myDistance + "千米",Toast.LENGTH_SHORT).show();
     //获取该条线路每一步信息
     List < RideStep > myRideSteps = myRidePath.getSteps();
     for(int j = 0;j < myRideSteps.size();j ++){
      RideStep myRideStep = myRideSteps.get(j);
      //获取该段线路的关键点,并将其逐个绘制在高德地图上
      List < LatLonPoint > myLatLonPoints = myRideStep.getPolyline();
      for(LatLonPoint stepPoint:myLatLonPoints){
       myPolylineOptions.add(new LatLng(stepPoint.getLatitude(),
                                 stepPoint.getLongitude()));
     } }
     myAMap.addPolyline(myPolylineOptions);            //将骑行线路绘制在高德地图上
   } });
  //使用 RouteSearch.FromAndTo 指定线路规划的起点和终点
  RouteSearch.FromAndTo myFromAndTo =
         new RouteSearch.FromAndTo(myFromLatLonPoint, myToLatLonPoint);
  RouteSearch.RideRouteQuery myRideRouteQuery =
```

```
                new RouteSearch.RideRouteQuery(myFromAndTo, RouteSearch.RIDING_DEFAULT);
        myRouteSearch.calculateRideRouteAsyn(myRideRouteQuery);   //搜索骑行线路
    }
```

上面这段代码在 MyCode \ MySampleI45 \ app \ src \ main \ java \ com \ bin \ luo \ mysample \ MainActivity. java 文件中。

此实例的完整代码在 MyCode\MySampleI45 文件夹中。

271 根据起点和终点启用骑行导航

此实例主要通过使用高德地图 SDK 的 showRouteActivity()方法,实现根据起点和终点的纬度和经度值查询两地之间的骑行(自行车)导航线路并启用骑行导航。当实例运行之后,在"起点名称:"输入框中输入"重庆中央公园",在"起点纬度经度值:"输入框中输入重庆中央公园的纬度和经度值为"29.723598,106.583519",在"终点名称:"输入框中输入"重庆园博园",在"终点纬度经度值:"输入框中输入重庆园博园的纬度和经度值为"29.685556,106.556384",然后单击"根据起点和终点纬度经度值查询骑行导航线路"按钮,将在高德地图上显示重庆中央公园到重庆园博园之间的骑行导航信息,单击"开始导航"按钮,将立即执行导航操作,效果分别如图 271-1(a)和图 271-1(b)所示。

(a)   (b)

图   271-1

主要代码如下:

```
//响应单击"根据起点和终点纬度和经度值查询骑行导航线路"按钮
 public void onClickButton1(View v) {
    EditText myFromName = (EditText)findViewById(R.id.myFromName);
    EditText myToName = (EditText)findViewById(R.id.myToName);
    EditText myFromLatlng = (EditText)findViewById(R.id.myFromLatlng);
    EditText myToLatlng = (EditText)findViewById(R.id.myToLatlng);
    String myFromLatLngString = myFromLatlng.getText().toString();
    String myToLatLngString = myToLatlng.getText().toString();
    double myFromLat = Double.parseDouble(myFromLatLngString.substring(0,
                            myFromLatLngString.indexOf(",")));
```

```
        double myFromLng = Double.parseDouble(
                myFromLatLngString.substring(myFromLatLngString.indexOf(",") + 1));
        double myToLat = Double.parseDouble(myToLatLngString.substring(0,
                myToLatLngString.indexOf(",")));
        double myToLng = Double.parseDouble(
                myToLatLngString.substring(myToLatLngString.indexOf(",") + 1));
        //通过 Poi 封装起点及终点的纬度和经度值和位置描述信息
        Poi myPoiFrom = new Poi(myFromName.getText().toString(),
                                        new LatLng(myFromLat,myFromLng),"");
        Poi myPoiTo = new Poi(myToName.getText().toString(),
                                        new LatLng(myToLat,myToLng),"");
        //启动高德导航组件获取并显示两地之间的骑行(自行车)导航线路
        AmapNaviPage.getInstance().showRouteActivity(this,
            new AmapNaviParams(myPoiFrom,null,myPoiTo, AmapNaviType.RIDE),null);
    }
```

上面这段代码在 MyCode\MySampleJ11\app\src\main\java\com\bin\luo\mysample\MainActivity.java 文件中。此外,此实例需要在 MyCode\MySampleJ11\app\build.gradle 文件中添加依赖项(implementation 'com.amap.api:navi-3dmap:latest.integration'),并且需要在 MyCode\MySampleJ11\app\src\main\AndroidManifest.xml 文件中添加权限和开发者 Key,如下面的粗体字所示:

```xml
<?xml version = "1.0" encoding = "UTF - 8"?>
<manifest xmlns:android = "http://schemas.android.com/apk/res/android"
    package = "com.bin.luo.mysample">
<application
    android:allowBackup = "true"
    android:icon = "@mipmap/ic_launcher"
    android:label = "@string/app_name"
    android:roundIcon = "@mipmap/ic_launcher_round"
    android:supportsRtl = "true"
    android:theme = "@style/AppTheme">
    <meta - data android:name = "com.amap.api.v2.apikey"
            android:value = "5fa79db96a83dca145a1511f4329eea8"/>
    <activity android:name = ".MainActivity">
     <intent - filter>
      <action android:name = "android.intent.action.MAIN" />
      <category android:name = "android.intent.category.LAUNCHER" />
     </intent - filter>
    </activity>
    <activity android:name = "com.amap.api.navi.AmapRouteActivity"
     android:theme = "@android:style/Theme.NoTitleBar"
     android:configChanges = "orientation|keyboardHidden|screenSize" />
</application>
<uses - permission android:name = "android.permission.INTERNET" />
<uses - permission android:name = "android.permission.WRITE_EXTERNAL_STORAGE" />
<uses - permission android:name = "android.permission.ACCESS_COARSE_LOCATION" />
<uses - permission android:name = "android.permission.ACCESS_NETWORK_STATE" />
<uses - permission android:name = "android.permission.ACCESS_FINE_LOCATION" />
<uses - permission android:name = "android.permission.READ_PHONE_STATE" />
<uses - permission android:name = "android.permission.CHANGE_WIFI_STATE" />
<uses - permission android:name = "android.permission.ACCESS_WIFI_STATE" />
</manifest>
```

此实例的完整代码在 MyCode\MySampleJ11 文件夹中。

272 搜索在某地停靠的公交站点

此实例主要通过使用高德地图 SDK 的 BusStationSearch 和 BusStationQuery，实现搜索在指定地点停靠的公交站点。当实例运行之后，如果在"城市："输入框中输入"重庆"，在"地名："输入框中输入"重庆园博园"，然后单击"搜索在该地停靠的公交站点"按钮，将在高德地图上使用气泡标注在重庆园博园周边停靠的公交站点，单击气泡，将在气泡标记中显示该公交站点名称，效果如图 272-1(a)所示。如果在"城市："输入框中输入"010"，在"地名："输入框中输入"清华大学"，然后单击"搜索在该地停靠的公交站点"按钮，将在高德地图上使用气泡标注在清华大学附近停靠的公交站点，单击气泡，将在气泡标记中显示该公交站点名称，效果如图 272-1(b)所示。

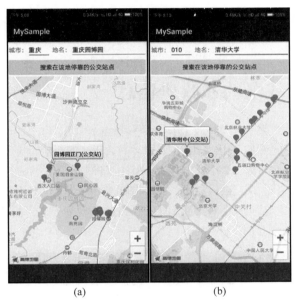

(a)   (b)

图　272-1

主要代码如下：

```java
//响应单击"搜索在该地停靠的公交站点"按钮
public void onClickButton1(View v) {
  myAMap.clear();
  EditText myEditCity = (EditText) findViewById(R.id.myEditCity);
  EditText myEditName = (EditText) findViewById(R.id.myEditName);
  String myCity = myEditCity.getText().toString();
  String myName = myEditName.getText().toString();
  final BusStationQuery myBusStationQuery = new BusStationQuery(myName, myCity);
  BusStationSearch myBusStationSearch =
                      new BusStationSearch(this, myBusStationQuery);
  myBusStationSearch.setOnBusStationSearchListener(
                      new BusStationSearch.OnBusStationSearchListener(){
    @Override
    public void onBusStationSearched(BusStationResult result, int i) {
      if (i == 1000) {
        if (result != null && result.getQuery() != null &&
                    result.getQuery().equals(myBusStationQuery)) {
```

```
            if (result.getPageCount() > 0 && result.getBusStations()
                        != null && result.getBusStations().size() > 0) {
        List < BusStationItem > myBusStationItems = result.getBusStations();
        for (BusStationItem myBusStationItem : myBusStationItems) {
            //使用 LatLng 封装纬度和经度值
            LatLng myLatLng = new LatLng(
                myBusStationItem.getLatLonPoint().getLatitude(),
                myBusStationItem.getLatLonPoint().getLongitude());
            //在指定位置添加标记,并设置标记内容(公交站点名称)
            myAMap.addMarker(new MarkerOptions().position(myLatLng)
                        .snippet(myBusStationItem.getBusStationName()));
        } } } } });
    myBusStationSearch.searchBusStationAsyn();              //异步搜索公交站点
}
```

上面这段代码在 MyCode \ MySampleI98 \ app \ src \ main \ java \ com \ bin \ luo \ mysample \ MainActivity.java 文件中。

此实例的完整代码在 MyCode\MySampleI98 文件夹中。

273   查询公交线路的开收班信息

此实例主要通过使用高德地图 SDK 的 BusLineSearch 和 BusLineQuery,实现根据指定城市和指定编号查询公交或地铁线路的开收班信息。当实例运行之后,如果在"城市:"输入框中输入"重庆",在"线路编号:"输入框中输入"877",然后单击"查询该线路的开收班信息"按钮,显示重庆主城 877 路公交车的开收班信息,效果如图 273-1(a)所示。如果在"城市:"输入框中输入"023",在"线路编号:"输入框中输入"轨道交通 3 号线",然后单击"查询该线路的开收班信息"按钮,显示重庆主城轨道交通 3 号线的开收班信息,效果如图 273-1(b)所示。

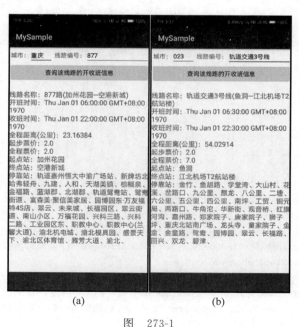

(a)   (b)

图   273-1

主要代码如下:

```
public void onClickButton1(View v) {              //响应单击"查询该线路的开收班信息"按钮
```

```
final TextView myTextView = (TextView) findViewById(R.id.myTextView);
myTextView.setText("");
EditText myEditCity = (EditText) findViewById(R.id.myEditCity);
String myCity = myEditCity.getText().toString();
EditText myEditLine = (EditText) findViewById(R.id.myEditLine);
String myLine = myEditLine.getText().toString();
//通过 BusLineQuery 封装公交线路搜索信息,并指定搜索范围和类型
BusLineQuery myBusLineQuery = new BusLineQuery(myLine,
                        BusLineQuery.SearchType.BY_LINE_NAME, myCity);
BusLineSearch myBusLineSearch = new BusLineSearch(this, myBusLineQuery);
//添加公交线路搜索回调监听器
myBusLineSearch.setOnBusLineSearchListener(
                        new BusLineSearch.OnBusLineSearchListener(){
    @Override
    public void onBusLineSearched(BusLineResult busLineResult, int i){
      List<BusLineItem> myBusLineItems = busLineResult.getBusLines();
      BusLineItem myBusLineItem = myBusLineItems.get(0);
      String myText = "\n 线路名称:" + myBusLineItem.getBusLineName();
      myText += "\n 开班时间:" + myBusLineItem.getFirstBusTime();
      myText += "\n 收班时间:" + myBusLineItem.getLastBusTime();
      myText += "\n 全程距离(千米):" + myBusLineItem.getDistance();
      myText += "\n 起步票价:" + myBusLineItem.getBasicPrice();
      myText += "\n 全程票价:" + myBusLineItem.getTotalPrice();
      myText += "\n 起点站:" + myBusLineItem.getOriginatingStation();
      myText += "\n 终点站:" + myBusLineItem.getTerminalStation();
      myText += "\n 停靠站:";
      List<BusStationItem> myBusStationItems =
                  busLineResult.getBusLines().get(0).getBusStations();
      for (int j = 1; j < myBusStationItems.size() - 1; j++) {
        myText += myBusStationItems.get(j).getBusStationName() + "、";
      }
      myTextView.setText(myText);
    } });
  myBusLineSearch.searchBusLineAsyn();          //执行公交线路搜索操作
}
```

上面这段代码在 MyCode \ MySampleI99 \ app \ src \ main \ java \ com \ bin \ luo \ mysample \ MainActivity.java 文件中。

此实例的完整代码在 MyCode\MySampleI99 文件夹中。

274　绘制指定公交线路及其站点

此实例主要通过使用高德地图 SDK 的 BusLineSearch 和 BusLineQuery,实现查询指定的公交线路及其停靠站点。当实例运行之后,如果在"城市:"输入框中输入"023",在"公交线路编号:"输入框中输入"轨道交通 3 号线",然后单击"在高德地图上绘制该公交线路"按钮,将在高德地图上绘制重庆主城轨道交通 3 号线的行驶线路和停靠站点(小汽车),效果如图 274-1(a)所示。如果在"城市:"输入框中输入"重庆",在"公交线路编号:"输入框中输入"619",然后单击"在高德地图上绘制该公交线路"按钮,将在高德地图上绘制重庆主城 619 路公交车的行驶线路和停靠站点(小汽车),效果如图 274-1(b)所示。

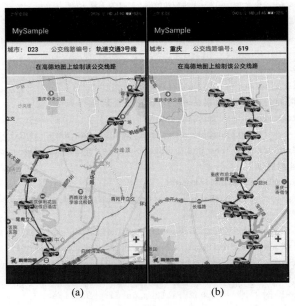

(a)　　　　　　　　　(b)

图　274-1

主要代码如下：

```
//响应单击"在高德地图上绘制该公交线路"按钮
public void onClickButton1(View v){
    myAMap.clear();                         //清除之前在高德地图上绘制的线路标记
    EditText myEditCity = (EditText) findViewById(R.id.myEditCity);
    String myCity = myEditCity.getText().toString();
    EditText myEditLine = (EditText) findViewById(R.id.myEditLine);
    String myLine = myEditLine.getText().toString();
    //通过BusLineQuery封装公交线路搜索信息,并指定搜索范围和类型
    BusLineQuery myBusLineQuery = new BusLineQuery(myLine,
                            BusLineQuery.SearchType.BY_LINE_NAME, myCity);
    BusLineSearch myBusLineSearch = new BusLineSearch(this, myBusLineQuery);
    //添加公交线路搜索回调监听器
    myBusLineSearch.setOnBusLineSearchListener(
                            new BusLineSearch.OnBusLineSearchListener() {
        @Override
        public void onBusLineSearched(BusLineResult busLineResult, int i) {
            //在查询结果中可能包含多条线路
            List<BusLineItem> myBusLineItems = busLineResult.getBusLines();
            List<MultiPointItem> myMultiPointItems = new ArrayList<>();
            List<LatLng> myLatLngs = new ArrayList<>();
            //获取查询结果的第一条公交线路的站点
            List<BusStationItem> myBusStationItems =
                                    myBusLineItems.get(0).getBusStations();
            for (BusStationItem myBusStationItem : myBusStationItems) {
                LatLonPoint myLatLonPoint = myBusStationItem.getLatLonPoint();
                LatLng myLatLng = new LatLng(myLatLonPoint.getLatitude(),
                                        myLatLonPoint.getLongitude());
                myLatLngs.add(myLatLng);
                myMultiPointItems.add(new MultiPointItem(myLatLng));
            }
            //绘制第一条公交线路
```

```
myAMap.addPolyline((new PolylineOptions())
                    .addAll(myLatLngs)
                    .width(8)
                    .setDottedLine(false)
                    .color(Color.RED));
//添加第一条公交线路的站点图标
MultiPointOverlayOptions myMultiPointOverlayOptions
                                    = new MultiPointOverlayOptions();
myMultiPointOverlayOptions.icon(
            BitmapDescriptorFactory.fromResource(R.mipmap.myimage1));
myMultiPointOverlayOptions.anchor(0.5f, 0.5f);
MultiPointOverlay myMultiPointOverlay =
            myAMap.addMultiPointOverlay(myMultiPointOverlayOptions);
myMultiPointOverlay.setItems(myMultiPointItems);
//在单击公交站点时,显示公交站点名称
AMap.OnMultiPointClickListener myListener
                    = new AMap.OnMultiPointClickListener(){
@Override
public boolean onPointClick(MultiPointItem pointItem) {
  return true;
} };
myAMap.setOnMultiPointClickListener(myListener);
} });
myBusLineSearch.searchBusLineAsyn();        //执行公交线路搜索操作
}
```

上面这段代码在 MyCode \ MySampleI92 \ app \ src \ main \ java \ com \ bin \ luo \ mysample \ MainActivity. java 文件中。

此实例的完整代码在 MyCode\MySampleI92 文件夹中。

275 将公交线路短串分享到微信

此实例主要通过使用高德地图 SDK 的 ShareSearch. ShareBusRouteQuery 和 ShareSearch,实现将获取的公交线路以地址短串的形式分享到微信等第三方应用。当实例运行之后,如果在"起点纬度经度值:"输入框中输入重庆市人民大礼堂的纬度和经度值为"29.561555,106.553841",在"终点纬度经度值:"输入框中输入重庆较场口的纬度和经度值为"29.553575,106.574352",然后单击"搜索公交线路"按钮,将在高德地图上以粗实线绘制重庆市人民大礼堂到重庆较场口的公交线路,单击"分享公交线路"按钮,将自动生成地址短串,并弹出分享方式窗口,在"分享方式"窗口中选择"发送给朋友",如图 275-1(a)所示,弹出微信的选择窗口;在微信的选择窗口中选择好友,弹出"发送给:"窗口,在该窗口中的超链接(https://surl.amap.com/6hTNi3b44g)即是自动生成的公交线路地址短串,其中"公交线路分享"是地址短串备注,然后单击"分享"按钮,如图 275-1(b)所示,弹出"已发送"窗口;在"已发送"窗口中单击"留在微信"按钮,弹出微信的好友聊天窗口,如图 275-2(a)所示,公交线路地址短串将自动发送给好友;如果好友单击公交线路地址短串超链接,将在高德地图上显示公交线路地址短串对应的公交线路,即此前搜索的重庆市人民大礼堂到重庆较场口的公交线路,如图 275-2(b)所示。

主要代码如下:

```
public void onClickButton1(View v) {                //响应单击"搜索公交线路"按钮
  myAMap.clear();                                   //清除在高德地图上的所有标记
  EditText myFromLatlng = (EditText)findViewById(R.id.myFromLatlng);
```

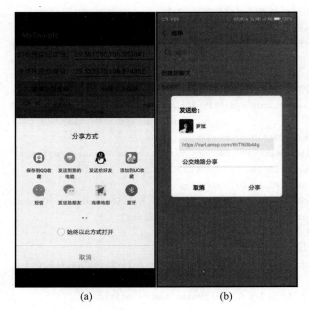

(a)   (b)

图　275-1

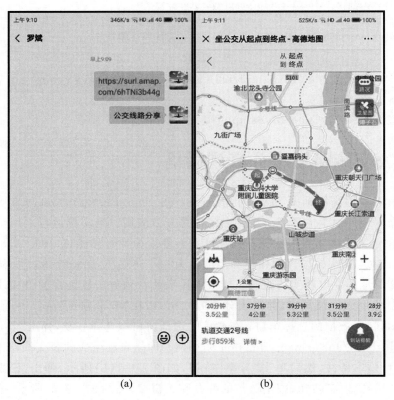

(a)   (b)

图　275-2

```
EditText myToLatlng = (EditText)findViewById(R.id.myToLatlng);
String myFromLatLngString = myFromLatlng.getText().toString();
String myToLatLngString = myToLatlng.getText().toString();
double myFromLat = Double.parseDouble(myFromLatLngString.substring(0,
        myFromLatLngString.indexOf(",")));
double myFromLng = Double.parseDouble(
```

```
        myFromLatLngString.substring(myFromLatLngString.indexOf(",") + 1));
double myToLat = Double.parseDouble(myToLatLngString.substring(0,
        myToLatLngString.indexOf(",")));
double myToLng = Double.parseDouble(
        myToLatLngString.substring(myToLatLngString.indexOf(",") + 1));
//使用 LatLonPoint 封装起点及终点的纬度和经度值
myFromLatLonPoint = new LatLonPoint(myFromLat, myFromLng);
myToLatLonPoint = new LatLonPoint(myToLat, myToLng);
RouteSearch myRouteSearch = new RouteSearch(this);
//添加线路规划搜索结果回调监听器
myRouteSearch.setRouteSearchListener(new RouteSearch.OnRouteSearchListener(){
  @Override
  public void onBusRouteSearched(BusRouteResult busRouteResult, int i){
    //使用 BusRouteOverlay 解析公交线路数据
    BusRouteOverlay myBusRouteOverlay = new BusRouteOverlay(MainActivity.this,
            myAMap, busRouteResult.getPaths().get(0),
            busRouteResult.getStartPos(), busRouteResult.getTargetPos());
    myAMap.clear();
    myBusRouteOverlay.addToMap();              //在高德地图上绘制公交线路
    myBusRouteOverlay.zoomToSpan();            //自适应缩放高德地图
  }
  @Override
  public void onDriveRouteSearched(DriveRouteResult driveRouteResult, int i){}
  @Override
  public void onWalkRouteSearched(WalkRouteResult walkRouteResult, int i){}
  @Override
  public void onRideRouteSearched(RideRouteResult rideRouteResult, int i){}
});
//使用 RouteSearch.FromAndTo 指定线路规划的起点和终点
RouteSearch.FromAndTo myFromAndTo =
            new RouteSearch.FromAndTo(myFromLatLonPoint, myToLatLonPoint);
//通过 RouteSearch.BusRouteQuery 封装线路查询信息,并指定起点和终点参数
RouteSearch.BusRouteQuery myBusRouteQuery = new RouteSearch.BusRouteQuery(
                myFromAndTo, RouteSearch.BUS_DEFAULT, "重庆", 0);
myRouteSearch.calculateBusRouteAsyn(myBusRouteQuery);  //搜索最佳公交线路
}
public void onClickButton2(View v) {                //响应单击"分享公交线路"按钮
  ShareSearch myShareSearch = new ShareSearch(this);
  myShareSearch.setOnShareSearchListener(
                                  new ShareSearch.OnShareSearchListener(){
    @Override
    public void onPoiShareUrlSearched(String s, int i){ }
    @Override
    public void onLocationShareUrlSearched(String s, int i){ }
    @Override
    public void onNaviShareUrlSearched(String s, int i){ }
    @Override
    public void onBusRouteShareUrlSearched(String s, int i){
      //获取指定公交线路对应的地址短串,并调用 Intent 分享至指定应用
      Intent myIntent = new Intent(Intent.ACTION_SEND);
      myIntent.setType("text/plain");
      myIntent.putExtra(Intent.EXTRA_TEXT, s);
      startActivity(myIntent);
    }
```

```
    @Override
    public void onWalkRouteShareUrlSearched(String s,int i){ }
    @Override
    public void onDrivingRouteShareUrlSearched(String s,int i){ }
  });
  //使用 ShareFromAndTo 封装起点和终点
  ShareSearch.ShareFromAndTo myShareFromAndTo =
          new ShareSearch.ShareFromAndTo(myFromLatLonPoint,myToLatLonPoint);
  //根据起点和终点初始化 ShareBusRouteQuery,查询该公交线路对应的地址短串
  ShareSearch.ShareBusRouteQuery myShareBusRouteQuery =
          new ShareSearch.ShareBusRouteQuery(myShareFromAndTo,0);
  //搜索该公交线路所对应的地址短串
  myShareSearch.searchBusRouteShareUrlAsyn(myShareBusRouteQuery);
}
```

上面这段代码在 MyCode \ MySampleJ07 \ app \ src \ main \ java \ com \ bin \ luo \ mysample \ MainActivity. java 文件中。

此实例的完整代码在 MyCode\MySampleJ07 文件夹中。

276 自动匹配输入框的输入内容

此实例主要通过使用高德地图 SDK 的 InputtipsQuery,实现在输入框中根据输入的内容自动匹配(地名)关键词。当实例运行之后,如果在"关键词:"输入框中输入"西南医院",该输入框将立即滑出一个下拉列表,显示与"西南医院"匹配的地址列表项,单击其中任意一个列表项,设置该列表项对应的地址为高德地图的中心,效果如图 276-1(a)所示。如果在"关键词:"输入框中输入"四川美",该输入框也将立即滑出一个下拉列表,显示与"四川美"匹配的地址列表项,单击其中任意一个列表项,设置该列表项对应的地址为高德地图的中心,效果如图 276-1(b)所示。

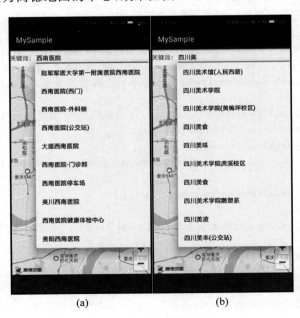

(a)　　　　　　　　　(b)

图　276-1

主要代码如下:

```
public class MainActivity extends Activity{
```

```
AMap myAMap;
ArrayList<MyTip> myTips;
@Override
protected void onCreate(Bundle savedInstanceState){
 super.onCreate(savedInstanceState);
 setContentView(R.layout.activity_main);
 MapView myMapView = (MapView)findViewById(R.id.myMapView);
 myMapView.onCreate(savedInstanceState);
 myAMap = myMapView.getMap();
 myAMap.moveCamera(CameraUpdateFactory.changeLatLng(
                    new LatLng(29.583584,106.527996)));     //设置高德地图的中心
 myAMap.moveCamera(CameraUpdateFactory.zoomTo(13));         //设置高德地图缩放级别13
 final AutoCompleteTextView myAutoCompleteTextView =
         (AutoCompleteTextView)findViewById(R.id.myAutoCompleteTextView);
 myAutoCompleteTextView.addTextChangedListener(new TextWatcher(){
  @Override
  public void beforeTextChanged(CharSequence s,
                                     int start,int count,int after){ }
  @Override
  public void onTextChanged(CharSequence s,int start,int before,int count){
   //通过InputtipsQuery指定搜索关键词内容和搜索范围,
   //如果搜索范围为null,表示在全国范围内搜索
   InputtipsQuery myInputtipsQuery = new InputtipsQuery(s.toString(),null);
   Inputtips myInputTips = new Inputtips(MainActivity.this,myInputtipsQuery);
   //添加搜索提示回调监听器
   myInputTips.setInputtipsListener(new Inputtips.InputtipsListener(){
    @Override
    public void onGetInputtips(List<Tip> list, int i){
     myTips = new ArrayList<MyTip>();
     for(int j = 0;j<list.size();j++){
      if(list.get(j).getPoint()!= null&&list.get(j).getName()!= null){
       MyTip myTip = new MyTip();
       myTip.tipName = list.get(j).getName();              //获取该提示的标题
       LatLonPoint myLatLonPoint = list.get(j).getPoint(); //获取该提示的坐标
       myTip.tipLatLng  = new LatLng(myLatLonPoint.getLatitude(),
                           myLatLonPoint.getLongitude());
       myTips.add(myTip);
      } }
     //动态设置提示列表适配器
     myAutoCompleteTextView.setAdapter(new ArrayAdapter(MainActivity.this,
                          android.R.layout.simple_list_item_1,myTips));
     myAutoCompleteTextView.showDropDown();
    } });
   myInputTips.requestInputtipsAsyn();                     //请求获取搜索提示列表内容
  }
  @Override
  public void afterTextChanged(Editable s){ }
 });
 myAutoCompleteTextView.setOnItemClickListener(
                          new AdapterView.OnItemClickListener(){
  @Override
  public void onItemClick(AdapterView<?> parent,
                             View view,int position,long id){
   //获取当前单击项所对应的纬度和经度值,并设置为高德地图的中心
```

```
myAMap.moveCamera(CameraUpdateFactory
                    .changeLatLng(myTips.get(position).tipLatLng));
    } });
}
//用于封装提示列表项标题及纬度和经度值
class MyTip{
 String tipName;LatLng tipLatLng;
 @Override
 public String toString(){return tipName;}
 }
}
```

上面这段代码在 MyCode\MySampleI62\app\src\main\java\com\bin\luo\mysample\MainActivity.java 文件中。

此实例的完整代码在 MyCode\MySampleI62 文件夹中。

277　根据多种类别组合搜索 POI

此实例主要通过在高德地图 SDK 的 PoiSearch.Query()方法的参数中使用"|"符号组合多种搜索类别,实现根据指定的关键词搜索相关的多种类别的 POI(兴趣点)。当实例运行之后,如果在"兴趣点:"输入框中输入"中学",然后单击"在高德地图中搜索重庆范围的 POI"按钮,将在高德地图中使用气泡指示在重庆范围中与"中学"有关的 POI,如"重庆一中(汉渝路)",如图 277-1(a)所示。如果在"兴趣点:"输入框中输入"车站",然后单击"在高德地图中搜索重庆范围的 POI"按钮,将在高德地图中使用气泡指示在重庆范围中与"车站"有关的 POI,如"重庆北站南广场汽车站",如图 277-1(b)所示。在"兴趣点:"输入框中输入其他值进行测试,将取得类似的效果。

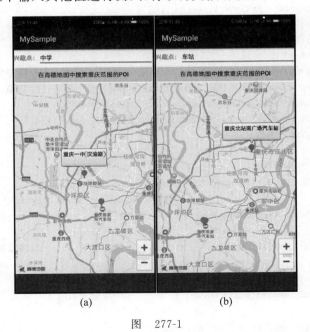

(a) (b)

图　277-1

主要代码如下:

```
//响应单击"在高德地图中搜索重庆范围的 POI"按钮
public void onClickButton1(View v) {
```

```
    myAMap.clear();                    //清除在高德地图上的所有标记
    String myType = "汽车服务|汽车销售|汽车维修|摩托车服务|餐饮服务|" +
                    "购物服务|生活服务|体育休闲服务|医疗保健服务|住宿服务|" +
                    "风景名胜|商务住宅|政府机构及社会团体|科教文化服务|交通设施服务|" +
                    "金融保险服务|公司企业|道路附属设施|地名地址信息|公共设施";
    EditText myEditPOI = (EditText)findViewById(R.id.myEditPOI);
    String myPOI = myEditPOI.getText().toString();
    //通过 PoiSearch.Query 封装搜索关键词、类别、搜索范围等参数信息
    PoiSearch.Query myQuery = new PoiSearch.Query(myPOI, myType, "重庆");
    myQuery.setPageSize(10);           //设置在返回结果中每页显示的数量
    myQuery.setPageNum(1);             //设置返回结果的页码
    PoiSearch myPoiSearch = new PoiSearch(this,myQuery);
    myPoiSearch.setOnPoiSearchListener(new PoiSearch.OnPoiSearchListener(){
      @Override
      public void onPoiSearched(PoiResult poiResult, int i){
        ArrayList < PoiItem > myPoiItems = poiResult.getPois();
        for(int j = 0; j < myPoiItems.size(); j++){
          //获取兴趣点(POI)的纬度和经度值
          LatLonPoint myLatLonPoint = myPoiItems.get(j).getLatLonPoint();
          //获取兴趣点(POI)的标题
          String myTitle = myPoiItems.get(j).getTitle();
          LatLng myLatLng = new LatLng(myLatLonPoint.getLatitude(),
                                       myLatLonPoint.getLongitude());
          //在高德地图上添加兴趣点标记
          myAMap.addMarker(
                  new MarkerOptions().position(myLatLng).title(myTitle));
        } }
      @Override
      public void onPoiItemSearched(PoiItem poiItem, int i){}
    });
    myPoiSearch.searchPOIAsyn();       //搜索兴趣点
}
```

上面这段代码在 MyCode \ MySampleI81 \ app \ src \ main \ java \ com \ bin \ luo \ mysample \ MainActivity.java 文件中。

此实例的完整代码在 MyCode\MySampleI81 文件夹中。

278 在列表中显示 POI 搜索结果

此实例主要通过使用高德地图 SDK 的 PoiSearch.Query,实现根据指定的类别和关键词搜索相关的 POI,并将结果显示在列表中。当实例运行之后,如果在"类别:"输入框中输入"学校"、在"兴趣点:"输入框中输入"交通大学",然后单击"在重庆范围中搜索 POI"按钮,将在下面的列表中显示在重庆范围中与交通大学有关的信息,如图 278-1(a)所示。如果在"类别:"输入框中输入"火锅",在"兴趣点:"输入框中输入"私房菜",然后单击"在重庆范围中搜索 POI"按钮,将在下面的列表中显示在重庆范围中与私房菜相关的信息,如图 278-1(b)所示。在"类别:"和"兴趣点:"输入框中输入其他值进行测试,将取得类似的效果。

主要代码如下:

```
public void onClickButton1(View v) {                    //响应单击"在重庆范围中搜索 POI"按钮
    EditText myEditType = (EditText)findViewById(R.id.myEditType);
    String myType = myEditType.getText().toString();
```

```
EditText myEditPOI = (EditText)findViewById(R.id.myEditPOI);
String myPOI = myEditPOI.getText().toString();
final ListView myListView = (ListView)findViewById(R.id.myListView);
//通过 PoiSearch.Query 封装搜索关键词、类别、搜索范围等参数信息
PoiSearch.Query myQuery = new PoiSearch.Query(myPOI, myType, "重庆");
myQuery.setPageSize(100);                      //设置在返回结果中每页显示的数量
myQuery.setPageNum(1);                         //设置返回结果的页码
PoiSearch myPoiSearch = new PoiSearch(this,myQuery);
myPoiSearch.setOnPoiSearchListener(new PoiSearch.OnPoiSearchListener(){
 @Override
 public void onPoiSearched(PoiResult poiResult, int i){
  ArrayList < PoiItem > myPoiItems = poiResult.getPois();
  ArrayList < String > myItems = new ArrayList <>();
  for (PoiItem poi : myPoiItems) {
   String myTitle = poi.getTitle();
   String mySnippet = poi.getSnippet();
   String myAdName = poi.getAdName();
   myItems.add("【" + myTitle + "】" + myAdName + mySnippet);
  }
  myListView.setAdapter(new ArrayAdapter < String >(MainActivity.this,
                     android.R.layout.simple_list_item_1,myItems));
 }
 @Override
 public void onPoiItemSearched(PoiItem poiItem, int i){ }
});
 myPoiSearch.searchPOIAsyn();                   //搜索兴趣点
}
```

上面这段代码在 MyCode\MySampleI72\app\src\main\java\com\bin\luo\mysample\MainActivity.java 文件中。

此实例的完整代码在 MyCode\MySampleI72 文件夹中。

(a)   (b)

图   278-1

279 在限定的圆形范围中搜索 POI

此实例主要通过使用高德地图 SDK 的 PoiSearch. SearchBound,实现根据指定的关键词和圆形范围搜索相关的 POI(兴趣点)。当实例运行之后,如果在"纬度经度值:"输入框中输入重庆人民解放纪念碑的纬度和经度值为"29.557212,106.57665",在"半径(米):"输入框中输入"500",在"关键词:"输入框中输入"中学",然后单击"在高德地图中搜索指定范围的 POI"按钮,将在高德地图上使用气泡指示以重庆人民解放纪念碑为圆心、半径在 500 米范围内且与中学相关的 POI,单击任一气泡,显示该 POI 的标题,如图 279-1(a)所示。如果在"纬度经度值:"输入框中输入重庆人民解放纪念碑的纬度和经度值为"29.557212,106.57665",在"半径(米):"输入框中输入"1500",在"关键词:"输入框中输入"中学",然后单击"在高德地图中搜索指定范围的 POI"按钮,将在高德地图上使用气泡指示以重庆人民解放纪念碑为圆心、半径在 1500 米内且与中学相关的 POI,单击任一气泡,显示该 POI 的标题,如图 279-1(b)所示。在"纬度经度值:""半径(米):""关键词:"输入框中分别输入其他值进行测试,将取得类似的效果。

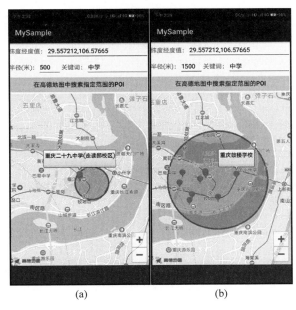

(a) (b)

图 279-1

主要代码如下:

```
//响应单击"在高德地图中搜索指定范围的 POI"按钮
public void onClickButton1(View v) {
    myAMap.clear();                                      //清除在高德地图上的所有标记
    EditText myEditKeyword = (EditText)findViewById(R.id.myEditKeyword);
    String myKeyword = myEditKeyword.getText().toString();
    //通过 PoiSearch.Query 封装搜索关键词、搜索范围等参数信息
    //搜索范围参数为空表示在全国范围内搜索
    PoiSearch.Query myQuery = new PoiSearch.Query(myKeyword,"");
    myQuery.setPageSize(10);                             //设置在返回结果中每页显示的数量
    myQuery.setPageNum(1);                               //设置返回结果的页码
    PoiSearch myPoiSearch = new PoiSearch(this,myQuery);
    myPoiSearch.setOnPoiSearchListener(new PoiSearch.OnPoiSearchListener(){
```

```java
@Override
public void onPoiSearched(PoiResult poiResult, int i){
  ArrayList < PoiItem > myPoiItems = poiResult.getPois();
  for(int j = 0;j < myPoiItems.size();j ++){
    //获取兴趣点(POI)的纬度和经度值
    LatLonPoint myPoiPoint = myPoiItems.get(j).getLatLonPoint();
    //获取兴趣点(POI)的标题
    String myTitle = myPoiItems.get(j).getTitle();
    LatLng myPoiLatLng = new LatLng(myPoiPoint.getLatitude(),
                                    myPoiPoint. getLongitude());
    myAMap.addMarker(new MarkerOptions().position(myPoiLatLng)
                 .title(myTitle));            //在高德地图上使用气泡指示兴趣点
} }
  @Override
  public void onPoiItemSearched(PoiItem poiItem, int i){ }
});
EditText myEditRadius = (EditText)findViewById(R.id.myEditRadius);
String myRadius = myEditRadius.getText().toString();
EditText myEditLatLng = (EditText)findViewById(R.id.myEditLatLng);
String myLatLng = myEditLatLng.getText().toString();
double myLat = Double.parseDouble(myLatLng.substring(0,
                                  myLatLng.indexOf(",")));
double myLng = Double.parseDouble(myLatLng.substring(myLatLng.indexOf(",") + 1));
//在高德地图上绘制圆形搜索区域
myAMap.addCircle(new CircleOptions()
         .center(new LatLng(myLat,myLng))
         .radius(Double.parseDouble(myRadius))
         .strokeColor(Color.RED)
         .fillColor(0x330000ff));
myAMap.moveCamera(CameraUpdateFactory.changeLatLng(
              new LatLng(myLat,myLng)));        //设置高德地图中心
//指定搜索范围的圆心和半径
myPoiSearch.setBound(new PoiSearch.SearchBound(
         new LatLonPoint(myLat,myLng),Integer.parseInt(myRadius)));
myPoiSearch.searchPOIAsyn();                   //开始搜索兴趣点
}
```

上面这段代码在 MyCode\MySampleI61\app\src\main\java\com\bin\luo\mysample\MainActivity.java 文件中。

此实例的完整代码在 MyCode\MySampleI61 文件夹中。

280　将 POI 地址短串分享到微信

此实例主要通过使用高德地图 SDK 的 ShareSearch,实现将搜索的 POI 以地址短串的形式分享到微信等第三方应用。当实例运行之后,如果在"城市:"输入框中输入"重庆",在"关键词:"输入框中输入"理工大学",然后单击"搜索 POI"按钮,重庆理工大学花溪校区将被设置为高德地图的中心,单击"分享 POI"按钮,将自动生成地址短串,并弹出"分享方式"对话框,在"分享方式"对话框中选择"发送给朋友",如图 280-1(a)所示,弹出微信的选择对话框;在微信的选择对话框中选择好友,弹出"发送给:"对话框,在该对话框中的超链接(https://surl.amap.com/uqUjOj1m1Nz)即是自动生成的地址短串,其中"POI 搜索分享"是地址短串备注,然后单击"分享"按钮,如图 280-1(b)所示,弹出"已发送"对话框;在"已发送"对话框中单击"留在微信"按钮,弹出微信的好友聊天对话框,如

图 280-2(a)所示,地址短串将自动发送给好友;如果好友单击地址短串超链接,将在高德地图中打开该地址短串对应的内容,即此前搜索的 POI 对应的内容,如图 280-2(b)所示。

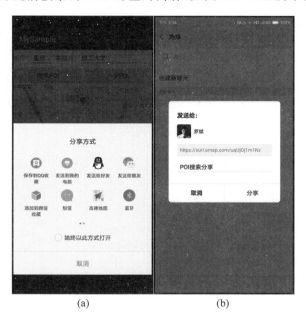

(a)　　　　　　　(b)

图　280-1

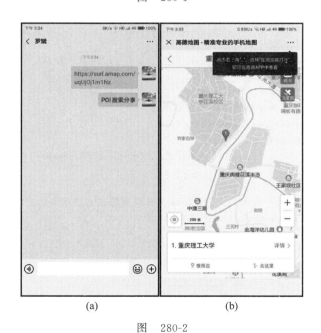

(a)　　　　　　　(b)

图　280-2

主要代码如下:

```
public void onClickButton1(View v) {                    //响应单击"搜索 POI"按钮
    myAMap.clear();                                     //清除在高德地图上的所有标记
    EditText myEditKeyword = (EditText)findViewById(R.id.myEditKeyword);
    EditText myEditCity = (EditText)findViewById(R.id.myEditCity);
    String myPOI = myEditKeyword.getText().toString();
    String myCity = myEditCity.getText().toString();
    String myType = "汽车服务|汽车销售|汽车维修|摩托车服务|餐饮服务" +
```

```
                "购物服务|生活服务|体育休闲服务|医疗保健服务|住宿服务|" +
                "风景名胜|商务住宅|政府机构及社会团体|科教文化服务|交通设施服务|" +
                "金融保险服务|公司企业|道路附属设施|地名地址信息|公共设施";
    //通过 PoiSearch.Query 封装兴趣点关键词、类别、搜索范围等参数
    PoiSearch.Query myQuery = new PoiSearch.Query(myPOI, myType, myCity);
    myQuery.setPageSize(1);                          //设置在返回结果中每页显示的数量
    myQuery.setPageNum(1);                           //设置返回结果的页码
    PoiSearch myPoiSearch = new PoiSearch(this,myQuery);
    myPoiSearch.setOnPoiSearchListener(new PoiSearch.OnPoiSearchListener(){
        @Override
        public void onPoiSearched(PoiResult poiResult, int i){
            myPoiItem = poiResult.getPois().get(0);
            //获取兴趣点(POI)的纬度和经度值
            LatLonPoint myPoiPoint = myPoiItem.getLatLonPoint();
            //获取兴趣点(POI)的标题
            String myTitle = myPoiItem.getTitle();
            LatLng myPoiLatLng = new LatLng(myPoiPoint.getLatitude(),
                                    myPoiPoint.getLongitude());
            myAMap.moveCamera(CameraUpdateFactory
                    .changeLatLng(myPoiLatLng));         //设置当前 POI 为高德地图的中心
            myAMap.addMarker(new MarkerOptions()
                    .position(myPoiLatLng).title(myTitle));   //使用气泡指示兴趣点
        }
        @Override
        public void onPoiItemSearched(PoiItem poiItem, int i){}
    });
    myPoiSearch.searchPOIAsyn();                     //搜索兴趣点
}
public void onClickButton2(View v) {                 //响应单击"分享 POI"按钮
    //初始化 ShareSearch,用于分享指定 POI 的短串地址
    ShareSearch myShareSearch = new ShareSearch(this);
    myShareSearch.setOnShareSearchListener(
                        new ShareSearch.OnShareSearchListener(){
        @Override
        public void onPoiShareUrlSearched(String s,int i){
            //获取指定 POI 对应的地址短串,并调用 Intent 分享至第三方应用
            Intent myIntent = new Intent(Intent.ACTION_SEND);
            myIntent.setType("text/plain");
            myIntent.putExtra(Intent.EXTRA_TEXT,s);
            startActivity(myIntent);
        }
        @Override
        public void onLocationShareUrlSearched(String s,int i){ }
        @Override
        public void onNaviShareUrlSearched(String s,int i){ }
        @Override
        public void onBusRouteShareUrlSearched(String s,int i){ }
        @Override
        public void onWalkRouteShareUrlSearched(String s,int i){ }
        @Override
        public void onDrivingRouteShareUrlSearched(String s,int i){ }
    });
    //分享搜索的 POI,并生成对应的地址短串
    myShareSearch.searchPoiShareUrlAsyn(myPoiItem);
}
```

上面这段代码在 MyCode \ MySampleJ04 \ app \ src \ main \ java \ com \ bin \ luo \ mysample \ MainActivity.java 文件中。

此实例的完整代码在 MyCode\MySampleJ04 文件夹中。

281　启用高德地图 App 搜索 POI

此实例主要通过使用高德地图 SDK 的 openAMapPoiNearbySearch()方法,实现调用高德地图 App 根据指定的纬度和经度值及关键词搜索该地附近的 POI(兴趣点)。当实例运行之后,如果在"纬度经度值:"输入框中输入重庆人民解放纪念碑的纬度和经度值"29.557242,106.577052",在"关键词:"输入框中输入"公交站",然后单击"启用高德地图 App 搜索附近 POI"按钮,将在高德地图上显示重庆人民解放纪念碑附近的公交站,效果分别如图 281-1(a)和图 281-1(b)所示。

(a)　　　　　　　　(b)

图　281-1

主要代码如下:

```
//响应单击"启用高德地图 App 搜索附近 POI"按钮
public void onClickButton1(View v) {
    EditText myEditKeyword = (EditText)findViewById(R.id.myEditKeyword);
    EditText myEditLatlng = (EditText)findViewById(R.id.myEditLatlng);
    String myKeyword = myEditKeyword.getText().toString();
    String myPoint = myEditLatlng.getText().toString();
    float myPointLat = Float.parseFloat(myPoint.substring(0,myPoint.indexOf(',')));
    float myPointLng = Float.parseFloat(myPoint.substring(myPoint.indexOf(',') + 1));
    try{
        PoiPara myPoiPara = new PoiPara();
        myPoiPara.setKeywords(myKeyword);
        myPoiPara.setCenter(new LatLng(myPointLat,myPointLng));
        //传入搜索参数,启用高德地图 App 搜索兴趣点
        AMapUtils.openAMapPoiNearbySearch(myPoiPara,this);
    }catch(Exception e){ e.printStackTrace(); }
}
```

上面这段代码在 MyCode \ MySampleJ66 \ app \ src \ main \ java \ com \ bin \ luo \ mysample \ MainActivity. java 文件中。

此实例的完整代码在 MyCode\MySampleJ66 文件夹中。

282 根据区县名称查询管辖范围

此实例主要通过使用高德地图 SDK 的 DistrictSearch 和 DistrictSearchQuery,实现根据指定的行政区名称搜索该行政区的管辖范围。当实例运行之后,如果在"关键词(行政区):"输入框中输入"长寿区",然后单击"在高德地图上搜索该行政区管辖范围"按钮,将在高德地图上使用半透明的青色绘制重庆市长寿区的管辖范围,如图 282-1(a)所示。如果在"关键词(行政区):"输入框中输入"巴南区",然后单击"在高德地图上搜索该行政区管辖范围"按钮,将在高德地图上使用半透明的青色绘制重庆市巴南区的管辖范围,如图 282-1(b)所示。在"关键词(行政区):"输入框中输入其他行政区名称进行测试,将取得类似的效果。

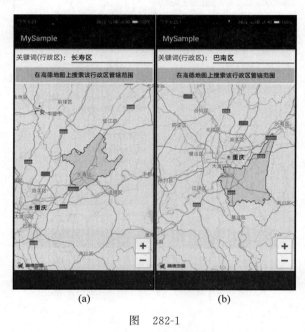

(a)   (b)

图   282-1

主要代码如下:

```
//响应单击"在高德地图上搜索该行政区管辖范围"按钮
public void onClickButton1(View v) {
    myAMap.clear();                                              //清除在高德地图上的所有标记
    EditText myEditDistrict = (EditText)findViewById(R.id.myEditDistrict);
    DistrictSearch myDistrictSearch = new DistrictSearch(this);
    DistrictSearchQuery myDistrictSearchQuery = new DistrictSearchQuery();
    //设置搜索关键词(行政区)
    myDistrictSearchQuery.setKeywords(myEditDistrict.getText().toString());
    myDistrictSearchQuery.setShowBoundary(true);                 //允许返回边界值
    myDistrictSearch.setQuery(myDistrictSearchQuery);
    //添加搜索结果回调监听器
    myDistrictSearch.setOnDistrictSearchListener(
                    new DistrictSearch.OnDistrictSearchListener(){
        @Override
```

```
public void onDistrictSearched(DistrictResult districtResult){
    PolygonOptions myPolygonOptions = new PolygonOptions();
    myPolygonOptions.strokeWidth(2);                        //设置线条宽度
    myPolygonOptions.strokeColor(Color.BLUE);               //设置线条颜色
    myPolygonOptions.fillColor(Color.argb(90, 0,255, 255)); //设置填充颜色
    //获取行政区搜索结果列表
    ArrayList<DistrictItem> myDistrictItems = districtResult.getDistrict();
    //获取搜索结果的边界经度和纬度
    String[] myBoundary = myDistrictItems.get(0).districtBoundary();
    for(String boundary:myBoundary){
        String[] myBoundaryLatLngs = boundary.split(";");
        for(String boundaryLatLng:myBoundaryLatLngs){
            //获取经度和纬度值,并在高德地图上绘制行政区管辖范围
            double myLng = Double.parseDouble(boundaryLatLng.substring(0,
                                    boundaryLatLng.indexOf(",")));
            double myLat = Double.parseDouble(boundaryLatLng
                            .substring(boundaryLatLng.indexOf(",") + 1));
            myPolygonOptions.add(new LatLng(myLat,myLng));
        } }
        //获取该行政区的中心点,并将其设置为高德地图的中心
        LatLonPoint myLatLonPoint = myDistrictItems.get(0).getCenter();
        LatLng myLatLng = new LatLng(myLatLonPoint.getLatitude(),
                            myLatLonPoint.getLongitude());
        myAMap.moveCamera(CameraUpdateFactory.changeLatLng(myLatLng));
        myAMap.addPolygon(myPolygonOptions);                //在高德地图上绘制行政区范围
    } });
    myDistrictSearch.searchDistrictAnsy();                  //执行行政区范围搜索操作
}
```

上面这段代码在 MyCode \ MySampleI63 \ app \ src \ main \ java \ com \ bin \ luo \ mysample \ MainActivity.java 文件中。

此实例的完整代码在 MyCode\MySampleI63 文件夹中。

283 使用室内高德地图浏览楼层

此实例主要通过设置高德地图 SDK 的 showIndoorMap()方法的参数为 true,实现通过室内高德地图浏览指定建筑物内的各个楼层。当实例运行之后,将设置重庆观音桥茂业天地为高德地图的中心,并自动显示该建筑物内一楼的分布状况图,在左下角的楼层选择器中选择不同的楼层,显示不同楼层的分布状况图,效果分别如图 283-1(a)和图 283-1(b)所示。

主要代码如下:

```
public class MainActivity extends Activity {
    AMap myAMap;
    @Override
    protected void onCreate(Bundle savedInstanceState) {
        super.onCreate(savedInstanceState);
        setContentView(R.layout.activity_main);
        MapView myMapView = (MapView)findViewById(R.id.myMapView);
        myMapView.onCreate(savedInstanceState);
        myAMap = myMapView.getMap();
        //设置重庆观音桥茂业天地为高德地图的中心
        myAMap.moveCamera(CameraUpdateFactory
```

```
                        .changeLatLng(new LatLng(29.577432,106.531176)));
    //当缩放级别 level >= 17 时,才会显示室内地图
    //当缩放级别 level >= 18 时,才可以切换楼层(左下角有一个楼层选择器)
    myAMap.moveCamera(CameraUpdateFactory.zoomTo(19));        //设置地图缩放级别 19
    myAMap.showIndoorMap(true);                               //允许显示室内地图
  }
}
```

上面这段代码在 MyCode\MySampleI87\app\src\main\java\com\bin\luo\mysample\MainActivity.java 文件中。此外,有关依赖项问题(implementation 'com. amap. api:3dmap: latest. integration')、权限问题(< uses-permission android:name＝"android. permission. INTERNET"/>和 < uses-permission android:name＝"android. permission. ACCESS_NETWORK _STATE"/>)及开发者 Key 问题(android:value＝"5fa79db96a83dca145a1511f4329eea8")请参考实例 241 修改此实例的 AndroidManifest. xml 文件和 build. gradle 文件,或者直接在源代码中查看此实例对应的同名文件。

此实例的完整代码在 MyCode\MySampleI87 文件夹中。

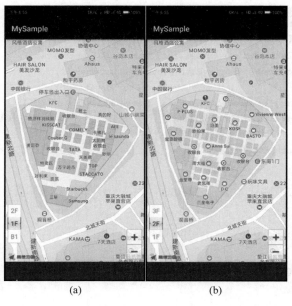

(a)   (b)

图   283-1

284 自定义高德地图的显示样式

此实例主要通过设置高德地图 SDK 的 setMapCustomEnable()方法的参数为 true,并使用 setCustomMapStylePath()方法读取高德地图样式文件的内容,实现使用高德地图样式文件的数据自定义高德地图的显示样式。当实例运行之后,将设置重庆中央公园为高德地图中心,此时重庆中央公园默认以浅绿色样式显示,如图 284-1(a)所示。单击"使用自定义样式重置高德地图的默认风格"按钮,重庆中央公园以深色样式显示,效果如图 284-1(b)所示。

主要代码如下:

```
//响应单击"使用自定义样式重置高德地图的默认风格"按钮
public void onClickButton1(View v) {
  try {
    //文件路径:MyCode\MySampleI88\app\src\main\assets\mystyle.data
```

```
File myOutFile = new File(getCacheDir(),"mystyle.data");
InputStream myInputStream = getAssets().open("mystyle.data");
FileOutputStream myOutputStream = new FileOutputStream(myOutFile);
byte[] myBuffer = new byte[1024];
int myCount;
while ((myCount = myInputStream.read(myBuffer)) != -1) {
 myOutputStream.write(myBuffer, 0, myCount);
}
myOutputStream.flush();
myInputStream.close();
myOutputStream.close();
} catch (IOException e) { e.printStackTrace(); }
File dataFile = new File(getCacheDir(),"mystyle.data");
myAMap.setCustomMapStylePath(dataFile.getAbsolutePath());
myAMap.setMapCustomEnable(true);
}
```

上面这段代码在 MyCode\MySampleI88\app\src\main\java\com\bin\luo\mysample\MainActivity.java 文件中。在这段代码中,mystyle.data 是自定义高德地图样式文件,该文件需要到高德地图开放平台(https://lbs.amap.com/getting-started/mapstyle)上创建(即单击"创建我的地图"按钮,然后按照步骤进行操作,最后单击"发布"按钮获得一个数据文件,即 mystyle.data)。

此实例的完整代码在 MyCode\MySampleI88 文件夹中。

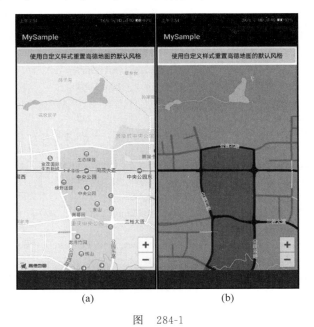

(a)　　　　(b)

图　284-1

285　在高德地图上显示指定范围

此实例主要通过使用高德地图 SDK 的 setMapStatusLimits()方法,实现根据指定的矩形范围显示高德地图。当实例运行之后,如果在"左下角纬度经度值:"输入框中输入昆明的纬度和经度值"24.66482,102.415301",在"右上角纬度经度值:"输入框中输入西安的纬度和经度值"34.377745,109.402606",然后单击"根据指定的矩形范围显示高德地图"按钮,高德地图的显示范围将被限制在由上述两个顶点限制的矩形范围内,效果分别如图 285-1(a)和图 285-1(b)所示。

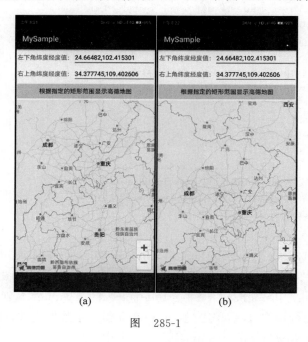

(a)   (b)

图 285-1

主要代码如下:

```
//响应单击"根据指定的矩形范围显示高德地图"按钮
public void onClickButton1(View v) {
    EditText myLBLatlng = (EditText)findViewById(R.id.myLBLatlng);
    EditText myRTLatlng = (EditText)findViewById(R.id.myRTLatlng);
    String mySW = myLBLatlng.getText().toString();
    String myNE = myRTLatlng.getText().toString();
    double myWSLat = Double.parseDouble(mySW.substring(0, mySW.indexOf(",")));
    double myWSLng = Double.parseDouble(mySW.substring(mySW.indexOf(",") + 1));
    double myNELat = Double.parseDouble(myNE.substring(0, myNE.indexOf(",")));
    double myNELng = Double.parseDouble(myNE.substring(myNE.indexOf(",") + 1));
    LatLng mySouthWestLatLng = new LatLng(myWSLat, myWSLng);          //左下角(西南)顶点
    LatLng myNorthEastLatLng = new LatLng(myNELat, myNELng);          //右上角(东北)顶点
    LatLngBounds latLngBounds =
              new LatLngBounds(mySouthWestLatLng, myNorthEastLatLng);
    myAMap.setMapStatusLimits(latLngBounds);
}
```

上面这段代码在 MyCode\MySampleI57\app\src\main\java\com\bin\luo\mysample\MainActivity.java 文件中。

此实例的完整代码在 MyCode\MySampleI57 文件夹中。

286   计算多边形代表的实际面积

此实例主要通过使用高德地图 SDK 的 calculateArea()方法,计算由多个顶点围成的多边形的实际面积。当实例运行之后,单击"绘制多边形"按钮,将以重庆、长沙、武汉、郑州、西安为顶点,使用虚线绘制一个多边形,效果如图 286-1(a)所示。单击"计算多边形面积"按钮,将在弹出的 Toast 中显示该多边形表示的实际面积,效果如图 286-1(b)所示。

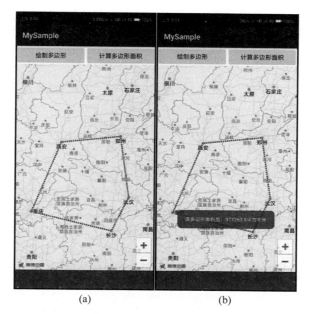

(a)　　　　　　　　　　(b)

图　286-1

主要代码如下：

```
public class MainActivity extends Activity {
    AMap myAMap;
    LatLng[] myLatLngs;
    @Override
    protected void onCreate(Bundle savedInstanceState) {
        super.onCreate(savedInstanceState);
        setContentView(R.layout.activity_main);
        MapView myMapView = (MapView) findViewById(R.id.myMapView);
        myMapView.onCreate(savedInstanceState);
        myAMap = myMapView.getMap();
        myAMap.moveCamera(CameraUpdateFactory.changeLatLng(
                new LatLng(32.629149, 110.798935)));        //设置十堰为高德地图中心
        myAMap.moveCamera(CameraUpdateFactory.zoomTo(6));   //设置高德地图缩放级别6
        myLatLngs = new LatLng[6];
        myLatLngs[0] = new LatLng(29.557300, 106.577150);   //重庆的纬度和经度值
        myLatLngs[1] = new LatLng(28.228304, 112.938882);   //长沙的纬度和经度值
        myLatLngs[2] = new LatLng(30.592935, 114.305215);   //武汉的纬度和经度值
        myLatLngs[3] = new LatLng(34.746354, 113.62533);    //郑州的纬度和经度值
        myLatLngs[4] = new LatLng(34.343147, 108.939621);   //西安的纬度和经度值
        myLatLngs[5] = new LatLng(29.557300, 106.577150);   //重庆的纬度和经度值
    }
    public void onClickButton1(View v) {                    //响应单击"绘制多边形"按钮
        PolylineOptions myPolylineOptions = new PolylineOptions();
        myPolylineOptions.add(myLatLngs)                    //设置多边形顶点
                .setDottedLine(true)                        //设置线条样式(虚线)
                .color(Color.RED)                           //设置线条颜色(红色)
                .width(16);                                 //设置线条宽度
        myAMap.addPolyline(myPolylineOptions);              //绘制多边形
    }
    public void onClickButton2(View v) {                    //响应单击"计算多边形面积"按钮
        float myArea = AMapUtils.calculateArea(Arrays.asList(myLatLngs))/1000/1000;
```

```
      Toast.makeText(this, "该多边形面积是:"
                    + myArea + "平方千米", Toast.LENGTH_LONG).show();
   }
}
```

上面这段代码在 MyCode＼MySampleI49＼app＼src＼main＼java＼com＼bin＼luo＼mysample＼MainActivity.java 文件中。

此实例的完整代码在 MyCode＼MySampleI49 文件夹中。

287 使用动画相机移动高德地图

此实例主要通过使用高德地图 SDK 的 animateCamera()方法，实现以动画形式将高德地图中心从甲地点(重庆人民解放纪念碑)平移到乙地点(重庆朝天门广场)。当实例运行之后，将设置重庆人民解放纪念碑为高德地图的中心，单击"按照指定参数动态平移高德地图中心"按钮，高德地图中心将在 5 秒内从重庆人民解放纪念碑平移到重庆朝天门广场，效果分别如图 287-1(a)和图 287-1(b)所示。

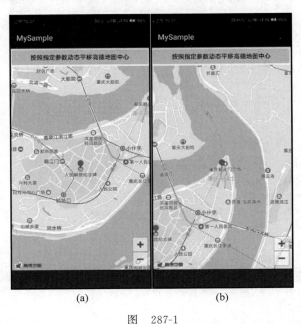

(a)   (b)

图   287-1

主要代码如下：

```
//响应单击"按照指定参数动态平移高德地图中心"按钮
public void onClickButton1(View v) {
  myAMap.addMarker(new MarkerOptions()
                    .position(new LatLng(29.566308,106.587366)));
  myAMap.animateCamera(CameraUpdateFactory.newLatLng(
        new LatLng(29.566308,106.587366)),     //终点(重庆朝天门广场纬度和经度值)
        5000,                                   //表示动画持续时间是 5 秒
        new AMap.CancelableCallback() {
         @Override
         public void onFinish() { }
         @Override
         public void onCancel() { }
        });
}
```

上面这段代码在 MyCode\MySampleI79\app\src\main\java\com\bin\luo\mysample\MainActivity.java 文件中。

此实例的完整代码在 MyCode\MySampleI79 文件夹中。

288　使用动画相机缩放高德地图

此实例主要通过使用高德地图 SDK 的 animateCamera()方法和 zoomTo()方法,实现按照指定的缩放级别动态放大或缩小高德地图。当实例运行之后,将设置重庆人民解放纪念碑为高德地图的中心,单击"动态放大地图"按钮,高德地图将动态放大到 17 级;单击"动态缩小地图"按钮,高德地图将动态缩小到 7 级,效果分别如图 288-1(a)和图 288-1(b)所示。

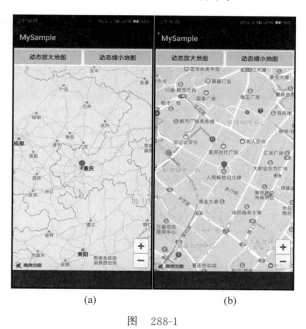

(a)　　　　　　(b)

图　288-1

主要代码如下:

```
public void onClickButton1(View v) {            //响应单击"动态放大地图"按钮
    myAMap.animateCamera(
            CameraUpdateFactory.zoomTo(17),     //表示缩放级别为 17 级
            5000,                               //表示动画持续时间是 5 秒
            new AMap.CancelableCallback() {
             @Override
             public void onFinish() { }
             @Override
             public void onCancel() { }
            } );
}
public void onClickButton2(View v) {            //响应单击"动态缩小地图"按钮
    myAMap.animateCamera(
            CameraUpdateFactory.zoomTo(7),      //表示缩放级别为 7 级
            5000,                               //表示动画持续时间是 5 秒
            new AMap.CancelableCallback() {
             @Override
             public void onFinish() { }
```

```
    @Override
    public void onCancel() { }
  } );
}
```

上面这段代码在 MyCode \ MySampleI75 \ app \ src \ main \ java \ com \ bin \ luo \ mysample \ MainActivity. java 文件中。

此实例的完整代码在 MyCode\MySampleI75 文件夹中。

289　使用动画相机旋转高德地图

此实例主要通过使用高德地图 SDK 的 animateCamera()方法和 changeBearing()方法,实现按照指定的角度动态旋转高德地图。当实例运行之后,单击"按照指定角度动态旋转高德地图"按钮,当前的高德地图将以重庆为中心,在 5 秒内逆时针旋转 60°,效果分别如图 289-1(a)和图 289-1(b)所示。

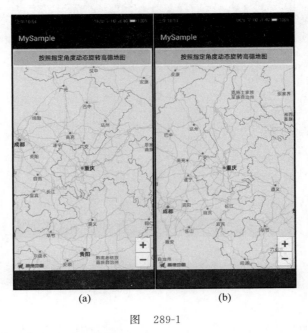

(a)　　　　　　(b)

图　289-1

主要代码如下:

```
//响应单击"按照指定角度动态旋转高德地图"按钮
public void onClickButton1(View v) {
  myAMap. animateCamera(
        CameraUpdateFactory. changeBearing(60),    //设置旋转角度为 60°
        5000,                                      //表示动画持续时间是 5 秒
        new AMap. CancelableCallback() {
         @Override
         public void onFinish() { }
         @Override
         public void onCancel() { }
        } );
  }
```

上面这段代码在 MyCode \ MySampleI77 \ app \ src \ main \ java \ com \ bin \ luo \ mysample \

MainActivity.java 文件中。

此实例的完整代码在 MyCode\MySampleI77 文件夹中。

290　在三维方向上旋转高德地图

此实例主要通过使用高德地图 SDK 的 moveCamera()方法和 newCameraPosition()方法,实现按照指定的角度在三维方向上旋转高德地图。当实例运行之后,将以卫星地图模式在高德地图上显示重庆中央公园,单击"按照指定角度在三维方向上旋转高德地图"按钮,高德地图将逆时针旋转 90°并垂直地面向下倾斜 60°,效果分别如图 290-1(a)和图 290-1(b)所示。

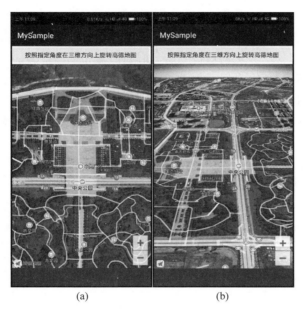

(a)　　　　　　　　　　(b)

图　290-1

主要代码如下:

```
public class MainActivity extends Activity {
 AMap myAMap;
 @Override
 protected void onCreate(Bundle savedInstanceState) {
  super.onCreate(savedInstanceState);
  setContentView(R.layout.activity_main);
  MapView myMapView = (MapView)findViewById(R.id.myMapView);
  myMapView.onCreate(savedInstanceState);
  myAMap = myMapView.getMap();
  myAMap.moveCamera(CameraUpdateFactory.changeLatLng(
        new LatLng(29.72421,106.583658)));          //设置重庆中央公园为高德地图的中心
  myAMap.moveCamera(CameraUpdateFactory.zoomTo(17));    //设置高德地图缩放级别 17
  myAMap.setMapType(AMap.MAP_TYPE_SATELLITE);          //以卫星地图模式显示
 }
//响应单击"按照指定角度在三维方向上旋转高德地图"按钮
 public void onClickButton1(View v) {
  myAMap.moveCamera(CameraUpdateFactory.newCameraPosition(new CameraPosition(
        new LatLng(29.72421,106.583658),            //重庆中央公园的纬度和经度值
        17,                      //缩放级别 3～19;3 最大,能看到全中国;19 最小,能看到细节
```

```
            60,                    //视角垂直于地面,向下倾斜60°,此时与地面夹角是30°
            90)                    //逆时针旋转90°
        ));
    }
}
```

上面这段代码在 MyCode \ MySampleI76 \ app \ src \ main \ java \ com \ bin \ luo \ mysample \ MainActivity. java 文件中。

此实例的完整代码在 MyCode\MySampleI76 文件夹中。

291　查询指定城市的当前天气

此实例主要通过使用高德地图 SDK 的 WeatherSearchQuery 和 WeatherSearch,实现根据城市名称查询该城市的当前天气信息。当实例运行之后,如果在"城市:"输入框中输入"重庆",然后单击"获取该城市的当前天气信息"按钮,将设置重庆为高德地图的中心,并在标记窗口中显示重庆的当前天气信息,如图 291-1(a)所示。如果在"城市:"输入框中输入"西安",然后单击"获取该城市的当前天气信息"按钮,将设置西安为高德地图的中心,并在标记窗口中显示西安的当前天气信息,如图 291-1(b)所示。在"城市:"输入框中输入其他城市进行测试,将取得类似的效果。

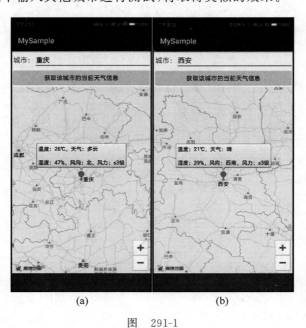

图　291-1

主要代码如下:

```
public void onClickButton1(View v) {                    //响应单击"获取该城市的当前天气信息"按钮
    myAMap.clear();
    EditText myEditCity = (EditText)findViewById(R.id.myEditCity);
    final String myCity = myEditCity.getText().toString();
    //通过 WeatherSearchQuery 封装城市名称、天气类型等查询信息
    WeatherSearchQuery myWeatherSearchQuery =
        new WeatherSearchQuery(myCity,WeatherSearchQuery.WEATHER_TYPE_LIVE);
    WeatherSearch myWeatherSearch = new WeatherSearch(this);
    //添加天气查询回调监听器
    myWeatherSearch.setOnWeatherSearchListener(
```

```
                              new WeatherSearch.OnWeatherSearchListener(){
    @Override
    public void onWeatherLiveSearched(
                    LocalWeatherLiveResult localWeatherLiveResult, int i){
        //获取实时天气信息
        LocalWeatherLive myLocalWeatherLive =
                                localWeatherLiveResult.getLiveResult();
        myTitle = "温度:" + myLocalWeatherLive.getTemperature() + "℃,";
        myTitle += "天气:" + myLocalWeatherLive.getWeather() + "\n";
        mySnippet = "湿度:" + myLocalWeatherLive.getHumidity() + "%,";
        mySnippet += "风向:" + myLocalWeatherLive.getWindDirection() + ",";
        mySnippet += "风力:" + myLocalWeatherLive.getWindPower() + "级";
    }
    @Override
    public void onWeatherForecastSearched(
        LocalWeatherForecastResult localWeatherForecastResult, int i){ }
});
myWeatherSearch.setQuery(myWeatherSearchQuery);
myWeatherSearch.searchWeatherAsyn();                //异步查询天气信息
new android.os.Handler().postDelayed(new Runnable() {
 @Override
 public void run() { } },1000);                     //延时1秒执行定位操作
GeocodeSearch myGeocodeSearch = new GeocodeSearch(this);
//添加查询结果监听器
myGeocodeSearch.setOnGeocodeSearchListener(
                              new GeocodeSearch.OnGeocodeSearchListener(){
    @Override
    public void onRegeocodeSearched(RegeocodeResult regeocodeResult, int i){}
    @Override
    public void onGeocodeSearched(GeocodeResult geocodeResult, int i){
        //获取经度和纬度查询结果
        LatLonPoint myLatLonPoint =
                geocodeResult.getGeocodeAddressList().get(0).getLatLonPoint();
        double myLat = myLatLonPoint.getLatitude();
        double myLng = myLatLonPoint.getLongitude();
        MarkerOptions myMarkerOptions = new MarkerOptions();
        myMarkerOptions.position(new LatLng(myLat,myLng));
        myMarkerOptions.title(myTitle);
        myMarkerOptions.snippet(mySnippet);
        Marker myMarker = myAMap.addMarker(myMarkerOptions);
        myMarker.showInfoWindow();
        myAMap.moveCamera(CameraUpdateFactory.changeLatLng(
                new LatLng(myLat,myLng)));           //设置该城市为高德地图的中心
    } });
//通过GeocodeQuery封装查询的城市信息,并指定搜索范围
GeocodeQuery myGeocodeQuery = new GeocodeQuery(myCity, "中国");
//查询指定城市,并将查询结果传入回调接口
myGeocodeSearch.getFromLocationNameAsyn(myGeocodeQuery);
}
```

上面这段代码在 MyCode \ MySampleI67 \ app \ src \ main \ java \ com \ bin \ luo \ mysample \ MainActivity.java 文件中。

此实例的完整代码在 MyCode\MySampleI67 文件夹中。

292　查询指定城市的天气预报

此实例主要通过使用高德地图 SDK 的 WeatherSearchQuery 和 WeatherSearch,实现根据城市名称查询该城市的天气预报信息。当实例运行之后,如果在"城市:"输入框中输入"重庆",然后单击"获取该城市最近的天气预报信息"按钮,将设置重庆为高德地图的中心,并在标记窗口中显示重庆的天气预报信息,如图 292-1(a)所示。如果在"城市:"输入框中输入"太原",然后单击"获取该城市最近的天气预报信息"按钮,将设置太原为高德地图的中心,并在标记窗口中显示太原的天气预报信息,如图 292-1(b)所示。在"城市:"输入框中输入其他值进行测试,将取得类似的效果。

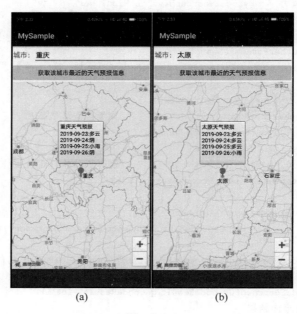

图　292-1

主要代码如下:

```
//响应单击"获取该城市最近的天气预报信息"按钮
public void onClickButton1(View v) {
  myAMap.clear();
  EditText myEditCity = (EditText)findViewById(R.id.myEditCity);
  final String myCity = myEditCity.getText().toString();
  myTitle = myCity + "天气预报";
  //通过 WeatherSearchQuery 封装城市名称、天气类型等查询信息
  WeatherSearchQuery myWeatherSearchQuery = new WeatherSearchQuery(
                    myCity,WeatherSearchQuery.WEATHER_TYPE_FORECAST);
  WeatherSearch myWeatherSearch = new WeatherSearch(this);
  //添加天气查询回调监听器
  myWeatherSearch.setOnWeatherSearchListener(
                    new WeatherSearch.OnWeatherSearchListener(){
    @Override
    public void onWeatherLiveSearched(
            LocalWeatherLiveResult localWeatherLiveResult, int i){ }
    @Override
    public void onWeatherForecastSearched(
          LocalWeatherForecastResult localWeatherForecastResult, int i){
```

```
        if(i == 1000){
            LocalWeatherForecast myLocalWeatherForecast =
                            localWeatherForecastResult.getForecastResult();
            List < LocalDayWeatherForecast > myLocalDayWeatherForecasts =
                            myLocalWeatherForecast.getWeatherForecast();
            mySnippet = "";
            //获取最近几天的天气预报
            for(int j = 0;j < myLocalDayWeatherForecasts.size();j ++){
                mySnippet += myLocalDayWeatherForecasts.get(j).getDate() + ":";
                mySnippet +=
                        myLocalDayWeatherForecasts.get(j).getDayWeather() + "\n";
        } } } });
myWeatherSearch.setQuery(myWeatherSearchQuery);
myWeatherSearch.searchWeatherAsyn();                    //异步查询天气信息
new android.os.Handler().postDelayed(new Runnable() {
 @Override
 public void run() { } },1000);                         //延时 1 秒执行定位操作
GeocodeSearch myGeocodeSearch = new GeocodeSearch(this);
//添加查询结果监听器
myGeocodeSearch.setOnGeocodeSearchListener(
                    new GeocodeSearch.OnGeocodeSearchListener(){
    @Override
    public void onRegeocodeSearched(RegeocodeResult regeocodeResult,int i){}
        @Override
        public void onGeocodeSearched(GeocodeResult geocodeResult, int i){
            //获取经度和纬度查询结果
            LatLonPoint myLatLonPoint =
                    geocodeResult.getGeocodeAddressList().get(0).getLatLonPoint();
            double myLat = myLatLonPoint.getLatitude();
            double myLng = myLatLonPoint.getLongitude();
            MarkerOptions myMarkerOptions = new MarkerOptions();
            myMarkerOptions.position(new LatLng(myLat,myLng));
            myMarkerOptions.title(myTitle);
            myMarkerOptions.snippet(mySnippet);
            Marker myMarker = myAMap.addMarker(myMarkerOptions);
            myMarker.showInfoWindow();
            myAMap.moveCamera(CameraUpdateFactory.changeLatLng(
                    new LatLng(myLat,myLng)));          //设置该城市为高德地图的中心
        } });
    //通过 GeocodeQuery 封装查询的城市,并指定范围
    GeocodeQuery myGeocodeQuery = new GeocodeQuery(myCity, "中国");
    //查询指定城市,并将查询结果传入回调接口
    myGeocodeSearch.getFromLocationNameAsyn(myGeocodeQuery);
}
```

上面这段代码在 MyCode \ MySampleI71 \ app \ src \ main \ java \ com \ bin \ luo \ mysample \ MainActivity.java 文件中。

此实例的完整代码在 MyCode\MySampleI71 文件夹中。

293　根据地名查询该地的经纬度

此实例主要通过使用高德地图 SDK 的 GeocodeSearch 和 GeocodeQuery,实现根据指定的地名查询

该地对应的纬度和经度值。当实例运行之后,如果在"地名:"输入框中输入"园博园",然后单击"在重庆市范围中查询该地的经纬度"按钮,将设置重庆园博园为高德地图的中心,并在标记窗口中显示重庆园博园的纬度和经度值,如图 293-1(a)所示。如果在"地名:"输入框中输入"佛图关",然后单击"在重庆市范围中查询该地的经纬度"按钮,将设置重庆佛图关为高德地图的中心,并在标记窗口中显示重庆佛图关的纬度和经度值,如图 293-1(b)所示。在"地名:"输入框中输入其他值进行测试,将取得类似的效果。

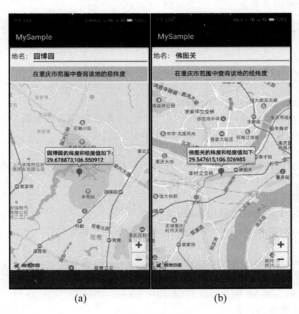

(a)   (b)

图   293-1

主要代码如下:

```java
//响应单击"在重庆市范围中查询该地的经纬度"按钮
public void onClickButton1(View v) {
  myAMap.clear();
  EditText myEditName = (EditText)findViewById(R.id.myEditName);
  final String myName = myEditName.getText().toString();
  GeocodeSearch myGeocodeSearch = new GeocodeSearch(this);
  //添加查询结果监听器
  myGeocodeSearch.setOnGeocodeSearchListener(
                            new GeocodeSearch.OnGeocodeSearchListener(){
    @Override
    public void onRegeocodeSearched(RegeocodeResult regeocodeResult, int i){}
    @Override
    public void onGeocodeSearched(GeocodeResult geocodeResult, int i){
      LatLonPoint myLatLonPoint = geocodeResult
                      .getGeocodeAddressList().get(0).getLatLonPoint();
      double myLat = myLatLonPoint.getLatitude();
      double myLng = myLatLonPoint.getLongitude();
      MarkerOptions myMarkerOptions = new MarkerOptions();
      myMarkerOptions.position(new LatLng(myLat,myLng));
      myMarkerOptions.title(myName + "的纬度和经度值如下:");
      myMarkerOptions.snippet(myLat + "," + myLng);
      Marker myMarker = myAMap.addMarker(myMarkerOptions);
      myMarker.showInfoWindow();
      myAMap.moveCamera(CameraUpdateFactory.changeLatLng(
```

```
                    new LatLng(myLat,myLng)));        //设置该地为高德地图的中心
    } });
//通过 GeocodeQuery 封装查询的地址,并指定搜索城市
GeocodeQuery myQuery = new GeocodeQuery(myName, "重庆");
//查询地址,并将查询结果传入回调接口
myGeocodeSearch.getFromLocationNameAsyn(myQuery);
}
```

上面这段代码在 MyCode \ MySampleI65 \ app \ src \ main \ java \ com \ bin \ luo \ mysample \ MainActivity. java 文件中。

此实例的完整代码在 MyCode\MySampleI65 文件夹中。

294　根据纬度和经度值查询详细地址

此实例主要通过使用高德地图 SDK 的 GeocodeSearch 和 RegeocodeQuery,实现根据指定的纬度和经度值查询该地的详细地址。当实例运行之后,如果在"纬度经度值:"输入框中输入重庆科技馆的纬度和经度值"29.569585,106.576911",然后单击"通过高德地图获取该地的详细地址"按钮,将设置重庆科技馆为高德地图的中心,并在标记窗口中显示该地的详细地址,如图 294-1(a)所示。如果在"纬度经度值:"输入框中输入重庆人民解放纪念碑的纬度和经度值"29.557258,106.577045",然后单击"通过高德地图获取该地的详细地址"按钮,将设置重庆人民解放纪念碑为高德地图的中心,并在标记窗口中显示该地的详细地址,如图 294-1(b)所示。在"纬度经度值:"输入框中输入其他值进行测试,将取得类似的效果。

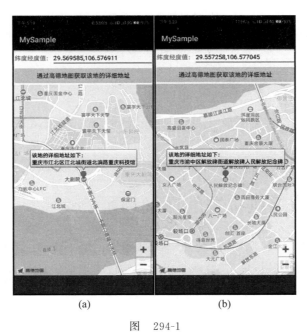

(a)　　　　　　　　(b)

图　294-1

主要代码如下:

```
//响应单击"通过高德地图获取该地的详细地址"按钮
public void onClickButton1(View v) {
    myAMap.clear();
    EditText myEditLatlng = (EditText)findViewById(R.id.myEditLatlng);
    String myLatLngString = myEditLatlng.getText().toString();
```

```
    final double myLat = Double.parseDouble(myLatLngString
                            .substring(0,myLatLngString.indexOf(",")));
    final double myLng = Double.parseDouble(myLatLngString
                            .substring(myLatLngString.indexOf(",") + 1));
    //通过 LatLonPoint 封装纬度和经度值
    LatLonPoint myLatLonPoint = new LatLonPoint(myLat,myLng);
    GeocodeSearch myGeocodeSearch = new GeocodeSearch(this);
    //添加查询结果监听器
    myGeocodeSearch.setOnGeocodeSearchListener(
                            new GeocodeSearch.OnGeocodeSearchListener(){
        @Override
        public void onRegeocodeSearched(RegeocodeResult regeocodeResult, int i){
            String myAddress = regeocodeResult
                            .getRegeocodeAddress().getFormatAddress();
            MarkerOptions myMarkerOptions = new MarkerOptions();
            myMarkerOptions.position(new LatLng(myLat,myLng));
            myMarkerOptions.title("该地的详细地址如下:");
            myMarkerOptions.snippet(myAddress);
            Marker myMarker = myAMap.addMarker(myMarkerOptions);
            myMarker.showInfoWindow();
            myAMap.moveCamera(CameraUpdateFactory.changeLatLng(
                        new LatLng(myLat,myLng)));              //设置该地为高德地图的中心
        }
        @Override
        public void onGeocodeSearched(GeocodeResult geocodeResult, int i){ }
    });
    //通过 RegeocodeQuery 封装查询的地址,并指定坐标系类型和搜索范围
    RegeocodeQuery RegeocodeQuery =
                new RegeocodeQuery(myLatLonPoint,200,GeocodeSearch.AMAP);
    //查询指定经度和纬度,并将结果传入回调接口
    myGeocodeSearch.getFromLocationAsyn(RegeocodeQuery);
}
```

上面这段代码在 MyCode\MySampleI66\app\src\main\java\com\bin\luo\mysample\MainActivity.java 文件中。

此实例的完整代码在 MyCode\MySampleI66 文件夹中。

295　查询当前手机位置的详细地址

此实例主要通过使用高德地图 SDK 的 AMapLocationClient,获取手机当前位置的纬度值、经度值及地址信息。当实例运行之后,单击"获取手机当前位置的地址信息"按钮,将显示手机当前位置的地址等信息,效果分别如图 295-1(a)和图 295-1(b)所示。

主要代码如下:

```
public class MainActivity extends Activity {
    AMapLocationClient myAMapLocationClient;
    TextView myTextView;
    @Override
    protected void onCreate(Bundle savedInstanceState) {
        super.onCreate(savedInstanceState);
        setContentView(R.layout.activity_main);
        myTextView = (TextView) findViewById(R.id.myTextView);
```

```
    myAMapLocationClient = new AMapLocationClient(getApplicationContext());
  }
@Override
public void onRequestPermissionsResult(int requestCode,
                        String[] permissions, int[] grantResults) {
 if(grantResults[0] == PackageManager.PERMISSION_GRANTED){
  myAMapLocationClient.setLocationListener(new AMapLocationListener() {
   @Override
   public void onLocationChanged(AMapLocation aMapLocation) {
    StringBuilder myBuilder = new StringBuilder();
    myBuilder.append("当前地址:" + aMapLocation.getAddress() + "\n");
    myBuilder.append("经度值:" + aMapLocation.getLongitude() + "\n");
    myBuilder.append("纬度值:" + aMapLocation.getLatitude());
    myTextView.setText(myBuilder);
   }
  });
  myAMapLocationClient.stopLocation();
  myAMapLocationClient.startLocation();
 }
}
//响应单击"获取手机当前位置的地址信息"按钮
public void onClickButton1(View v) {
 requestPermissions(new String[]{
        Manifest.permission.ACCESS_COARSE_LOCATION},0);          //动态申请权限
 }
}
```

上面这段代码在 MyCode \ MySampleI19 \ app \ src \ main \ java \ com \ bin \ luo \ mysample \ MainActivity. java 文件中。

此实例的完整代码在 MyCode\MySampleI19 文件夹中。

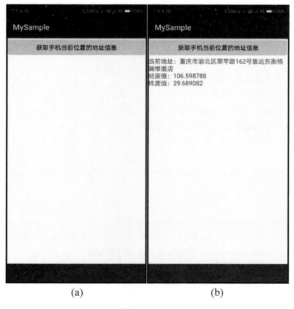

图　295-1

296　自定义高德地图的定位圆圈

此实例主要通过使用高德地图 SDK 的 MyLocationStyle，实现自定义高德地图默认的定位圆圈。当实例运行之后，将自动执行定位操作，在定位成功之后将设置当前位置为高德地图的中心，并在上面显示默认的定位图标和圆圈，效果如图 296-1（a）所示。单击"使用自定义样式替换默认定位圆圈"按钮，默认的紫色定位圆圈将改变为绿色的定位圆圈，效果如图 296-1（b）所示。

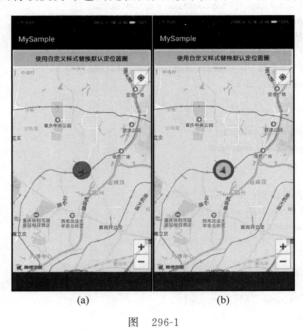

(a)　　　　　　　(b)

图　296-1

主要代码如下：

```java
public class MainActivity extends Activity {
 MapView myMapView;
 AMap myAMap;
 @Override
 protected void onCreate(Bundle savedInstanceState) {
  super.onCreate(savedInstanceState);
  setContentView(R.layout.activity_main);
  myMapView = (MapView) findViewById(R.id.myMapView);
  myMapView.onCreate(savedInstanceState);
  requestPermissions(
           new String[]{Manifest.permission.ACCESS_COARSE_LOCATION},0);
 }
 @Override
public void onRequestPermissionsResult(int requestCode,
                            String[] permissions, int[] grantResults) {
  if(grantResults[0] == PackageManager.PERMISSION_GRANTED){
   myAMap = myMapView.getMap();
   myAMap.moveCamera(CameraUpdateFactory.zoomTo(13));                 //设置高德地图缩放级别 13
   myAMap.getUiSettings().setMyLocationButtonEnabled(true);
   //设置为 true 表示显示定位图标,false 表示隐藏定位图标,默认值是 false
   myAMap.setMyLocationEnabled(true);
  }
 }
```

```
//响应单击"使用自定义样式替换默认定位圆圈"按钮
public void onClickButton1(View v) {
    MyLocationStyle myLocationStyle = new MyLocationStyle();
    myLocationStyle.strokeColor(Color.RED);             //定位圆圈的边框颜色
    myLocationStyle.radiusFillColor(Color.GREEN);       //定位圆圈的填充颜色
    myLocationStyle.strokeWidth(20);                    //定位圆圈的边框宽度
    myAMap.setMyLocationStyle(myLocationStyle);
} }
```

上面这段代码在 MyCode\MySampleI86\app\src\main\java\com\bin\luo\mysample\MainActivity.java 文件中。

此实例的完整代码在 MyCode\MySampleI86 文件夹中。

297 将当前高德地图分享到微信

此实例主要通过使用高德地图 SDK 的 ShareSearch,实现将当前显示的高德地图以地址短串的形式分享到微信等第三方应用。当实例运行之后,如果在"纬度经度值:"输入框中输入重庆回兴立交的纬度和经度值"29.677831,106.608394",然后单击"设置地图中心"按钮,重庆回兴立交将被设置为此高德地图的中心。单击"分享当前地图"按钮,将自动生成地址短串,并弹出"分享方式"对话框,在"分享方式"对话框中选择"发送给朋友",如图 297-1(a)所示,弹出微信的选择对话框;在微信的选择对话框中选择好友,弹出"发送给:"对话框,在该对话框中的超链接(https://surl.amap.com/8RsSPx1y5QY)即为自动生成的地址短串,其中"地图分享"是备注,然后单击"分享"按钮,如图 297-1(b)所示,弹出"已发送"对话框;在"已发送"对话框中单击"留在微信"按钮,弹出微信的好友聊天对话框,如图 297-2(a)所示,地址短串将自动发送给好友;如果好友单击地址短串超链接,将在高德地图中打开地址短串对应的内容,即此前根据纬度和经度值设置的重庆回兴立交所对应的地图,如图 297-2(b)所示。

(a)   (b)

图   297-1

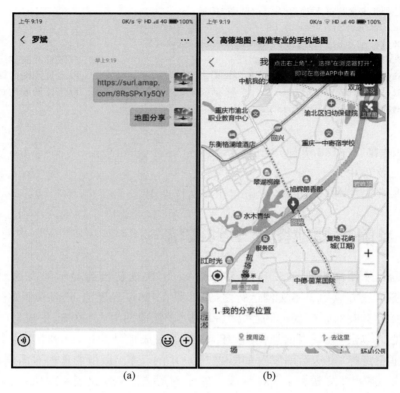

(a)　　　　　　　　　　　(b)

图　297-2

主要代码如下：

```
public void onClickButton2(View v) {                          //响应单击"分享当前地图"按钮
    ShareSearch myShareSearch = new ShareSearch(this);
    myShareSearch.setOnShareSearchListener(
                                new ShareSearch.OnShareSearchListener(){
        @Override
        public void onPoiShareUrlSearched(String s,int i){ }
        @Override
        public void onLocationShareUrlSearched(String s,int i){
            //获取指定位置对应的地址短串,并调用 Intent 分享至第三方应用
            Intent myIntent = new Intent(Intent.ACTION_SEND);
            myIntent.setType("text/plain");
            myIntent.putExtra(Intent.EXTRA_TEXT,s);
            startActivity(myIntent);
        }
        @Override
        public void onNaviShareUrlSearched(String s,int i){ }
        @Override
        public void onBusRouteShareUrlSearched(String s,int i){ }
        @Override
        public void onWalkRouteShareUrlSearched(String s,int i){ }
        @Override
        public void onDrivingRouteShareUrlSearched(String s,int i){ }
    });
    //设置分享位置的经、纬度和描述信息
    LatLonSharePoint myLatLonSharePoint =
                    new LatLonSharePoint(myLat, myLng,"我的分享位置");
```

```
//搜索该位置对应的地址短串并分享
myShareSearch.searchLocationShareUrlAsyn(myLatLonSharePoint);
}
```

上面这段代码在 MyCode \ MySampleJ03 \ app \ src \ main \ java \ com \ bin \ luo \ mysample \ MainActivity.java 文件中。

此实例的完整代码在 MyCode\MySampleJ03 文件夹中。

298 在高德地图上禁用手势操作

此实例主要通过使用高德地图 SDK 的 setAllGesturesEnabled()方法,实现在高德地图上启用或禁用缩放等所有手势操作。当实例运行之后,单击"启用手势操作"按钮,可以通过两个手指实现缩放、旋转高德地图等操作,效果如图 298-1(a)所示。单击"禁用手势操作"按钮,在高德地图执行任何手势操作均无效,效果如图 298-1(b)所示。

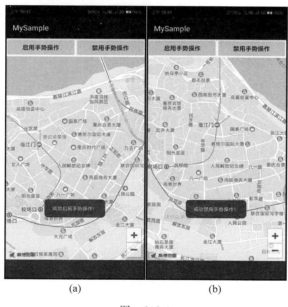

(a)　　　　　(b)

图　298-1

主要代码如下:

```
public void onClickButton1(View v) {                    //响应单击"启用手势操作"按钮
    myUiSettings.setAllGesturesEnabled(true);
    Toast.makeText(this,"成功启用手势操作!",Toast.LENGTH_LONG).show();
}
public void onClickButton2(View v) {                    //响应单击"禁用手势操作"按钮
    myUiSettings.setAllGesturesEnabled(false);
    Toast.makeText(this,"成功禁用手势操作!",Toast.LENGTH_LONG).show();
}
```

上面这段代码在 MyCode \ MySampleI22 \ app \ src \ main \ java \ com \ bin \ luo \ mysample \ MainActivity.java 文件中。

此实例的完整代码在 MyCode\MySampleI22 文件夹中。

299　根据起点和终点查询火车班次

此实例主要根据起点和终点的纬度和经度值创建 Intent,并使用该 Intent 调用高德地图 App,查询起点和终点之间的火车班次信息。当实例运行之后,在"起点名称:"输入框中输入"重庆",在"起点纬度和经度值:"输入框中输入重庆的纬度和经度值"29.71935,106.654584",在"终点名称:"输入框中输入"上海",在"终点纬度经度值:"输入框中输入上海的纬度和经度值"31.142363,121.808603",然后单击"启用高德地图 App 查询两地的火车信息"按钮,将启动高德地图 App,并显示起点和终点之间的火车班次信息,效果分别如图 299-1(a)和图 299-1(b)所示。

注意:在测试此应用之前,手机一定要安装高德地图 App。

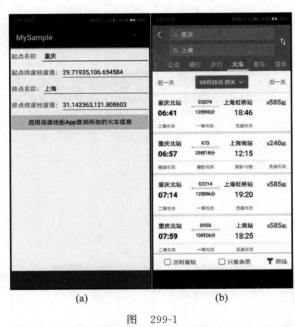

(a)　　　　　　(b)

图　　299-1

主要代码如下:

```
//响应单击"启用高德地图 App 查询两地的火车信息"按钮
public void onClickButton1(View v) {
  try{
   EditText myFromName = (EditText)findViewById(R.id.myFromName);
   EditText myToName = (EditText)findViewById(R.id.myToName);
   EditText myFromLatlng = (EditText)findViewById(R.id.myFromLatlng);
   EditText myToLatlng = (EditText)findViewById(R.id.myToLatlng);
   String myFrom = myFromLatlng.getText().toString();
   String myTo = myToLatlng.getText().toString();
   double myFromLat = Double.parseDouble(
                    myFrom.substring(0,myFrom.indexOf(',')));
   double myFromLng = Double.parseDouble(
                    myFrom.substring(myFrom.indexOf(',') + 1));
   double myToLat = Double.parseDouble(myTo.substring(0,myTo.indexOf(',')));
   double myToLng = Double.parseDouble(myTo.substring(myTo.indexOf(',') + 1));
   //初始化 StringBuilder,用于重组 URI 字符串
   StringBuilder myBuilder = new StringBuilder();
   //设置 t 参数为 4,实现查询火车班次
```

```
myBuilder.append("amapuri://route/plan/?t = 4");
//设置 slat、slon 和 sname 参数分别为起点的纬度、经度和起点名称
myBuilder.append("&slat = " + myFromLat + "&slon = "
        + myFromLng + "&sname = " + myFromName.getText().toString());
//设置 dlat、dlon 和 dname 参数分别为终点的纬度、经度和终点名称
myBuilder.append("&dlat = " + myToLat + "&dlon = "
        + myToLng + "&dname = " + myToName.getText().toString());
//根据重组的 URI 字符串初始化 Intent
Intent myIntent = Intent.getIntent(myBuilder.toString());
//调用高德地图 App,查询当前两地的火车信息
startActivity(myIntent);
}catch(Exception e){
e.printStackTrace();
Toast.makeText(this,
        "请检查手机是否已经安装高德地图 App!",Toast.LENGTH_SHORT).show();
    }
  }
```

上面这段代码在 MyCode＼MySampleJ33＼app＼src＼main＼java＼com＼bin＼luo＼mysample＼MainActivity.java 文件中。此实例的完整代码在 MyCode＼MySampleJ33 文件夹中。

300　将高德地图保存为图像文件

此实例主要通过使用高德地图 SDK 的 onMapScreenShot()方法,实现将当前高德地图以图像文件的形式保存在手机存储卡上。当实例运行之后,单击"将当前高德地图保存为图像文件"按钮,在屏幕上显示的高德地图将以图像文件的形式保存在手机存储卡上,效果分别如图 300-1(a)和图 300-1(b)所示。

(a)　　　　　　　　　(b)

图　300-1

主要代码如下:

//响应单击"将当前高德地图保存为图像文件"按钮

```
public void onClickButton1(View v) {
    myAMap.getMapScreenShot(new AMap.OnMapScreenShotListener(){
        @Override
        public void onMapScreenShot(Bitmap bitmap) {
            try{
                int min = 1000;
                int max = 9999;
                Random random = new Random();
                int myRandom = random.nextInt(max) % (max - min + 1) + min;
                String myFileName = Environment.getExternalStorageDirectory()
                        + "/MapShot" + myRandom + ".jpg";
                //将当前高德地图以图像文件的形式保存至手机存储卡
                FileOutputStream myStream = new FileOutputStream(myFileName);
                bitmap.compress(Bitmap.CompressFormat.JPEG,100,myStream);
                myStream.flush();
                myStream.close();
                Toast.makeText(MainActivity.this,"已将高德地图快照保存为图像文件:\n"
                        + myFileName,Toast.LENGTH_LONG).show();
            }catch (Exception e){ e.printStackTrace(); }
        }
        @Override
        public void onMapScreenShot(Bitmap bitmap, int i) {
        } });
}
```

上面这段代码在 MyCode \ MySampleI18 \ app \ src \ main \ java \ com \ bin \ luo \ mysample \ MainActivity.java 文件中。

此实例的完整代码在 MyCode\MySampleI18 文件夹中。